U0177447

人工智能

ARTIFICIAL INTELLIGENCE

（上册）

陆汝钤 院士◎编著

上海科学技术文献出版社
Shanghai Scientific and Technological Literature Press

图书在版编目（CIP）数据

　　人工智能 / 陆汝钤编著 . —上海：上海科学技术文献出版社,2023
　　（中国院士文库）
　　ISBN 978-7-5439-8252-9

　　Ⅰ . ①人… 　Ⅱ . ①陆… 　Ⅲ . ①人工智能—高等学校—教材 　Ⅳ . ① TP18

中国版本图书馆 CIP 数据核字（2021）第 005767 号

选题策划：张　树
责任编辑：王　珺
封面设计：留白文化

人工智能（上下册）

RENGAON ZHINENG

陆汝钤　编著
出版发行：上海科学技术文献出版社
地　　址：上海市长乐路 746 号
邮政编码：200040
经　　销：全国新华书店
印　　刷：常熟市人民印刷有限公司
开　　本：720mm×1000mm　1/16
印　　张：76
字　　数：1 281 000
版　　次：2023 年 1 月第 1 版　2023 年 1 月第 1 次印刷
书　　号：ISBN 978-7-5439-8252-9
定　　价：278.00 元（上下册）
http://www.sstlp.com

谨以本书纪念

慈云桂院士

内容简介

本书是国家教委计算机软件专业教材编委会推荐教材之一。

人工智能作为独立的学科已经有了几十年的历史,最近 10 年发展尤为迅速。本书较为全面地介绍了人工智能的各个分支,全书分上、下两册。上册集中介绍当代人工智能的两大支柱:知识表示和搜索技术。前者以演绎系统、产生式系统、框架结构、语义网络和过程性知识表示为中心;后者涉及盲目搜索、启发式搜索、博弈树搜索以及状态空间搜索、问题空间搜索等多个方面。下册介绍非经典逻辑、机器学习、自然语言理解、知识工程等内容。

本书内容全面,涉及人工智能的大部分分支;取材新颖,从内容到形式力求中国化,叙述深入浅出,各章后附有习题。适于作为计算机科学系本科生及研究生教材,亦可供有关科技人员阅读。

重印致谢

　　感谢同行和读者们的支持,本书又要重印了。由于时间非常紧,不可能做大的修订,只能做一些零星的改动,主要是在引言部分。

　　常有读者来问本书习题是否有标准答案。我谨在此敬告读者:没有标准答案,而且我们以后也不会给出标准答案。编制本书习题的指导思想是向读者提供一些思路,对人工智能中的一些问题如何独立思考,如何举一反三,如何应用于实际,如何自己去开拓创新? 至于某个习题应该这样做还是那样做,这并不是最重要的。

陆汝钤

致　谢

　　首先我要感谢杨芙清教授和刘福滋教授，由于他们的组织、支持和推荐，才有了本书的前身——研究生讲义《人工智能》，并使讲义进一步成为本书正式出版。

　　其次要感谢慈云桂教授和他领导的审稿组，包括胡守仁、吴泉源教授，王朴、刘凤岐副教授，刘桂仲、孙成政讲师，王志英、李良良、张晨曦、申宇博士研究生，他们不辞辛劳，在百忙中挤时间仔细审阅书稿并提出了宝贵的意见。

　　在书稿的修改、整理过程中，我得到不少同行以各种形式给予的帮助，其中有孙永强教授，何志均教授，还有冯方方、李小滨、孔琢、曹存根、赵致琢，以及其他不再一一提名的同志，在此一并致谢。

作　者

引 言

　　人工智能研究不仅与对人的思维的研究密切相关,而且与许多其他学科密切相关。因此,说到人工智能的历史,不能只从这门学科本身形成的时候算起,而应该上溯几千年,追溯历史上一些伟大的科学家和思想家所作的贡献。他们创造的精神和物质财富为今天的人工智能研究作了长足和充分的准备。在这里,我们首先列举几位重要的代表人物。

　　• Aristotle(亚里士多德)(公元前 384—前 322),古希腊伟大的哲学家、思想家,著名学者 Plato(柏拉图)的学生。他的主要贡献是为形式逻辑奠定了基础。形式逻辑是一切推理活动的最基本的出发点。他的代表作是《工具论》,共六篇。在这些著作中,他最早给出了形式逻辑的一些基本规律,如矛盾律、排中律,并且实际上已经提到了同一律和充足理由律。Aristotle 详细地研究了概念,考察了概念的分类及概念之间的关系。他还研究了判断问题,判断的分类以及它们之间的关系。Aristotle 的最著名的创造应该是现人都熟悉的三段论法。

　　• Frege(弗雷格)(1848—1925),德国数学家和逻辑学家,他在耶那大学期间构造了命题逻辑的第一个公理系统,从而形成了完整的命题逻辑。他又首先使用量词,创建了谓词逻辑。他是最早提出通过把算术建立在逻辑基础上使算术形式化的人,开创了数学证明论中的逻辑主义学派。弗雷格在语义学方面也有贡献,他首先指出应该把"意义"和"指称"区别开来。

　　• Bacon(培根)(1561—1626),英国哲学家和自然科学家。他的主要贡献是系统地提出了归纳法,成为和 Aristotle 的演绎法相辅相成的思维法则。《新工具》是他的一本主要著作。但是 Bacon 本人有点走极端,否认演绎法的作用。实际上,归纳同演绎一样,已被 Aristotle 所研究,并且在 Socrate(苏格拉底)那里就已提出了,只是没有 Bacon 提得这样系统。

　　Bacon 的另一个功绩是强调了知识的作用,著名的警句"知识就是力量"即是他提出的。

● Leibnitz(莱布尼茨)(1646—1716),德国数学家和哲学家,和 Newton(牛顿)并列为微积分的发明者。他改进了 Pascal 的加法计算器,做出了能作四则运算的手摇计算器,在计算工具的历史上占有一席位置。但是 Leibnitz 最主要的贡献(这里所说的贡献均指对人工智能的发展而言)还是他提出的关于数理逻辑的思想。把形式逻辑符号化,从而能对人的思维进行运算和推理。这是一个伟大的思想。Leibnitz 提出的计划是:建立一种通用的符号语言,以及一种在此符号语言上进行推理的演算。后来的数理逻辑的产生和发展,基本上走了他提出的道路。

● Boole(布尔)(1815—1864),英国数学家、逻辑学家。他的主要贡献是初步实现了 Leibnitz 关于思维符号化和数学化的思想。Boole 在 1847 年发表了称为"逻辑的数学分析,论演绎推理演算"的文章,1854 年又出版了《思维法则,作为逻辑与概率的数学理论的基础》一书。提出了一种崭新的代数系统,被后世称为布尔代数。凡是传统逻辑能处理的问题,布尔代数都能处理,而某些能用布尔代数处理的问题,用传统逻辑处理却极其困难。

● Gödel(哥德尔)(1906—1978),美籍奥地利数理逻辑学家。他研究数理逻辑中一些带根本性的问题,即形式系统的完备性和可判定性问题。他在 1930 年证明了一阶谓词演算的完备性定理。接着又在 1931 年证明了:任何包含初等数论的形式系统,如果它是无矛盾的,那么一定是不完备的。他的第二条不完备性定理是:如果这种形式系统是无矛盾的,那么这种无矛盾性一定不能在本系统中得到证明。Gödel 的这两条定理彻底摧毁了 Hilbert(希尔伯特)的建立无矛盾数学体系的纲领,它们对人工智能研究的意义在于,指出了把人的思维形式化和机械化的某些极限,在理论上证明了有些事情是做不到的。

● Turing(图灵)(1912—1954),英国数学家。他于 1936 年提出了一种理想计算机的数学模型,后世通称之为图灵机。现已公认,所有可计算函数都能用图灵机计算,这就是所谓 Church-Turing 论题。Turing 的这项工作为后来出现的电子计算机建立了理论根据。

1950 年,他还提出了著名的"图灵实验":让人和计算机分处两个不同的房间里,并互相对话,如果作为人的一方不能判断对方是人还是计算机,则那台计算机就达到了人的智能。这是对智能标准的一个明确定义。

● Mauchly,美国数学家。他和 Eckert 等人共同发明了电子数字计算机。这项划时代的成果为人工智能研究奠定了物质基础。

　　电子计算机的研制成功是许多代人坚持不懈地努力的结果。从 1642 年 Pascal 的加法器，到 1673 年的 Leibnitz 的四则运算器，从 1832 年 Babbage 的分析器，到 1889 年 Hollerith 的穿孔卡计算机，人类的智慧之花一朵比一朵更鲜艳，终于在 1946 年结出了胜利的果实：第一台电子计算机 ENIAC。在此之后，又有不少人为之奋斗，其中贡献最卓著的也许是 Von Neumann(冯·诺依曼)。目前世界上占统治地位的依然是冯·诺依曼计算机。

　　• McCulloch，美国神经生理学家。他和 Pitts 一起，在 1943 年建成了第一个神经网络数学模型。他们认为，这个网络由许多神经元组成，神经元的状态和神经元之间的联系都采用兴奋—抑制(即 0-1)方式，网络没有记忆功能。就是这个网络执行着高级神经活动功能。1956 年 Kleene 把 McCulloch 的神经网络模型抽象为有限自动机理论。

　　McCulloch 和 Pitts 的理论开创了微观人工智能，即用模拟人脑来实现智能的研究。

　　• Shannon(香农)(1916—　　)，美国数学家。他于 1948 年发表了《通讯的数学理论》，这是一个标志，代表了一门新学科——信息论——的诞生。信息论对心理学产生了很大的影响，而心理学又是人工智能研究的重要支柱。早期的心理学称为行为心理学，该学派认为人的心理只能从行为上加以观察，不承认意念(mind)是可以研究的。认知心理学派则与之相反，他们从信息论得到启发，认为人的心理活动可以通过信息的形式加以研究，并在此基础上提出了各种描述人的心理活动的数学模型。这一派的代表人物有瑞士的 Piaget 和美国的 Bruner 等人。接着 Newell 和 Simon 等人又进一步发展出信息处理心理学，认为心理活动不仅可以用信息模型描述，而且可以用计算机处理。信息论和心理学的结合，构成了当代人工智能研究的一个重要潮流，即宏观人工智能研究。

　　• McCarthy，美国数学家、计算机科学家，人工智能的早期研究者。1956 年夏天，他和其他一些学者联合发起了在达德茅斯大学召开的世界上第一次人工智能学术大会，参加者有 Minsky, Rochester, Shannon, Moore, Samuel, Selfridge, Solomonff, Simon, Newell 等一批数学家、信息学家、心理学家、神经生理学家、计算机科学家。经 McCarthy 提议，在会上正式决定使用"人工智能"一词来概括这个研究方向，因此，1956 年的这个大会可以看作是人工智能作为一门独立的学科正式诞生的日子，而 McCarthy 本人在美国也常常被人们看作是"人工智能之父"。

上面给出的是一个非常不完全的清单,当然还有许多人为人工智能这门学科的产生作出过重大贡献。但是我们不能一一列出了。我们相信,读者从这里至少可以得到一条概要的线索,看到这门学科产生的主要背景。

在第一次人工智能大会(1956 年)前后,及在那以后的差不多 10 年间,人工智能研究取得了许多引人注目的成果,我们举一些著名的例子来说明这个阶段的成果。

自然语言的机器翻译,也许是人工智能研究中最早的方向之一。电子计算机刚一问世,人们就有了机器翻译的想法。1953 年,美国乔治敦大学的语言系主任组织了第一次机器翻译的实际试验。1954 年 7 月,IBM 公司在 701 计算机上作了俄译英的公开表演。此后,包括前苏联、中国在内的许多国家纷纷开展机器翻译的研究。

利用计算机证明数学定理是又一项大胆的设想。1956 年,Newell 和 Simon 等人首先取得突破,他们编制的程序 Logic Theorist 证明了《数学原理》第二章中的 38 条定理(实际上,Martin 和 Davis 在 1954 年就已经编制了算术方面的定理证明程序,只是没有发表);后来经过改进,又于 1963 年证明了该章中的全部 52 条定理。

1956 年,Samuel 研制了跳棋程序,该程序具有学习功能,能够从棋谱中学习,也能在实践中总结经验,提高棋艺。它在 1959 年打败了 Samuel 本人,又在 1962 年打败了美国康涅狄克州的冠军(全美第四名)。由于该程序是在 IBM 701 计算机上实现的,它的胜利竟使 IBM 公司的股票价值上涨了 15%。又由于它是一个早期的十分成功的非数值计算的例子,据说 IBM 公司的设计师们在它的启发下在计算机的指令中加进了逻辑运算功能,并使其他计算机公司竞相效仿。

也是在 1956 年,Selfridge 研制出第一个字符识别程序,接着又在 1959 年推出功能更强的模式识别程序。1965 年,Roberts 编制了可以分辨积木构造的程序,开创了计算机视觉的新领域。

定理证明在 1958 年取得了新的成就。美籍数理逻辑学家王浩,在 IBM 704 计算机上以 3—5 分钟的时间证明了《数学原理》中有关命题演算的全部 220 条定理,并且还证明了该书中带等式的谓词演算的 150 条定理中的 85%,时间也只用了几分钟。1959 年,王浩再接再厉,仅用 8.4 分钟的时间就证明了以上全部定理。同一年,IBM 公司的 Gelernter 还研制出了平面几何证明程序。

从 1957 年开始，Newell，Shaw 和 Simon 等人就开始研究一种不依赖于具体领域的通用解题程序，称为 GPS，它是在 Logic Theorist 的基础上发展起来的。做成后，又反过来应用于改进 Logic Theorist。GPS 的研究前后持续了 10 年，最后的版本发表于 1969 年。

人工智能研究也应用于解一些困难的数学题。1963 年，Slagle 发表了符号积分程序 SAINT，他用 86 道积分题作试验，其中 54 道选自麻省理工学院的大学考题，结果做出了其中的 84 道。1967 年，Mosis 以他的 SIN 程序再创记录，效率比 SAINT 提高了约三倍。由于在这期间 Ritch 已经基本上解决了超越函数的积分问题，因而使得 SIN 成为一个相当完备的积分系统。如果说 SAINT 具备了一个大学生的能力，则 SIN 已达到了一个专家的水平。

1965 年，Robinson 独辟蹊径，提出了与传统的自然演绎法完全不同的消解法，当时被公认是一项重大突破，掀起了研究计算机定理证明的又一次高潮。

一连串的胜利使人们兴奋起来，醉心于人工智能远景的专家们作出了种种乐观的预言。1958 年，Newell 和 Simon 充满自信地说：不出 10 年，计算机将要成为世界象棋冠军；不出 10 年，计算机将要发现和证明重要的数学定理；不出 10 年，计算机将能谱写具有优秀作曲家水平的乐曲；不出 10 年，大多数心理学理论将在计算机上形成。有些人甚至断言：照此趋势下去，80 年代将是全面实现人工智能的年代。到了公元 2000 年，机器的智能就可以超过人了。

但是，初战告捷的欢乐只是暂时的，当人们进行了比较深入的工作以后，发现这里的困难比原来想象的要严重得多。

就定理证明来说，1965 年发明的消解法曾给人们带来了希望，可是，很快就发现了消解法的能力也有限。用消解法证明两个连续函数之和还是连续函数，推了十万步也还没有推出来。

Samuel 的下棋程序也不那么神气了。当了州的冠军之后没有能进一步当上全国冠军。1965 年，世界冠军 Helmann 与 Samuel 的程序对弈了四局，获得全胜。仅有的一个和局是因为世界冠军"匆忙地同时和几个人对弈"的结果。

最糟糕的恐怕还是机器翻译。原先，人们曾以为只要用一部双向字典和某些语法知识即可很快地解决自然语言之间的互译问题。结果发现机器翻译的文字阴差阳错，颠三倒四。著名的例子是：英语句子"The spirit is willing but the flesh is weak"（心有余而力不足）翻成俄语再翻回来后竟成了"The wine is good but the meat is spoiled"（酒是好的，肉变质了）。因此有人挖苦说，美国花 2 000

万美元为机器翻译立了一块墓碑。

从神经生理学角度研究人工智能的人发现他们遇到几乎是不可逾越的困难。人的脑子有 10^{10} 以上的神经元,生理学认为,每个神经元可能不只是一个信息存储转送单位,而是一台完整的自动机。计算机技术虽然有了很大的发展,但要把 10^{10} 台机器,哪怕是最小的微型机,组成一个联合运行的网络,这在 20 世纪能否做到恐怕也是一个问题。

当然,不一定有必要一下子就造出像人的神经网络功能一样强大的机器神经网络。例如 Rosenblatt 于 1958 年提出的感知机就是神经网络的一个最简单的模型,该模型对多路输入加权求和,得到一个输出。调整极值,即可使特定的输入与特定的输出挂钩。例如把某些照片与"好人"挂钩,另一些照片与"坏人"挂钩,使感知机起到学习器和分类器的作用。Rosenblatt 的思想新颖直观,激起了当时人们的研究热情,可以说是神经网络研究的第一次高潮。但是,1969 年 Minsky 和 Papert 出版了《感知机》一书,书中指出:感知机的功能十分有限,连"异或"这样简单的逻辑运算都做不了,从而使感知机吃了一记闷棍。神经网络的研究从此被打入冷宫达 10 余年之久。

种种困难使人们对人工智能的乐观情绪大大下降了。在英国,它受到了最大的打击。英国曾在这方面有一批出色的科学家,其研究工作居于世界前列。可是在 1971 年,剑桥大学的应用数学家 James 先生应政府的要求起草了一份综合报告。这份在 1972 年发表的报告指责人工智能的研究即使不是骗局,至少也是庸人自扰。报告被英国政府采纳了。于是,形势急转直下。人工智能的研究经费被削减,研究机构被解散。好端端的局面被目光短浅的人一笔勾销。

在人工智能的发源地美国,原来对这一领域持保守态度的人变得更保守了。IBM 公司的人员曾在 1956 年夏天的那次会议上占了相当的比重,这些人在初期作的贡献不仅有 Gelernter 的平面几何证题程序,而且还有 Bernstein 的下棋程序,该程序曾被当时的《纽约时报》、《时代》和《美国科学》等报刊大事宣扬。但是,结局是意想不到的,IBM 公司的负责人下令取消了本公司范围内的人工智能研究活动。理由很简单,人工智能解决不了实际问题。

但是,尽管社会的压力很大,却没能动摇人工智能研究先驱者的信念。他们冷静地坐下来,认真总结前一时期的经验和教训。结论是:人工智能研究比预计的要难得多。前一段是初步的成功掩盖了本质性的困难。因此,急于求成是不行的。为了打开困难的局面,必须检讨过去的战略思想,以找到问题的症结。

　　自从人工智能形成一个学科以来,科学家们遵循着一条明确的指导思想:研究和总结人类思维的普遍规律,并用计算机模拟它的实现。他们深信:计算机一定能达到人的智能。达到这一步的关键就是建立一个通用的、万能的符号逻辑运算体系。对于输入的任何智力问题,它都能给出一个解答。Newell 等老一辈人工智能专家称此为"物理符号系统假设"。Nilsson 的观点则更进一步,认为这种符号体系的核心方法应该是逻辑演绎方法。他提出了一个口号,叫"命题主义"。他主张,一切人工智能研究应该在一个类似逻辑的形式框架内进行。这些思想代表了符号智能学派的主流。

　　事实上,他们几十年来的努力奋斗,就是为了创造这样一个万能的逻辑推理体系。通用解题程序 GPS 是他们早期的代表作,而通用弱方法(见第九章)则是 GPS 思想的进一步发展。弱方法指的是解决某类问题的启发式方法,通用弱方法则企图从各种弱方法中找出共同的规律。

　　然而,当人们在困难面前重新检讨战略思想时,老科学家信奉的原则开始受到年轻一代的挑战。他们认为,万能的逻辑推理体系至今没有创造出来,并不是因为人工智能专家的本事不够,而是因为这种万能的体系从根本上说就是不可能有的。它最大的弱点就是缺乏知识,即缺乏人类在几千年的文明史上积累起来的知识。在实际生活中,人是根据知识行事的,而不是根据在抽象原则上的推理行事的。其次,即使就逻辑推理体系来说,它的主要技术是状态空间搜索,而在执行中遇到的主要困难是"组合爆炸"。事实表明,单靠一些思维原则是解决不了组合爆炸问题的,要摆脱困境,只有大量使用现成的知识。

　　斯坦福大学的年轻教授 Feigenbaum 是上述观点的著名代表人物。他说:"过去 20 年中,人工智能的研究发生了转变,从探索广泛普遍的思维规律转向智能行为的中心问题,即评价特定的知识——事实,经验知识以及知识的运用"。"用机械装置模拟人的智能——人工智能及其同属的、同类的科学——在前 25 年里试探了多条道路,走过了漫长的行程。条条道路汇合在一个中心问题上,认为所有智能活动,即理解、解决问题的能力,甚至学习能力,都完全靠知识"。

　　他还认为:世界已经进入了第二个计算机时代,计算机的作用已经发生了根本改变,从以信息为处理对象转变为以知识为处理对象,从以计算为主要任务转变为以推理为主要任务。Feigenbaum 重新举起了 Bacon 的旗帜:"知识就是力量"!

　　Feigenbaum 提出上述观点的背景,是他开创了人工智能研究的一个重要的应用领域：以知识为基础的专家咨询系统，并且取得了异乎寻常的成功。在他主持下，第一个成功的专家系统 DENDRAL 于 1968 年问世。它能根据质谱仪的数据推知物质的分子结构。在 DENDRAL 的影响下，涌现出一大批各行各类的专家系统。由于专家系统向人们展示了人工智能应用的广阔前景，社会上对人工智能的兴趣与日俱增。军界人士期望它能开辟自动化武器和自动化指挥作战的新纪元；卫生部门则因某些医学专家系统的成功而得到极大的鼓舞；至于工商企业界，部分地出于对新技术的厚望，部分地出于宣传和其他方面的动机，热情也在逐渐高涨起来，连过去较为保守的 IBM 公司也感到在这方面不能无所作为，推出了自己的第一个人工智能语言 Mu-Lisp。进入 80 年代后，专家系统的开发已经走出实验室，成为软件产业的一个新分支：知识产业。有人估计，这方面的专业公司正以差不多每周新开张一个的速度发展着。Feigenbaum 教授为这个新领域起了一个名字：知识工程，并于 1977 年在第五届国际人工智能大会的讲台上公诸于世。现在，大多数人工智能专家都承认，知识工程是 20 世纪七八十年代人工智能研究中最有成就的分支之一，它在恢复和推进人工智能的社会形象方面起了很大的作用。

促进人工智能研究的还有另外一个重要因素，这就是日本的五代机计划以及许多发达国家的高技术计划。对于日本的计划，惊呼者有之，怀疑者有之，贬斥者有之。然而，多数人是重视的，认为这是日本人做出的一个认真的努力。实现这个计划将使日本人从经济大国向科技大国迈进一大步。形势的发展表明，五代机计划的意义已经超出日本列岛的范围，80 年代出现了世界范围的开发新技术的高潮。英国的阿尔维计划、西欧的尤里卡计划、东欧的经互会计划、美国的 STARS 计划和 MCC 计划等相继推出，我国也有相应的 86·3 计划。当然这些计划的内容并不限于计算机技术，更不限于人工智能。但是，差不多每项计划都以人工智能（特别是知识工程）为基本重要组成部分。这说明，国际上已经公认人工智能是当代高技术的核心部分之一。

尽管如此，人工智能仍旧是引起争议最多的学科之一。我们在前面已经提到了其中的一个争议，即当前人工智能的研究应该以人类的普遍思维规律为主，还是以特定知识的处理和运用为主。我们着重介绍了 Feigenbaum 一派的观点，这并不意味着老一代人工智能专家的意见和研究成果不值得重视。相反，我们认为这两方面的研究不仅不是矛盾的，而且是相辅相成的。它们反映了一般和特殊的关系。一般存在于特殊之中，没有特殊，就没有一般。但特殊如不能上升到一般,也就难以成为一门真正的科学。

在科学史上,某一种学说或技术的胜利往往不是绝对的、永久的。就像打乒乓球一样,中国队的崛起曾经使直拍打球大显神威,可是横拍打球的瑞典队却又成为中国队的劲敌。没有人敢说一定是直拍好还是横拍好。就在知识工程原理为社会广泛接受,出足风头的时候,因感知机问题而受挫的神经网络研究者并不甘心寂寞,仍在努力探索。他们发现,只要把神经网络改成多层次的,即除了输入和输出节点以外再加上一些中间节点,即所谓隐节点,它的功能就会大大加强,神经网络功能弱的问题迎刃而解。

实际上,感知机的影响是不可低估的。它至少有三个十分重要的特点:高度的平行性;能处理模糊性和不精确性;具有某种学习本领。在后来的脑模型研究中,普遍地重视了这些性质。

1974 年,Werbos 提出了具有信息反馈功能的多层网络。1982 年,Hopfield 提出了具有前馈功能的神经网络,并且能用简单的电路加以实现。1984 年,Hinton 和 Sejnowski 提出了能够找到全局最优解的 Boltzmann 机器。由于这一系列的工作,神经网络走上了复兴之路。一时间,神经网络的研究从理论到技术,从软件到硬件,发展极快。而知识工程的研究势头却已经过了它的最高潮。符号智能也似乎不那么吃香了。有些极端的研究者曾经喊出“(符号)人工智能已经死了,神经网络万岁”的口号。还有人把依据神经网络原理制造出的计算机称为第六代计算机。但是这种称呼未能流行起来。

伴随着神经网络研究的复兴,大规模平行计算模型受到广泛研究。人们把这种思潮称为联络主义,根据联络主义思想设计的模型泛称为联络机。联络主义学派受到许多人的重视,但是,它离完美地解释人的感知过程还有相当的距离,而且它仍然是以“计算”概念为基础的。

此外,通过什么途径才能最有效地实现人工智能,也是一个众说纷纭的问题。传统的人工智能专家在原则上还是主张通过总结人的思维规律来实现智能,这一点并未改变。他们大都寄希望于逻辑学的发展。但是许多人不同意他们的观点。人们指出,逻辑在人工智能中没有 Nilsson 所说的那种至高无上的地位。逻辑虽是一种通用语言,几乎可用来描述一切东西。但“可能”不等于“合适”,就像任何工具不是万能的一样。其次,演绎也不是惟一的推理方法,还有归纳呢。反对者送了一顶“纯粹理性”的帽子给逻辑主义者并加以批判,其中的极端者甚至抨击他们是死抱住一具逻辑僵尸不放。在新的形势下,老一派学者的观点也有了新的发展。他们不再拘泥于经典的逻辑主义。新逻辑主义者以 McCarthy 为代表。McCarthy 基本上是属于符号智能学派的,但他不强调通过总结一系列启发式算法来模拟人类智能。他不认为人工智能本质上是一种经验科学,他特别强调常识在人的智能中所起的作用,要从理论上搞清楚人的常识思维是按照什么样的逻辑进行的。他强调要对常识性知识形式化,然后用严格的逻辑方法予以研究。这一思潮的最主要成果之一是以 McCarthy 和 Reiter 为代表的非单调推理研究。

Feigenbaum 则进一步发展了他的知识是解决问题的根本的观点。他希望从知识之门打开一条通向人工智能之路。他实际上也是属于符号智能学派的,但不像老一辈学者那样强调逻辑的作用,他认为知识的大量积累可以使计算机的智能发生质变,并提出了一个所谓"知识原则"三阶段计划。这个计划的要点是:通过构造一个海量知识库,第一阶段可支持相当大一部分现有问题的解决,第二阶段可用类比推理解决很多新问题,而这些新问题的解决办法原来在库中是不存在的。第三阶段可以令计算机自己发现知识,从而使计算机真正成为有智能的。受其影响的 Lenat 于 1984 年在美国微电子和计算机技术公司(MCC)发起了 CYC 研究项目。CYC 的目标是要建成百万级数量的断言知识库,并通过它来解决各类常识问题。原计划十年完成,后来延长一年,于 1995 年结束。从 1995 年 1 月起由一个新的称为 Cycorp 的公司接管,转为商业性质。在国际上建立大规模知识库的诸多努力中,这是最有名的一个项目。据说目前百万断言的目标已经实现,但是 CYC 的已有成果不仅离实现机器智能的总目标还差得很远,而且离 Feigenbaum 的第一阶段计划目标也还差得很远。对于这个野心勃勃的工程,评论者意见纷纷。许多人认为这个计划是难以实现的。但是 Lenat 的计划一直在坚持执行之中。

人工智能可以通过提高机器和算法的速度来实现。这是一种相当现实的主张。例如,棋手考虑的步数越多,赢棋的可能性就越大。有人主张只要提高 α 和 β 剪枝的速度,计算机的棋艺也就自然提高了。深蓝战胜世界冠军的新闻似乎给这一部分学者提高了士气。照此说来,只要造出更快的计算机就行了。但是计算机科学的复杂性理论告诉我们:如果问题的复杂性到了指数级,则计算机速度的提高(哪怕是成百倍地提高)对问题的解决能力起不到多大作用。美国国防部的一份研究报告指出,如果按照计算机的速度、存储容量等来计算,则目前计算机的智能只略强于蚂蚁,而与蜜蜂差不多。要从蜜蜂进化到人,这谈何容易呀？

　　鉴于确定性算法的效率往往不如人意,各种概率算法和不确定算法被提上日程。另一批科学家主张用神经网络、遗传算法的原理,结合大量的计算来实现人工智能。这条途径通常称为计算智能。它与单纯依靠计算机速度的思想不同,要想借鉴生物学中的某些原理,这当然也是很难的。比遗传算法更一般的是进化算法或演化算法。其基本原理是渐进地求某些函数的优化值。在计算智能思想指导下还诞生了一个新的研究分支,称为软计算。它除了神经网络、演化算法以外,还包括粗集理论等一些处理不确定性的方法。但是,所有这些方法除了在处理某些问题方面略显优势以外,还尚未能证明自己是通向人工智能实现的坚实大道。

　　1991 年,在悉尼举行的国际人工智能联合大会上,美国的 Brooks 获得了专门授予青年人工智能学者的计算机和思维奖,他在获奖报告中提出了“无表示的智能”的主张。他认为,现在的机器人研究之所以不成功或进展缓慢,主要是因为机器人的所有行动必须通过机器人的大脑来指挥。当机器人感受到外界信息后,必须送到这个大脑(推理机)中去分析、处理,并规划下一步的行动。这个过程可能是很缓慢的,跟不上环境的变化。他分析了机器人控制的各种功能后,提出了一种包孕结构,并主张,如果功能 $j+1$ 包含了功能 j,而机器人操作的当前任务只需用到功能 j,则用不着求助 $j+1$ 层,只用 j 层对付就可以了。例如遇到障碍时,用不着分析障碍是什么东西,爬过去就是了。Brooks 用这个思想设计了机器昆虫,可以在船体表面爬行并清除牡蛎。本来他的研究属于机器人领域,是一个技术问题。但因为 Brooks 把它上升为一种哲学思想,主张:“无表示的智能”,这才引起了人们的注意。他的思想属于行为主义的范畴:只看行为,不看思维。我们可以称在这种思想指导下的人工智能研究为行为智能。Brooks 报告后 10 年的历史表明,他的主张没有在人工智能界得到进一步的发展。

　　争议的另一个焦点是:智能的本质是什么? 机器能达到人的智能水平吗? 这个问题由来已久,人们对此的看法相距甚远。为 Babbage 编过程序的历史上第一代程序员 Ada Lovelace 就曾说过:“不能说机器会独立思考”,不过她又作了一点保留,表示这个问题的答案“只有和机器接触后才能知道”。Von Neumann 则明确认为“计算机决不会具有智能”。但 Turing 的看法与他不同,他在提出图灵试验时实际上认为计算机是能达到人的智力水平的。1972 年,Mitchie 向 63 位英美控制论专家调查:“过多少年可以制成和成人的智能相等的计算机?”,结果是回答 5 年、10 年、20 年、50 年及大于 50 年的都有,其中有 37 人认为 50 年内能达到这个目标。

这个争议一直持续到现在。争议双方有一个共同点,即人工智能研究是非常困难的。McCarthy 说:人工智能的所有主要问题都是难解的。Minsky 说:人工智能是有史以来最难的科学之一。难在什么地方呢? 一般认为,难就难在实现智能需要浩繁的知识,而最难对付的知识是常识(不是专业知识)。Dreyfus 认为:常识问题是实现人工智能的最大障碍。

严重的困难犹如大山,把人们分成两派。智叟派认为,这座山实在太高了,要搬走是不可能的,尤其是常识问题不可能最终解决。因此,研究人工智能的目的只能是获取一些有用的技术,提高计算机的解题能力,愚公派则认为,这座山虽然很高,只要子子孙孙不断挖下去,总有一天能把山全部搬走。所以,研究人工智能就是要把有关的理论和实践问题全部搞清楚。与此相应,这两派对人工智能的研究的本质有不同的看法。智叟派认为人工智能不过是一门技术,而愚公派则认为它是一门科学。智叟派倾向于把人工智能当作计算机科学的一个分支加以研究,而愚公派则主要是从认知科学的角度研究人工智能。

关于机器能否具有智能的争议也波及了国内。1984 年,钱学森主持了一次思维科学讨论会。会上就有不同观点的交锋。一种观点属于"可能派"。持这种观点的人建立了一个模拟人脑神经活动的思维模型,并从数学上证明存在与此模型等价的平行计算机,使得计算机的元器件不超过细胞总数的一个低次多项式,模拟所需的平行时间不超过生命时间的一个低次多项式,模拟程序的复杂度不超过基因的复杂度。但是持这种观点的人又补充说:单用离散的数字机也许不够,还得用上模拟机。

另一种观点与此相反。认为要使计算机达到人的智能,必须克服三大障碍。首先,计算机只能解决形式化的问题,而客观世界的问题则是非形式化的、变化无穷的。如果要求计算机自动地把问题形式化,这种转换算法本身必须是形式化的。这就又回到了问题的起点:用形式化的方法对付非形式化的问题。其次,许多问题可能根本没有有效的解法,即使有,要机器把它找出来,就又进入了死胡同。第三,算法的复杂性难以控制。在这三关障碍中,最本质的是第一个。持这种观点的人认为它是不可克服的困难。

实际上,关于计算机能否达到人的智能的问题,有更深一层的含义,即人的思维活动所包含的功能能否用"计算"两个字加以概括? 因为如果对后者的答复是肯定的话,那就相当接近于前者的解决了。现代的计算机、图灵机和可计算函数都是等价的,这已经是人们深信不疑的论题了。Newell 的物理符号系统假设,就是把智能问题归结为符号系统的计算问题。"一切精神活动可以归结为计算",据说在西方已经上升为一种哲学观点。

但是,人的精神活动是非常复杂的:人工智能学者们所认真研究过的只是其中的一部分,主要是与逻辑推理有关的那一部分。有人称之为二次精神活动,即有意识的精神活动。并且主要是一种抽象思维,现在有不少人提出要从人工智能的角度研究形象思维,包括诗歌、文学、艺术等等。还提出要研究所谓初级精神活动,如记忆、灵感、梦、条件反射、脑波,以及各种下意识活动。这类精神现象能否用"计算"加以概括,则是更难回答的问题了。

看来,机器能否具有人的智能的争论将会长久地进行下去,甚至可能成为一个常青不衰的与人类社会共存的问题。过于乐观和过于悲观的估计都是不恰当的。

人工智能的研究范围是又一个众说纷纭的问题。一般认为:它应该包括知识表示、推理技术、定理证明、非经典逻辑、自然语言理解、口语理解、认知模型研究、知识工程、人工智能语言、推理体系研究、计算机视觉、机器人等许多方面。至于引起争议的原因,第一是由于边界不分明,某些分支与数学有交界(如定理证明、非经典逻辑),或与语言学有交界(如自然语言理解、口语理解),或与心理学有交界(如认知模型),或与电子学、机械学有交界(如计算机视觉、机器人),如何划分是令人头痛的问题。第二是由于科学的进展,各分支的内容在不断地变化。有人认为:人工智能只管开辟科学上的"生荒地",凡是已经找到了成熟的研究方法的领域,就不应该再属于人工智能的研究范围。例如,控制论曾被看作是与人工智能有极大亲缘关系的学科,而现在在人工智能研究中已很少提到它了。又如,模式识别的某些子分支,也由于同样理由而逐渐脱离人工智能。另一方面,一些新兴的学科已被发现与人工智能有较密切的关系,但由于不够成熟等种种原因而被一些人工智能大师拒于教门之外,模糊数学便是这样一个例子。第三,随着研究工作的深入,一些传统的观念在发生变化。例如,在历史上,由数值计算发展到符号演算,曾被认为是人工智能学科的一大特征,可是近年来,在计算机视觉和机器人学的研究中却又出现了回到数值计算的现象。微分几何、微分方程、变分法等分析方法越来越受到重视,提高了数学在人工智能研究中的地位。最后,人工智能是否是一个独立的学科,这也是一个有争议的问题。有人认为，人工智能包含的内容太多了，就像许多年以前的哲学一样（那时的哲学包含自然科学），基本上是一个大杂烩。其中如 Longuet-Higgins 的看法更极端，他根本怀疑人工智能能否算一门学科，更不用说是独立的学科了。多数人则认为人工智能应该是一门独立的学科，只是在什么是把整个学科串起来的核心这一点上意见不一致。Nilsson 认为演绎推理是核心，Newell 说思维规律的研究是核心，Sloman 说智能系统是核心。当然，我们不会忘了 Feigenbaum 的看法，他认为对知识的研究是核心。也有人认为这样的核心还没有形成，如 McCarthy 便是代表人物。

从世界上第一次人工智能大会到现在，差不多半个世纪的时间过去了。半个世纪以来，人工智能研究走过了一条曲折的道路。时而受到吹捧，时而受到贬斥。吹捧时能够把它捧杀，贬斥时又能把它骂杀。人工智能的地位就好像股市的行情一样，一会儿看跌，一会儿看涨。其风云变幻之无常使人想起昔人咏疟疾词云："冷来时冷的在冰凌上卧，热来时热的在蒸笼里坐，痛时节痛的天灵破，战时节战的牙关挫。真是个害杀人也么哥，真是个寒来暑往人难过。"实际上，这种寒暑的剧烈变化在相当程度上是人为的。真正的人工智能专家是不为这些表象所动的。人工智能研究每年都在取得本质的进步。只不过因为人工智能的目标太遥远、太困难了。所有的进展都只是有穷数。无穷大减去有穷数还是无穷大，这常使许多人误认为人工智能研究踏步不前，实际上是不公平的。

关于人工智能研究的历史和现状，当然不是这短短的引言所能说得清楚的。之所以写了这些内容，是因为它们不属于本书的任何具体章节。我们觉得，让读者在涉猎本书的具体内容之前，先了解这些粗线条的概貌，也许是会有好处的。

目　录

第一部分 知识表示

——知识就是力量。

Bacon

——知识与信息不一样。知识是信息经过加工整理、解释、挑选和改造而形成的。

Feigenbaum

我们不打算在这里讨论什么叫知识,对一个概念下定义往往是最困难的事情,而且总是难免有漏洞。我们只是提出一个较易为读者接受的观点:为了研究如何用计算机处理知识,必须首先研究知识的表示形式。因为如果不能把知识按某种整理好的形式存进计算机中,那么一切都无从谈起。而知识的表示又与知识的分类有密切的关系。经常见到的知识类型至少有下列几种:

1. 事实性知识。一般采用直接表示的形式。例如:北京有一千万人口;凡猴子都有尾巴;下午五点左右去买菜最便宜;等等(更多的例子见第一章)。如果事实性知识是批量的、有规律的,则往往以表格、图册,甚至数据库等形式出现。

此外,某些事实性知识表现为规则的形式(尽管有时我们把事实和规则分开处理)。例如,刚才举的事实性例子中有一些就可以看作是规则。

2. 过程性知识。描述做某件事的过程,使人或计算机可以照此去做。例如,"电视机维修法","怎样制作松花蛋",等。标准程序库也是常见的过程性知识,而且是系列化、配套的。

3. 行为性知识。不直接给出事实本身,只给出它在某方面的行为。例如,微分方程刻画了一个函数的行为,但是并没有给出这个函数本身。行为性知识经常表示为某种数学模型,微分方程只是它的一个特例。从某种意义上说,行为性知识是描述事物的内涵,而不是它的外延。

4. 实例性知识。只给出一些实例,关于事物的知识即隐藏在这些实例之中。如,大批的观察数据即是典型的实例性知识。实例性知识和事实性知识的主要区别是,人们感兴趣的一般不是这些实例本身,而是在大批实例后面隐藏的规律性知识。

5. 类比性知识。既不给出外延,也不给出内涵,只给出它与其他事物的某些相似之处。有一则谜语说:"山叠叠而不高,路遥遥而不远,雷轰轰而不雨,雪飘飘而不寒",打一农村家庭用品(石磨)。山、路、雷、雪皆非谜底,只是以山拟其形,路拟其圈,雪拟其粉,雷拟其声。类比性知识一般不能完整地刻画事物,有时会犯瞎子摸象的毛病。但它可以启发人们在不同领域的知识间架起桥梁,利用一个领域的知识去解决另一个领域的问题。

6. 元知识。也可以称为关于知识的知识,有各种不同的情况。如,一个计算机辅助教学系统要知道用户目前对课程理解到何种程度,这是关于他人知识的知识。一个好的专家系统应该知道自己能回答什么问题,不能回答什么问题,这是关于自己知识的知识。一组机器人合作完成一项任务时需要互相知道各方的动作是否协调,这是关于相互知识的知识,等等。最重要的元知识是如何使用知识的知识。例如,已知所需的知识在某个知识库中,用什么方法把它找出来?已知某个结论蕴含在某个前提中,用什么方法把它推出来?估计测试数据中隐藏着某些规律,用什么方法把它们总结出来? 等等。因此,元知识经常以控制知识的形式出现。

选择何种知识表示,不仅取决于知识类型,还取决于一些其他因素,如:

1. 表示知识的范围是否广泛? 例如,逻辑是一种广谱的知识表示工具,而帮会的行话只能表示很窄的内容。

2. 是否适于推理? 一般说来,人工智能主要对适合推理的知识表示感兴趣。数学模型(如微分方程)不适于推理,普通的数据库只能供检索用,也不适于推理。不过,随着机器人学和计算机视觉的进展,纯计算性知识在人工智能中的地位已有所改变。

3. 是否适于计算机处理? 一般说来,用文字表述的知识不适于计算机处理,以连续形式表述的知识(如微分方程)也不适于直接用计算机处理。

4. 是否有高效的算法? 不完备的或不可解的知识表示,或推理复杂性高的知识表示,在选用时都要特别谨慎。PROLOG 之所以采用深度优先向后推理,是因为已经证明了 Horn 子句的消解是完备的。但是 PROLOG 语言的某些成分只能解释执行,速度很低,这又是它的缺点。

5. 能否表示不精确知识? 自然界的信息具有先天的模糊性和不精确性。许多知识表示方法往往需要经过改造,以便表示不精确性(例如,MYCIN 中带可信度的产生规则)。

6. 能否模块化? 这有两重含义。首先是在同一层次上的模块化。例如 PROLOG 只有一个全局性知识库,不能模块化,是它的缺点。其次,是按知识分层方法实行模块化。例如,微分方程 $\dfrac{\partial^2 u}{\partial x^2}+\dfrac{\partial^2 u}{\partial y^2}=0$ 是一种知识表示,说明 u 是调和函数,但是要真正把 u 解出来,还需要一套处理微分方程的知识。这就是在不同层次上的知识。

7. 知识和元知识能否用统一的形式表示? 这两种知识是属于不同层次的知识。使用统一的表示方法可以使知识处理简便。产生式系统是比较适合于统一表示知识和元知识的。

8. 是否适于加入启发信息? 前面说的不精确性主要是指我们对于作为推理对象的客观事物的认识一般是不精确的。因此,推出的结论只能有有限的精确度。但是这种不精确性也表现在元知识(控制知识)方面,在已知的前提下,如何才能最快地推得所需的结论,以及如何能推得最佳的结论,我们的认识往往也是不精确的。这些不够精确地控制信息就是通常所说的启发信息。

9. 过程性表示还是说明性表示? 一般认为:说明性表示涉及细节少,抽象程度高,因此可靠性较好,修改方便,但执行效率比较低。过程性表示的优缺点与说明性表示相反。

10. 表示方式是否自然? 正如不同的人在不同的场合下穿不同的衣服一样,针对不同的知识及不同的用途,也应分别情况采用不同的表示方法。一般应在表示方式尽量自然(适合于该问题特点)与使用效率尽量高之间取一个妥协。对于推理来说,PROLOG 比某些高级语言(如 FORTRAN)自然,但牺牲了一些效率。另一方面,在 PROLOG 中只能用 Horn 子句,比起一般的谓词公式它又显得不够自然,但这种不自然又换来了一些效率。

应该说明,上述十项原则只是相对的,供参考的。这一部分将集中介绍常见的五种知识表示,即演绎系统,产生式系统,框架结构,语义网络和过程性知识。当然,它们之间的界线也不是绝对的。

第一章

演 绎 系 统

1.1 谓词演算

人对事物的了解，人的知识，往往用一种陈述性的结论形式表示出来，例如：

天是蓝的。

$2+2=4$。

毛泽东生于 1893 年。

这些都可以算是知识。表示这些知识的陈述性形式称为命题。为了表示和运算的方便，我们通常用一个英文字母串来表示命题：

THE—SKY—IS—BLUE

TWO—PLUS—TWO—EQUALS—FOUR

MAO—TZETONG—IS—BORN—IN—EIGHTEEN—NINETY—THREE

其中使用了一些连字符，只是为了便于阅读。连字符是可有可无的。

带有参数的命题叫谓词（反过来，也可以说不带参数的谓词叫命题）。比起命题来，谓词有更强的表达能力。

首先，命题没有概括能力。例如，为了表达：××是一个城市，则有多少个城市就要用多少个命题来表示：

$P1$：代表"北京是一个城市"

$P2$：代表"上海是一个城市"

$P3$：代表"天津是一个城市"

但是，这些命题只要用一个谓词 $CITY(X)$ 就可以表示，其中 X 可以是北京、上海、天津……，于是，上述三个命题变成：

$P1$：$CITY$(北京)

$P2$：$CITY$(上海)

$P3$：$CITY$(天津)

我们说谓词的表达能力强,是因为它把每个知识单元进一步细分了。原来"北京是一个城市"是一个基层知识单元,参数化以后,把"城市"这个概念分割出来了,而北京、上海、天津则是另外一个概念,谓词样品 CITY(北京)把"城市"和"北京"两个概念连接在一起,而且说明"北京"是"城市"的一个子概念。这就是说,谓词的使用使我们的知识表示方法更深了一层。打个比方,过去是用一个名字来代表化学中的一种分子,而现在则是用它的内部原子结构来表示它。

谓词之优于一般命题的第二个方面,是因为谓词可以代表变化着的情况,而命题只能代表某种固定的情况。例如,设有两个命题:

P:北京是一个城市

Q:煤球是白的

则 P 之值恒真,而 Q 之值恒假,不可能再有别的值。

但是谓词值的真假却可因参数而异,如

$P1$:CITY(北京)

$P2$:CITY(煤球)

同一个谓词 CITY,当它的参数为北京时取真值,参数为煤球时取假值。

谓词之优于一般命题的第三个方面,是因为可以利用谓词在不同的知识之间建立联系。例如,下面四个知识单元:

HUMAN(X)X 是人

LAWED(X)X 受法律管制

COMMIT(X)X 犯法

PUNISHED(X)X 受法律制裁

则前两个知识单元可以联合成一个高一级的知识单元:

HUMAN(X)→LAWED(X)

表示:人人都要受法律的管制。注意这里两边的 X 代表同一个人。

后两个知识单元也可以联成一个高一级的知识单元:

COMMIT(X)→PUNISHED(X)

表示:只要 X 犯了罪,X 就要受惩罚。这里 X 不一定是人,比如说也可以是某种动物。

进一步,还可以把这两个高级知识单元联成更高级的知识单元

$$\{[\text{HUMAN}(X) \rightarrow \text{LAWED}(X)] \rightarrow$$
$$[\text{COMMIT}(X) \rightarrow \text{PUNISHED}(X)]\}$$

乍一看,这个公式的意思似乎是把前面两句话连起来,即"因为人人都受法律的管制,所以任何人犯了罪一定要受到惩罚"。实际上并不如此。本公式的意思是:"如果由于某个 X 是人而受到法律管制,则这个人犯了罪就一定要受到惩罚"。

把上一个段落中提到的两个判断简称为第一判断和第二判断,则我们首先可以看出:由第一判断推不出第二判断。晁盖劫了生辰纲,违犯了宋王朝的法律,受到官府的追究。而高衙内强抢民女,同样违犯宋王朝的法律,却可以横行无忌。这一点从第二判断来看是解释得通的。因为晁盖是人而受法律管制,高衙内同样是人却不受法律管制。对晁盖来说,第二判断的前提成立,因此要治罪,对高衙内来说,第二判断的前提不成立,因而可逍遥法外。可是,如果以第一判断为标准的话,晁盖就要喊冤枉了,因为那里的前提是"人人都受法律的管制",所以,只要有一人不受法律管制,那么就没有理由去处置任何犯罪的人。既然不捉高衙内,就没有理由捉晁盖。

更有甚者,第二判断还包含了这样的意思:如果 X 不是人,则 X 犯了罪就一定要受到惩罚。比如说,兔子犯罪要受到惩罚。这是因为,若 $\text{HUMAN}(X)$ 为假,则不论 $\text{LAWED}(X)$ 如何,第二判断的前提自然为真,其结论又必然成立。

知识单元连接的一个关键,是由于有了同名参数。谓词公式对于同名参数置换的一致性要求使得不同的论断之间可以建立起内在联系。但是在这样做的时候必须特别小心,否则很容易把意思搞错,如像上面的例子那样。

在谓词演算中,我们要研究一群谓词之间的相互关系:如何由某些谓词公式的真假推论出另一些谓词公式的真假。这给了我们以从某些知识推论另一些知识,或从知识的某种表示方式推论出另一种表示方式的手段。建立谓词间关系的方法,就是用一些联结符(或称运算符)把单个的谓词组合成谓词公式,并按固定的规则进行运算。例如,$\wedge$(与符号),$\vee$(或符号),$\sim$(非符号),或 $\rightarrow$(蕴含符号),$\equiv$(等价符号),$\forall$(全称量词),$\exists$(存在量词)等都是谓词运算的符号(其中有些也称联结符号),它们的意义在任何一本讲解数理逻辑基础的书里都能找到。

　　除了掌握谓词演算的形式规则以外,我们必须知道怎样把一个现实世界的命题表达成谓词公式的形式。这种表示形式不是唯一的,可简可繁,视需要而定。

　　例如,怎样把论断:"世上决没有无缘无故的爱,也没有无缘无故的恨"表达成谓词公式的形式? 最简单的办法是用一个单个的命题来表示,例如:

$$P \qquad (1.1.1)$$

用一个命题 P 代表了这个论断中的全部内容,可谓方便了。但是,从推理的角度来看,这样做却并不方便。在"雷锋热爱共产党,是因为共产党哺育了他"这个论断中,既讲了爱,又讲了爱的缘故,按理说应该和前面的论断之间有一定的联系。但如果后面的论断也用一个命题,比如说用 Q 表示,则在形式上,P 和 Q 之间毫无关系可言。因此我们要考虑怎样把论断的表示形式分细,这也就是知识的模块化问题。在这个意义上,上述命题起码可以在下列不同的程度上予以细分:

$$没有无缘无故的爱 \wedge 没有无缘无故的恨 \qquad (1.1.2)$$

这里已分解为两个命题。

$$\sim 存在无缘无故的爱 \wedge \sim 存在无缘无故的恨 \qquad (1.1.3)$$

这里把否定词分了出来。

$$\sim \exists X[无缘无故的爱(X)] \wedge$$
$$\sim \exists Y[无缘无故的恨(Y)] \qquad (1.1.4)$$

这里把存在量词分了出来。

$$\sim \exists X[爱(X) \wedge 无缘故(X)] \wedge$$
$$\sim \exists Y[恨(Y) \wedge 无缘故(Y)] \qquad (1.1.5)$$

这里把爱和恨的概念分了出来。

$$\sim \exists X[爱(X) \wedge \sim 有缘故(X)] \wedge$$
$$\sim \exists Y[恨(Y) \wedge \sim 有缘故(Y)] \qquad (1.1.6)$$

这里把缘故的否定词分了出来。

$$\sim \exists X[爱(X) \wedge \sim \exists Y 缘故(X, Y)] \wedge$$
$$\sim \exists T[恨(T) \wedge \sim \exists S 缘故(T, S)] \qquad (1.1.7)$$

这里又把"A 是 B 的原因"这个概念中的 A 和 B 分解了开来。

这个并不太复杂的命题,至少可在七个不同的层次上表示出来。一般说来,分得越细,它含的知识越丰富,但推理的效率也越低,到底分到什么程度,应视需要而定。在本例中,象式(1.1.1)那样只用一个命题表示全部知识内容,称为知识的最粗分割,或最粗表示法。象式(1.1.7)那样把知识叙述中涉及的概念全部分解出来,称为最细分割或最细表示法。

利用谓词作知识表示时,模块性的另一个体现是谓词的参数个数。就上面那个例子而言,实际上我们并不需要定义那么多谓词来表达那个判断(爱、恨、缘故等等)。我们只要用一个谓词就够了。

$$P(X_1, X_2, X_3, X_4, X_5, X_6, X_7, X_8, X_9, X_{10}, X_{11}) \qquad (1.1.8)$$

其中 X_1 表示地点,X_2 表示是否(真假),X_3 表示动作,X_4 表示有无(真假),X_5 和 X_6 表示对象,X_7 到 X_{11} 与 X_2 到 X_6 一样。根据这个定义,我们知道前述论断的含义是:

P(世界,否,存在,无,原因,爱,否,存在,无,原因,恨)之值为真。该谓词还可表示其他许多论断,例如:

P(香山饭店,否,住,无,租金,旅客,否,住,无,证明,旅客)

P(黑心食品店,是,卖,有,霉,面包,是,卖,有,臭气,酸奶)等等。由于这种表示方法已把有关的概念都分了出来,因此,比起只用一个命题来,它的知识内容要丰富多了。比如说,我们已经可以写出这样的蕴含式:

$$P(X,是,卖,有,霉,Y,\cdots)$$
$$\rightarrow 罚款(X) \wedge 没收(Y) \qquad (1.1.9)$$

谓词 P 中后面的一串点表示后面几个参数无关紧要,随便代入什么值均可,如

$$P(X,是,卖,有,霉,Y,是,存在,有,权势,后台)$$
$$\rightarrow 罚款(X) \wedge 没收(Y) \qquad (1.1.10)$$

照样成立。这种可能性,在仅用一个简单命题 P 表示整个论断时是做不到的。

利用多参数谓词来表示关系数据库中的数据十分方便,假设我们有如下的一个关系:

姓　名	年　龄	职　业	性　别
张　某	19	学　生	男
李　某	26	专业户	女
王　某	34	工　人	男

就可以用多参数谓词表示：

$$Q(张某,19,学生,男)$$
$$Q(李某,26,专业户,女)$$
$$Q(王某,34,工人,男) \qquad (1.1.11)$$

数据查询语句可以用规则表示，例如查询 20 岁到 30 岁之间的人可以表为

$$Q(X, Y, Z, W) \wedge \mathrm{ge}(Y, 20) \wedge \mathrm{le}(Y, 30)$$
$$\rightarrow \mathrm{print}(X, Y, Z, W) \qquad (1.1.12)$$

这里 ge 表示大于等于，le 表示小于等于，print 可以看成是一个有副作用（打印）的谓词，它有点超出标准谓词演算的范围。不过在实际应用的系统中，这类功能扩充是必要的。

　　这种表示法的缺点是模块化的程度仍然不够。在某些情况下用二元谓词，例如，年龄(李某,26)、职业(李某,专业户)，更为方便。

　　前面说过，每个命题和谓词都代表一定的知识，都有一定的含义。但这种含义是人为地赋予的。从命题和谓词本身并不能够推出这种含义。例如我们说 city(X)表示 X 是一个城市，但这仅仅是人为的约定而已。我们完全可以，比如说，把 city(X)解释成表示 X 是一个煤球，只是这样做对我们记住这个谓词的含义并无好处，名字 city 具有某种助忆性质，使我们想起这个谓词的意义被指定为"是一个城市"，仅此而已。这种人为地指派给谓词的含义，叫做谓词的解释。由于解释的不同，谓词的真假值也就不一样。例如我们若把 city(X)解释为："X 是一个城市"，则 city(北京)之值为真。若把 city(X)解释为"X 是一个煤球"，则 city(北京)之值为假。

　　对于复杂的谓词公式，研究其不同的解释具有更大的重要性。

　　举例来说：

$$(\exists F)\{(F(a)=b) \wedge (\forall x)[P(x) \supset (F(z)$$
$$=g(x, F(f(x))))]\} \qquad (1.1.13)$$

这个式子的意思是:存在一个函数 F,使得 $F(a)=b$,并且,对所有的 x 来说,若 $P(x)$ 为真,则 $F(x)=g(x, F(f(x)))$。

对于这个式子给予不同的解释,可以得到不同的结果。

1. 令变量 x 的定义域为非负整数,令 $a=0$, $b=1$, $P(x)$ 代表 $x>0$, $g(x, y)$ 代表乘积函数 $x \cdot y$, $f(x)$ 代表线性函数 $x-1$,则式(1.1.13)的意思是:存在一个定义于非负整数上的函数 $F(x)$, $F(0)=1$,对于每个正整数 x,有 $F(x)=x \cdot F(x-1)$。这个函数就是我们熟知的阶乘函数 $x!$。

2. 令 x, a, b, $P(x)$ 的意义如上,但 $g(x, y)$ 解释为函数 $1+y$, $f(x)$ 解释为 x。

这样做,式(1.1.13)的意思就变为,存在一个定义于非负整数上的函数 $F(x)$, $F(0)=1$。对每个正整数 x,有 $F(x)=F(x)+1$。显然除非 $F(x)=\infty$,否则,这样的关系是不能成立的。

3. 令 $a=1$, $b=t$,变量 x 的定义域为正整数,$P(x)$ 代表 $x>0$,函数 $g(x, y)$ 的第一个变元的定义域与 x 的定义域相同,它的第二个变元的定义域为以 t 为变元的有理系数的单项式:

$$g(x, y)=\frac{(1-x) \cdot y}{x} \cdot t \qquad (1.1.14)$$

$$f(x)=x-1$$

则式(1.1.13)的意思是:存在一个定义于正整数上的、以 t 的有理系数单项式为值的函数 $F(x)$, $F(1)=t$,对于每个正整数 x 有:

$$F(x)=(-1)^{x-1} \cdot \frac{t^x}{x} \qquad (1.1.15)$$

这不是别的,正是 $\log(1+t)$ 的幂级数展开的第 x 项。

再举一个例子:

$$\forall P\{[[P(a) \wedge \forall x[[Q(x, a) \wedge P(f(x))] \supset P(x)]] \supset \forall x p(x)\}$$

$$(1.1.16)$$

意为:对所有的谓词 P,若 $P(a)$ 为真,且若对所有的 x,从 $Q(x, a)$ 和 $P(f(x))$ 两者成立,可推出 $P(x)$ 成立,则对所有的 x, $P(x)$ 皆成立。

1. 解释之一:令 $a=0$, $f(x)$ 为线性函数 $x-1$, $Q(x, y)$ 表示谓词 $x>y$,基本区域仍为非负整数区域 D,则有:

对于在非负整数区域上定义的任何谓词 P，如果 $P(0)$ 为真，且若对所有整数 x，从 $x>0$ 和 $P(x-1)$ 成立可推出 $P(x)$ 成立，则对所有的 x，$P(x)$ 皆成立。

这就是大家熟知的数学归纳法。

2. 解释之二：令基本区域 D 为由某小偷的所有盗窃行动构成的集合，$Q(x,y)$ 表示行动 x 发生在行动 y 之前，$f(x)$ 表示行动 x 之后的第一次行动，a 表示直到现在为止的最后一次行动。则上述谓词公式显然不一定成立。因为至少存在 P 的一种解释，比如说 $P(x)$ 表示行动 x 不被发觉，使这个结论不成立。

从上述例子，我们可得下列结论：

1. 对一个谓词公式可以给出许多种，一般是无穷多种不同的解释。

2. 每种解释由下列基本部分组成：

(1) 一组基本区域 D_i，$i=1,\cdots,n$。

(2) 每个常量都是某个 D_i 中的一个元素。

(3) 每个变量都在某个 D_i 中取值。

(4) 每个 m 目函数都是一个映射：

$$D_{i_1}\times D_{i_2}\times\cdots\times D_{i_m}\to D_{i_{m+1}}$$

（对于 $j\neq k$，可以有 $D_{i_j}=D_{i_k}$）

(5) 每个 m 目谓词都是一个映射

$$D_{i_1}\times D_{i_2}\times\cdots\times D_{i_m}\to (T,F)$$

（T 代表真，F 代表假）

3. 对于某些解释，该谓词公式之值可能为真，而对另一些解释，该谓词公式之值可能为假。

下面以 wff 代表谓词公式，以 I 代表一种解释。我们定义：若一个谓词公式之值在所有各种解释之下均为真，即 $\forall I$，$\text{wff}(I)=T$，则称此谓词公式为永真公式。若能找到一种解释，使此谓词公式之值为假，即 $\exists I$，$\text{wff}(I)=F$，则称此公式为不成立的，或非永真公式。该解释 I 称为此公式的一个反模型。若对所有可能的解释 I，此公式之值均为假，即 $\forall I$，$\text{wff}(I)=F$，则称此公式为永假的，或不可满足的。反之，若能找到一个解释 I，使此公式之值为真，即 $\exists I$，$\text{wff}(I)=T$，则称此公式是可以满足的，该解释称为此公式的一个模型。

利用谓词演算来进行逻辑推理，其中心课题之一就是判断一个谓词公式是否是永真的。假如我们能把我们想要证明的事实表示成为一个谓词公式,我们又能证明这个谓词公式是永真的,则证明的任务也就完成了。

前面举的两个例子都不是永真的,但永真的谓词公式是存在的,例如:

$$\sim[\forall xP(x) \wedge \sim P(a)] \qquad (1.1.17)$$

就是一个永真公式。它代表一个命题,这个命题说:不可能发生既对所有的 x,$P(x)$ 均为真,而同时又有一 a,使 $P(a)$ 为假。此公式的等价形式是

$$P(a) \vee \sim \forall xP(x) \qquad (1.1.18)$$

但是,在一般情况下,判断一个谓词公式的永真性不是一件容易的事。因此,我们希望有一种算法,对于任一给定的谓词公式,此算法能在有限步内判定该公式是否永真。可惜,数学家们得到的结果是令人失望的。失望的原因,并不是因为迄今为止尚未找到这样的算法,而是因为数学家们已经证明:根本不存在这样的算法。正好像那个著名的用圆规和直尺三等分任意角的问题,并不是人们尚未找到这样的算法,而是早就有人证明了根本不存在这样的算法。

为了比较确切地说明这个问题,必须引进可解性(可判定性)和不可解性(不可判定性)的概念。假设有一类问题,要求对其中的每一个问题给出"是"或"非"的回答。如果存在一个算法,把这个算法应用于这类问题中的任何一个,均可在有限步内得出解答,则这个问题类称为可解的,或可判定的;否则称为不可解的,或不可判定的。

更确定地说:一类问题称为是可解的或可判定的,当且仅当存在一个算法,该算法应用于该类中任一问题时,可在有限步内停止,并在停止时给出正确的解答。

举一个著名的例子:Hilbert 第十问题。是否存在一个算法,对任一整系数多项式 $P(X_1, X_2, \cdots, X_n)$,均可判定它是否有整数解,这也就是所谓丢番图方程问题。这个问题整整等了 70 年,一直到 1970 年,才由苏联数学家 Matijasevič 证明,这个问题原来是不可解的。

著名的不可解问题还有:图灵机的停机问题、波斯特对应问题等等。正因为许多有趣的问题都是不可解的,为了补救,人们引进了一个新概念,叫做部分可解性,或半可判定性。此即:给定一类问题,若存在一个算法,该算法应用于其中的任何一个问题时,如果对该问题的回答应该是"是",则算法能在有限步内停

止,并给出正确的回答(即"是")。若该问题的回答应该是"否",则此算法既可能在有限步内停止,并回答"否",也有可能无穷推演而永不终止。

有使用计算机经验的人可能都遇到过这种情况,即机器不断,"嗡嗡"地转着,而计算的结果却迟迟不肯出来。他这时无法判定,究竟是正常的运算尚未结束呢? 还是程序陷入了某种形式的死循环。也许他没想到,他正在受着"不可解性"规律的支配,因为如果排除了机器故障和软件故障的可能性,就要考虑这个程序中的算法是否是一种正确的判定算法了。

可解性或可判断性问题笼统地说是说不清的,因为谓词演算,随着它的结构的复杂程度而分成好几层,或者说好几种。它们之间的主要区别在于:

谓词有没有参数;

函数有没有变元;

谓词是常型的还是变型的;

函数是常型的还是变型的;等等。

确切地说,我们在谓词演算中一般使用下列符号:

1. 真、假值 T 和 F。

2. 联结符 $\sim$,$\rightarrow$(即 $\supset$),$\wedge$,$\vee$,$\equiv$,IF—THEN—ELSE。

3. 运算符 $=$,If—then—else。

(说明:联结符作用于谓词,而运算符作用于谓词中的参数,即项。)

4. 量词:$\forall$,$\exists$。

5. 常量:

(1) n 目函数常数 f^n,当 $n=0$ 时即为普通常量。

(2) n 目谓词常数 p^n,当 $n=0$ 时即为普通命题常数。

(说明:这里的函数常数和谓词常数就是我们通常不加修饰词时所说的函数名和谓词名。)

6. 变量:

(1) n 目函数变量 F^n,当 $n=0$ 时即为普通变量。

(2) n 目谓词变量 P^n,当 $n=0$ 时即为普通命题变量。

(说明:对于谓词变量 P 和函数变量 F,可以使用量词,如 $\exists P$,$\forall P$,$\exists F$,$\forall F$ 等等。前面举的第一个例子中有函数变量 F,第二个例子中有谓词变量 P。)

利用这些符号,可按如下法则构造合式公式。如果把谓词演算看做一种语言,则这些法则可看作这个语言的语法规则。

1. 项:

(1) 每个常数 a 和变量 X 均是项。

(2) 若 t_1, t_2, $\cdots$, t_n 是项,则 $f^n(t_1, t_2, \cdots, t_n)$ 和 $F^n(t_1, t_2, \cdots, t_n)$ 也是项。

(3) 若 A 是合式公式,又 t_1 和 t_1 为项,则(if A then t_1 else t_2)也是项。

2. 原子公式:

(1) T 和 F 是原子公式。

(2) 每个谓词常数 p^0 和谓词变量 P^0 都是原子公式。

(3) 若 t_1, t_2, $\cdots$, t_n 为项,则 $p^n(t_1, t_2, \cdots, t_n)$ 与 $P^n(t_1, t_2, \cdots, t_n)$ 均为原子公式。

(4) 若 t_1, t_2 为项,则 $(t_1 = t_2)$ 是原子公式。

3. 合式公式(即 wff,前简称谓词公式):

(1) 每个原子公式都是一个合式公式。

(2) 若 A, B, C 为合式公式,则 $(\sim A)$, $(A \rightarrow B)$, $(A \wedge B)$, $(A \vee B)$, $(A \equiv B)$ 和(IF A THEN B ELSE C)均为合式公式。

(3) 若 X 为变量(包括 F^n 和 P^n),A 为合式公式,则 $((\forall X)A)$ 和 $((\exists X)A)$ 均为合式公式。

(说明:$((\forall X)A)$ 和 $((\exists X)A)$ 有时简写为 $\forall XA$ 和 $\exists XA$。同时,在不至导致二义性时,上述配对圆括号均可除去。f^n, F^n, p^n 和 P^n 后的配对圆括号不能除去。)

下面,我们来区分几种不同的谓词演算。在这些谓词演算中允许出现的成分按简单到复杂的次序排列。

1. 命题演算:

谓词常数 p^0。

2. 量词化的命题演算:

(1) 命题常数 p^0。

(2) 命题变量 P^0。

3. 等式演算:

(1) 常数 a。

(2) 变量 X。

4. 单目谓词演算：

(1) 常数 a。

(2) 变量 X。

(3) 命题常数 p^0。

(4) 命题变量 P^0。

(5) 单目谓词常数 p^1。

(6) 单目谓词变量 P^1。

5. 一阶谓词演算（带等式）：

(1) n 目函数常数 $f^n (n \geqslant 0)$。

(2) n 目谓词常数 $p^n (n \geqslant 0)$。

(3) 变量 X。

6. 二阶谓词演算：

所有成分均可使用。

在这些谓词演算类中，最重要的是三大类，即命题演算、一阶谓词演算和二阶谓词演算。它们的相互关系是

$$命题演算 \subset 一阶谓词演算 \subset 二阶谓词演算$$

有关永真问题的主要结果是

1. 命题演算、量词化的命题演算、等式演算和单目谓词演算的永真问题是可解的。

2. 一阶谓词演算的永真问题是不可解的，但是是部分可解的。

3. 二阶谓词演算的永真问题是不可解的，也不是部分可解的。

比较起来，命题演算太简单，能解决的问题不多。二阶谓词演算又太复杂，以致不存在有效的算法。因此，最重要的还是一阶谓词演算。

1.2 自然演绎系统

在谓词演算的范围内，给定一组永真的合式公式，称为公理集。又给定一组推导规则，其中每个规则可以把一个永真公式变成另一个永真公式。如果公理集和推导规则集都是有限的，或者虽然公理集是无限的，但它是一个递归集（即存在一个递归算法，对于任一合式公式，它可在有限步内判断它是否是一条公

理),则此公理集和推导规则集合在一起构成一个演绎系统。由公理集出发,经过推导规则的推演而得到的合式公式一定是永真的。反之不一定,即永真的公式不一定能从一个演绎系统推导出来。如果在某个确定的范围内,任何永真公式都可由一个演绎系统推导出来,则称此演绎系统对于该范围来说是完备的。

Gödel 给出了有关演绎系统完备性的两个主要结果:

1. 对于二阶谓词演算,不存在完备的演绎系统。

2. 对于一阶谓词演算,存在着完备的演绎系统。

下面,我们给出一个一阶谓词演算的完备演绎系统,其中 A,B,C,D 是任意的合式公式,共分为四个部分[①]:

1. 公理和基本推导规则(有 * 号的是公理):

(1) $^*D \wedge A \Rightarrow A$

(若左边为真,则右边也为真,下同。)

从全体为真可知部分为真。

(2) $(D \rightarrow B) \Rightarrow (D \wedge A \rightarrow B)$

增加条件不会改变已知是真的事实。

(3) $(D \wedge A \rightarrow B) \wedge (D \wedge \sim A \rightarrow B) \Rightarrow (D \rightarrow B)$

除去无关紧要的条件。

(4) $^*D \Rightarrow T$

T 永远成立。

(5) $^*D \Rightarrow \sim F$

F 永远不成立。

2. 关于联结符的规则:

(1) $(D \rightarrow A) \Rightarrow (D \rightarrow A \vee B)$

减弱结论。

(2) $(D \rightarrow A) \Rightarrow (D \rightarrow B \vee A)$

同上。

(3) $(D \wedge A \rightarrow C) \wedge (D \wedge B \rightarrow C) \wedge (D \rightarrow A \vee B) \Rightarrow (D \rightarrow C)$

用穷举法消去条件。

---

① 这个演绎系统取自 Manna, Mathematical Theory of Computation, McGraw-Hill, 1974。

（4）$(D \to A) \wedge (D \to B) \Rightarrow (D \to A \wedge B)$

右部概括。

（5）$(D \to A \wedge B) \Rightarrow (D \to A)$

右部分离。

（6）$(D \to A \wedge B) \Rightarrow (D \to B)$

同上。

（7）$(D \wedge A \to B) \Rightarrow (D \to A \supset B)$

条件右移。

（8）$(D \to A) \wedge (D \to A \supset B) \Rightarrow (D \to B)$

推理延伸。

（9）$(D \wedge A \to B) \wedge (D \wedge A \to \sim B) \Rightarrow (D \to \sim A)$

反证法求矛盾。

（10）$(D \to A) \wedge (D \to \sim A) \Rightarrow (D \to B)$

从错误的前提可以得到任何结论。

（11）$(D \to A) \Rightarrow (D \to \sim \sim A)$

负负得正。

（12）$(D \to \sim \sim A) \Rightarrow (D \to A)$

同上。

（13）$(D \to A \supset B) \wedge (D \to B \supset A) \Rightarrow (D \to A \equiv B)$

互相蕴含即等价。

（14）$(D \to A \equiv B) \Rightarrow (D \to A \supset B)$

减弱结论。

（15）$(D \to A \equiv B) \Rightarrow (D \to B \supset A)$

同上。

（16）$(D \to A \supset B) \wedge (D \to \sim A \supset C) \Rightarrow (D \to \text{IF } A \text{ THEN } B \text{ ELSE } C)$

概括成条件表达式。

（17）$(D \to \text{IF } A \text{ THEN } B \text{ ELSE } C) \Rightarrow (D \to A \supset B)$

减弱结论。

（18）$(D \to \text{IF } A \text{ THEN } B \text{ ELSE } C) \Rightarrow (D \to \sim A \supset C)$

同上。

3. 使用量词的规则：

(1) $(D \to A(X)) \Rightarrow (D \to \forall X A(X))$

从(任意的)个别到一般。

(这里有个条件：D 中不能含有 X 的自由出现。否则，例如令 D 为 $A(X)$，则左边为 $A(X) \to A(X)$，这是同义反复，它不可能推出右边的 $A(X) \to \forall X A(X)$。)

(2) $(D \to \forall X A(X)) \Rightarrow (D \to A(t))$

从一般到个别。

(这里也有个条件：t 的代入不能增加新的约束变量。否则例如令 D 为 T，令 $A(X)$ 为 $\forall Y P(X, Y) \supset B$，其中 B 既不含 X，也不含 Y。如果以 $t = Y$ 代入，则将得到 $[\forall X \forall Y P(X, Y) \supset B] \Rightarrow [\forall Y P(Y, Y) \supset B]$，一般说来，这是不对的。)

(3) $(D \to A(t)) \Rightarrow (D \to \exists X A(X))$

存在性的推论。

(这里的条件和(2)相同，即 t 的代入不能增加新的约束变量。否则，例如令 D，t 和 $A(X)$ 如(2)中之例，则将得到

$[\forall Y P(Y, Y) \supset B] \Rightarrow [\exists X \forall Y P(X, Y) \supset B]$ 一般说来，这也是不对的。)

(4) $(D \to \exists X A(X)) \wedge (D \wedge A(b) \to C) \Rightarrow D \to C$

存在性的应用。

(限制：常数 b 不得在 D，$A(X)$ 或 C 中出现，否则此结论不成立。)

4. 使用运算符的规则(有 * 号的是公理)：

(1) $(D \to A \supset B(t_1)) \wedge (D \to \sim A \supset B(t_2)) \Rightarrow (D \to B(\text{if } A \text{ then } t_1 \text{ else } t_2))$ 概括成条件表达式。

(2) $(D \to B(\text{if } A \text{ then } t_1 \text{ else } t_2)) \Rightarrow (D \to A \supset B(t_1))$

减弱结论。

(3) $(D \to B(\text{if } A \text{ then } t_1 \text{ else } t_2)) \Rightarrow (D \to \sim A \supset B(t_2))$

同上。

(4) $^* D \Rightarrow t = t$

恒等。

(5) $(D \to t_1 = t_2) \Rightarrow (D \to A(t_1) \equiv A(t_2))$

等价置换。

(限制：t_1 和 t_2 代入 A 中时不得增加新的约束变量。否则，例如令 D 为

$t_2 = t_1$，$A(X)$为$\forall t_1 P(X，t_1)$，则将得出

$$t_2 = t_1 \rightarrow \forall t_1 P(t_1，t_1) \equiv \forall t_2 P(t_2，t_1)$$

的结论，一般说来，这是不对的。）

　　在这个演绎系统中，有些推理规则看来是显然的，但我们绝不可因此而掉以轻心，认为似乎规则多一个少一个没有关系。须知逻辑推理是一件极其严格的事情，不能只依靠直觉，直觉往往会欺骗我们。我们已经看到，在这个系统中的有些规则是加了限制的。如果不加说明，很难看出某些规则需要加这样那样的限制，这就是直觉的欺骗性。在和涉及量词的运算打交道时，特别要注意这个问题。演绎系统必须十分严格的第二个原因，是因为我们希望把相当一部分逻辑推理的工作交给计算机去做。计算机是没有直觉的，它只能一步一步死板板地去做，即所谓机械化的运算。除了规定的变换规则以外，不允许它做任何其他的变换。所以严格的逻辑系统必须设计得使计算机能照办才行。

　　例如，合式公式$(P \supset Q)$和$(\sim Q \supset \sim P)$从常识看肯定是等价的。但要用我们的逻辑系统证明就不是一件十分容易的事。下面列出的步骤是一种证明的方法。

　　(1) $(P \supset Q) \wedge \sim Q \wedge P \rightarrow P$（公理 1.(1)）

　　(2) $(P \supset Q) \wedge \sim Q \wedge P \rightarrow (P \supset Q)$（公理 1.(1)）

　　(3) $(P \supset Q) \wedge \sim Q \wedge P \rightarrow Q$（式(1)、(2)及规则 2.(8)）

　　(4) $(P \supset Q) \wedge \sim Q \wedge P \rightarrow \sim Q$（公理 1.(1)）

　　(5) $(P \supset Q) \wedge \sim Q \rightarrow \sim P$（式(3)、(4)及规则 2.(9)）

　　(6) $(P \supset Q) \rightarrow (\sim Q \supset \sim P)$（式(5)及规则 2.(7)）

　　(7) $\rightarrow (P \supset Q) \supset (\sim Q \supset \sim P)$（式(6)及规则 2.(7)）

（说明：至此已证了本题的一半。）

　　(8) $(\sim Q \supset \sim P) \wedge P \wedge \sim Q \rightarrow \sim Q$（公理 1(1)）

　　(9) $(\sim Q \supset \sim P) \wedge P \wedge \sim Q \rightarrow (\sim Q \supset \sim P)$（公理 1.(1)）

　　(10) $(\sim Q \supset \sim P) \wedge P \wedge \sim Q \rightarrow \sim P$（式(8)、(9)及规则 2.(8)。）

　　(11) $(\sim Q \supset \sim P) \wedge P \wedge \sim Q \rightarrow P$（公理 1.(1)）

　　(12) $(\sim Q \supset \sim P) \wedge P \rightarrow \sim \sim Q$（式(10)、(11)及规则 2.(9)。）

　　(13) $(\sim Q \supset \sim P) \wedge P \rightarrow Q$（式(12)及规则 2.(12)）

　　(14) $(\sim Q \supset \sim P) \rightarrow (P \supset Q)$（式(13)及规则 2.(7)）

(15) $\rightarrow (\sim Q \supset \sim P) \supset (P \supset Q)$（式(14)及规则 2.(7)）

（至此又证了本题的另一半,证法与上一半几乎完全一样。）

(16) $\rightarrow (P \supset Q) \equiv (\sim Q \supset \sim P)$（式(7)、(15)及规则 2.(13)。）

（全部证毕。）

由此可见,机械地证明一个定理并不像有些人想象的那么容易。证明的效率与演绎系统和算法的设计很有关系。1958 年,王浩设计了一个命题演绎系统(功能相当于本节给出的演绎系统的第 1，2.两部分),具有相当高的效率,他的结果引起了人们广泛的注意。不过,一旦引入量词,问题就没有那么容易了。

我们的系统能够推出一阶谓词演算中的所有永真公式,功能似乎是够强的了,但是,它的本事也就到此为止。在实际应用中,仅仅推演永真公式是不够的。任何有意义的知识推理系统都要和非永真公式打交道,它的谓词都被指派以某种解释,即语义。在这些系统中的公式一般都不是永真的,为此,我们应该使用含有语义的演绎系统。不过,本节中讨论的这类语法演绎系统依然是一切语义演绎系统的公共基础,并未失去其重要性。

1.3 与或句演绎系统

从本节开始,我们讨论的都是含语义的演绎系统,即不再限于永真公式。同时,由于一般自然演绎系统效率的低下,对合式公式的形式也要有一定的限制。我们要设法消去存在量词,使每个合式公式只剩下隐含的全称量词。我们还要消去所有的蕴含和等价联结符($\supset$和$\equiv$),以其他更基本的联结符来代替它们。我们要消去条件运算符,把等式运算符看成是普通的谓词。最后,我们还要使所有的非符号都尽可能地向谓词本身靠拢,让非符号只能直接位于谓词之前。经这样化简以后的合式公式只剩下与符号,或符号,谓词(今后也称原子)和前有非符号的谓词(今后也称负原子,正、负原子统称句节)以及看不见的全称量词。这种合式公式我们称为与或句。

任何合式公式都可以化成与或句的形式。在这里分成两步走。第一步化成所谓前束范式,即所有量词都在合式公式的最前面,(更严格地说,在前束范式中,任何一个量词之前,除了可能有别的量词之外,不会有任何其他符号或谓词。)且每个量词的辖域(指适用范围)都是整个公式。然后再做第二步,消去存在量词,只剩下全称量词。

化为前束范式的步骤是

1. 把 IF A THEN B ELSE C 化成$(A \supset B) \wedge (\sim A \supset C)$

2. 把 $A \equiv B$ 化成$(A \supset B) \wedge (B \supset A)$

3. 把 $A \supset B$ 化成$\sim A \vee B$

4. 利用下列式子消去或移入非符号

把$\sim \sim A$ 化成A

把$\sim(A \vee B)$化成$\sim A \wedge \sim B$

把$\sim(A \wedge B)$化成$\sim A \vee \sim B$

把$\sim \forall X A(X)$化成$\exists X(\sim A(X))$

把$\sim \exists X A(X)$化成$\forall X(\sim A(X))$

5. 把所有的量词变量全部换成不同的名字。

例如,$\exists X A(X) \vee \exists X B(X)$化成$\exists X A(X) \vee \exists Y B(Y)$。

6. 把所有的量词按原来次序移至最前边。

注意这个方法是能行的,但不一定是最优的,它并没有考虑化简之类的问题。此外,我们假定不存在 IF A THEN t_1 ELSE t_2 这样的项,否则会增加许多麻烦。

为了消去存在量词,我们假定此时的前束范式中不存在自由变量,因此范式中的每个变量必定属于某个量词管辖的范围。我们假定一共有 n 个量词,前束形式是$\prod\limits_{i=1}^{n} Q_i X_i$,其中每个 Q_i 或是$\exists$,或是$\forall$,从 Q_1 开始,到 Q_n 为止,执行下列算法:

1. 若 Q_i 是$\forall$,则移向下一个 i,原来的 $Q_i X_i$ 不作变动。

2. 若 Q_i 是$\exists$,则消去 $Q_i X_i$,并且:

(1) 若 Q_i 前没有全称量词$\forall$,则把后面公式中的所有同名 X_i 换成一个从未出现过的常数名。

(2) 若 Q_i 前有 m 个全称量词$\forall$,则把后面公式中的所有同名 X_i 换成$f_i(X_{i_1}, \cdots, X_{i_m})$,其中 f_i 是从未出现过的函数名字,$X_{i_1}, \cdots, X_{i_m}$ 是这 m 个全称量词管辖的变量名。

3. 做完第 n 个量词后算法停止。

此时实际上可以把所有的全称量词都去掉,因为我们已经知道,现在每个剩下的变量都有全称量词在管着它了。

得到了与或句的形式,这只是与或句演绎系统的出发点,类似于公理(当然这和永真的公理含义不同),我们还需要推理规则。从实用出发,这样的规则不能太复杂,我们规定它是一种置换规则,分左、右两部分。左部只能有一个句节,右部可以是任意的与或句。置换的时候,按句节逐步进行。如果此规则的左部能与已知的与或句中的某个句节相匹配(匹配的意义是:在作了必要的变量置换后,两个句节恒等),则以该规则的(经过相同变量置换后的)右部代替上述与或句中的相应句节,并应把该变量置换扩大到整个与或句。

举例说明:假定我们有一个与或句

$$disorder(x) \lor [watersupply(x) \land powersupply(x)] \qquad (1.3.1)$$

它的意思是:对于任何城市 x,或者 x 有水电供应,或者 x 陷入混乱。

又有下列规则:

$$disorder(x) \rightarrow \sim mayor(x, y) \lor fired(y)$$

$$watersupply(x) \rightarrow \sim tree(x, t) \lor lives(t)$$

$$powersupply(x) \rightarrow \sim TV(x, s) \lor works(s)$$

它们分别表示:若 x 市陷入混乱,则 x 市的市长将被撤职。若 x 市有水,则 x 市的树都活着。若 x 市有电,则 x 市的电视机都能正常工作。

用这些规则置换与或句中各句节后得到图 1.3.1 的结构:

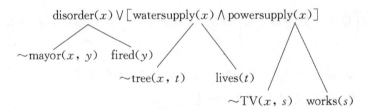

图 1.3.1 与或句的置换

在图 1.3.1 中的两分叉都是"或"的关系。为了避免换名的麻烦,mayor,tree 和 TV 的第二个变元取了不同的名字。如果取相同的名字,并不会影响推理的结果。这个结果告诉我们:对于任意的城市 x,公民 y,树 t 和电视机 s,下列陈述至少有一项为真:

1. y 不是 x 的市长。

2. y 被撤职。

3. t 不是 x 市的树及 s 不是 x 市的电视机。

4. t 不是 x 市的树及 s 在正常工作。

5. t 活着，s 不是 x 市的电视机。

6. t 活着，s 在正常工作。

这个例子首先告诉我们利用规则对与或句进行演绎的方法，其次也显示了与或句演绎系统的弱点之一：它的知识表示可能是晦涩而不明朗的。把这种表示方法与第二章中的产生式表示法进行对比，可以很清楚地看到这一点。

与或句演绎系统可以用于求证某个目标的推理。

假设有下列事实和规则：

1. 喜欢《三国演义》者必读《水浒》。

2. 若某书与《儒林外史》同类，则一定不与《水浒》同类。

3. 没有人喜欢的书不会和《三国演义》同类。

4. 俞平伯只读与《红楼梦》同类的书。

求证：如果《红楼梦》与《儒林外史》同类，则俞平伯一定不喜欢《三国演义》。

我们把第一个事实作为出发点，化成与或句形式，得

1. $\sim$like$(x,$三国$) \vee$ read$(x,$水浒$)$

其余事实都化成规则：

2. samesort$(x,$儒林外史$) \rightarrow \sim$samesort$(x,$水浒$)$

3. $[\forall x \sim$like$(x, y)] \rightarrow \sim$samesort$(y,$三国$)$

即 $\sim[\forall x \sim$like$(x, y)] \vee \sim$samesort$(y,$三国$)$

即 $[\exists x \ $like$(x, y)] \vee \sim$samesort$(y,$三国$)$

即 like$(f(y), y) \vee \sim$samesort$(y,$三国$)$

即 $\sim$like$(f(y), y) \rightarrow \sim$samesort$(y,$三国$)$

4. read$($俞平伯$, y) \rightarrow$ samesort$(y,$红楼梦$)$

还需一个辅助规则：

5. samesort$(x, y) \rightarrow$ samesort(y, x)

要求证的目标是：

$\sim$samesort$($红楼梦,儒林外史$) \vee \sim$like$($俞平伯,三国$)$

证明过程如图 13.2 所示。

$$\sim\text{like}(x,三国) \lor \text{read}(x,水浒)$$

↓ 以俞平伯代入 x

$$\sim\text{like}(俞平伯,三国) \lor \text{read}(俞平伯,水浒)$$

↓ 用规则 4

$$\text{samesort}(水浒,红楼梦)$$

↓ 用规则 5

$$\text{samesort}(红楼梦,水浒)$$

↓ 用规则 2 的逆形式

$$\sim\text{samesort}(红楼梦,儒林外史)$$

图 1.3.2　有目标的与或句演绎

通过这个例子,我们可以看到这类演绎系统还有另外一些缺点,它的出发点不能是任意的,如果选错了,就会得不到正确的答案。在本题中,若选规则 3.作为出发点,就不可能解出此题(但规则 2.和 4.均可作为出发点,作为练习,读者可自行推导)。第三个缺点是:它推出的结论的结构形式一定要与目标的结构形式相符,否则也不可能得到正确的解。例如,如果我们把规则 1.改成:喜欢《三国演义》者必读《水浒》和《东周列国志》。这本来不应对推理有任何影响,但我们的演绎系统于此时却无能为力了。

与或句演绎系统也可以进行反向推理。方法是,以一个与或句作为目标,以一组规则进行推理。规则的左部可以是任意的与或句,右部只能是一个句节(与向前推理时的规定相反,也是为了保证效率)。如果右部的句节能与目标(或中间目标)中的某个句节匹配上,则可以其左部取代此句节,形成一棵倒向的推理树,每个与或句是一个大目标,其中的每个句节是一个子目标。每个与式(以与符号连接起来的一组公式)和或式(以或符号连接起来的一组公式)也是子目标。如果一个与式中的各公式皆成功,则此与式亦成功。如果一个或式中至少有一个公式成功,则此或式亦成功。

向后推理的与或句演绎系统的一个重要应用是情报检索。我们就用一个情报检索的例子说明反向与或句演绎的机制。

设某单位要选拔一名年轻的有成就的知识分子担任某方面的业务领导工作,这个单位的领导为找到符合条件的人选,即求助于数据库。他要找的目标是

$$\text{colleague}(x) \wedge \text{eq}(\text{education}(x), \text{high}) \wedge \text{ls}(\text{age}(x), 40)$$
$$\wedge \text{success}(x, \text{good}) \tag{1.3.2}$$

他能使用的规则是

1. $\text{graduated}(x, \text{university}) \vee \text{graduated}(x, \text{college}) \rightarrow \text{eq}(\text{education}(x), \text{high})$

2. $\text{gr}(\text{paper-num}(x), 10) \vee [\text{better}(\text{paper-quality}(x), \text{paper-quality}(y))$
$\wedge \text{title}(y, \text{professor})] \rightarrow \text{succes}(x, \text{good}) \tag{1.3.3}$

加上两个辅助规则:

3. $\text{eq}(x, y) \wedge \text{ls}(y, z) \rightarrow \text{ls}(x, z)$

4. $\text{score}(x, i) \wedge \text{score}(y, s) \wedge \text{gr}(t, s) \rightarrow \text{better}(x, y)$

他的数据库中存放的事实有:

1. colleague(苏甘),colleague(徐行),…

2. graduated(苏甘,复旦),graduated(徐行,震旦),…

3. eq(age(苏甘),31),eq(age(徐行),62),…

4. eq(paper-num(苏甘),5),eq(paper-num(徐行),12),…

5. title(苏甘,assistent),title(徐行,professor),…

6. score(paper-quality(苏甘),5),score(paper-quality(徐行),4),…

若用文字解释,目标的含义是:要寻找一位在本单位工作的人 x,他受过高等教育,年龄在 40 岁以下,工作上有突出成就。规则的含义是:第一条,毕业于大学或毕业于大专都算受到高等教育。第二条,发表的文章数超过 10 篇,或文章的质量优于一位教授的文章的质量都算有突出成就。第三条,x 等于 y,y 小于 z,则 x 小于 z。第四条,x 的评分为 t,y 的评分为 s,t 大于 s,则 x 优于 y。数据库的内容是:第一部分,人员名单。第二部分,人员学历。第三部分,人员年龄。第四部分,发表文章的篇数。第五部分,人员职称。第六部分,人员文章评分。

为了节省篇幅,我们略去可能很花费时间的查找过程,只给出查找成功的那一段,以图 1.3.3 表示,其中每个谓词和函数名都作了简化,以便版面能容下。被找到的幸运儿是苏甘,他今年 31 岁,符合小于 40 岁的标准。他毕业于复旦大学,符合大专学历的标准。他的论文数只有 5 篇,从这一点看还不够优秀。但他的论文评分是 5,已经超过了一位教授徐行的论文评分 4,从这一点来说够优秀了。于是苏甘被选中,该单位领导选拔人才的任务遂告完成。

在图中,查找成功的末端节点以下划线表示。查找失败的节点前面打×,因前面的或项查找成功而不需查找者以下划虚线表示。

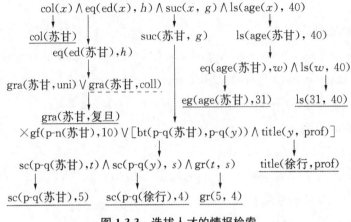

图 1.3.3　选拔人才的情报检索

　　总的说来,与或句演绎系统既可用作正向推理,也可用作反向推理。当用作正向推理时局限性很大,缺乏实用价值,尤其不适用于带目标的正向推理。当用作反向推理时比较实用。反向推理的与或句演绎系统基本上是一个产生式系统,在下章中是重要的组成内容之一。在那里,规则的形式将有某些简化,以进一步提高推理效率。

1.4　子句演绎系统

　　与或句还不是用谓词逻辑表示知识的最简单方式,一个与或句可以由许多互相嵌套的与式和或式构成,其最后构造可能非常复杂。在这一节中,我们把与或句化简成更小的知识表示单位:子句。在子句中只有或符号和非符号。每个子句由用或符号连接起来的一个或者多个句节构成。化简的方法是:

　　1. 利用结合律消去一切不必要的括号,如

$$(A \lor B) \lor (C \lor D)$$

化简为

$$A \lor B \lor C \lor D$$

　　2. 我们并未考虑与运算和或运算的优先数。因此,假定相互嵌套的与式和或式都是用括号分开的。因此,

（1）如果嵌套的最外层是与运算，则把每个子公式独立出来，以此把原公式分解成一组公式。如

$$(A \lor B) \land (C \lor D) \land (E \land F)$$

分解为

$$A \lor B, C \lor D, E \land F$$

（2）如果嵌套的最外层是或运算，则利用分配律把内层的与运算搬到外面来，把外层的或运算搬到里面去。如

$$(A \land B) \lor (C \land D) \lor (E \land F)$$

变换成

$$(A \lor C \lor E) \land (A \lor C \lor F) \land (A \lor D \lor E) \land (A \lor D \lor F) \land (B \lor C \lor E)$$
$$\land (B \lor C \lor F) \land (B \lor D \lor E) \land (B \lor D \lor F)$$

3. 反复执行 1.和 2.中的（1）和（2）。

不难证明，上述算法可把任意的与或句最终化成子句形式，结果，所有的事实和规则化成一组（有限个）子句，求证（或求解）的目标也是一个子句。

对一组子句实行演绎的最佳方法是消解法。消解法是 Robinson 于 1965 年发明的，现在大家公认消解法的出现是定理机械化证明方面的一个重大突破。它的原理很简单，可用下面的例子说明。设 S 是一组子句：

$$S = \begin{cases} P \\ \sim P \lor Q \end{cases} \tag{1.4.1}$$

第一个子句说，P 必须成立；第二个子句说，要么 P 不成立，要么 Q 成立，两者至少居其一。但由第一个子句知 P 不可能不成立，因此 Q 必须成立。

这种推理思想反映在消解法中，就是把第二个子句前的非符号看作负号，允许消去两个子句中正负相抵的原子，因而得到第三个子句 Q。这个过程可形象地表示为

$$(P) 消解 (\sim P \lor Q) = Q \tag{1.4.2}$$

Q 称为前两个子句的消解式，从逻辑上说，是前两个子句的推论，P 称为被消解的原子。

如果被消解的原子中含有变元，而对应的变元又不完全相等，则首先应作必

要的变量置换。只有在全部对应的变元都相等时，才能进行消解，例如，设我们的子句组是

$$T = \begin{cases} P(x,a) \\ \sim P(b,y) \vee Q(x,y) \end{cases} \qquad (1.4.3)$$

被消解的原子 P 有变量，且对应变量不完全相等，因此需作变换 $x \to b$，$y \to a$，得到

$$T' = \begin{cases} P(b,a) \\ \sim P(b,a) \vee Q(x,a) \end{cases} \qquad (1.4.4)$$

现在可以进行消解了，消解式是 $Q(x,a)$。

为什么 $Q(x,a)$ 中的 x 没有被置换成 b 呢？因为在子句组 T 中，Q 中的 x 和 P 中的 x 是两码事，它们互不相干。读者应该记得我们把合式公式化成标准型的历史，实际上，每个子句中的每个变量都是受全称量词约束的，而且这些全称量词直接位于每个子句之前，而不是在整个子句组之前。所以，位于不同子句内的同名变量之间自然就没有关系了。子句组 T 的详细写法应该是

$$T = \begin{cases} \forall x P(x,a) \\ \forall x \forall y [\sim P(b,y) \vee Q(x,y)] \end{cases} \qquad (1.4.5)$$

事实上，为了避免这种可能出现的混淆，在消解法中对两个子句实行消解之前，一般都要对同名变量实行换名，使消解双方没有同名变量。在我们这个例子中，就是要把第一个子句或第二个子句中的 x 换一个名字，使子句组成为

$$T'' = \begin{cases} P(t,a) \\ \sim P(b,y) \vee Q(x,y) \end{cases} \qquad (1.4.6)$$

或者

$$T''' = \begin{cases} P(x,a) \\ \sim P(b,y) \vee Q(t,y) \end{cases} \qquad (1.4.7)$$

消解的基本意思已如上述。那么，如何利用消解法作定理证明或问题求解呢？试看下面的例子：

$$S = \begin{cases} 大风(11 号) & ① \\ \sim 大风(x 号) \vee 变冷(x+1 号) & ② \\ \sim 变冷(12 号) & ③ \end{cases} \qquad (1.4.8)$$

子句①和②消解，得新子句

$$变冷（12号） \hspace{5cm} ④$$

子句③和④消解，什么也没有剩下，我们称这种情况为空子句，用□表示。空子句的出现，意味着子句组合包含着内在的矛盾。这相当于说子句组 S 是不可满足的，或永假的。

用消解法证明定理的基本思想是：把已知的条件表示成一组子句，把要证的目标首先表示为一个子句，然后在前面加一个非符号。把加了非符号的目标子句和条件子句组合在一起。如果能通过消解法推出矛盾（得到空子句），那就证明这个目标非成立不可。

刚才的子句组可以重新写为

$$S_1 = \begin{cases} 大风（11号） \\ \qquad\qquad\cdots\cdots\cdots\cdots\cdots\cdots条件 \\ \sim 大风（x\ 号） \vee 变冷（x+1号） \end{cases} \hspace{2cm} (1.4.9)$$

$$S_2 = 变冷（12号） \qquad\cdots\cdots\cdots\cdots\cdots目标$$

$$S_2' = \sim 变冷（12号）\cdots\cdots加了非符号的目标$$

则 $S = S_1 \cup S_2$。这说明刚才的消解过程实际上是用反证法证明 12 号要变冷。

把定理证明的方法稍加修改，就成为问题求解的方法。修改的办法是增加一个新的谓词 Answer。如果求证的目标没有变元，则 Answer 也没有变元，否则，Answer 的变元即是目标中所含的全部变元。把谓词 Answer 用或符号和目标联在一起，这样，当定理最后证明时，目标被消解成空子句，谓词 Answer 则留了下来，其中的变元可能已被约束成常量，这就是我们需要的答案。

例如，可把上面的求证 12 号要变冷的过程修改为求解哪一天要变冷的过程。

$$S_1 = \begin{cases} 大风（11号） \\ \qquad\qquad\cdots\cdots\cdots\cdots\cdots条件 \hspace{2cm} ① \\ \sim 大风（x\ 号） \vee 变冷（x+1号） \hspace{1.5cm} ② \end{cases} \hspace{1.5cm} (1.4.10)$$

$$S_2 = 变冷（y\ 号） \qquad\cdots\cdots\cdots\cdots求解目标$$

$$S_2' = \sim 变冷（y\ 号）\vee Answer（y\ 号） \hspace{1.5cm} ③$$

$$\qquad\qquad\cdots\cdots可直接应用的求解目标$$

求解步骤是：②和③消解，得

$$\sim\!\text{大风}(x\ \text{号}) \vee \text{Answer}(x+1\ \text{号}) \qquad ④$$

①和④消解，得

$$\text{Answer}(12\ \text{号}) \qquad\qquad ⑤$$

即通过消解法推出 12 号要变冷。

　　用消解法还可以求更为复杂的问题的解。关键是要能把一个具体的问题化成适合于使用消解法的形式，即子句形式。第一步可以先写成条件蕴含的形式。第二步再把条件蕴含形式改为子句形式。

　　例如，某记者到一孤岛采访，遇到了一个难题，即岛上有许多人说假话，因而难以保证新闻报道的正确性。不过有一点他是清楚的，这个岛上的人有一特点：说假话的人从来不说真话，说真话的人也从来不说假话。有一次，记者遇到了孤岛上的三个人，为了弄清楚谁说真话，谁说假话，他向这三个人中的每一个都提了一个同样的问题，即"谁是说谎者?"结果 A 答"B 和 C 都是说谎者"，B 答"A 和 C 都是说谎者"，C 答"A 和 B 中至少有一个是说谎者"。试问该记者如何才能从这些回答中理出一个头绪。

　　对这种问题，最根本的办法就是设法从这些答案中推出谁的话在逻辑上有矛盾。只要找到了这个人，他就是说假话者。现以 A，B，C 三个命题来表示 A，B，C 三人是老实人(不说谎)。求 A，B，C 三个命题之值。首先，如果 A 说真话，则 B 和 C 一定说谎。因此有

$$A \rightarrow \sim\!B \wedge \sim\!C$$

如果 A 说假话，则 B 和 C 中至少有一个人说真话，因此有：

$$\sim\!A \rightarrow B \vee C$$

以同样的推理方式可得到

$$B \rightarrow \sim\!A \wedge \sim\!C$$
$$\sim\!B \rightarrow A \vee C$$

对于 C 的话，我们可得

$$C \rightarrow \sim\!A \vee \sim\!B$$
$$\sim\!C \rightarrow A \wedge B$$

对上面的诸蕴含式加以整理,并化成子句形式,可得下列子句组

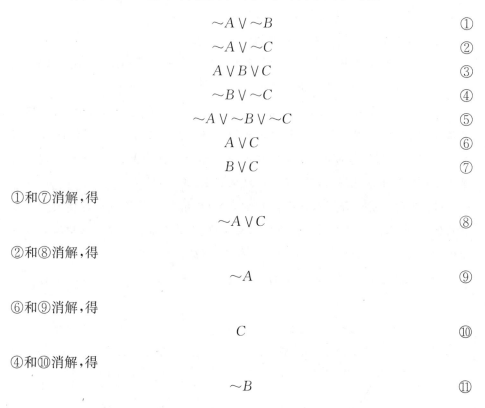

$$\sim A \lor \sim B \qquad ①$$
$$\sim A \lor \sim C \qquad ②$$
$$A \lor B \lor C \qquad ③$$
$$\sim B \lor \sim C \qquad ④$$
$$\sim A \lor \sim B \lor \sim C \qquad ⑤$$
$$A \lor C \qquad ⑥$$
$$B \lor C \qquad ⑦$$

①和⑦消解,得

$$\sim A \lor C \qquad ⑧$$

②和⑧消解,得

$$\sim A \qquad ⑨$$

⑥和⑨消解,得

$$C \qquad ⑩$$

④和⑩消解,得

$$\sim B \qquad ⑪$$

这表示 A 和 B 都是说谎者,而 C 是老实人。

注意在消解过程中,子句③和⑤没有用到。这是很自然的,实际上,③是⑥或⑦的推论,⑤是①,②或④的推论。这种冗余信息的存在降低了消解法的效率。因为在机械地执行消解过程时,各种可能性都是要试验的。

习 题

1. 试把下列句子表达为尽可能细的谓词公式:

(1)独有英雄驱虎豹,更无豪杰怕熊罴。

(2)姑苏城外寒山寺,夜半钟声到客船。

(3)烟笼古寺无人到,树倚深堂有月来。

(4)诸葛一生唯谨慎,吕端大事不糊涂。

(5)上穷碧落下黄泉,两处茫茫皆不见。

（6）千山鸟飞绝，万径人踪灭。

孤舟蓑笠翁，独钓寒江雪。

2. 把下列句子表达成尽可能细的谓词形式：

（1）没有人能说出李时珍在江南名山采集的每一根草药所能治愈的病中是否有一种病是所有的中国人都不会患的。

（2）（广义 Picard 定理）复平面上任意一个非常数的整函数 g，如果不取两个值 a，$b(a\neq b)$，则必存在一个方向 φ，使得除了这两个值以外，对任意值 c，任意正整数 $N>0$，任意的开角 $\alpha>0$，存在一点 z，使 z 的模大于 N，z 位于以 φ 为角平分线的开角 α 范围内，且 $g(z)=c$（见图 1.5.1）。

（3）有的人能使每个人在有些时候喜欢他，有的人能在某一时候使所有人喜欢他，有的人能在每个时刻使有些人喜欢他，有的人能使某个人在所有时刻喜欢他，但是没有人能使所有人在所有时刻喜欢他。

（提示：注意自然语言表达上的二义性）

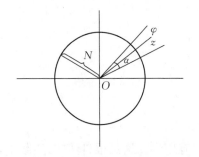
图 1.5.1 广义 Picard 定理

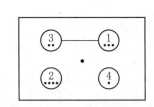
图 1.5.2 一个封闭的世界

3. 设图 1.5.2 方框内是一个封闭的世界，请用尽可能多的谓词公式描述这个世界。

4. 研究下列式子是否永真，若永真，请证明之，否则，给出一个使它为假的解释。

（1）$(\exists x)$[北方人(市长(x))→急性子(副市长(z))]∧[$(\forall x)$大城市(x)→$(\exists x)$开放城市(z)]∧$(\forall t)$[北方人(x)∧～急性子(x)]→$(\forall x)$[急性子(市长(x))→北方人(副市长(x))]∨[$(\exists x)$爱批评(x)∨～$(\forall x)$爱表扬(x)]∧$(\exists t)$[南方人(市长(x))→慢性子(副市长(x))]

（2）$\{(\exists x)$[是鸟(x)⇔会飞(x)]$\}$⇔

$\{(\exists x)$[是鸟(x)]⇔$(\exists x)$[会飞(x)]$\}$

(3) $(\exists x)(\forall y)\{[吹捧(x,y)\wedge\sim吹捧(y,x)]\rightarrow$

$$[吹捧(x,x)\Leftrightarrow吹捧(y,y)]\}$$

5. 用1.2节给出的演绎系统证明下列公式：

(1) $(P\vee\sim P)\equiv T$

(2) $[[p\supset(q\vee r)]\wedge(q\supset r)]\supset(p\supset r)$

(3) $\exists x[A(x)\wedge B(x)]\supset[\exists xA(x)\wedge\exists xB(x)]$

(4) $\exists x\forall y[A(x)\supset B(y)]\supset\forall y\exists x[A(x)\supset B(y)]$

6. 王平夫妇共同看守一个仓库，一天仓库失窃。有人怀疑是监守自盗。公安局查问了三个仓库工人，他们表示了如下意见：

甲说：(1) 夫妇二人中至少有一人行窃。

  (2) 如果王平行窃，则王平妻一定是同伙。

乙说：如果甲的第二条看法是对的，则王平一定行窃了。

丙说：如果乙的看法是对的，则王平的妻子没有行窃。

请用命题演算分别推导甲、乙、丙三人的看法，说明他们各认为谁是盗窃犯。

7. 考察下列式子：

(1) $[(\forall x)G(x)\vee(\exists x)(\forall y)F(x,y)]\longleftrightarrow$

$$[\sim(\forall y)(\exists x)F(x,y)\wedge(\exists x)G(x)]$$

(2) $(\exists x)(\forall y)\{[G(x,y)\wedge\sim F(y,z)]\longrightarrow[F(x,y)\longleftrightarrow G(y,z)]\}$

(3) $(\exists x)[F(x)\longrightarrow G(x)]\longleftrightarrow[(\forall y)H(y)\longrightarrow(\exists y)K(y)]$

请：

(1) 把它们都改写为前束范式。

(2) 再进一步改写为与或句形式。

(3) 再进一步改写为子句形式。

8. 有三个年轻人 A，B，C，报考周教授的博士生，考后周教授没有直接宣布结果，只透露了以下的想法：

(1) 三人中至少录取一人；

(2) 如果录取 A 而不录取 B，则一定录取 C；

(3) B，C 两人要么都录取，要么都不录取；

(4) 如果录取 C，则一定录取 A。

请：

(1) 把这四条想法写成命题公式。

（2）把命题公式转换成与或句。

（3）利用与或句演绎算法推导出周教授想录取谁。

9. 四对夫妇中，王结婚时，周送了礼；周和钱是同一个排球队的队员；李的爱人是陈的爱人的表哥；陈夫妇与邻居吵架，徐、周、吴的爱人都去助战；李、徐、周结婚前住一间宿舍。试用消解法求王、周、钱、陈、李、徐、吴、孙八人谁是男？谁是女？谁和谁是夫妇？（根据北京晚报 5 月 30 日"猜夫妻"改编。）

10. 某村农民王某被害，有四个嫌疑犯 A，B，C，D。公安局派出五个侦察员，他们带回的信息各不一样。甲说 A，B 中至少有一人作案，乙说 B，C 中至少有一人作案，丙说 C，D 中至少有一人作案，丁说 A，C 中至少有一人与此案无关，戊说 B，D 中至少有一人与此案无关。如果这五个侦察员的话都是可靠的。试用消解法求出谁是罪犯。

11. 人们按下列规则互相评头品足：

（1）若 A 认为 B 比 C 强，B 认为 C 比 A 强，则 C 认为 A 的父亲比 B 的母亲强（A，B，C 都是变量）。

（2）王强认为自己的父亲比什么人都强。

（3）张平不认为任何儿子能比母亲强。

请：

（1）把上述规则分别表示为子句形式。

（2）利用消解法证明下列定理：王强的父亲不认为张平比王强强。

第二章
产生式系统

2.1 绪 论

在自然界的各种知识单元之间存在着大量的因果关系,这些因果关系,或者说前提和结论的关系,用产生式(或称规则)来表示是非常方便的。实际上,在前一章中,谓词公式的蕴含关系就是产生式的特殊情况。比如:

$$天下雨 \rightarrow 地上湿 \tag{2.1.1}$$

$$甲到 A 地 \wedge A 地正下雨 \wedge 甲未带雨具 \rightarrow 甲淋湿 \tag{2.1.2}$$

就是两个产生式的例子。箭头左面部分表示条件,右面部分表示结论。有些结论只需要一个条件,有些结论则需要几个条件同时成立。此外,已知的事实可以看作是不需要条件的产生式,例如:

$$\rightarrow 中国的首都是北京 \tag{2.1.3}$$

把一组产生式放在一起,让它们互相配合,协同作用,一个产生式生成的结论可以供另一个产生式作为前提使用,以这种方式求得问题的解决,这就叫产生式系统。产生式系统也可以算作是一种演绎系统。实际上,我们早就同产生式系统打过交道了。在平面几何中用的一套公理系统本质上就是一种产生式系统。其中既有一些纯算术的公理,例如:

$$
\begin{aligned}
x=y \wedge y=z &\rightarrow x=z \\
x=z \wedge y=t &\rightarrow x+y=z+t \\
z+y=z &\rightarrow z-y=x \\
x=y &\rightarrow y=x \\
x<y &\rightarrow y>x \\
x>y \wedge y=z &\rightarrow x>z
\end{aligned}
\tag{2.1.4}
$$

又有一些属于几何性质的公理,例如:

$$Connect(l, a, b) \land Connect(m, a, b) \land$$
$$segment(l) \rightarrow \qquad (2.1.5)$$
$$length(m) \geqslant length(l)$$

表示两点之间的联线以直线为最短。

$$parallel(l, m) \land parallel(l, n) \land$$
$$\sim on(p, l) \land on(p, m) \qquad (2.1.6)$$
$$\land on(p, n) \rightarrow m = n$$

表示过直线外一点只能作一条平行线,等等。

产生式系统有很悠久的历史,据考证,最早提出产生式系统并把它用作计算手段的是美国数学家 Post,时间大约是在 1943 年。他设计的产生式系统称为 Post 系统,目的是构造一种形式化的计算工具,并证明它具有和图灵机同样的计算能力。50 年代,Markov 提出了一种匹配算法,利用一组确定的规则不断置换字符串中的子串从而把它改造为一个新的字符串,其思想与 Post 类似。差不多在同一时候,Chomsky 为了研究自然语言的结构而提出文法分层概念,每层文法有一种特定的"重写规则",也就是语言生成规则。这种重写规则,就是特殊的产生式。所有这些系统,在计算能力上都与图灵机等价。1960 年,Backus 提出了著名的 BNF,即巴科斯范式,用以描写计算机语言的文法,并首先用来描述 ALGOL 60 的语法。不久即发现,BNF 范式基本上即是 Chomsky 分层系统中的上下文无关文法。由于和计算机语言挂上了钩,产生式系统的应用范围大大地拓宽了。

2.2 产生式系统的基本特征

一个产生式系统通常分为三个部分:

1. 一组规则,亦即产生式本身。每个规则分为左部(LHS)和右部(RHS)。一般说来,左部表示情况,即什么条件发生时此产生式应该被调用。右部表示动作,即此产生式被调用后所做的事情。在核实左部情况时通常采用匹配的方法,即查看当前数据基中是否存在规则左部所指示的情况。如果存在则认为匹配成功,否则认为匹配不成功。匹配成功时执行右部规定的动作。这种动作一般是对数据基中的数据作某种处理,例如"添加"(增加新数据),"置换"(代换老数据),"删除"(去掉老数据)等等。

2. 数据基。每个产生式系统都有一个数据基,其中存放的数据既是构成产生式的基本元素,又是产生式作用的对象。数据基的英文原词是 data base,该词常译作数据库。但我们这里所说的数据基和通常所说的数据库管理系统中的数据库是不同的概念,应该注意。同时,这里所说的数据是广义的,它可以是常量、变量、多元组、谓词、表结构、图像等等。它的意义往往指一个事实、或断言,总之,可以看成一个知识元。

3. 一个解释程序。它负责整个产生式系统的运行。包括规则左部和数据基的匹配,从匹配成功的规则(可能不止一个)中选出一个加以执行,解释执行规则右部的动作,并掌握时机结束产生式系统的运行等等。其中每一步都可以有不同的含意,例如,什么叫匹配上? 什么叫匹配不上? 按什么次序挑选规则和数据进行匹配? 当有多个规则匹配成功时,选择规则(即解决冲突)的准则是什么? 规则右部的动作如何执行? 等等。解释程序的多样化是整个产生式系统多样化的主要根源。

相对于其他的知识表示方法(例如过程表示方法),产生式系统有如下特点:

1. 相对固定的格式。任何产生式都由 LHS 和 RHS 组成,左面匹配,右面动作。匹配提供的信息只有两种:成功或失败。匹配过程中不允许产生副作用。因此,不论有多少个规则匹配失败,对数据基均无影响。匹配一般无递归,没有复杂的计算。另一方面,右部的动作一般也都是最基本的,没有复杂的控制。

2. 知识的模块化。在每个具体的产生式系统所适用的专门领域中,知识被分成了很多知识元,存于数据基中。而每个规则指明了有关知识元之间的关系及其使用方法。规则本身也可以看成是知识元,这种知识元不同于通常数据基中存放的知识元,因为它是指示如何使用后者的,因此又叫元知识,即关于知识的知识。由此可见,元知识也是模块化的。此外,还有如何使用这些规则的知识,包括规则匹配的次序,匹配冲突的解决等前面提到的产生式解释系统中包含的功能,这种有关元知识的知识可以称之为高阶元知识。它们也可以模块化并写成规则的形式。不过这一点只有少数的系统能做到。在大部分产生式系统中,高阶元知识不明确地写成规则的形式,并且也不以任何明确的形式显示出来。这些系统的规则使用方法隐含在系统本身的定义之中,这不但是模块化不彻底性的一种表现,而且也使得用户不可能定义自己的、与系统规定不一致的规则使用方法。

知识的模块化使得知识基(包括数据基和规则基)的补充和修改变得非常容易。这也叫知识基的可扩充性或可修改性。但这并不等于说程序员在添加新知识时可以是无所顾忌的。相反,任何修改和扩充必须保持知识基的无矛盾性和一致性。如果由 A 既能推出 B,又能推出非 B,那就不行了。这种一致性检验最好能由系统自动执行,至少是检验到一定程度。因为从理论上我们知道,在某些情况下彻底的一致性检验是不现实的,例如,一阶谓词演算的情况就是如此。

3. 相互影响的间接性。在过程式的语言中,每一步执行完毕后应该做哪一步,是确定的。除开某些条件判断外,程序的控制流是可以看得出来的。即使是非确定性的过程式语言,也可大致看出控制流的轮廓。而产生式系统与此相反,它一般是"数据驱动"的,控制流是看不见的。一个产生式的调用对其他产生式的影响不是直接传送过去,而是通过修改数据基来间接地实现(当其他产生式的左部与数据基匹配时,发现数据基的内容已经变了,从而,各产生式的执行效果也就跟着发生变化)。

产生式系统还有一种"目标驱动"方式,我们将在 2.4 节中谈到。

这个特点有利于上面所说的模块性,但却使产生式系统的效率受到影响。

4. 机器可读性。所谓机器可读性,包括机器识别产生式,语法检查和某种程度上的语义检查。语法检查包括无矛盾性检验,例如 $A \rightarrow B$, $A \rightarrow \sim B$ 这类矛盾,或 $A \wedge B \rightarrow C$, $A \rightarrow C$ 这类冗余。语义检查则涉及知识的具体领域,如通常数据库中的一致性检验(Integrity test)就属此类。

可读性的另一种含义是对产生式作出解释,更确切地说,是对产生式系统为解决某一问题所给出的答案的解释。由于产生式系统的推理过程一般是看不见的,用户有时可能会问:你这个结论是如何得出的? 这时,系统就应告诉用户:它作此结论的根据是什么,用到了哪些规则,推理过程是怎样一步步走过来的,等等。

机器可读性并不是产生式系统独有的,但在产生式系统上表现得最显明。

由上面所述的四个特性可以知道:产生式系统对某些领域的应用是很有效的,而在另一些领域中却不那么适用。从某种意义上说,知识可以分成两大类。第一类知识的特点是它可以由许许多多相对独立的知识元构成,互相之间关系不很密切。第二类知识的特点是它有一个较小的核心,其余部分或均可从此核心推导出来,或相互纠缠,形成一个统一的整体,很难加以分割。第一类知识的典型例子是医生看病,他有许多具体的规则;或化学反应,也有许多具体的方程式。第二类知识的典型例子则是数学,它往往由一个很小的公理系统推出一整个数学大厦。显然,产生式系统比较适用于前者,而不太适用于后者。在这里,知识能否模块化是一个关键。当然,这种划分也不是绝对的。例如,医学知识适合于用产生式系统表示,但中医学却以四诊八纲,辨证施治为中心思想,有阴阳五行等一套理论,比较起来就不那么模块化,有些东西用产生式系统就不那么好概括。另一方面,数学从整体来说是不适于用产生式系统来表示的。但是,微积分中的不定积分却包含了许多互相独立的规则,用产生式系统来描述不定积分的启发式算法则是可行的。事实上,Slagle 的 SAINT 系统和 Moses 的 SIN 系统,都是用一组规则来求不定积分的例子。

当然,还有其他的区分准则。例如,有无复杂的控制流,各知识元之间是否需要直接调用,知识的内容和知识的使用方法是否可以分开表示,用说明性方式表示还是用过程性方式表示等等。这些都可用来鉴别产生式系统对某个特定领域是否适用,但最主要的还是前面讲的,即知识的模块性。

2.3　产生式的知识元

在这一节中,我们将举例说明一个知识元可以具有的不同形态和不同性能。

最简单的形式是常量字符串。在这种形式下,匹配按字符逐个进行。仅当两个常量字符串恒等时,相应的两个知识元才算匹配成功,仅当 LHS 中的每个知识元都和当前数据基中的某个知识元匹配成功时,该 LHS 才算匹配成功。例如,某单位的职称体制可以表示为如下的产生式系统:

$$
\begin{aligned}
&\text{graduate} \wedge \text{seminar} \rightarrow \text{assistent} \\
&\text{assistent} \wedge \text{lecture} \rightarrow \text{lecturer} \\
&\text{lecturer} \wedge \text{paper} \rightarrow \text{a—professor} \\
&\text{a—professor} \wedge \text{book} \rightarrow \text{professor}
\end{aligned}
\tag{2.3.1}
$$

稍为复杂一点的匹配形式不要求两个知识元恒等,只要 LHS 中的知识元是当前数据基中某个知识元的子串即可。匹配成功后,RHS 的动作是把数据基中

该知识元中所含的子串换成在 RHS 中出现的子串。这种产生式系统称为置换系统。例如,

$$aa \rightarrow a$$
$$bb \rightarrow b$$
$$ba \rightarrow ab \qquad\qquad (2.3.2)$$
$$a \rightarrow A$$
$$b \rightarrow B$$

这个产生式系统可以把任何由 a 和 b 两个字母构成的字符串变为 AB(原字符串中必须既有 a,又有 b)。不过它对执行次序有一定的限制,否则不一定得到这个结果(应该加什么限制? 请读者考虑)。但是,如果再增加几个产生式,则对执行次序也可以不加限制(增加哪些产生式? 请读者自答)。

执行例子:$abab \Rightarrow aabb \Rightarrow abb \Rightarrow ab \Rightarrow Ab \Rightarrow AB$。

在置换系统中,如果产生式的左部都只有一个符号,则这些符号也称为变量。当有多个产生式具有相同的左部和各不相同的右部时,变量这个称呼的意义就更加明显,它表示该符号可以被不同的字符串所置换,就像一般数学公式中的变置可以不同的值代入一样。

例如,若我们有下列变量置换系统:

$$某 \rightarrow 好$$
$$某 \rightarrow 坏$$
$$某 \rightarrow 新 \qquad\qquad (2.3.3)$$
$$某 \rightarrow 奇$$
$$某 \rightarrow 快$$

则它们对数据基(某人某事)的加工可以产生好人好事、坏人坏事、新人新事、奇人奇事、快人快事等新数据。但是,它也可以产生如像:好人坏事、奇人快事之类可能不符合要求的数据。为了避免这种事,就得要求出现在同一数据中的同一变量必须用同一字符串(或同一个别的变量)来置换。这也是在设计变量置换系统时必需考虑的细节之一。对这类问题的详细阐述请见后面的自然语言理解部分。

引进变量的另一个效果是把命题化为谓词。在本节式(2.3.1)中的系统是由命题构成的产生式系统。引进变量后,可以构造由谓词构成的产生式系统,它

的表达能力要强得多。

　　例如,某甲要去参加一项智力竞赛,他风闻另外两名对手都是聪明人,心中十分担忧。幸好,他的一位朋友打听到了竞赛题目,并把应付办法事先告诉了他。

　　竞赛开始,主持人在每个竞赛者头上戴一项帽子,帽子的颜色分红白两种,但至少有一项是白帽。题目是说出自己所戴帽子的颜色。戴毕,主持人连问两次,三人面面相觑,无一人能答。问到第三次时,某甲抢先给出了答案。试问朋友面授某甲的妙计是什么?

　　它可以表成如下的谓词产生式系统:

$$帽色(聪明人\ x,红) \wedge 帽色(聪明人\ y,红) \wedge x \neq y$$
$$\rightarrow 帽色(自己,白)$$
$$帽色(聪明人\ x,红) \wedge 帽色(聪明人\ y,白) \wedge 答不出$$
$$(聪明人\ y) \rightarrow 帽色(自己,白)$$
$$帽色(聪明人\ x,红) \wedge 帽色(聪明人\ y,白) \wedge 答出$$
$$(聪明人\ y) \rightarrow 帽色(自己,红)$$
$$帽色(帽明人\ x,白) \wedge 帽色(聪明人\ y,白) \wedge 答不出 \qquad (2.3.4)$$
$$(聪明人\ y) \wedge 又答不出(聪明人\ y)$$
$$\rightarrow 帽色(自己,白)$$
$$帽色(聪明人\ x,白) \wedge 帽色(聪明人\ y,白) \wedge 答不出$$
$$(聪明人\ y) \wedge 第二次答出(聪明人\ y)$$
$$\rightarrow 帽色(自己,红)$$

　　第一个规则是说,如果你发现另外两个人的帽子都是红的,那么你自己的帽子一定是白的,赶快抢答!第二个规则是说,如果另外两人的帽子中有一项是红的,一项是白的,并且戴白帽的人不能马上给出答案,那么你自己的帽子一定也是白的,赶快抢答!第三个规则的前提与第二个规则类似(另外两人的帽色),只是戴白帽者很快答出了他自己的帽色,在此情况下,你应该赶快答你的帽子是红的。第四个规则说,如果另外两个人的帽子都是白的,并且如果他们对前两次提问都表示沉默,你的帽子一定也是白的。第五个规则说,如果另外两个人的帽子都是白的,并且其中有一个人在第二次提问时给出了正确的答案(对第一次提问肯定无人能答),那么你自己的帽子一定是红的。某甲朋友的这个方案可以保证某甲在任何情况下,如果他抢答很快的话,不会成为第三名。由于他幸运地正好戴的是白帽,所以抢答成了第一名。又由于三人戴的都是白帽,所以问到第三遍才给出答案。

从这个例子我们可以看出引进变量至少有这样一些优点:由于 x 既可是张三,也可是李四,因此不必具体指明张三李四的帽色,至少省了一半产生式,免得某甲记那么多,推理也可快一点。由于用变量 y 把答题情况和答题者的帽色联系起来,还使不同的概念可以互相呼应。

在当前盛行的专家系统中,经常以(对象,属性,值)的三元组形式作为产生式系统的知识元。例如:

$$
\begin{aligned}
&(细菌,染色斑,革兰氏阳性)\\
\wedge\,&(细菌,形态,球状)\\
\wedge\,&(细菌,生长结构,链形)\\
\rightarrow\,&(细菌,类别,链球菌)
\end{aligned}
\tag{2.3.5}
$$

就是这样的一个产生式。

更复杂的,以树和图为知识元的产生式系统我们将另行叙述。

知识元可以涉及复杂的计算,例如,要判断谓词 less[sin(x), cos(y)]的真假必须首先计算 sin(x)和 cos(y)的值。这种计算也可以就在谓词一级进行,此时谓词就成为谓词过程。例如 exi^{s}t(x,D)要查明数据 x 是否存在于数据基 D 之中,这时要查遍 D 才能知道此谓词的真假值。更有甚者,谓词的值还可取决于现场从外界获取的信息。例如,专家系统描述语言 Tuili 允许使用这样的产生式:

$$? 咳嗽! \wedge ? 流涕! \wedge ? 嗓痛! \rightarrow 感冒$$

每个问号表示相应的谓词(这里是命题)的真假值由系统向用户提问后,根据用户的答案确定。谓词后的惊叹号表示把用户的答案记录下来,以便下次再遇到这个谓词时不必重新提问。

作为本节的结束,我们要对产生式中出现的变置的作用域问题作一个极其重要的说明。一般说来,这种变量的作用域仅限于它所在的产生式。如果在匹配过程中某规则中的一个变量被约束为某个值(例如在本节式(2.3.4)的产生式系统中最后一个规则的 x 被约束为乙,y 被约束为丙),则同一规则中所有同名变量必须约束为同一个值(该规则的另外两个 y 也应约束为丙)。但是,对其他规则中的同名变量无丝毫影响。同时,不论是规则匹配失败或成功地结束,被约束的变量都要恢复原状。换句话说,它们只起一种形式参数的作用。

但是,也有例外。在许多语法置换系统中。同一字符串中的几个同名变量,可以被置换成不同的子串。这种置换称为上下文无关置换。显然,这里所说的变量的含义与谓词中出现的变量是不一样的。

另一种例外是作用域的放大。SNOBOL 语言的基本成分也是一些规则。这些规则中出现的变量的作用域并不限于规则内部,而是整个程序。它们是典型的冯·诺依曼变量。如果在某个变量中存放了一个值,则直到放进另一个值去之前,原来的值都是有效的。下面是两个简单的 SNOBOL 句子:

新闻="好人好事"

新闻"好"="坏"

第一个句子给变量新闻赋值"好人好事",第二个句子用了图像"好"与新闻中的已有图像("好人好事")匹配,凡匹配上时均换以"坏"字。结果,新闻的内容成了"坏人坏事"。

2.4　推理的方向

产生式系统有两种最基本的推理方式:向前推理和向后推理。前者又称为数据驱动的推理,后者又称为目标驱动的推理。

让我们来重复一下向前推理的基本原理:每个产生式的左部有一组条件,右边有一组动作,每当数据基的当前状态符合该产生式左部的所有条件时,该产生式即可以被激发,并执行右边的动作。这些动作一般要修改数据基的内容,动作执行完毕以后,数据基的状态可能已经改变。此时再找一个产生式,它的左部条件能被改变后的数据基所满足,再激发这个产生式,执行它右部的动作,这些动作再次修改数据基,等等。如此循环反复。这个过程可以用图 2.4.1 中的链来表示。其中每个 S_i 代表数据基的一个状态。

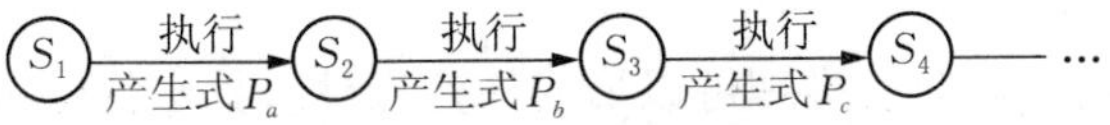

$$S_1 \xrightarrow[\text{产生式} P_a]{\text{执行}} S_2 \xrightarrow[\text{产生式} P_b]{\text{执行}} S_3 \xrightarrow[\text{产生式} P_c]{\text{执行}} S_4 \longrightarrow \cdots$$

图 2.4.1　向前推理链

在大部分向前推理的产生式系统中,每个条件用一个谓词来表示。产生式的左部是一串谓词,产生式的右部也是一串谓词。产生式的左部与当前数据基匹配成功的意思是:对产生式左部所有谓词中出现的变量可以实行一种统一的置换,使得置换后的谓词都是当前数据基中某个谓词的样品。执行产生式右部动作的意思是:把左部匹配时实行的那个变量置换传播到右部来,使右部谓词中出现的变量按同一方式实行置换。然后把如此所得的诸(右部)谓词样品加进当前数据基中。这样,一个产生式的调用就告完成。

例如,设当前数据基为$[S(x),P(a,b),Q(b,c)]$,并有下列产生式:

$$P(x,y)\wedge Q(y,z)\rightarrow R(x,z)$$
$$P(x,y)\wedge Q(z,y)\rightarrow R(z,x)$$
$$R(x,y)\wedge S(x)\rightarrow T(y,y) \qquad (2.4.1)$$
$$S(x)\wedge P(x,y)\rightarrow V(x,y,z)$$

则第一个产生式符合激发条件,因为存在统一的变量置换:$x\Rightarrow a$,$y\Rightarrow b$,$z\Rightarrow c$,使$P(a,b)$,$Q(b,c)$皆存在于数据基中。第四个产生式也符合激发条件,因为置换$x\Rightarrow a$,$y\Rightarrow b$使$S(a)$和$P(a,b)$成为数据基中某个谓词的样品。但是第二个产生式不符合此条件,因为根据当前数据基的情况,为满足谓词$P(x,y)$,必须实行置换$x\Rightarrow a$,$y\Rightarrow b$,但这样一来Q就不可能满足了。当然,第三个产生式也是不符合条件的。因为数据基中根本没有R的谓词样品。

第一和第四两个产生式的激发成功,使得数据基中多了两个谓词样品:$R(a,c)$和$V(a,b,z)$。此时第三个产生式符合激发条件。并产生新数据$T(c,c)$。整个过程如图 2.4.2 所示。

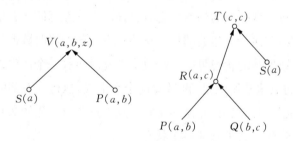

图 2.4.2   向前推理森林

由该图可以看出,向前推理可以形成一片森林。其中每棵树称为推理树,由树叶开始逐渐生长。推理的层次称为推理树的高度。如图 2.4.2 中左边的树高度为1,右边的树高度为2,各树高度中之极大者称为推理森林的高度。在每一层高度上,推理树的节点个数称为推理树在该层的广度。每一层高度上各推理树的广度之和称为推理森林在该层上的广度。

从这个例子可以看出,我们对于产生式的激发还应加一个条件。就是,当执行一个产生式右部的动作不能改变数据基的状态时,即使产生式左部能与数据基匹配,也不应当去激发这个产生式。在我们所述的这类产生式的情况下该条件等价于:当产生式的右部不能为数据基增添新的谓词时,就不应激发此产生式;否则,它将产生许多无用的空转,甚至是无穷多次空转,使产生式系统的运行停不下来。

然而,即使作了这个规定后,停不下来的例子仍然是有的。且看下面的例子:

$$P(x) \rightarrow P(f(x))$$

若数据基中原有谓词 $P(a)$,则在这个产生式的作用下将产生 $P(f(a))$, $P(f(f(a)))$, $P(f(f(f(a))))$, …无穷多个谓词样品。

因此,在一般情况下,运行产生式系统应该有一个目标。每执行一次向前推理,就要把当前数据基状态与目标比较一下。若已达到目标,即停止运行,否则继续推理。

有时,没有目标的向前推理也是需要的,这往往是为了推出所需要的全部结果。例如,某公安人员把下列产生式系统作为侦破谋杀案的例行程序:

被害人$(x) \wedge$被害时间$(x, t) \wedge$无人证明

　在何处$(y, t) \rightarrow$有条件作案(y, x, t)

有条件作案$(y, x, t) \wedge$有仇(x, y)

　$\rightarrow$嫌疑犯(y)

有条件作案$(y, x, t) \wedge$因死得益(x, y)　　　　　(2.4.2)

　$\rightarrow$嫌疑犯(y)

嫌疑犯$(x) \rightarrow$知情人(x)

知情人$(x) \wedge$亲友$(x, y) \rightarrow$知情(y)

此公安人员要求把上述产生式系统运行到底,因为,他要找出所有的嫌疑犯和所有的知情人。这种推理虽然在理论上不会出现像前面的 $P(x) \rightarrow P(f(x))$ 那样无限制进行下去的情况,但由于数据量可能很大(如谓词"亲友(x, y)"可能有

许多样品），也会出现实际上的无穷运行。

向后推理的过程与向前推理不同。首先，任何向后推理一定有一个目标，这一般来说是数据基的一个状态。其次，推理的方向和向前推理相反。其步骤是：若目标状态为 S_1，则首先查看数据基的当前状态是否已是 S_1，若是，则不必做任何工作，问题已经解决。否则，查看有没有这样的规则 R_1，它可把状态 S_2 转换成 S_1，如果有，即查看当前数据基的状态是否是 S_2，如果是，则只要执行 R_1，即可达到状态 S_1，问题也可以解决。如果当前数据基的状态还不是 S_2，则进一步查看有没有这样的规则 R_2，它可把状态 S_3 转换成 S_2。如果有，即查看当前数据基的状态是否是 S_3，……，这样反复地做下去，就得到一条向后推理链，如图 2.4.3 所示。

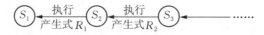

图 2.4.3　向后推理链

为了进一步地考察向后推理，我们仍旧采用前面所述的那类产生式系统作为例子，即其左部和右部均由一串谓词组成。为了简化讨论，我们不妨假设每个产生式右边只有一个谓词，否则，我们可以通过把一个产生式拆成几个产生式的办法来做到这一点。

对于这类产生式系统，推理目标也取一个谓词的形态，称为<u>目标谓词</u>。推理步骤是：以目标谓词为树根，首先查看当前数据基中是否有这样的谓词存在，它们与目标谓词之间存在<u>最广通代</u>[①]。如果有 n 个这样的谓词，即从树根生出 n 枝"或叉"，每枝或叉的终点是上述数据基谓词经过最广通代之后的一个样品。然后再查看有没有这样的规则，它们的右部谓词与目标谓词之间存在最广通代，如果有 m 个这样的规则，即从树根再生出 m 枝"或叉"，每枝或叉的终点是上述右部谓词经过最广通代之后的一个样品。如果和某个右部谓词相对应的左部有 k 个谓词，则从该或叉的终点又生出 k 枝"与叉"，每枝与叉的终点相应于一个左部谓词，其中的所有变元均已按照右部谓词所作的最广通代作了相应的置换。在上述过程中，或叉的起点称为或节点，其终点称为与节点。与叉的起点称为与节点，其终点称为或节点。由此可知，或节点和与节点互为因果。按此办法不断

进行下去,可使与叉和或叉,与节点和或节点循环轮回,生成一棵树,称为与或树。它可以是有穷的,也可以是无穷的。

在一棵与或树中,设 A 和 B 是不同的节点。如果节点 A 在树根到节点 B 的一条通路上,则称 A 为 B 的祖先,B 为 A 的子孙。如果 A 是 B 的祖先,A,B 之间无其他节点,即称 A 为 B 的父节点,B 为 A 的子节点。属于同一个父或节点的各与节点称为兄弟节点,其中先生成的称为兄节点,后生成的称为弟节点。属于同一个父与节点的各或节点也是兄弟节点,其中在产生式左部中位置靠前的是兄节点,位置靠后的是弟节点。

如果从一个或节点生出的诸或叉中,有一枝或叉的终点是当前数据基中某个谓词的一个样品,则称此或节点成功,它的子与节点(即上述谓词样品)自然也成功,并且是与或树的一个叶节点。如果从一个或节点不能生出任何或叉,则称此或节点失败。它也是与或树的一个叶节点。如果一个或节点失败,则它的父与节点也失败。如果一个或节点的所有子与节点皆失败,则该父或节点也失败。如果一个与节点成功,则它的父或节点也成功。如果一个父与节点的所有子或节点皆成功,则该父与节点也成功。

由此可知,在向后推理进行过程中,如果由于某些叶节点的成功,使得根节点(它一定是一个或节点)也成功,则整个推理成功。如果到某个时刻,由于某些叶节点的失败而使得推理不再能进行下去,则整个推理失败。否则,与或树有可能无穷地生长下去。

现在让我们看一个例子。某婚姻介绍所的小王是一位热心的红娘,经他介绍而结为佳偶的大龄青年已有很多,为了进一步提高成功率,他编了如下的计算机程序。

在数据基中存放着有关他的工作对象的一批数据。

pair(a, b), pair(c, d),…表示一对对已经情投意合的朋友

love(e, f), love(g, h),…表示已知某人正爱着某人(第一个变元爱着第二个变元)

single(i), single(j),…表示单身男女

type(k, 1), type(k, 2),…表示各人性格特点

他有这样一些规则:

$$\text{single}(x) \wedge \text{single}(y) \wedge \text{love}(x, y) \wedge \text{love}(y, x) \rightarrow \text{pair}(x, y)$$

$$\text{type}(x, 1) \wedge \text{like}(x, g) \wedge \text{give}(y, x, g) \rightarrow \text{love}(x, y)$$

$$\text{type}(x, 2) \wedge \text{beautiful}(y) \wedge \text{young}(y) \rightarrow \text{love}(x, y) \tag{2.4.3}$$

$$\text{type}(x, 3) \wedge \text{rich}(y) \wedge \text{goodfather}(y) \rightarrow \text{love}(x, y)$$

$$\text{type}(x, 4) \wedge \text{workhard}(y) \wedge \text{studyhard}(y) \rightarrow \text{love}(x, y)$$

当然,这里还应注明每个人的性别,但如果要细细追究的话,要添的细节就太多了。因此,我们假定上述产生式已构成完整的规则集。现在假定陈伟来求小王帮忙找对象,小王即用目标谓词 pair(陈伟, x)进行向后推理。这里 x 表示所求的解。图 2.4.4 是一株可能的与或树。

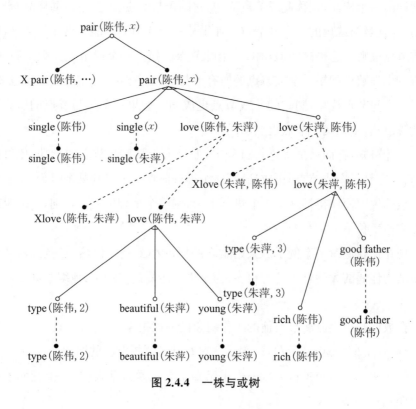

图 2.4.4　一株与或树

需要作几点说明:

1. 空圈是或节点,实圈是与节点。虚线是或叉,实线是与叉。属于同一父与节点的各兄弟与叉用弧线连起来。所有作为叶节点的与节点,凡旁边没有打叉(×)者都是成功的,表示它们是数据基中某个谓词的样品。凡旁边打叉者表示它们是失败的,即数据基中没有这样的谓词。

2. 与节点 pair(陈伟,…)的失败表示陈伟原来没有对象,而另一与节点 pair(陈伟,x)的成功表示陈伟现在找到了对象。同理,左面的与节点 love(陈伟,朱萍)的失败表示陈伟原来并不爱朱萍(可能是因为他根本就不认识朱萍),而右面与节点 love(陈伟,朱萍)的成功则表示由于朱萍满足陈伟所理想的条件,陈伟爱上了朱萍。

3. 或节点 single(x)表示在查找数据基之前,x 是未知的,只是在查找中才发现了 single(朱萍),从此时开始,同一规则中的 x 应全部代换为朱萍。所以,single(x)右面的 love(陈伟,朱萍)本来应该是 love(陈伟,x),由于找到了 single(朱萍)而把 x 置换成朱萍。实际上,在整个与或树取得成功以后,应把所有 x 都换成朱萍,包括根节点在内,它应换成 pair(陈伟,朱萍),这就是求到的解。为了让读者看到推理的过程,我们部分地保留了 x。

4. 所求的解可以是不唯一的。除了朱萍之外,还可以有其他人符合陈伟择偶的条件。这里把首先找到的朱萍作为解,代表了一种求解策略,叫"求第一个解"。我们也可以要求系统把所有解都求出来,向陈伟提供全部可能性,以便选择。这种策略叫"求所有解"。如果这项选择工作由系统自动进行,陈伟只需提供选择的标准,这个策略叫"求最优解"。还有一种情况,陈伟已悄悄相中了朱萍,只是不知道朱萍是否愿意,此时可把 pair(陈伟,朱萍)作为目标函数求解。这里没有任何变量,所以答案只能是"是"或"否"。这个策略叫"求严格解"。各个产生式系统能够提供的求解策略不一样。例如 Prolog 语言系统可以求第一个解和严格解,当用户反复追问时,也可以提供全部解,但每问一次只能给一个解。Tuili 语言系统可以提供上述所有求解策略。

在与或树中,除了根或节点是目标以外,其他的或节点都是子目标。根或节点可以看成是第零代子目标。若某个或节点的父与节点是作为第 n 代子目标的另一或节点的子节点,则这一个或节点是第 $n+1$ 代子目标。子目标的最高代数称为与或树的高度,或向后推理的深度,每一代子目标的个数称为在该层上与或树的宽度,或向后推理的广度。

有些产生式系统可以同时实行向前推理和向后推理。例如,RITA 系统允许两类产生式,一类叫 RULE,只能用于向前推理;另一类叫 GOAL,只能用于向后推理。它的数据基中的元素是对象,每个对象(称为 OBJECT)有一组属性,每个属性有一个值。RITA 的一个特点是它的产生式书写方式与英语十分接近,其意义一目了然。它有一组系统固有词,全部由大写字母组成,小写字母则代表用户定义的名字。下面是一个十分简单的例子:

DATA BASE

    OBJECT operating—system(1):

        host—computer IS "PDP—10",

        prompt—character IS "a",

        net—address IS "sumex—aim";

    OBJECT operating—system(2):

        type IS "UNIX",

        host—computer IS "PDP—11",

        prompt—character IS "%",

        net—address IS "rand—unix"

RULE SET

    RULE1:

      IF: THERE IS an operating—system

      WHOSE host—computer IS KNOWN

      AND WHOSE prompt—character IS KNOWN

      AND WHOSE type IS NOT KNOWN

      THEN: DEDUCE the type OF the

        operating—system

      AND SEND concat("This is a", the

        type OF the operating—system, "system")TO user;

GOAL1:

      IF: the host—computer OF the

      operating—system IS "PDP—10"

      AND the prompt—character OF the

      operating system IS "a"

      THEN: SET the type OF the

      operating—system TO "TENEX"

把产生式分成只能作向前推理和只能作向后推理两种,是不大理想的。然而,为了把一个产生式解释成既能作向前推理,又能作向后推理,就必须作一些必要的限制。例如,右部包括过程调用,尤其是产生副作用的过程调用,如打印某些信息之类的产生式是不能作向后推理使用的。

2.5　框架问题

最简单的向前推理产生式系统可以看成是一个公理系统。数据基的每个元素或是谓词,或是命题(没有参数的谓词)。每个产生式在假定某些谓词为真的前提下推论出另一些谓词也为真。如果这些数据和规则是无矛盾的,那么该产生式系统代表一个和谐的世界。在这个世界里,每个谓词只有已知其真假和尚未知其真假的区别,而不会原先是真的,后来变成假的了,或反过来,原先是假的,后来又变成真的。即所谓真的假不了,假的真不了。

但是也有这样的一些系统,在这些系统中,谓词的真假值会在推理过程中发生变化。这些系统主要用于描述客观世界中状态的变迁,常常出现在所谓"计划系统"中,即为了解决用户提出的问题而自动制订出解题步骤的系统。在这些系统中,随着解题步骤的执行,描述状态的诸谓词的真假值会不断发生变化。

一个简单的例子是所谓九宫图游戏。假定在划成井字形九个格子的棋盘上,放着八个棋子,每子占一格,它们的编号是从 1 到 8,但次序可以是打乱的。现在要求建立一个产生式系统,对于每一组随意排列的棋子,它的规则系统都能尝试把这些棋子按次序排列好。它应该在有限步内,或是把棋子全部排好,或是说明它们是不可能排好的,见图 2.5.1。

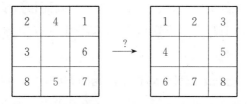

图 2.5.1　九宫图游戏

为了解决这个问题,我们设计一个有九个参数的谓词 at,表示在每一时刻棋盘上各格子的状态,其中△代表格中无棋子,则我们可有如下的规则:

$$at(x_1, x_2, x_3, x_4, \triangle, x_5, x_6, x_7, x_8)$$
$$\rightarrow at(x_1, \triangle, x_3, x_4, x_2, x_5, x_6, x_7, x_8)$$
$$at(x_1, x_2, x_3, x_4, \triangle, x_5, x_6, x_7, x_8)$$
$$\rightarrow at(x_1, x_2, x_3, \triangle, x_4, x_5, x_6, x_7, x_8)$$
$$at(x_1, x_2, x_3, x_4, \triangle, x_5, x_6, x_7, x_8)$$
$$\rightarrow at(x_1, x_2, x_3, x_4, x_5, \triangle, x_6, x_7, x_8)$$
$$at(x_1, x_2, x_3, x_4, \triangle, x_5, x_6, x_7, x_8)$$
$$\rightarrow at(x_1, x_2, x_3, x_4, x_7, x_5, x_6, \triangle, x_8)$$

$$(2.5.1)$$

等等,这样的规则共有 24 条。

但是,我们知道,在任一时刻,棋盘上各格子的内容是唯一确定的。也就是说,在推理进行的任一时刻,如果有两个谓词样品

$$at(a_1, a_2, a_3, a_4, a_5, a_6, a_7, a_8, a_9)$$
$$at(b_1, b_2, b_3, b_4, b_5, b_6, b_7, b_8, b_9)$$

同时为真,则必须有 $a_i = b_i$,$i = 1$,…,9。这表示,我们每执行一条规则,产生一个新的谓词样品时,同时就是在否定旧的谓词样品。可是,这种对旧谓词的否定(也就是对旧状态的否定),在产生式中是不能明显看出来的。这些产生式并没有向我们提供这方面的信息。更有甚者,在数据基中可能有许许多多的谓词,每执行一个产生式,旧谓词中可能有一部分改变其值,而另一部分的值没有改变。应该如何来说明哪个谓词改变了值,而哪个谓词的值没有改变呢?如果对每个产生式都不厌其烦地指明这一点,不是太累赘了吗?而且在有些情况下简直是不可能的。这个问题就是著名的所谓"框架问题"。起这个名字是因为把数据基的状态和电影中的镜头相比。每个镜头——画面相当于一个框架,演电影时每个瞬间每个画面只改变一点点,而其余部分则没有变。有点像数据基在产生式作用下的改变。

在本节中,我们将介绍三种处理框架问题的方法。

第一种方法是直接指明法。即在每一个产生式中直接指明增加哪些谓词,删去哪些谓词。例如 STRIPS 是一个制订机器人行动计划的产生式系统,它本质上是目标驱动的,即使用向后推理的方式,但是它的产生式也可以用来作向前推理。下面四个产生式用于规划机器人玩积木。

1. pickup(x)

   $P\&D$：ONTABLE(x)，CLEAR(x)，HANDEMPTY

   A：HOLDING(x)

2. putdown(x)

   $P\&D$：HOLDING(x)

   A：ONTABLE(x)，CLEAR(x)，HANDEMPTY

   (2.5.2)

3. stack(x，y)

   $P\&D$：HOLDING(x)，CLEAR(y)

   A：HANDEMPTY，ON(x，y)，CLEAR(x)

4. unstack(x，y)

   $P\&D$：HANDEMPTY，CLEAR(x)，ON(x，y)

   A：HOLDING(x)，CLEAR(y)

在产生式中，P 代表前提(Precondition)，D 代表应删去的谓词项(Delete)，A 代表应增加的谓词项(Addformula)。由于在这里 P 和 D 的内容完全一样，所以把它们写在一起。从语义来说，pickup 表示从桌上取起一块积木，putdown 表示放一块积木到桌子上，stack(x，y)表示把积木 x 放在积木 y 上，unstack(x，y)表示从积木 y 上取走积木 x。关于产生式中的每个具体谓词的语义可以从它们的名字看出来。

这些产生式确实刻画了状态的变化。举例来说，执行产生式 pickup 的前提条件是积木 x 应在桌子上，它上面没有别的积木，并且机器人的手是空的。执行产生式后，这三个条件都发生了变化，被新的状态，即积木 x 在机器人手里，所代替。

当然，把 CLEAR(x)也列入删去谓词的单子似乎是不适宜的，因为当积木 x 在机器人手里时，x 的上面仍是空的。这里对 CLEAR 的处理方法仅是为了编程序的方便，因为 CLEAR(x)是 x 上面可以放其他积木的必要条件。而当 x 在机器人手里时，反正上面是不能放任何积木的，因此把 CLEAR(x)去掉也无妨。

应该指出，这类系统有一个隐含的"约定"，那就是：凡是不在删除清单中出现的谓词，一律予以保留。

第二种方法是 Green 在 1969 年提出的，他主张在每个谓词中增加一个参数,叫做状态参数。一个谓词在不同状态下取值不同可以看成是因为状态参数不同而引起的。具有不同状态参数的同一谓词是不同的谓词样品,完全可以具有不同的值。

每个产生式有一个名字,这个名字同时又代表一个状态函数。把它施行于一个旧的状态上,即得到一个新的状态。每执行一个产生式后,即在所有被改变值的谓词中用新的状态代入之。

以猴子吃香蕉问题为例。香蕉挂在天花板上,猴子够不着。它一眼瞥见屋内有一把椅子,于是走过去把椅子搬到香蕉底下,爬上椅子,就可以够到香蕉了。解这个问题的产生式系统可以表为如下形式,其中 $P(x, y, z, s)$ 表示在状态 s 时,猴子处在 x 处,香蕉处在 y 处,椅子在 z 处,$R(s)$ 表示在状态 s 时,猴子可以够着香蕉。

$$\text{walk}(x, y): P(x, y, z, s) \rightarrow P[y, y, z, \text{walk}(x, y, s)]$$
$$\text{walk}(x, z): P(x, y, z, s) \rightarrow P[z, y, z, \text{walk}(x, z, s)]$$
$$\text{carry}(x, y): P(x, y, x, s) \rightarrow P[y, y, y, \text{carry}(x, y, s)] \quad (2.5.3)$$
$$\text{throw}(x, y): P(x, y, x, s) \rightarrow P[x, y, y, \text{throw}(x, y, s)]$$
$$\text{climb}: P(x, x, x, s) \rightarrow R[\text{climb}(s)]$$

设对于初始状态 s_0 有 $P(a, b, c, s_0)$ 成立,则运行上面的产生式系统可以得到解:

$$R(\text{climb}(\text{carry}(c, b, \text{walk}(a, c, s_0))))$$

即猴子先走到椅子处,再把椅子搬到香蕉处,然后爬上去。但是也可以得到另一个解:

$$R(\text{climb}(\text{walk}(c, b, \text{throw}(c, b, \text{walk}(a, c, s_0)))))$$

即猴子先走到椅子处,然后把椅子掷到香蕉处,自己再走到香蕉处,最后爬上去。

可以看出,这种方法的优点是计划的各个步骤可以直接展现在求得的解里。Green 方法最初用于一个非产生式性的谓词演绎系统,由于这类系统运行效率较低,因而结果不够理想。现在我们把它写成产生式系统的形式,从本质上说和 STRIPS 的方法是差不多的。只要我们允许负谓词出现,就可以把 STRIPS 产生式改写为 Green 的形式。例如,机器人玩积木的第一个产生式可以改写为

pickup(x)：

ONTABLE(x, s)∧CLEAR(x, s)∧HANDEMPTY(s)

→～ONTABLE(x, pickup(x, s))∧

～CLEAR(x, pickup(x, s))∧

～HANDEMPTY(pickup(x, s))∧

HOLDING(x, pickup(x, s))

前面说了，Green 方法的优点是记下了各个谓词之值随状态 s 而变迁的历史。但它的缺点也就在这里，如果推理步骤很多，会使一个谓词的记录变得非常之长，大大影响实现的效率。而且，即使是从制订计划的角度看，我们感兴趣的主要是目标谓词的变迁，那些次要谓词的记录对于最后结果来说实在是不必要的。例如，我们对机器人玩积木系统中谓词 CLEAR 的变迁就不会感兴趣。

与 STRIPS 一样，在 Green 方法中也必须假定所有未在产生式右部提到的谓词之真假值都没有发生变化。即对所有的谓词 $P(x_1, \cdots, x_n, s)$，凡不在产生式 $Q(y_1, \cdots, y_m)$ 之右部出现者，皆有 $P(x_1, \cdots, x_n, s) = P(x_1, \cdots, x_n, Q(y_1, \cdots, y_m, s))$。

第三种方法是 Kowalski 提出的。他认为：前面两种方法的缺点在于不能明显地给出框架公理，即指明在某个产生式的调用下哪些谓词的值保持不变的公理。如果要指明，就要对每个谓词都指明。如果谓词很多，就要对谓词符号本身使用全称量词，即进入了高阶谓词演算的领域。例如，我们在上面提到的 Green 方法的框架公理，对于产生式 pickup 来说就可以写为

$$\lor s \forall P[P \neq \text{ONTABLE} \land P \neq \text{CLEAR} \land P \neq \text{HANDEMPTY}$$
$$\land P \neq \text{HOLDING} \rightarrow P(s) = P(\text{pickup}(x, s))] \tag{2.5.4}$$

这里还没有考虑到谓词 P 本身可能有多少变元，否则式子可能要更复杂一点。

由于高阶谓词演算的性质远远不如一阶谓词演算，因此 Kowalski 建议把上述用高阶谓词演算表述的公理写成一阶谓词演算的形式。其方法是把一个产生式系统中所用的谓词全部写成函数的形式，这样，谓词样品就成为项。对于谓词的全称量词就成了对于相应的项所代表的普通变量的全称置词。与此同时，用一个系统谓词 HOLDS 表示原来的谓词在某个状态 s 下是否成立。例如，原来用 ONTABLE(x, s)＝True 表示谓词样品 ONTABLE(x) 在状态 s 下取真值，现在则用

$$\text{HOLDS}(\text{ontable}(x), s)$$

表示同样的意思,只是 ontable 现在不是谓词名,而是函数名。另一个系统谓词
$\text{DIFF}(x, y)$ 表示 x 和 y 两个项不等。用 Kowalski 的方法可以把机器人玩积木
的产生式系统表为

1. pickup(x)

   P: $\text{HOLDS}(\text{ontable}(x), s) \wedge \text{HOLDS}(\text{clear}(x), s)$

   $\wedge \text{HOLDS}(\text{handempty}, s)$

   $\rightarrow \text{HOLDS}(\text{holding}(x), \text{pickup}(x, s))$

   F: $\text{HOLDS}(y, s) \wedge \text{DIFF}(y, \text{ontable}(x))$

   $\wedge \text{DIFF}(y, \text{clear}(x)) \wedge \text{DIFF}(y, \text{handempty})$

   $\wedge \text{DIFF}(y, \text{holding}(x))$

   $\rightarrow \text{HOLDS}(y, \text{pickup}(x, s))$

2. putdown(x)

   P: $\text{HOLDS}(\text{holding}(x), s)$

   $\rightarrow \text{HOLDS}(\text{ontable}(x), \text{putdown}(x, s))$

   $\wedge \text{HOLDS}(\text{clear}(x), \text{putdown}(x, s))$

   $\wedge \text{HOLDS}(\text{handempty}, \text{putdown}(x, s))$

   F: $\text{HOLDS}(y, s) \wedge \text{DIFF}(y, \text{holding}(x))$

   $\wedge \text{DIFF}(y, \text{ontable}(x)) \wedge \text{DIFF}(y, \text{clear}(x))$

   $\wedge \text{DIFF}(y, \text{handempty})$

   $\rightarrow \text{HOLDS}(y, \text{putdown}(x, s))$ $\qquad$ (2.5.5)

3. stack(x, y)

   P: $\text{HOLDS}(\text{holding}(x), s) \wedge \text{HOLDS}(\text{clear}(y), s)$

   $\rightarrow \text{HOLDS}(\text{handempty}, \text{stack}(x, y, s))$

   $\wedge \text{HOLDS}(\text{on}(x, y), \text{stack}(x, y, s))$

   $\wedge \text{HOLDS}(\text{clear}(x), \text{stack}(x, y, s))$

   F: $\text{HOLDS}(z, s) \wedge \text{DIFF}(z, \text{holding}(x))$

   $\wedge \text{DIFF}(z, \text{clear}(y)) \wedge \text{DIFF}(z, \text{handempty})$

   $\wedge \text{DIFF}(z, \text{on}(x, y)) \wedge \text{DIFF}(z, \text{clear}(x))$

   $\rightarrow \text{HOLDS}(z, \text{stack}(x, y, s))$

4. unstack(x, y)

    P：HOLDS(handempty, s) $\wedge$ HOLDS(clear(x), s)

        $\wedge$ HOLDS(on(x, y), s)

        $\rightarrow$HOLDS(holding(x), unstack(x, y, s))

        $\wedge$ HOLDS(clear(y), unstack(x, y, s))

    F：HOLDS(z, s) $\wedge$ DIFF(z, handempty)

        $\wedge$ DIFF(z, clear(x)) $\wedge$ DIFF(z, on(x, y))

        $\wedge$ DIFF(z, holding(x)) $\wedge$ DIFF(z, clear(y))

        $\rightarrow$HOLDS(z, unstack(x, y, s))

在这里,P 表示作状态转换的产生式,F 表示该产生式的框架公理。必须注意产生式和相应的框架公理是一个整体。这要从三个方面去理解,第一,每个产生式恰配备一个框架公理,它们是一一对应的;第二,执行任何产生式的同时,必须执行相应的框架公理;第三,从执行的方法上看,首先,在产生式 P 中做的任何变量约束必须同时施行于相应的框架公理。例如,如果在执行产生式 stack(x, y)时 x 和 y 已被分别约束成 a 和 b,则在执行相应的框架公理之前,必须把其中的 x 和 y 也分别约束为 a 和 b,因为框架公理不仅要保证,比如说不同于 on(x, y)的任何项在本产生式的状态转换下不变,还要保证不同于 on(a, b)的任何项,比如说 on(c, d),在此状态转换下也不变。其次,在作了这样的变量约束后,如果在框架公理中还有变量未被约束为常量(至少有一个),则对此变量的所有可能的约束方式均应把框架公理执行一遍,直至把在新状态下保持不变的项全部确定完毕才终止。

由此看来,Kowalski 方法的主要优点是用形式化方法描述了框架公理,在提高效率方面不一定有什么贡献。

2.6　非确定性匹配

有时,我们并不要求产生式的左部能与数据基中的数据完全匹配上,往往只需部分的匹配(即已有的信息不是十分完备时),即可推出某些结论性的信息。

例如,在医生诊病时,尤其是中医诊病时,在一组预期可能出现的症状中,只要出现了一定数量的症状(不一定全部)即可断定患者得了什么病。

以中医妇科钱伯煊大夫的经验为例,"脾肾阳虚"这一症型在临床上经常出现的症状包括:腹胀、便溏、泻泄、肢冷、倦怠乏力、浮肿、嗜睡、白带稀薄、舌质淡胖边有齿痕,腰背冷痛、畏寒、腰酸痛、尿频、五更泻泄等。其中前九症说明脾阳虚,后五症说明肾阳虚。但是,这些症状不一定是全部同时出现的。因此,有必要把它们按出现规律分组,并说明每组中至少出现几种症状,才能向医生提供足够的信息。在这个例子中,症状分为三组:

1. 由于脾肾阳虚必须见寒象,因此把腰背冷痛、畏寒、肢冷分为一组,其中至少出现一症。

2. 腹胀、便溏、泻泄、倦怠乏力、浮肿、嗜睡、白带稀薄、舌质淡胖边有齿痕分为一组,其中至少出现两种症状。

3. 腰酸痛、尿频、五更泻泄分为一组,其中至少出现一种症状。

把它写成产生式时可以写为

$$\begin{aligned}
&(腰背冷痛 \vee 畏寒 \vee 肢冷/1) \wedge \\
&(腹胀 \vee 便溏 \vee 泻泄 \vee 倦怠乏力 \vee 浮肿 \vee 嗜睡 \\
&\qquad \vee 白带稀薄 \vee 舌质淡胖边有齿痕/2) \wedge \quad\quad (2.6.1)\\
&(腰酸痛 \vee 尿频 \vee 五更泻泄/1) \\
&\rightarrow 脾肾阳虚
\end{aligned}$$

注意,规则中的或符号 $\vee$ 是广义的,斜杠/后边的数字表示在以或符号联结的症状项中,至少有几项为真时,整个用圆括号括起的项即为真。这个例子显示了只要左边诸项中有部分项为真,右边项即为真。

当然,这种部分匹配的情况不难改写为通常标准型的产生式,但是产生式的数量要大大增加。我们可以计算一下需要用几个标准产生式才能表达与上式同样的意思。在上式左部,第一对括号中共有 3 种可能,第二对括号中共有 $\binom{8}{2}=$ 28 种可能,第三对括号中有 3 种可能。所以总数应是 $3 \times 28 \times 3 = 252$,即要用252 个标准型产生式才能代替上面那个产生式。这自然是既不直观,又不经济的做法。以部分信息为基础作匹配的意义于此可见。

这种表达方法可能有一个缺点,就是每一组症状中各个症状间是平等的。例如在第二组症状中,只要有两种症状出现就行,而不管它们是哪两种。如果在同一组症状中,有些比较重要,而有些则不那么重要,应该如何办呢?此时可以采取加权的办法。就以上述第二组症状为例,我们可以在每个症状后加一个参

数表示它的权,则①

$$腹胀(0.8)\wedge便溏(1.7)\wedge泻泄(1.2)\wedge$$
$$倦怠乏力(0.9)\wedge浮肿(1.5)\wedge嗜睡(0.5)\wedge$$
$$白带稀薄(1.3)\wedge舌质淡胖边有齿痕(0.6)\wedge$$
$$诸权之和大于2\rightarrow脾肾阳虚第二证$$

(2.6.2)

执行匹配时,如果某症状出现则把它的权计算在内,否则不予计算。这就把症状的考虑进一步精确化了。我们看到,在大部分的情况下,由两种症状的出现即可得出脾肾阳虚第二证的结论。但也有例外,比如说,单是腹胀和倦怠乏力,或者单是嗜睡和白带稀薄就不足以推出该结论。

这里,我们只应用权的计算来决定产生式的左部匹配是否成功,即该产生式是否能被激发而产生新的事实数据,但权的用途不限于此。左边诸权的有效和(即仅包括其值为真的诸项之权)还可用来表示结论的可信程度,权的有效和愈大,结论就愈可信。而结论的可信度又可用在下一步的推理中,这就进入了不精确推理的领域。在不精确推理中,一个事实不是只有成立和不成立两种可能,而是在某种可信度之下成立或不成立,这是符合我们对自然界的认识规律的。关于这个问题,我们将在以后的章节中进一步讨论。

在一些专家系统中,人们不是采用一种权,而是采用两种权来确定事实与规则的匹配程度。因为通常的权只说明当某事实为真时,它对该规则左部匹配成功所起的作用有多大,而没有说明当某事实为假时,它对该规则左部匹配不成功所起的作用有多大。前面一个作用是条件的充分性,后面一个作用是条件的必要性。在上面的表示方法中,没有考虑到必要性,因此,一个事实不成立时,它对规则的影响只是不参与权的有效和的计算(贡献为0)。但这样一来就又犯了"一刀切"的毛病。例如,假定在脾肾阳虚的第二组症状中"倦怠乏力"是必须出现的,则当另有其他几个症状出现时,仅是"倦怠乏力"项的贡献为零这一点不足以影响整个规则左部的匹配成功,因而使得推理结果不真实。而且,这种"必要性"的程度还可以不同,它与"充分性"没有必然的联系。充分性大者,必要性不一定大,反之亦然。根据这个考虑,我们可以设想给产生式(2.6.2)中的各项以两个权,第一个代表充分性,第二个代表必要性:

---

① 　这些权是任意加的,无医学根据。

腹胀(0.8，0.3)∧便溏(1.7，0.4)∧泻泄(1.2，1.1)∧倦怠乏

力(0.9，1.9)∧浮肿(1.5，0.8)∧嗜睡(0.5，1.1)∧白带稀薄

(1.3，0.9)∧舌质淡胖边有齿痕(0.6，1.2)∧诸充分权之和减　(2.6.3)

去诸必要权之和大于 2

→脾肾阳虚第二证

这里，充分权仅对那些实际出现的症状求和，必要权仅对那些实际不出现的症状
求和。

在一些实际使用的专家系统中，对权采取了简化的办法，直接加在规则
之上，而不是为每个事实项规定权。例如，本章第三节中的产生式(2.3.5)
原是医学专家系统 Mycin 中的一个规则的一部分。在 Mycin 中，每个规则
都有一个可信度，相当于这个规则的权。规则的可信度表示：当左部诸项全
部成立(每个项的可信度均为 1)时结论的可信程度。因此，该式的完整表示
应该是

前提：(细菌，染色斑，革兰氏阳性)

∧(细菌，形态，球状)

∧(细菌，生长结构，链形)　　　　(2.6.4)

结论：(细菌，类别，链球菌)

可信度：0.7

在这里，一个规则的可信度是静态确定的，但是每个项的可信度则是动态计
算的。比如，连续使用两个可信度为 0.7 的规则，所得结论的可信度是 0.49
(如果前提的可信度是 1 的话)。关于可信度计算的详尽讨论不是本节的
任务。

与两种权的方式相对应，也可以给每条规则(而不是每个项)确定两种可信
度。地质专家系统 Prospector 就是这么干的。在那里，对应于每条规则有两个
常数，一个叫充分因子，一个叫必要因子。充分因子总是大于等于 1，必要因子
总是小于等于 1。充分因子越大，从前提成立推出结论成立的可信度就越大。
必要因子越小，当前提不成立时结论也成立的可信度就越小。充分因子等于 1
表示前提成立对结论的成立没有影响。必要因子等于 1 表示前提不成立对结论
的成立没有影响。有关的计算是很复杂的，在这里我们不讨论了。

2.7　匹配冲突的解决

在一个产生式系统的运行过程中,要不断地用数据基中的数据和产生式进行匹配。向前推理时,要使数据和产生式左部匹配,对匹配成功的产生式执行其右部。向后推理时,要把子目标和数据基中的数据或产生式右部匹配,与数据匹配成功者生成叶节点,与产生式右部匹配成功者使该产生式左部成为新的子目标。在进行这项工作时,可能会在选择产生式和数据、子目标等方面产生二义性。具体地说,在向前推理时,可能出现下面几种情况:

1. 有 n 个产生式($n>1$)的左部都能和当前数据基中的数据匹配成功。

2. 有 m 组不同的数据($m>1$)都能和同一个产生式的左部匹配成功。

3. 上面两种情况的复合。

在向后推理时,可能出现下面几种情况:

1. 有 n 个产生式($n>1$)的右部都能和同一个子目标匹配成功。

2. 有 m 个数据($m>1$)都能和同一个子目标匹配成功。

3. 有 l 个子目标($l>1$)都能找到相应的数据或产生式右部并匹配成功。

4. 上面三种情况的复合。

产生式系统中的解释执行系统必须具备某种选择功能,以便排除上面列举的这些二义性。在向前推理时,它应该能决定首先选择哪一组数据来激发哪一个产生式并执行其右部。在向后推理时,它应该能决定首先选择哪一个数据或哪一个产生式的右部来与哪一个子目标实行匹配。这是在设计产生式系统时应该考虑的一个策略问题,我们称之为解决匹配冲突的策略。

已知有许多不同的解决匹配冲突的策略,大致可分为如下几组:

第一组按事先排好的固定顺序。

策略 s_{11}:把所有产生式排成一个全序,发生匹配冲突时按此次序选取产生式。

策略 s_{12}:把所有产生式排成一个有向图,每个节点代表一个产生式。如果从 a 节点伸出有向弧通向 b 节点,则 a 节点代表的产生式应优先于 b 被选取。

由策略 s_{11} 选择的产生式是唯一的,但策略 s_{12} 选择的产生式却不一定是唯一的,因为从一个节点可以有多条有向弧伸向不同的节点。此外,策略 s_{12} 中的有向图也不一定是连通的,它可以分为几个不连通子图,代表不同的解题算法,相当于规则基的模块化。

这一组策略最接近于通常程序设计语言编写的算法,其中 s_{11} 可表为(对于向前推理)

$$
\begin{aligned}
&l: \text{if } P_1 \text{ 匹配成功 } \underline{\text{then}} \\
&\quad \underline{\text{begin}} \text{ 执行右部 } \underline{\text{goto}} \ l \ \underline{\text{end}}; \\
&\text{if } P_2 \text{ 匹配成功 } \underline{\text{then}} \\
&\quad \underline{\text{begin}} \text{ 执行右部 } \underline{\text{goto}} \ l \ \underline{\text{end}}; \\
&\qquad \vdots \qquad\qquad \vdots \\
&\text{if } P_n \text{ 匹配成功 } \underline{\text{then}} \\
&\quad \underline{\text{begin}} \text{ 执行右部 } \underline{\text{goto}} \ l \ \underline{\text{end}};
\end{aligned}
\tag{2.7.1}
$$

举一个极简单的例子,如果我们用一组产生式来表示一个文法:

$$
\begin{aligned}
S &\to aSb \\
S &\to ab
\end{aligned}
\tag{2.7.2}
$$

则按上面所列的产生式次序进行匹配显然能最快地通过自底向上的方法来识别一个语句。

使用固定产生式优先次序的方法在下列情况下往往比较有利:

1. 当有明确的解题步骤时(例如刚才举的那个例子),可按解题步骤设置产生式。

2. 当某些产生式匹配成功的可能性显著地大于另一些产生式时,可以把匹配成功率大的产生式放在前面。这样做可以在总体上节省匹配时间。例如,编写医疗诊断专家系统时,可以把常见的、具有典型意义的症状判断放在前面,如:

$$
\text{gr(GPT, 130)} \wedge \text{gr(TTT, 4)} \to \text{肝炎}
\tag{2.7.3}
$$

的排列方法表示 GPT 和 TTT 指标高是肝炎最典型的症状,只有当这一条定不下时才考虑下一条。

3. 当某些产生式匹配尝试所耗费的时间显著地少于另一些产生式时,可以把耗费时间少的产生式放在前面。

试看下列产生式:

$$A \wedge B \rightarrow C$$
$$P(f(x), g(y)) \wedge Q(h(x, y)) \rightarrow C$$
$$R(l(x)) \wedge S(m(y)) \rightarrow Q(h(m(x)), l(y)) \qquad (2.7.4)$$

————————

如果 A，B 是比较容易验证其真假性的，则当用向后推理方式验证目标 C 时，按上面的次序排列产生式比较有利，它的"匹配失败代价"比较小。

4. 当某些产生式的匹配成功显著地有利于整个问题的解决时，可以把这些产生式放在前面。例如，在启发式搜索中，每激发一个产生式就产生一个新的状态。为了加速达到目标，往往使用一个估价函数，估计目前状态与目标状态相距多远，并据此选择能最快地达到目标状态的产生式。在许多情况下，这种选择只能动态地进行，但有时从产生式的静态形式就可作出判断，此时也可按此要求来排列产生式。

第二组按通用性和针对性排序。

策略 s_{21}：如果产生式左部的形式是 n 个条件的与式，即

$$A_1 \wedge A_2 \cdots \wedge A_n \rightarrow A \qquad (2.7.5)$$

则，若对于产生式 P_1 左部的每个条件 A_i，在产生式 P_2 左部都有一条件 B_i 与之相对应，且存在统一的变量置换，可同时把所有的 A_i 变成相应的 B_i，我们即称产生式 P_1 具有更大通用性，或产生式 P_2 具有更大的针对性。本策略就是优先选用针对性较强的产生式。

策略 s_{22}：如果产生式 P_1 左部的形式是几个条件的或式，即

$$A_1 \vee A_2 \vee \cdots \vee A_n \rightarrow A \qquad (2.7.6)$$

则，若对于产生式 P_2 左部的每个条件 B_i，在产生式 P_1 左部都有一条件 A_i 与之相对应，且存在把 A_i 变为 B_i 的统一变量置换，我们即称 P_1 具有更大的通用性，或 P_2 具有更大的针对性。本策略也是优先选用针对性较强的产生式。

策略 s_{23}：与策略 s_{21} 基本相同，但不是对两个产生式的原始形式作比较，而是对在匹配过程中经过变量约束以后的产生式作比较。

策略 s_{24}：与策略 s_{22} 基本相同，但也像策略 s_{23} 中那样作类似的修正。

s_{21} 和 s_{22} 只涉及产生式本身，s_{23} 和 s_{24} 则连匹配的数据也一起考虑在内。所以，在实现时，对 s_{21} 和 s_{22} 可用静态的办法，即把针对性较强的产生式放在前面，

但对 s_{23} 和 s_{24} 则一定要用动态的办法,即选取产生式的优先次序要在运行过程中不断地重新计算。

根据针对性来选择产生式的目的主要有两个,一是为了得到更具针对性的推理结果,二是为了得到更具可靠性的推理结果。

让我们看一个例子。某单位最新研制成功的机器人要在春节联欢晚会上亮相,为了使机器人能作恰当的表演,事先为机器人编制了识别在场人员的程序,其中有几个产生式的样子如下所列:

$$是人(x) \land 演出(x,歌) \to 歌唱演员(x)$$
$$是人(x) \land 演出(x,歌) \land 穿衣(x,裙子)$$
$$\to 女歌唱演员(x) \tag{2.7.7}$$
$$是人(x) \land 演出(x,歌) \land 穿衣(x,裙子) \land 籍贯(x,山东)$$
$$\to 姓名(x,彭丽媛)$$

在这三个产生式中,针对性程度各有不同。按照我们上面给出的定义,第二个比第一个更具针对性,第三个又比第二个更具针对性。机器人如果运用针对性最强的产生式,将会对现场人物作出最精确的判断。

然而,我们可以提这样的问题:这几个产生式在针对性程度上的差别,不是人为地造成的吗? 实际上,我们可以把上述产生式改写成层次形式:

$$是人(x) \land 演出(x,歌) \to 歌唱演员(x)$$
$$歌唱演员(x) \land 穿衣(x,裙子) \to 女歌唱演员(x) \tag{2.7.8}$$
$$女歌唱演员(x) \land 籍贯(x,山东) \to 姓名(x,彭丽媛)$$

这种写法比上面的写法更简洁明了。那是不是可以说按针对性来排序就没有什么意义了呢? 不! 不能这样说。因为并不是所有按针对性排序的产生式都能写成这种层次形式。简单地说:

$$\begin{cases} A \to B \\ A \land C \to D \end{cases} \tag{2.7.9}$$

不等价于:

$$\begin{cases} A \to B \\ B \land C \to D \end{cases} \tag{2.7.10}$$

因为一般说来,当 A 蕴含 B 时,B 的条件很可能比 A 弱一些,它不一定能代替

A 在第二个产生式中出现。产生式组(2.7.7)之所以能改写成产生式组(2.7.8)，是因为组(2.7.7)中的每个产生式都可以逆推，这些产生式的两头实际是等价的（当然是在春节联欢晚会这一特定条件下）。如果把这误认为是普遍规律，就可能犯错误。例如，上述机器人程序中还有下列产生式组，它就不能改造为层次形式：

$$歌唱演员(x) \rightarrow 能(x, 唱歌)$$
$$歌唱演员(x) \wedge 佩戴(x, 眼镜) \rightarrow 姓名(x, 蒋大维) \tag{2.7.11}$$

如果照搬上面的方法，把它改为

$$歌唱演员(x) \rightarrow 能(x, 唱歌)$$
$$能(x, 唱歌) \wedge 佩戴(x, 眼镜) \rightarrow 姓名(x, 蒋大维) \tag{2.7.12}$$

机器人就要闹笑话了。

第三组　按数据的新鲜性排序。

数据的新鲜性就是数据产生的先后次序。后生成的数据比先生成的数据具有更大的新鲜性。衡量数据生成的先后有两种标准，一种叫批量标准，凡是由同一个产生式在同一次激发中生成的数据都具有相同的新鲜性，但是，后激发的产生式生成的数据比先激发的产生式生成的数据有更大的新鲜性。第二种叫个别标准，它除了按第一种标准区别数据的新鲜性外，还进而对同一个产生式在同一次激发中生成的数据加以区别，使后生成的数据比先生成的数据具有更大的新鲜性。这个先后一般按产生式右部各项的排列次序来确定，如：

$$A_1 \wedge A_2 \cdots \wedge A_n \rightarrow B_1 \wedge B_2 \wedge \cdots \wedge B_m$$

是一个被激发的产生式，则每个 B_{i+1} 比 B_i 具有更大的新鲜性。

策略 s_{31}：如果数据组甲能激发某个产生式 A，数据组乙能激发某个产生式 B，但数据组甲中按批量标准为最新的数据比数据组乙中按批量标准为最新的数据还要新，则优先用数据组甲激发产生式 A（注意：A 和 B 也可能是同一个产生式）。

策略 s_{32}：同策略 s_{31}，但是把批量标准改为个别标准。

策略 s_{33}：如果数据组甲能激发某个产生式 A，数据组乙能激发某个产生式 B，但数据组甲中按批量标准为最旧的数据比数据组乙中按批量标准为最旧的数据要新一些，则优先用数据组甲激发产生式 A。

策略 s_{34}：同策略 s_{33}，但是把批量标准改为个别标准。

策略 s_{35}：同策略 s_{32}，但是它考虑的不只是数据组甲和数据组乙中的最新数据，而是把整组数据的新旧及它们在匹配中的应用情况一起考虑进去，它的区分步骤是这样的：

1. 首先使用策略 s_{32}，如果能分出一个高低，则优先选取含有最新数据的组及与其匹配的相应产生式。

2. 如果数据组甲和数据组乙中的最新数据同样新，则查看这个最新数据与多少个左部元匹配。若数据组甲中的最新数据与产生式 A 的 m 个左部元匹配，数据组乙中的最新数据与产生式 B 中的 n 个左部元匹配，$m>n$，则优先用数据组甲激发产生式 A。

3. 如果在 2 中仍旧分不出高低，则把数据组甲中的次新数据和数据组乙中的次新数据进行比较，取含有较新的次新数据的那一组激发相应的产生式。

4. 执行 2，但是把其中的"最新数据"改为"次新数据"。

5. 反复执行 3 和 4，直至在两组数据中比出一个高低或所有数据都比较完为止。

策略 s_{36}：同策略 s_{35}，但不是从最新的数据比起，而是从最旧的数据比起。每次在双方最旧或次旧的数据中取其较新者。

这一组策略和前面两组不一样，它是动态的，不能事先把产生式排好次序，因而执行起来效率要低一些。优先选用新产生的数据是许多产生式系统采用的策略，注意它仅适用于向前推理，因为向后推理不产生新的数据。采用这种策略的最基本出发点是：向前推理的产生式系统的特征是只有通过修改公共数据基才能体现各产生式之间的相互影响，才能实现某种程度的控制机制。因此，要实现灵活的控制就必须对公共数据基中发生的任何变化十分敏感，并迅速作出反应。新数据的产生正是反映了这种变化，它既可以通过一个产生式而生成，也可以以某种方式从外界输入。

下面举例说明本组中每种策略的实际应用。我们首先给出一个简单的产生式系统，然后对于每种策略给出一系列只有应用本策略才能生成，而应用其他任何策略都不能生成的新数据。但对于 s_{32} 和 s_{34} 有一点例外，因为 s_{32} 和 s_{34} 分别是 s_{31} 和 s_3 的子策略，凡符合 s_{32} 者必定符合 s_{31}，符合 s_{34} 者必定符合 s_{33}。数据之间用逗号分开，每激发一个产生式生成的数据用一对方括号括起来。数据按生成的先后次序排列。$[A,B,C]$ 是初始数据。

产生式系统：

$$A \wedge B \wedge C \rightarrow D \wedge E \wedge F$$
$$D \rightarrow G(x)$$
$$A \wedge G(a) \rightarrow H$$
$$A \wedge G(b) \wedge G(c) \rightarrow I \qquad (2.7.13)$$
$$F \rightarrow J$$
$$J \wedge A \rightarrow K$$

1. 只有 s_{31} 才能生成的数据：

$[D, E, F], [G(x)], [H], \cdots$

2. 只有 s_{31} 和 s_{32} 才能生成的数据：

$[D, E, F], [J], [K], [G(x)], [H], \cdots$

3. 只有 s_{33} 才能生成的数据：

$[D, E, F], [G(x)], [J], \cdots$

4. 只有 s_{33} 和 s_{34} 才能生成的数据：

$[D, E, F], [J], [G(x)], [k], \cdots$

5. 只有 s_{35} 才能生成的数据：

$[D, E, F], [J], [K], [G(x)], [I], \cdots$

6. 只有 s_{36} 才能生成的数据：

$[D, E, F], [J], [G(x)], [I], \cdots$

这六条的意思都是"当且仅当"使用某种策略时才能产生某个数据系列。作为练习，读者可以计算一下上述结论是否正确。

第四组 按子目标的新鲜性排序。

向前推理时考虑数据的新鲜性，与此相应向后推理时要考虑子目标的新鲜性。与或树每向前伸展一节，就要产生一批新的子目标。后生成的子目标比先生成的子目标具有更大的新鲜性。在同一批生成的子目标中，排在右面的子目标（即位于产生式左部的稍右处）比排在左面的子目标（即位于同一产生式左部的稍左处）具有更大的新鲜性。

虽然向前推理时往往采取使用最新数据的策略，但向后推理时却不一定使用最新的子目标，最常见的有两种策略。

策略 s_{41}：使用最新一层最靠左面的子目标。

这种策略常称为深度优先的搜索策略,Prolog 语言使用的就是它。

策略 s_{42}:使用最旧的子目标。

这种策略常称为广度优先的搜索策略。

策略 s_{41} 和 s_{42} 各有其优缺点。前者实现起来比较方便,很容易用递归过程来描述,它有时效率比较高。缺点是好犯"钻牛角尖"的毛病,有时在某个方向上根本没有成功的可能,它却因为总是使用最新的子目标而一股劲儿地往前钻,这个过程不一定能终止,有时会陷入无穷推理,以致虽有答案也不能求得。后者(广度优先)的优点是只要答案存在,它就一定能在有限步内把它求出来。如果答案不止一个,则不论其数目是多少,它总可以一个个地把它们求出来。因此,当答案数目为有限个时,它总可以求得在某种意义上是最优的答案(例如,距离推理出发点最近的答案)。这种策略的缺点是因为它每一步都要穷尽一切可能,因之悬而未决的子目标个数可能会膨胀得非常快,造成所谓组合爆炸,使得无论是在时间上或空间上(存储容量)都会令人无法忍受。因之,选用哪一种办法是需要认真考虑的。

欧洲某国出现了艾滋病恐慌症,该国卫生部门为了查清可能的病人,制定了如下的判断法则:

$$\text{行为不端}(x) \rightarrow \text{AIDS}(x)$$
$$\text{密友}(x, y) \wedge \text{AIDS}(y) \rightarrow \text{AIDS}(x) \tag{2.7.14}$$

社会上对某歌星的行为素有非议,该歌星成为重点检查对象。有两种方案:

1. 深度优先。先查歌星是否行为不端,若是,即为艾滋嫌疑;否则,查歌星的一个密友某 A 是否为艾滋嫌疑,若是(指某 A 行为不端),则歌星也是艾滋嫌疑;否则,查某 A 的一个密友某 B 是否为艾滋嫌疑,若是,则某 A 也为艾滋嫌疑,因之歌星也为艾滋嫌疑。

如果某 B 行为端正,也没有别的密友,这条链到某 B 处就中断了,此时应退回来,查某 A 的另一个密友某 C,从某 C 处再继续伸出链条,……。

2. 广度优先。先查歌星是否行为不端,若是,歌星即为艾滋嫌疑;否则,遍查歌星的所有密友某 A,某 C,某 D,某 E,……,看他们中是否有人行为不端,因而可定为艾滋嫌疑,从而可定歌星为艾滋嫌疑;若没有,则按同样办法查某 A,某 C,某 D,某 E,……的所有密友,……,总之,是一层一层地往外铺开。

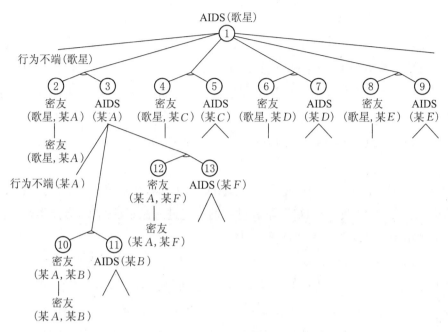

图 2.7.1　艾滋病嫌疑调查

图 2.7.1 是用上述判断法则进行向后推理的与或树。所有的子目标（即或节点）都标上了号码。下面列出深度优先和广度优先向后推理中涉及的子目标，未加括号的数字表示子目标的生成，加方括号的数字表示该子目标被展开以生成新的子目标。

深度优先：[1]，2，3，[3]，10，11，[11]，[3]，12，13，[13]，…。

广度优先：[1]，2，3，[1]，4，5，[1]，6，7，[1]，8，9，…。

其中有些子目标因与数据基中的数据匹配成功，而不需要展开（即不需要与某个产生式右部匹配以生成新的子目标）。另一些子目标在展开中失败，如深度优先的[11]。

由于广度优先的时空耗费太大，一般说来，只要有某种启发信息，人们会比较倾向于深度优先。仅当没有任何启发信息，组合爆炸又不十分厉害时才会用广度优先的方法。

第五组　按使用产生式和数据的公平性排序。

策略 s_{51}：每个产生式有一标签。所有标签的初始值为 0。系统每选取一个产生式进行匹配（不管是否成功）称为一次行动。如果产生式在第 n 次行动中被选中（不管匹配是否成功），则把此产生式的标签之值改为 n。本策略永远选择标签值最小的产生式。

策略 s_{52}:关于产生式的标签及其值的定义与策略 s_{51} 相同。但只有在第 n 次行动中匹配成功的产生式的标签值才改为 n。

策略 s_{53}:每个数据有一标签。所有标签的初始值为 0。新产生的数据的标签初始值是 n。如果某数据在第 n 次行动中被用于和产生式匹配(不管匹配是否成功),则把此数据的标签之值改为 n。本策略永远选择标签值最小的数据进行向前推理。

"公平性"的基本思想是尽可能地使所有产生式和数据能公平地得到被使用的机会。它"不求快,只求稳",不放过一切可能进行探索的路子,有点类似于向后推理中用广度优先的方法选择子目标。

策略 s_{51} 比较容易实现,它是静态选择,只需把产生式排成固定次序即可。策略 s_{52} 要求把产生式动态排序,策略 s_{53} 也是动态的,可用队列方式实现。队列的每个项是一个集合,每个集合含有具有相同标签值的数据。开始运行时队列头部有一个项,就是标签值为 0 的初始数据。选择数据时按项的次序从头向尾进行,凡被选中者即从原来的项中取出,和新生成的数据一起构成一个新项,放在队列的尾部。

第六组　按匹配程度排序。

在 2.6 节中我们讨论过非确定性匹配的问题。根据匹配时信息完备的程度,我们可以考虑下列策略。

策略 s_{61}:按左部条件成立的多少排序。具体地说,如果产生具有如下形式:

$$(A_{11} \vee A_{12} \vee \cdots \vee A_{1n_1}/l_1) \wedge$$
$$(A_{21} \vee A_{22} \vee \cdots \vee A_{2n_2}/l_2) \wedge$$
$$———————— \qquad (2.7.15)$$
$$(A_{m1} \vee A_{m2} \vee \cdots \vee A_{mn_m}/l_m) \to A$$

有一组数据 A'_{ij} 能与它的左部匹配,且对每个 k,在第 k 个与式中有 s_k 个或式匹配成功(当然有 $s_k \geq l_k$)。如果另一组数据 A''_{ij} 也能与它的左部匹配,且相应的匹配成功数是 t_k,则,如果有 $s_k \geq t_k$,我们就说 A'_{ij} 的匹配成功度高,并优先选取 A'_{ij} 进行匹配。

策略 s_{62}:在用加权方法进行条件匹配时,本策略优先选择匹配后的总权数大的产生式和数据组。

策略 s_{63}：鉴于策略 s_{61} 只能把数据组排成偏序，而且只能应用于同一个产生式和不同数据组匹配的情形，本策略把策略 s_{61} 和 s_{62} 结合起来，给产生式(2.7.15)中的每个条件 A_{ij} 赋一个权。这些权应是规范化的，即若 w_{ij} 是 A_{ij} 的权，$w_{ij} > 0$，则对每个 i 应有：

$$\sum_{j=1}^{n_j} w_{ij} = 1 \tag{2.7.16}$$

这样，就可以对任何产生式和数据一律选取总权数最高的匹配。不过，把这个方法应用于不同的产生式时，还应按照每个产生式左部与式的个数实行规范化，即把总权数除以左部与式的个数，否则不能进行公平的比较。因此，用作比较的匹配权应该是

$$\left(\sum_{i=1}^{m_p} \sum_{j=1}^{n_j} w_{ij} \cdot x_{ij} \right) / m_p \tag{2.7.17}$$

这里 m_p 是第 p 个产生式中左部与式的个数，当条件 A_{ij} 成立时，$x_{ij} = 1$，否则为 0。

作为改进，可以给每个与式也赋予一个权 g_i，它满足规范化条件：

$$\sum_{i=1}^{m_p} g_i = 1, \ g_i > 0 \quad 对所有 \ p \tag{2.7.18}$$

这样，用作比较的匹配权就成为

$$\sum_{i=1}^{m_p} g_i \sum_{j=1}^{n_j} w_{ij} \cdot x_{ij} \tag{2.7.19}$$

策略 s_{64}：如果产生式带有可信度，则本策略优先选择可信度高的产生式。

策略 s_{65}：如果数据本身带有可信度，则优先选用能产生高可信度的数据。

有关不确定匹配或部分匹配的例子，我们在 2.6 节中已给了许多。以后在适当的地方，我们还要进一步探讨可信度。

在产生式系统中可以使用的策略绝不止这些。在这些策略中也并非每个都有很大的使用价值。在设计产生式系统时可以根据具体情况确定，也可以包含多种策略，提供必要的控制命令让程序员根据情况选用。有些策略还可进一步分细，有些策略可以组合使用，以便达到更高的选择性，并使选择顺序符合用户的要求。总之，本节所提供的种种策略仅是一种参考，其中有些策略的详细算法以后还要给出。

习 题

1. 在 2.3 节提到了聪明人戴帽猜色比赛,如果把竞赛办法改为:三人排成一列纵队,A_1 在前,A_2 居中,A_3 最后。帽子颜色的条件一样。提问时先问 A_3,再问 A_2,最后问 A_1。请写出相应的产生式,其中要包括某甲排在 A_1,A_2 或 A_3 位置上的各种可能。

2. 把 2.3 节和习题 1 的戴帽猜色比赛推广到一般 n 的情形。

3. 把下列文字改编成一个无矛盾的产生式系统。"继承从被继承人死亡的时间开始。处理遗产前,继承人应当作出接受或者放弃继承权的表示。未作出表示的,视为接受继承。在分割遗产前,应先将被继承人夫妻共同所有的财产的一半分为配偶所有,其余的一半为被继承人的遗产。遗产如果含有与他人共有的财产,也应当先分出他人的财产。被继承人的财产如何分配,应由被继承人生前立遗嘱确定。但被迫立的遗嘱和伪造的遗嘱无效。没有立遗嘱的,按照法律实行法定继承。其中第一顺序继承人是配偶、子女、父母,第二顺序继承人是兄弟、姐妹、祖父母、外祖父母。凡有第一顺序继承人者,全部由第一顺序继承人继承,否则,由第二顺序继承人继承。如果第二顺序继承人也没有,则归国家所有,但死者是集体所有制单位职工的归该集体单位所有。分遗产时应注意为胎儿留一份"。

(提示:注意条件的互相关联性。例如,不能把"有罪者应罚,但功大于罪者可免罚"改写为"有罪(x,y)→应罚(x)"和"有罪$(x,y) \wedge$ 有功$(x,z) \wedge$ 大于(z,y)→∼应罚(x)"。因为利用第一条规则可推出错误结果,它体现不出"但"字。)

4. 两个排序相反的字称为反向字,如 $abaa$ 和 $aaba$ 是反向字。以 umkehrbar(x,y) 表示 x 和 y 互为反向字,试设计一个能描述谓词 umkehrbar 的产生式系统,所有的字均由字母表 $\{a,b\}$ 构成。

5. 编一个产生式系统,描述中国社会的家族和亲戚关系,要能反映父、母、子、女、夫妻、叔、伯、姑、姨、舅、侄、甥、祖父母、外祖父母、堂亲、表亲(包括姨表、姑表)和男、女性别、辈分等(提示:假定没有任何双重亲戚关系)。

6. 如果一个产生式系统不会推出矛盾的结果来,则该系统称为是一致的。在上题中,如果不遵守提示,能设计出一个一致的产生式系统来吗? 你能否设计一个算法来检查产生式系统的一致性？

7. 如果一个产生式系统在运行过程中只可能向数据基中增加内容，而不会删去已有的内容，则称此系统为单调的。我们迄今为止所讨论的产生式系统是否都是单调的？你能否举一个非单调的产生式系统的例子？

8. 如果一个产生式系统的产生式组在运行过程中保持不变，则称此系统是静态的，否则称为动态的。你能否举一个动态的产生式系统的例子，并显示这种动态性能在某些特定情况下的用处？（提示：利用产生式右部的动作。）

9. 具有如下性质的产生式系统称为可交换的：设初始数据基为 DB，如果执行一系列产生式 $p_1 = (p_{11}, \cdots, p_{1n})$ 后 DB 变为 DB_1，执行另一个产生式系列 $p_2 = (p_{21}, \cdots, p_{2m})$ 后 DB 变为 DB_2。则必存在产生式系列 p_3，p_4 以及数据基 DB_3，使得 DB_1 和 DB_2 分别执行 p_3 和 p_4 后都变成 DB_3，见图 2.8.1。

请（1）分别举例说明存在着可交换和不可交换的产生式系统。（2）设法给出使一个产生式系统成为可交换的条件（充分条件或必要条件）。

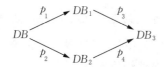 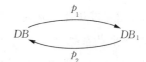

图 2.8.1　可交换的产生式系统　　　图 2.8.2　可逆的产生式系统

10. 具有下列性质的产生式系统称为是可逆的：设初始数据基为 DB，如果执行一系列产生式 $p_1 = (p_{11}, \cdots, p_{1n})$ 后 DB 变为 DB_1，则一定存在另一个产生式系列 $p_2 = (p_{21}, \cdots, p_{2m})$，使得执行 p_2 后 DB_1 又变为 DB，见图 2.8.2。请（1）分别举例说明存在可逆和不可逆的产生式系统。（2）讨论可逆产生式系统和可交换产生式系统的关系。

11. 具有如下性质的产生式系统 s 称为是可分解的：s 的产生式组 p，可以分成 m 个子集 p_i。

$$\bigcup_{i=1}^{m} p_i = p, \ m > 1$$

$$p_i \bigcap p_j = \phi, \ i \neq j$$

存在一个有向图 G，G 的每个节点都是某个 p_i，允许同一个 p_i 出现在多个节点上，但是每个节点只许有一个 p_i，图 G 恰有一个节点 a 只有出口弧，恰有一个节

点 b 只有入口弧,使得如果执行产生式组 p 能使数据基 DB 变为 DB_1,则一定存在 G 中的一条通路 a,从 a 开始,到 b 结束,依次执行 a 上的诸 p_i,能得到同样的 DB_1(注意 G 是静态确定的)。请(1)分别举例说明存在可分解和不可分解的产生式系统。(2)讨论一个产生式系统成为可分解的条件。(3)讨论可分解产生式系统和前面几种产生式系统(可逆,可交换等)的关系。

12.(Rete 算法)。在产生式系统作向前推理时,有些产生式的左部只是部分地和数据基中的数据匹配成功,因而该产生式的匹配是失败的。但是随着推理的进行,数据基的状态会发生变化,可能最终使该产生式的左部完全匹配成功。因此,每个产生式的左部必须反复地作试匹配,这会消耗大量的时间,你能否按如下方法设计一个随时保存每个产生式的左部的局部匹配状态的网络。每个左部条件是一个节点,有一个标记指示当前哪些条件匹配成功,随着推理的进行不断修改标记。注意:(1)不同产生式的相同左部条件可以共用一个节点。(2)同一左部条件的不同匹配样品要分占不同的节点。

13. 上题的方法可以应用于向后推理吗?

14. 本章 2.7 节概述了解决产生式匹配冲突的 6 组策略,显然,实施各种策略的效率与产生式系统的数据组织有关。你能否为其中的每一种策略设计高效的数据结构,包括产生式组的安排和数据基中数据的安排。

15. 在概述这 6 组策略时分别讲了一些各种策略的优点,但事物总是一分为二的。你能否找一下每种策略的缺点,并且针对缺点想出改进方法?(即在原策略的基础上作一些改进,例如,深度优先策略(s_{41})的缺点之一是可能陷入无穷长的死胡同而得不到解,改进办法之一是在适当地方设置搜索极限。)

第三章

框 架 结 构

3.1 事物的属性

我们对于一件事物的了解,表现在我们对于这件事物的诸方面,即属性的了解。掌握了事物的属性,也就有了关于事物的知识。因此,许多知识表示是从属性的描述开始的。把同一事物的各方面属性列成一张表,就叫做属性表。这是最简单的属性表示法。下面是化学元素铁的属性表:

事物名:铁

类别:化学元素

颜色:银白

比重:7.86

熔点:1 535 ℃

沸点:2 750 ℃

能否导电:能

化学性质:活泼

周期表位置:第 4 周期第 8 族

地壳含量:5%

原子量:55.847

在这张属性表中,左面一列是属性名,右面一列是相应的属性值。一般来说,在不同的事物之间,不仅同一属性的属性值不同,而且有哪些属性也是不一样的。由于世界上的事物千差万别,属性的门类可以非常之多。例如,下面是又一张属性表:

事物名:新康德主义

类别:哲学理论

阶级性:资产阶级

出现时间：19世纪后半期

流行地区：德国、意大利、俄国

代表人物：李普曼、朗格、黑尔姆霍茨

主要主张：否认"自在之物"的存在

前身：康德主义

显然，这两个事物的属性有极大的不同，在铁的属性中决不可能有阶级性这一条，而在新康德主义的属性中也决不可能有原子量这一条。这说明，某些属性的是否存在以至于它的值的大小取决于另一些属性（在上面的例子中决定于"类别"属性），这叫做属性之间的依赖关系。有时，一些属性的值甚至可直接从另一些属性的值计算出来，例如化合物的分子量可以直接从它的分子式以及组成此分子的诸原子的原子量计算出来。

各类事物的属性总数之大，以及每个事物的属性数相对地少这一情况，是知识库不同于通常数据库的一个重要方面。

对于具有同一些属性的事物，我们可以把这批属性确定下来构成属性框架，只要往此框架内对诸属性赋以不同的值，就得到了对同一类事物中不同个体的描述。例如：

元素名	铁	铝	镁	铜
原子量	55.847	26.982	24.305	63.546
颜　色	银白	银白	银白	紫红
熔　点	1 535 ℃	660.4 ℃	648.8 ℃	1 083 ℃
沸　点	2 750 ℃	2 467 ℃	1 090 ℃	2 582 ℃

属性的这种表示形式我们很熟悉，与数据库中的"关系"很相似。实际上，如果把它看作一个矩阵 A，则只需作一转置，所得的新矩阵 $R=A'$ 就是一个关系。

关系不仅是对具有相同属性不同属性值的同一类事物的描述，而且也使我们对于属性表的认识达到了一种新的观点，即事物本身和它的属性不加区分的观点，或者说，把事物本身也作为一种属性。

例如，对于上面的关系，如果我们要问铝的沸点是什么，可以提这样的问题：

元素（铝，，，，x）？

两个逗号中的空白表示我们对此变元之值没有兴趣，而变量 x 中存放我们要求的值，即铝的沸点。从这个问题看来，沸点是铝的一个属性。但是，我们也可以

反过来问:沸点为 2 467 ℃的元素是什么？这时问题可以这样提:

元素$(x, , , 2\,467)$?

在这个问题里,沸点成了事物,而铝成了属性了。更有甚者,我们还可提这样的问题:

元素$(, 63.546, , x,)$?

即原子量为 63.546 的元素的熔点是什么？

由此可见,事物和属性之间的区别不是绝对的,这是我们在用属性表示知识时必须注意到的一个重要观点。

在数据库组织的层次模型中,我们可从另一个角度来观察事物和属性之间无绝对界线这一现象。例如,下面是一辆坦克的属性表:

型号:T—72

车号:30084

装甲:复合型

火炮:滑膛炮

车高:2.19 米

属性表的右面一列全是属性值。其中有的属性值本身可作为事物而进一步加以描述。比如:

装甲类型:复合型

厚度:204 mm

外形:弧形

水平倾角:22°

就是进一步描述该复合型装甲的特点。这样,一个对象即具有双重性质:在高一级的属性表中,它是一个属性,在低一级的属性表中,它又是有待描述的事物。在低级属性表中,又可有某些属性被看作事物而拥有自己的属性表,从而形成层次式的嵌套结构,层次数可以任意大。从数据结构的观点看,它是一棵树。

在对事物进行推理的过程中,事物的属性有时也要一起参加进去,每一步推理都包含着对有关属性进行一系列的运算,属性的运算结果组成了整个推理结果的一部分。在产生式系统这一章中,我们已经看到了一些这样的属性。如在非确定性匹配节中,我们讲到了一个条件的可信度,条件的权,条件的必要度和充分度等等。这些都可以看成是条件附带的属性,它们的值都可以在推理过程中不断改变,其计算规则可随系统变化而不同。还可以定义别的属性,例如推理中的路径长度,到达目标的代价(费用)等等。

在计算机语言的编译程序中广泛地使用一种称为属性文法的工具,这是 Knuth 于 1968 年提出的一种方法,目的在于引进一种上下文有关的语义描述手段。众所周知,巴科斯范式只能描述上下文无关文法,而通常的计算机语言都是上下文有关的。不解决上下文有关的描述问题,就不能完整地刻画一个计算机语言的文法,更无法描述它的语义。属性文法是解决这个问题的有效手段之一。它的基本出发点就是假定每个语法符号不是毫无具体内容的"光杆符号",不是一个"不可分的"基本粒子,而是假定每个语法符号有着它的内在结构,这内在结构由一组属性构成,这些属性就是我们关于这个语法符号所具有的知识。随着语法分解工作的不断进行,我们对每个语法符号的知识也不断充实。语法分解工作一旦结束,根符号的属性的值就是一个程序的语义。例如,在产生式

$$A_p \rightarrow B_{q, r} C_{s, t}$$
$$[p = q + s, r = p + t]$$

中共有 5 个属性 p, q, r, s 和 t,分别属于 A, B 和 C 三个语法符号,如下标所示。方括号内的是属性运算规则,它表明,每次执行这个产生式时应把符号 B 的 q 属性之值加上符号 C 的 s 属性之值,并把结果赋给符号 A 的 p 属性,然后再把符号 A 的 p 属性之值加上符号 C 的 t 属性之值并赋给符号 B 的 r 属性。

注意,在这里,属性值的传递有两个方向。计算属性 p 的值时,是用箭头右边属性的值推出箭头左边属性的值,p 称为综合属性。计算属性 r 的值时,又用到了箭头左边的属性,结果是箭头右边的属性,r 称为继承属性。

这种显式地表述属性计算的方法,完全可以用到描述专家系统的产生式中来。例如

$$A_{p, q} \wedge B_{r, s} \rightarrow C_{t, w}$$
$$[t = p * r, w = q + s]$$

其中 A, B, C 都是条件,p, r, t 分别代表三个条件的可信度,q, s, w 分别代表达到这三个条件所花的代价。第一个属性计算公式表示结论 C 的可信度是所有前提的可信度之乘积,第二个公式表示结论 C 的代价是所有前提的代价之和。

　　上面说的属性之间的关系可以看成是一种横向关系，当然这里是不同事物间属性的关系。在同一事物的各属性间也可以有横向关系。比如在描述人的所有属性中，在年龄和生命阶段之间就有依赖关系。12 岁以下是童年，12 岁至 18 岁是少年，18 岁至 35 岁是青年等等。

　　除了这种横向的关系以外，事物的属性间还可以有一种纵向的关系，它比横向的关系更重要、更深刻地反映客观世界中各事物间的相互关系。

　　例如，"车辆"是一种事物，描述车辆的属性可以有很多，如，车轮个数，牌照号，载人数，时速，动力（人力、畜力、机动？）等。而"汽车"是车辆的一个子类，凡是车辆所有的属性它都有，但它又比一般的车辆多一些属性，如汽缸数、发动机马力、排气污染等。"进口汽车"又是汽车的一个子类，它除了继承汽车的所有属性外，又多了诸如进口国别，外汇金额，进口许可证号码等等属性。

　　这表示，在事物子类的属性和事物母类的属性之间有一种继承和发展的关系。这种继承可以是直接继承，也可以是经过计算以后以新的值来继承，可以是全盘继承，也可以是有选择的继承。

　　事物属性之间的这种继承和发展关系，早就被计算机科学家们注意到并利用上了。在 60 年代初问世的 ALGOL 60 语言中，引进了分程序的概念。在每个分程序中说明的变量、数组、过程和标号等可以看成是这个分程序的属性。内层分程序自动继承这些属性，并可引进新的属性——新的说明，这些新的属性仅对内层分程序有效。不过，也有外层分程序的属性被内层分程序拒之门外的，那是一些和内层分程序中的属性同名的属性。

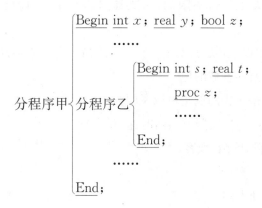

在这个程序中，分程序甲的属性 x 和 y 均被分程序乙所继承，但属性 z 是例外，它被分程序乙的同名属性顶掉了。除此之外，分程序乙还引进了新属性 s 和 t。

属性的继承和发展关系在著名的 SIMULA 67 语言中得到了进一步的发展。在那里,每个事物(Object)属于一定的类(Class),类和类之间有从属关系。类的一般定义是

$$CLASS\ A(PA);\ SA;$$

$$BEGIN\ DA;\ IA;\ INNER;\ FA\ END$$

这里 A 是类的名字,PA 是类 A 的参数表,SA 是参数表 PA 的区分表(说明参数的性质)。以 BEGIN 和 END 括起来的部分称为类体,有点像 ALGOL 60 的分程序,但是中间留着空档 INNER, INNER 不是一个实体,它代表一个位置,可以塞进子类的说明。DA 是类 A 的说明部分,IA 和 FA 分别是类 A 的执行部分的前半部和后半部。这是一种过程性的知识表示,我们将在专述过程性知识的章中再作说明。

可以定义一个类的子类,例如,在上面的类 A 的说明的基础上,可以定义:

$$A\ CLASS\ B(PB);\ SB;$$

$$BEGIN\ DB;\ IB;\ INNER;\ FB\ END$$

这里 B 是 A 的一个子类。子类 B 相当于如下的类 C:

$$CLASS\ C(PA,\ PB);\ SA;\ SB;$$

$$BEGIN\ DA;\ DB;\ IA;\ IB;\ INNER;\ FB;\ FA\ END$$

由此可见,子类 B 自然地继承了 A 的所有属性,包括参数和说明部分在内。

一个类的子类个数是不限的,子类还可以有子类,因此全体子类构成一棵树。

有了类的说明以后,就可以用一个专门的命令 NEW 来构造一个属于此类的对象,构造时应给出参数的值。

例如,前面所举车辆的例子可以说明为

CLASS 车辆(车轮,牌照,载客,时速,动力);

  integer 车轮,牌照,载客;

  real 时速;

  Character 动力;

  BEGIN……END

  车辆CLASS 汽车(汽缸,发动机,排气污染);

<u>integer</u> 汽缸；

<u>text</u> 发动机；

<u>bool</u> 排气污染；

BEGIN……END

汽车<u>CLASS</u>进口汽车（国别，外汇，许可证）；

<u>text</u> 国别；

<u>real</u> 外汇；

<u>integer</u> 许可证；

BEGIN……END

等等。而

<u>NEW</u> 车辆(4，310 384，4，140,机)

<u>NEW</u> 汽车(4，310 384，4，140,机,4,诺依斯,是)

<u>NEW</u> 进口汽车(4，310 384，4，140,机,4,诺依斯,是,日本,10 万,9 234)

分别表示构造了一个类别为车辆、汽车、进口汽车的对象。

这种把事物及其属性分类-分层加以描述的方法是框架理论的基础。

3.2 框架

在上一节中，我们讨论了表示事物属性的各个方面。这些不同的表示技巧，集大成于一种叫做框架的知识表示法中。框架是 Minsky 在 1975 年提出的一种概念，用它来表示我们有关事物的知识时不仅可以表示出事物各方面的属性，而且可以表示出事物之间的类属关系，事物的特征和变异等等，在识别、分析、预测事物及其行为方面有很大用处。

框架的基本思想是这样的：世上各类事物的状态、属性、发展过程和相互关系往往有一定的规律性，俗称"套套"。我们可以把各个领域、各类事物的"套套"事先总结出来，存于数据库中。当我们又要认识一个新的事物时，我们不必用"自底向上"的方法，从一点一点地探索它的细节做起，最后才确定这个新事物的全貌，而是根据我们对这个新事物的初步印象（此时可能只有很片面的印象），从数据库里取出一个与它相近的"套套"来，实行"自顶向下"的匹配，如果匹配成功，则"套套"中存放的属性就可向我们提供有关此新事物的知识，如果匹配不成，则寻找原因，重新自数据库中取一个更能与新事物匹配的"套套"，或者修改刚才那个匹配得不太成功的套套,直到最后求得一个完善的解答为止。

"套套"有时也称为框框。一个人的正确经验是很重要的,但如过分自信,就成为框框。这种现实世界的框架例子并不少见。聊斋上有个著名的《胭脂》故事,开始时邑宰判错了案,就是因为他头脑里有个破案的框架,这个框架的样子大概是这样的:

```
框架名:tx 未遂杀人案
------------------------------
犯罪意图:x
犯罪结果:杀人
被杀者:y
杀人动机:x 未遂被 y 发现
知情人:{z_i|i∈I}
罪犯:t
条件一:若 x 为强奸则 t 必须是男性
条件二:有某个 z_i 指控 t
条件三:t 招认
```

邑宰用此框架去套胭脂一案,结果得到了该框架的一个实例(变元 x,y,z_i,t 均用实际的值代入)。

```
框架实例:鄂秋隼强奸未遂杀人案
------------------------------
犯罪意图:强奸
犯罪结果:杀人
被杀者: 卞牛医
杀人动机:强奸未遂被卞牛医发现
知情人: 卞妻,胭脂
罪犯:  鄂秋隼
  条件一:鄂秋隼为男性,成立
  条件二:胭脂指控鄂秋隼,成立
  条件三:鄂秋隼招认,成立
```

在这个框架实例中,原来是变元而代入了实际值的地方都用下划线表示。注意,这些变元的值并不是随便代入的。邑宰根据胭脂的哭诉觉得此案很像是强奸未遂杀人,于是调用本框架(tx 未遂杀人案)。被杀者卞牛医和知情人卞妻、胭脂是客观现实,可以立即填入。犯罪意图、罪犯和杀人动机则根据苦主告状作试验性填入,待到三个条件验证成立后,上述试验性填入就被确认为合法而接受了。

现实生活中的框架自然比这个例子要复杂得多,因为客观情况是复杂的,人的思想也是复杂的。但是,对于某些特定的不是非常复杂的环境,例如机器人识别积木世界,则框架的办法还是很有效的。事实上,Minsky 最早提出这种方法时,首先就应用于机器人识别的领域。例如,当机器人从斜上方观察一块方形积木时,呈现在他面前的可能是这样一个图形(见图 3.2.1)。

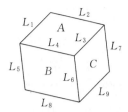

图 3.2.1　从斜上方观察积木

把这个图形用框架描述得到:

框架：　积木上方斜视图
物体：　立方体 视角：　斜俯视 视状：　六角形 上面：　面 A 斜视图(L_1，L_2，L_3，L_4) 下左面：面 B 斜视图(L_5，L_4，L_6，L_8) 下右面：面 C 斜视图(L_3，L_7，L_9，L_6) 边：　　$\{L_1, L_2, L_3, L_4, L_5, L_6, L_7, L_8, L_9\}$ 姿态：　平卧 负载面：A 接地面：$\{B, C\}$

框架：　面 x 斜视图(y_1，y_2，y_3，y_4)
物体：　正方平面 视角：　斜俯视〈或〉斜侧俯视 视状：　平行四边形 左上边：y_1 右上边：y_2 左下边：y_3 右下边：y_4 姿态：　平卧〈或〉直立 能载物：是〈或〉否 接地：　否〈或〉是

这里有两个框架,每个框架有一些属性,有些属性值是确定的,有些属性值是不确定的,要待变成实例时才代入确定的值。有些属性本身是子框架,第二个框架就是第一个框架的子框架,分别在第一个框架的上面,下左面和下右面三个

属性处被调用。

框架可以带参数,第二个框架有五个参数,其中 x 是积木面的名字,y_1,y_2,y_3 和 y_4 是按顺时针方向排列的该面的四条边。框架被调用时其参数要用实际的值代入,不同的参数值生成不同的框架实例。上面的子框架分别在三个调用处生成 A,B,C 三个面的斜视图实例。

属性的值要满足一定的条件。有些条件已隐含在其中,如子框架的后面四个参数分别是它的四条边。主框架中各子框架调用的实在参数必须在名叫"边"的属性值中出现,而且这些实在参数的总和正好是"边"属性的全体属性值,等等。

机器人可以利用这个框架来认识积木。例如,如果它看到了一个六边形,又看到这个六边形中分为三个面,每一面都符合子框架的描述,则机器人可以断定这个六边形(在几个主要属性上)也符合主框架的描述,因此可与主框架相匹配。然后根据主框架中"物体"属性的值知道自己看见的是一个立方体,又根据"视角"属性的值知道自己正位于立方体的斜上方,最后,根据"负载面"属性的值知道可以把别的东西,例如另一块积木,放在 A 面上。

考察了这两个例子后,一个框架的主要特征可初步概括为:

1. 每个框架有一个框架名(可带有参数)。

2. 每个框架有一组属性,每个属性称为一个槽,里面可以存放属性值。

3. 每个属性对它的值有一定的类型要求,不同属性的类型要求可以不一样。

4. 有些属性值可以是子框架调用,子框架调用可以带参数。

5. 有些属性值是事先确定的,有些属性值需在生成实例时代入。

6. 有些属性值在代入时需满足一定的条件。有时,在不同属性的属性值之间还有一些条件需要满足。

一般来说,实现一个框架系统应具备如下的功能:

1. 描述

每个框架实现系统应该提供一套设备,利用这些设备可以建立和管理(查阅、修改、推理、……)对某类客观事物的一个描述。此描述可由一组互相联系、互相支持的框架构成。在建立一个单个框架时,可以根据需要设置一组槽,规定每个槽的性质,及槽与槽之间的关系。每个槽在框架中被认为是无内部结构的,但当需要时,它本身又可扩充成一个有内部结构的框架。

我们再举一个框架的例子,这个例子将在本节的剩余部分中被反复引用。它说的是机器人闯进了一个房间,他要运用他头脑中的框架体系来判断这是一个什么房间,机器人的当前框架是"房间"框架。

　　墙框架的两个参数是为了限制一面墙上的窗数和门数不得多于整个房间的窗数和门数,否则就会出现矛盾。括在方括号内的数目是属性的缺省值,表示如无其他信息,可以假定此属性的值就是这样。带 * 号的属性表示该项属性的数目不拘。如墙框架中的"挂物"属性带 * 号,意为对于墙上挂的每一件物品,都要单列一个槽。

框架	房间
墙数	$a[=4]$
条件:	$a > 0$
窗数	$b[=2]$
条件:	$b \geqslant 0$
门数	$c[=1]$
条件:	$c > 0$
前墙	墙框架调用(b, c, b_1, c_1)
[后墙]	墙框架调用(b, c, b_2, c_2)
[左墙]	墙框架调用(b, c, b_3, c_3)
[右墙]	墙框架调用(b, c, b_4, c_4)
[家俱]	家俱框架调用
[地毯]	地毯框架调用
[供电]	供电框架调用
天花板	天花板框架调用
地板	地板框架调用
条件:	$b_1 + b_2 + b_3 + b_4 = b$, $c_1 + c_2 + c_3 + c_4 = c$

框架	墙(w, d, w_1, d_1)
墙面材料	白灰〈或〉油漆〈或〉墙纸
墙面颜色	
窗数	w_1
条件:	$w_1 \leqslant w$
门数	d_1
条件:	$d_1 \leqslant d$
挂物数	
挂物*	物框架调用
窗*	窗框架调用
门*	门框架调用

加方括号的槽是可有可无的。

这几项新的描述手段都是很有用的。许多属性都有缺省值,如人一般有两条腿,桌子一般有四条腿,这些都可以作为缺省值使用。尤其是对于不易判定的属性值,使用缺省值的概念更有好处。我们可以假定健康人的白血球数是 8 000(免去做化验),假定搁在火上的锅子里有食物(免去机器人揭开锅盖看看)等。

至于允许一个框架有不确定数量的槽,其好处更不待言。

2. 子类

一个孤独的框架是没有意义的,我们不可能把各种房间的所有可能属性全写进一个房间框架中,即使勉强写进去了,恐怕也是庞大无比,不便使用。比较好的办法是采用 SIMULA 67 的方法,把房间分成子类,每类房间有自己的框架。然后,可能的话,再把这些子类分成更小的子类,定义更小的框架。如此等等。

所谓子类,就是说母类的属性子类都有,因此,凡是母类框架(称为上层框架)中有的槽,在子类框架(称为下层框架)中不再列出。房间框架可有许多下层框架,这里以厨房框架作为下层框架的一个例子:

框架	厨房
上层	房间框架
转入条件	煤气罐数>0
煤气罐数	[1]
煤气灶	煤气灶框架调用
煤气罐	煤气罐框架调用
[菜厨]	菜厨框架调用
[水斗]	水斗框架调用
工作台	工作台框架调用

"上层"槽指的是厨房框架的直接上层框架。这个槽把上下层框架联系起来,形成一个层次体系。如果某个属性在厨房框架本身中找不到,可以到它的上层框架中去找。若上层框架中找不到,还可通过上层框架的"上层"槽到更上层的框架中去找,等等。"转入条件"指的是在什么条件下应由上层框架转入此下层框架。在本例中,机器人进入房间时他头脑中的当前框架是"房间框架",对这个房间的特性尚一无所知,可是当他一眼瞥见煤气罐时,转入厨房框架的条件(煤气罐数>0)成立,机器人头脑中的当前框架即转为厨房框架,表示机器人对

房间特性的认识深了一层。

可以进一步定义厨房框架的下层框架,例如公用厨房框架:

框架	公用厨房
上层	厨房框架
转入条件	煤气罐数＞1
煤气罐*	
煤气灶*	
……	
条件:	煤气罐数＝煤气灶数

这个框架中也有一个条件,不过它是针对整个框架而言的,不附属于一个具体的槽。

3. 实例

子类的最低层是实例,它已经不是一个类,而只是一个个体的描述,它是框架体系树的树叶。在给出实例时,应同时给出它的所有(直接或间接的)上层框架中各属性的值。不过,如果对上层框架的某些属性不感兴趣,也可暂时不给出。

框架实例	702 楼 503 号公用厨房
墙数	4
窗数	2
门数	1
……	
前墙	墙框架调用(2, 1)
煤气罐数	3
煤气灶数	3
……	

4. 匹配

产生式的匹配一般是完全匹配,部分匹配只是一种比较特殊的情形。而框架与此不同,通常只能做到部分匹配,完全匹配才是特殊情形。其原因是,框架是对于一类事物的完整描述,它只是这一类事物的代表,当应用于某个具体的个体时,总不可能做到完全一致。因此必须考虑符合什么条件时才可以说一个框架和一个具体事物匹配成功(生成实例)。

框架不完全符合实际事物的可能性至少有下列几种：

（1）规定的属性不存在。如机器人进入房间时发现根本没有天花板，使"房间"框架中的"天花板"槽找不到匹配对象。

（2）规定的属性值不符。如机器人从上方斜视积木时看到的不是六边形，这与该框架中"视状"槽之规定值不符。

（3）属性的缺省值和被匹配事物相应属性之值不符。如机器人发现房间中有两扇门。

（4）为某个属性之值规定的类型或条件不成立。例如机器人从楼梯走进一个没有门的房间，这与房间框架中门数必须大于 0 的条件不符。

当框架不完全符合被匹配的实际事物时，我们可以像在产生式系统中所做的那样，规定一些准则，以便确定什么叫匹配成功。

（1）规定必要条件。如某个属性必须存在，某个属性值必须是多少，某个条件必须成立等。

（2）规定允许误差范围。如房间中门的数目最多不能超过 4，厨房中煤气罐的数目不能大于 3 等等。这种规定主要适用于缺省值。

（3）计算偏差度。例如某属性之缺省值为 0，允许偏差为 ± 2，当待匹配的具体事物之属性值为 a 时，可以定义偏差度为 $|a|/2$。根据偏差度，可以确定该属性值符合规定的可信度，例如，可定义可信度为 $e^{-\alpha}$，其中 α 是偏差度。

（4）属性加权。通过对所有符合标准的那些属性之权取和，把此和值与一定的阈值作比较而决定匹配是否成功。这样做可以突出那些特别重要的属性，同时又照顾到一般的属性。

（5）设置一组判定产生式。当规定的条件不成立时，可以利用这组产生式进行推导，如果推导成功，则虽然条件不成立也无妨。

例如，房间框架中门的个数必须大于零，但可以设置这样两个产生式作为补充：

门数＝0∧天花板有敞口∧从敞口挂下梯子→"门"属性无问题∧房间是地窖

门数＝0∧地板有敞口∧从敞口有梯子下去→"门"属性无问题∧房间是阁楼

这两条产生式使得当机器人发现他所在的地方没有门时，仍有可能判断这是一个房间。

(6) 既规定充分因子,又规定必要因子。在(4)中说的权类似于充分因子,除这个权以外,还可规定一组反面的权,称为必要因子。把那些其值不符合标准的属性的必要因子之值取和,和值大则匹配不成功的可能性亦大,和值小则匹配不成的可能性亦小。一般来说,可以定义一个阈值。

例如,若机器人用"人"的框架来判断前面的事物是否是人,则属性"腿数＝2"的必要因子之值应大大小于属性"尾巴数＝0"的必要因子之值。

(7) 不局限于绝对成功的匹配。引进可信度或模糊度的概念,使我们可以讨论一个框架"在多大程度上"与某个实际事物匹配。

5. 预测

利用框架可以对客观事物进行预测。预测有多方面的用途,第一,根据预测可以指导进一步的观察。例如,看到三个煤气灶,根据"煤气灶数＝煤气罐数"的条件,即可预测此房中还有三个煤气罐(如果此机器人正利用此框架在观察厨房)去寻找那三个煤气罐。第二,根据预测,可以假定还没有观察到的或难以观察到的事物。在上例中,即使机器人没有找到全部三个煤气罐(比如,正好有一块布幕或其他什么挡着),它也可以假定有三个煤气罐。它还可以假定紧锁着的保险箱内有钱财或重要文件,假定亮着灯的室内有人等等。从本质上来说,这是一种框架内部的推理。

6. 继承

我们在前面讨论子类的时候,曾经提到了属性的继承问题。那些都是十分简单和直接的继承:下层框架可从上层框架继承所有的属性、属性值和条件。同样,框架实例也可以从框架继承这些特性。

但是,在实际应用中继承关系不一定限于子类关系,它可以比上述情形复杂得多。举例如下:

(1) 有限制地继承属性。指定某一框架从另一框架那里继承哪些属性(槽)。例如:"新中国"框架可以从"旧中国"框架继承的属性有:国体、政体、面积、人口、国民收入等等,这些可用专门的说明列出。未经列出的就不能继承,例如租界、外国驻军、不平等条约等等属性只属于"旧中国","新中国"框架不予继承。

(2) 有限制地排斥属性。与上面相反。凡是未列出的属性均自动继承,列出的反不予继承。用刚才的例子来说,就是把租界,外国驻军、不平等条约等等属性明确列为不予继承的,而自动继承的属性则不必列出。

这两条方法达到的目标是一样的。至于采用哪一条要看是继承的属性占多数还是排斥的属性占多数,两相比较,选用简单的。

(3) 有限制地继承属性值。继承属性不等于继承属性值。在"新中国"框架由"旧中国"继承的种种属性中(限于上面列出的那些),只有"面积"属性的值大体不变,其余属性的值均有了明显变化。一般来说,可以指明哪些属性值是照搬不变的。

(4) 有限制地排斥属性值。指明哪些属性值是不予继承的,其余(在属性继承的前提下)自动继承。

在这两条中,属性值的继承和排斥也包括了缺省值的继承和排斥。

(5) 有限制地继承条件。在"旧中国"框架中,面积、人口、国民收入等属性的值必须大于 0,这些条件皆由"新中国"框架继承下来。"旧中国"的"部长"属性有一个条件:拥有大笔财产并与官僚资产阶级有联系。在"新中国"框架中,这个条件不复存在。

(6) 有限制地排斥条件。

(7) 给出属性值的映射函数。例如,如果全国人口平均以 $a\%$ 的年增长率递增,而国民收入平均以 $b\%$ 的年增长率递增,则"新中国"框架在 x 年的人口和国民收入分别是 $p(y)*^{(1+c\%)1949-y}*(1+a\%)^{x-1949}$ 和 $I(y)*(1+d\%)^{1949-y}*(1+b\%)^{x-1949}$,其中 $p(y)$ 和 $I(y)$ 分别是 y 年的人口和国民收入。y 是解放前的某一年。$c\%$ 和 $d\%$ 是解放前的平均年人口增长率和国民收入增长率。

利用映射函数,可以根据上层框架的某些属性值计算出下层框架的某些属性值。

(8) 指明属性的分裂。当我们在框架层次中由上往下走时,由于描述越来越具体,或由于某些情况的改变,虽然原来的属性不再存在了,但在下层框架中却可以找到一个与原有属性对应的属性,它们具有不同的名字,但在它们的值之间却可以有某种继承关系。有时甚至在下层框架中有多个属性对应于上层框架的同一个属性。例如,上层框架中的"工业部"属性到下层框架中可能变成"重工业部"和"轻工业部"两项。"重工业部"到了更下层框架中又可能变成"机械工业部"和"冶金工业部"等等。这些属性值往往是子框架调用,它们之间同样可以有继承关系。

7. 变异

有时会在客观事物中看到与框架很不一致的现象,可称之为反常现象。例如，当机器人在房间中看到一只炉子时，他头脑里的当前框架变成了"厨房"框架。但他随即又看到一张床。在厨房中搁床是非常少见的，这就是反常现象。此时，机器人就要考虑：是否需要换成"卧室"框架。他进一步观察：炉子是什么种类？又分析现在是什么季节？如果炉子是煤炉，现在又正值冬天，那就可比较确定地改用卧室框架。

变异的另一种情况：如果发现许多边缘现象，这些现象虽然都还没有达到能够推翻原有框架的地步，但合起来却构成值得考虑的因素，那就也要研究框架的合用性。例如，机器人在一个很小的房间中看到十对煤气灶和煤气罐，他就应该进行分析：通常没有十家人合用一个小厨房的，这里或许不是厨房。他接着观察那些煤气灶和煤气罐，发现上面布满了灰尘和蜘蛛网，而且没有一个煤气灶是点着火的。他又观察煤气灶周围的空间，发现没有足够的地方可供人活动。在这种情况下，他可以大致确定这不是一间厨房，而是存放煤气灶和煤气罐的小仓库。

变异的概念使框架匹配的定义进一步精确化了。

8. 更新

在发生变异的情况下要采取更新步骤，如上例中的把厨房框架更新为卧室框架即是。在采用新框架时，一般采用"最佳猜测"的办法。即根据已知条件，最可能合用的新框架是什么？当机器人看见了床时，不一定把厨房框架更新为卧室框架。一般说，可能性不止一个。如果他看见的是一张双人床，或几张单人床，则最佳猜测是"卧室框架"，但如只有一张单人床，室内陈设十分简陋，则最佳猜测也许是"值班室框架"。

9. 修改

如果变异没有达到必须采用新框架的地步，或者没有合适的新框架可供使用（系统数据库中没有），则可以对老框架进行现场修改，以符合变异的要求。这时，框架中的其余有效部分应该保留下来。

在一个缓慢变化的过程中也有这个情况，例如，当机器人在厨房中向前漫步时，他看到的景象不是固定的。虽然框架仍是厨房框架，但其内容却在逐步变化。

10. 查找

上面所述的种种方面均表明，在通常的应用中，不是把单个的框架与实际事物进行匹配，而是用整个的框架体系与之匹配。通过上层框架向下层框架的转移，可以使人对事物的认识更加深入。通过更新和修改，可以使人对事物的认识更加确切,其目的是在最后求得一个最佳匹配。实现这个过程,需要系统具备一定的算法,其中可能包括回溯(向下层转移或更新后发现不合适,再退回来)。这在本质上是个查找,各种查找策略都可能用上。设计一个框架系统时,不能忽视这一点。拿机器人观察房间来说,房间是一整个框架体系,它首先进入最高一层的"房间"框架,然后根据观察到的事物逐层往下走,使自己对这个房间的了解更加具体。

习 题

1. 下面列出的名词代表不同的知识表示方法,请为它们中的第一个列一张属性表,每张属性表的属性数不得少于 10 个,每两张属性表之间起码有 6 个属性是公共的(但属性值不同),且起码有 2 个属性是不一样的。

(1) 一阶谓词演算,(2) 产生式系统,(3) 框架,(4) 语义网络,(5) 状态空间,(6) 剧本,(7) lisp 过程。

(提示:如果不熟悉某些知识表示,可以到读完以后的章节后再写它们的属性表。)

2. 本章开头讲了关系式提问,如"元素$(x,,,,2\,467)$?"。关系式提问可扩展为条件式提问,如

$$元素(x,,,,y)\leftarrow元素(铜,,,,,z)\land gr(y,z)$$

即"什么元素的沸点比铜的沸点高?"试写出下列条件式提问:

(1) 什么元素的熔点介于镁的熔点和铁的熔点之间?

(2) 什么元素的颜色与其他元素颜色都不一样?

(3) 什么样的温度足以熔解大部分的金属元素?

(4) 是否熔点高的元素沸点一定也高?

(提示:假设世上只有表中所列四种元素。)

3. 为下列每个概念设计一个层次型的框架系统,使该概念是其中的某一层次(例如:可为概念"小卧车"设计如下层次结构:车辆→机动车→汽车→小卧车→进口小卧车),每层框架通过特定的属性或属性值区别于上层框架。如:

车辆:[用途,产地,动力,车轮数,车高]

机动车:[动力=机械,马力,燃料]

　　汽车：[车轮数＝4,燃料＝汽油]

　　小卧车：[用途＝载人,车高≤1.5 米]

　　进口小卧车：[产地＝外国,外汇价,进口许可证号])

　　(1) 存在主义　(2) 迪斯科舞　(3) 红烧狮子头　(4) 缺斤少两

　　(5) 神出鬼没　(6) 哥德巴赫猜想　(7) 晴转阴　(8) 居里夫人

　　(9) 2＋2＝4　(10) 牛仔裤

　　4. 上题涉及 10 个框架序列。试为其中每个框架的某些属性适当地添上一些附加条件。如：(1)必须存在,(2)必不能存在,(3)充分条件,(4)缺省值,(5)误差范围,(6)加权,(7)判定产生式。

　　5. 框架构造往往不是线性的,有时呈半序形状(如车辆下面可以是机动车、人力车、兽力车,机动车下面可以是汽车、摩托车、电瓶车等),你能否把第 3 题中的 10 个框架序列扩充成 10 株框架树。

　　6. 父框架和子框架之间的联系应怎样实现? 是在父框架中指明子框架,还是在子框架中指明父框架,还是两者都指明? 试探讨这几种方法的用途和利弊。

　　7. 把下列产生式改写为框架结构。其中↔表示双向产生式(如 x↔y 表示 x↔y, y↔x),百分比数字表示产生式的可信度,无百分比数字者可信度为：1。尽量采用第 4 题中提到的附加条件。

　　自动飞行(x)∧攻击敌方目标(x)↔导弹(x);

　　战略导弹(x)∨战术导弹(x)↔导弹(x);

　　战略导弹(x)→巡航式(x)30％∨弹道式(x)70％;

　　战术导弹(x)→巡航式(x);

　　战略导弹(x)→陆基导弹(x)85％∨潜艇导弹(x)15％;

　　潜艇导弹(x)∧发射国(x,中国)

　　　　　　　→发射艇号(x,203)∧战略目标(x,试验);

　　陆基导弹(x)∧战略导弹(x)∧发射国(x,伊朗)

　　　　　　　→发射井号(x,108)∧战略目标(x,伊拉克);

　　潜艇导弹(x)→精度(x,800±300 米);

　　陆基导弹(x)→精度(x,300±100 米);

　　潜艇导弹(x)→战略导弹(x);

　　陆基导弹(x)→战略导弹(x)80％∨战术导弹(x)20％

　　战术导弹(x)→陆基发射(x)∨飞机发射(x)∨军舰发射(x);

飞机发射(x)∧导弹(x)∧发射国$(x,$阿根廷$)$

$\rightarrow$导弹型号$(x,$飞鱼$)$∧战术目标$(x,$谢菲尔德号巡洋舰$)$；

陆基发射(x)∧导弹(x)∧发射国$(x,$叙利亚$)$

$\rightarrow$导弹型号$(x,$萨姆-7$)$∧战术目标$(x,$以色列飞机$)$

8. 你能否把第二章习题4的产生式系统改编为框架系统？能否把第二章习题5的产生式系统改编为框架系统？是这两个系统改编容易还是本章习题7的产生式系统改编容易？你能否根据这些比较说出一点产生式系统和框架系统在表示知识上的差异？

第四章

语 义 网 络

最早把语义网络作为一种知识表示工具而加以认真讨论的,是 Quillian 在 1966 年写的一篇博士论文。在这篇论文中 Quillian 建议用一种语义网络来描述人对事物的认识,实质上是对人脑功能的模拟。在这种网络中,代替概念的单位是节点,代替概念之间关系的则是节点间的连接弧,称为联想弧。因此这种网络又称为联想网络。它在形式上是一个有向图。由于所有的概念节点均通过联想弧彼此相连,Quillian 希望他的语义网络能用于进行知识推导。其方法是,若要寻找两个概念之间的关系,则从此两个概念出发,分别以广度优先的方法向前进行搜索,搜索沿着联想弧进行。这两个搜索圈逐渐扩大,如果到某个时刻碰上了,即形成一条连接两个概念的通路,Quillian 认为此即是找到了两个概念间的联系。

从 Quillian 的开创性工作以来,人们在语义网络的研究和应用方面做了大量的工作,本章将叙述几个主要的方面。

4.1 命题语义网络

我们在第一章中考察过用谓词表示知识的技巧,并且指出 n 元谓词都可以用 2 元谓词来表示。在本节中,我们可以看到 2 元谓词表示法的另一个优点,就是它便于我们把一个命题表示为语义网络的形式。

如果我们有这样一个命题:

海浪把战舰轻轻地摇

表示成谓词就是

轻轻摇(海浪,战舰)

我们会立即想到它可以表示为图 4.1.1(a)中那样的语义网络。可是这种表示法毕竟太简单了,它没有告诉我们多少东西。作为第一步改进,可以把我们在理解这个句子时所使用的语法知识加进去。这样可以把一个谓词拆成如下三个谓

词,即

　　动作主体(海浪,摇)

　　动作对象(战舰,摇)

　　动作方式(轻轻,摇)

并表示为图 4.1.1(b)中的较详细的语义网络。

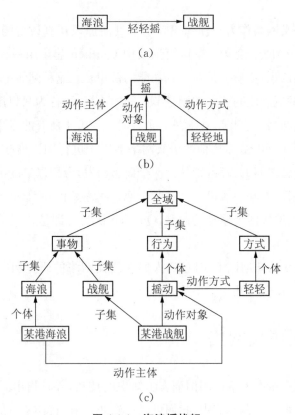

图 4.1.1　海浪摇战舰

　　在这个改进的语义网络中,海浪、战舰、摇、轻轻等概念之间的相互关系是给出来了,这种关系是命题本身所包括的。可以说,到此为止,我们已经穷尽了命题本身包含的知识。可是,海浪、战舰、摇、轻轻等概念本身究竟有什么含义,在这个网络中是不存在的,因为命题中也没有这样的知识。为进一步描述,就必须加进命题以外的知识,包括我们对世界上各种事物的范畴及其属性的认识,以及"军港之夜"这首歌曲的上下文信息。图 4.1.1(c)给出的就是加进了命题以外知识后的一个语义网络,当然它还是很简单的,可以无穷地增添进一步的知识。

我们再考察一个命题：

身穿大红袄，头戴一枝花。胭脂和香粉她的脸上擦。

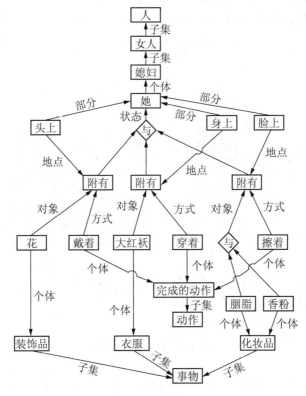

图 4.1.2　带与节点的网络

图 4.1.2 是相应于这个命题的语义网络。在这个网络中出现了"与"节点，代表与运算。任何具有表达谓词公式能力的语义网络必须有表达"与"、"或"、"非"等等谓词运算符的能力，但使用的时候要注意其语义。在图 4.1.2 中，与节点的含义并不完全是那么一目了然的。凡使用与节点的地方，一定有几条弧汇集于一处，并标有相同的标号（因此只留下一个标号，并移到了与节点的另一头），但反过来不一定对。例如图中"装饰品"、"衣服"和"化妆品"均通过"子集"弧指向"事物"节点，为何此处不用与节点呢？答复是与节点的使用带有某种程度的"有且仅有"的意思。"她"的脸上附有胭脂和香粉，且仅有这两样东西，所以用与节点。但化妆品决不止胭脂和香粉两种，因此它们分别指向"化妆品"节点，而不用与节点联系起来。在使用或节点时同样要留意，如命题：

留下脚印一串串。有的直、有的弯、有的深、有的浅。

如果表示成图 4.1.3(a)的形式,则意思与原来的命题不尽一致。它表示:所有
这些脚印都取同一形状(或直而深,或直而浅,或弯而深,或弯而浅,甚至可以
导出直而弯,深而浅等无意义的描述)。因此,表示成 4.1.3(c)的形式才比较
确切,它的简化形式是图 4.1.3(b),其中的 * 号表示同样的节点与弧不止
一份。

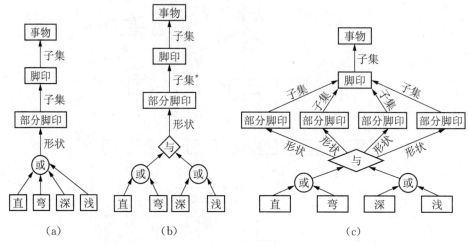

图 4.1.3 带或节点的网络

如果要处理一般的谓词公式,即命题中包含变量和量词,则简单的语义网
络就不能应付了。Hendrix 在 1975 年提出了网络分块化的技术,可以解决这
个问题。其原理是:在用语义网络表示一个复杂命题时,可以把这个复杂命题
拆成许多子命题,每个子命题用一个小的语义网络表示,称为一个空间。复杂
命题构成大空间,子命题构成子空间,它本身又可以看作是大空间中的一个节
点。子空间可以层层嵌套,也可以用弧互相连接。这种复合网络的表达能力是
很强的。

现在举例说明分块网络的思想。命题

每个学生都读过一本书

可以用谓词公式表示为

$$\forall x \, 学生(x) \exists y \, 书(y) [读过(x, y)]$$

表示这个谓词公式的分块语义网络如图 4.1.4 所示。在这个图中,命题"学生读

书"构成一个空间,节点 g 是它的代表,节点 GS 是全体命题的集合。通向 g 的两条弧,F 弧指示它代表的命题是什么,∀ 弧指示 s 是一个全称变量,若有多个全称变量,就要有多个 ∀ 弧。在这里只有 s 是全称变量,r 和 b 都是存在变量,它们是全称变量 s 的函数。从这个图可以看出语义网络表示法和谓词表示法的不同。在谓词公式中,"读"作为一个谓词出现,而在这里,它作为一个事件(动作 r)而和学生、书等等统一处理。

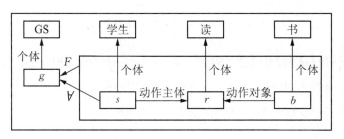

图 4.1.4　网络中的全称量词

注意:这种表示法要求子空间中的所有非全称变量的节点都是全称变量节点的函数。那些不是全称变量节点函数的其他节点,应该拉到空间之外去。例如命题

每个学生都读过《牛虻》

表示成语义网络就应该是图 4.1.5 的形式。

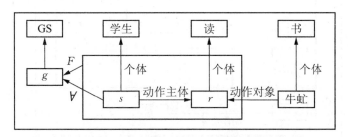

图 4.1.5　网络中全称量词的辖域

全称量词可以多于一个,例如命题:

每个学生都读过所有的书

可以表示为图 4.1.6 的语义网络。

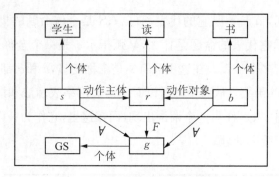

图 4.1.6 网络中的并列全称量词

按照同样的原则,可以把具有多个量词,量词的辖域互相嵌套的复杂谓词公式表示成分块语义网络。例如,假定我们要表达的命题是

每个学生都读过一本所有的作家都喜欢的书。

表示成谓词公式是

$$\forall s\{学生(s)\longrightarrow \exists b[书(b)\wedge 读(s,b)\wedge \forall n$$
$$[作家(n)\longrightarrow 喜欢(n,b)]]\}$$

图 4.1.7 是它的语义网络。

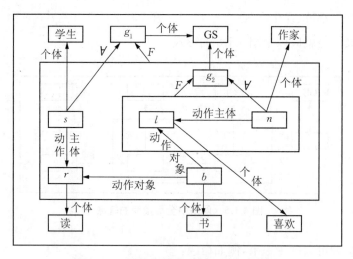

图 4.1.7 网络中的全称量词和存在量词

在这个语义网络中,有大小两个命题,大命题套着小命题(g_1 套着 g_2)。每个节点在网络空间中的位置,说明它们的依赖程度。最外层的节点独立于任何

变量之外,是常量节点。g_1 空间中的节点 r 和 b 依赖于全称变量节点 s。g_2 空间中的节点 l 不仅依赖于本空间中的全称变量节点 n,也依赖于外层空间的全称变量节点 s。

在谓词公式中,同一个变量可能在多处出现。表示成语义网络时,有时可以用同一个节点代表同一个变量的多个出现,如图 4.1.7 中的 s,n,b 等都是,有时则不一定方便。特别是当此变量的多个出现分属于多个子命题时就是如此,这时可用多于一个节点来代表这些出现,节点间用"同一"弧相连。

设我们要表示的是下列命题:

在那遥远的地方,有位好姑娘。人们走过她的身旁,都要回头留恋地张望。
这个命题可用谓词公式写为

$$\exists x\{好姑娘(x) \wedge 居住(x,遥远) \wedge$$
$$\forall y[人(y) \wedge 走过(y,x) \rightarrow 回头张望(y,x,留恋地)]\}$$

x 不受 y 的影响,实际上是常量,因此可以把存在量词 $\exists x$ 略去,并把 x 改为常量 a。于是这个命题可以用图 4.1.8 的分块网络表示。

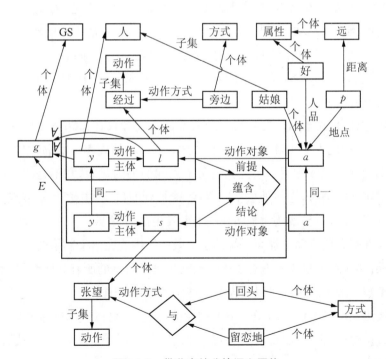

图 4.1.8 带蕴含的分块语义网络

在这个分块网络中,"y 经过 a 旁边"和"y 回头张望 a"实际上是两个命题,如果只用一个 y,就显得不够完整,因此用了两个 y 节点。有时,为了直观的原因这样做也有好处。

Hendrix 在建议把语义网络分块的同时,还建议把分块所得的子空间按某种偏序排列。其规则是:若从子空间 S_1 内的某个节点有弧通向子空间 S_2 中的某个节点,则称 S_2 在 S_1 之上,或 S_1 在 S_2 之下。若 S_2 在 S_1 之上,S_3 又在 S_2 之上,则 S_3 也在 S_1 之上。由这个定义可以看出,各子空间的节点之间是不允许形成循环的。它们形成一个偏序,一般来说还构成一个半格。

在语义网络的推理和实现技术上,偏序有其特殊的意义。Hendrix 把偏序解释为"可见",其定义是:若子空间 S_2 在 S_1 之上,则 S_2 对于 S_1 来说是可见的。显然,可见关系具有自反和传递两种性质,但没有对称性。事实上,它是反对称的(因不允许循环)。

我们对这个定义作了一些修改,因为在我们的语义网络中弧的方向与 Hendrix 网络中弧的方向不完全一样。在我们的网络中,所有的弧有严格的统一的含义:若从 a 节点有弧指向 b 节点,弧的标号是 c,则它表示 a 是 b 的 c。例如,在图 4.1.8 中,从 y 节点指向"人"节点的弧上标着"个体",它表示 y 是人的个体。依此类推,p 是 a 的地点,y 是 s 的动作主体,回头是张望的动作方式,等等。因此,我们不能采用 Hendrix 的定义。我们规定,子空间 S_2 在 S_1 之上,如果 S_2 完全包含 S_1(以 S_1 为子空间)。它同样形成偏序,且接近于程序设计语言中传统的嵌套结构。

利用这种"可见性",能使系统区分实在的事物和仅在命题中使用的事物变量。图 4.1.4 中的 b 节点和图 4.1.5 中的"牛虻"节点都代表一本书,但"牛虻"是实在的书,而图 4.1.4 中的 b 节点只是某本未知的书的代表,它不是实在的。当系统搜索实在的书时,它在外层空间寻找,能见到的只是"牛虻"。b 节点位于不可见的内层空间,不会被认为是实在的书而发生混淆。

可见性概念还有助于提高系统的运行效率。因为在语义网络的一个子空间中进行操作时,系统只需考虑对于该子空间来说是可见的所有其他空间,不可见的空间则被屏蔽了。这样可以大大减少搜索和推理范围。

分块语义网络不仅可用于表示量词性的命题,还可以表示间接和嵌套的命题,如通过"想"、"希望"、"要求"、"打算"、"说"、"写道"等等表示的子命题。下面是一个例子:

李平说他想看红楼梦

这里共有三个命题。整个句子是一个命题,从"说"字引出第二个命题"他想看红楼梦",从"想"字又引出第三个命题"看红楼梦"。三个命题以嵌套方式组成,其分块语义网络如图 4.1.9 所示。

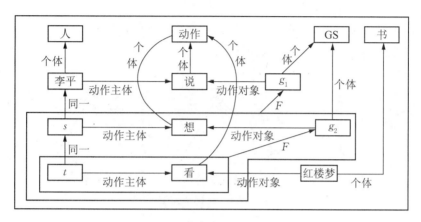

图 4.1.9 嵌套命题的语义网络

4.2 数据语义网络

以数据为中心的语义网络称为数据语义网络。在一个数据库中如何组织数据,这本来应该是数据库系统的领域研究的课题,但是,近年来在数据库组织的研究中出现了一种趋势,就是单纯的存储和检索数据的功能显得不够了,数据的语义及数据间的关系成为人们利用数据时的重要参考和依据,这些内容也要存入数据库中并向用户提供库中数据的有关知识,其中包括支持用户对数据实行推理的功能。于是,数据库渐渐向知识库方向变化。作为适用于知识型数据库的一种知识表示方法,语义网络的形式已越来越多被采用。在这一节中,我们将以知识表达能力作为标准,来考察一下数据型语义网络的发展及其主要方法。

早期数据语义网络的一个重要里程碑是网络数据模型,始见于 1971 年 4 月由 CODASYL 组织公布的 DBTG 报告,所以这个模型有时又被称为 DBTG 模型。

这种数据模型由许多基本元组成,每个基本元是一棵二级树(高度为 1 的树),称为络。树的节点是记录,树结构(即络结构)代表了记录之间的内在联系。树根称为主记录,树叶称为次记录。主记录和次记录的组合方式决定了络的类型,大致有如下几种:

1. 单线联系:每棵树中只有一个次记录。

2. 单多联系:一棵树中有多个次记录。

3. 无根联系:没有树根(实际上以系统作为隐含的树根)。

图 4.2.1 表示这三种络类型的结构。

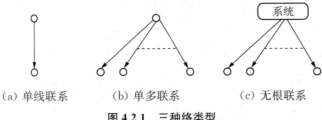

(a) 单线联系　　　(b) 单多联系　　　(c) 无根联系

图 4.2.1　三种络类型

由络组成网络的规则是

1. 一个络的树根可以是另一个络的树叶。

2. 一个络的树叶可以是另一个络的树叶。

3. 一个络的树根可以是另一个络的树根。

这三条规则很简单,但可以构成非常复杂的网络结构。例如,仅仅规则 1 就可构造数据的层次模型(图 4.2.2(a)),但规则 1 比层次模型说得更多,它还允许两个络互为倒影,即它们的主记录互为对方的次记录(图 4.2.2(b)),它允许多个络形成一条通路(图 4.2.2(c))。利用规则 2 可以使几个主记录共享一个次记录(图 4.2.2(d)),利用规则 3 可以使同一组节点(记录)体现不同的络类型(图 4.2.2(e))。

有一个限制:在同一个络中,不允许主记录和次记录重合,即形成自身通路(图 4.2.2(f))。

由于这种网络的基本元是具有二级树结构的络,因此在表示客观事物的联系时,描述一对一和一对多的联系无任何问题(如国家→首都,首都→市长都是一对一的联系,国家→城市,城市→公民都是一对多的联系),但表示多对多的联系就有些困难(如工人→奖金是多对多联系,因为每个工人可领几种奖金,每种奖金又可发放给许多工人)。为了解决这个困难,可以建立一个新的记录节点,使得新节点和原有节点之间都是一对多的关系,以便避开多对多的困难。例如,在图 4.2.2(b)的例子中,增加一个"奖金领取登记"节点,就可以把一个多对多的关系拆成两个一对多的关系。

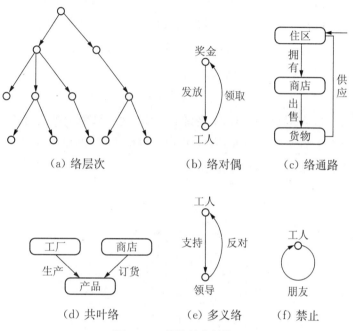

（a）络层次　　　　　（b）络对偶　　　　（c）络通路

（d）共叶络　　　　　（e）多义络　　　　（f）禁止

图 4.2.2　络的基本结构

这种网络模型虽然在一定程度上表达了事物之间的联系,但它的语义表达能力极有限。它只说明哪些记录之间有关系,但不说明它们是一些什么样的关系,具有什么意义,因而也无法用这些关系对数据进行解释,更无法用它们进行推理。在图 4.2.2 中,有些关系用文字作了说明,如"领取","发放"(奖金)等。但这些说明实质上只是络类型的名字,在单线联系型的络中,它可用来解释主次记录间的关系,在单多联系型的络中,它就不能一一解释各次记录与主记录之间的关系了。

由 Chen 于 1976 年提出的"实体—关系"数据模型在重视语义方面比网络数据模型有了很大的进步。这个模型把数据库的内容看作是一个大的范畴,在此范畴内有许多小的实体,彼此之间以关系相连。例如,工厂、医院、企业、学校等都是范畴,而工厂中的车间、工人、产品,医院中的病房、护士、医生,企业中的科室、经理、职员,学校中的院系、教授、学生等都是这些范畴中的实体。每个实体是一个集合。实体之间以关系相连,每个关系也是一个集合。例如,设老师和学生各成一个实体,它们之间的关系是师生关系,对于每一个具体的老师和他的学生,均有一个相应的具体师生关系,存在于上述师生关系集合中。在实体—关系型的数据语义网络中,不但实体是网络中的节点,关系也是网络中的节点。实体和关系之间用弧相连。这是它和旧式的数据网络的明显不同之处,表明它把关系提到了和实体同样重要的地位。如果 A 实体和 B 实体之间是一对多的关系,则 A 实体和 B 实体与关系的联接弧上分别标以 1 和 N(或其他英文字母)。如 A 实体和 B 实体是一一对应,则有关的关系联接弧上都标以数字 1。如果 A 实体和 B 实体是多多对应,例如每个老师有许多学生,每个学生又有许多老师,则应在老师和学生的关系联接弧上分别标以不同的字母(例如 N 和 M)。图 4.2.3 是描述学校的实体—关系数据语义网络,其中实体节点用方框表示,关系节点用菱形表示。

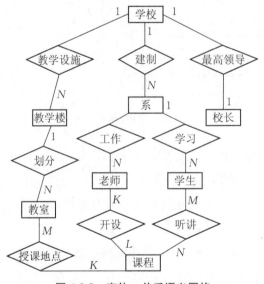

图 4.2.3 实体—关系语义网络

与网络数据模型不同,在实体—关系语义网络中可以定义自反的关系。图 4.2.4(a)表示在教学人员这个实体中,可以有领导者和被领导者之分,而且同一个人可以既是领导者,又是被领导者。图 4.2.4(b)表示在两个实体之间可以有多种关系存在。图 4.3.4(c)表示关系不一定是二元的,可以有多个实体参加同一个关系。

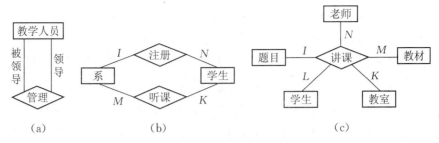

图 4.2.4 不同的实体—关系结构

从图 4.2.4(c)中可以看出，采用多元关系不一定很理想，由于可能有许多老师讲同一门课，因此相应的实体—关系联接弧上用 N 标出，又因每一门课可有许多教材，因此，联接教材实体的弧上用 M 标出，但这样一来，要表达"每个老师只用一种教材"的意思就有点麻烦了。

实体—关系模型允许给每一个实体和关系加上任意数量的属性，见图 4.2.5。属性种类标明在联接弧上，圆圈内是属性值的集合，它同时可供一致性检验使用。

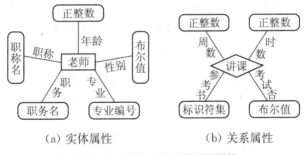

（a）实体属性   （b）关系属性

图 4.2.5 实体—关系模型的属性

实体关系模型比网络数据模型前进了一步，主要是在语义表达能力方面提高了许多，它体现在关系作为实体的平等伙伴而出现。任何两个实体之间均可以有关系相连，并可进一步用属性描述，这样，它就具有了刻画现实世界中各实体概念的结构及它们的相互关系的较强能力。

然而，作为知识表示工具来说，这种模型所提供的推理能力还是很不够的。它的主要功能仍然是检索，在检索数据时，必须具体指明查询的通路，它不能根据用户要求自己找出所需的结果，更不能提供给用户数据库中没有，但是被数据库中的现有数据蕴含的结论。造成这种缺陷的重要原因之一，是实体—关系模型中实体和关系之间的平等地位还只是表面上的，它们的作用并不对称。当我们说两个实体之间有一个关系相联,这句话是有意义的,因为这个"关系节点"确实反映了两个实体之间的关系。但如若我们说两个关系之间有一个实体,这句话在本模型中却没有意义,因为由一个实体伸出的各关系弧可以是任意的,该实体并不是它两头的关系之间的一座桥梁。在图 4.2.6 中,从常识观点看领导关系应是很清楚的,但本模型却不能推理出"厂长和工人之间有领导和被领导关系"这一结论,就是由于"车间主任"没有对两个"领导关系"起到桥梁作用。

图 4.2.6 实体和关系的不对称性

除此之外,实体—关系模型还有一个缺点,就是它只能描述两个简单实体之间的关系,难以描述复合实体之间的关系,尤其是难以描述复合命题。

Su 和 Lo 提出的语义联系模型比起上述实体—数据模型来有一定的优点,它进一步强调了实体间的联系,把这种联系提高到在整个模型中居于中心地位,因此在表达数据语义方面具有更强的功能。

语义联系模型中包含九种基本的联系类型,能够比较确切地表达各种数据之间的关系。

1. 成员联系。表示由属于同一概念的一组原子元素或下层概念构成的一个集合,称作 CC(概念类)。原子元素是数据的最小单位,不能分割,如图 4.2.7 所示。

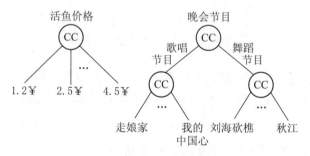

图 4.2.7 成员联系

由图中可以看出,概念节点 CC 可以分成层次,层次数不限,其含义是:下层概念是上层概念的子概念。如图中歌唱节目和舞蹈节目均是晚会节目的子概念。由于每个 CC 节点代表一个集合,因之要求存在一个算法,该算法能判断原子元素或下层概念是否属于某个上层概念,例如 100¥ 肯定不属于活鱼价格 CC 节点。

2. 特征联系。由一组特征构成某一个实体的完整描述,体现这种特征联系的有两类节点,一类叫 DE,表示一组特征刻画了一个能够独立存在的实体。另一类叫 CE,表示一组特征刻画了一个不能独立存在的实体,它的存在依赖于由某个 DE 联系表达的独立存在的实体。在图 4.2.8 中,节目主持人不是独立实体,它依赖于晚会而存在,没有晚会就没有节目主持人。

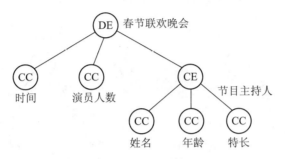

图 4.2.8　特征联系

3. 相互作用联系。这种联系用 EI 节点表示,用以描述两个实体之间的相互作用。因此它联系的实体中必须包含两个分量:

AG:动作主体

DO:动作对象

如果其中有一个加上 * 号,表示这是一对多的联系。如果两个都加上 * 号,表示这是多对多的联系。

除此之外,它还可以包含一些实体或概念,对相互作用加以修饰,它们用 MD 表示。相互作用联系的例子见图 4.2.9。

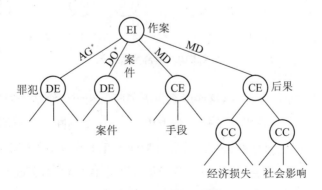

图 4.2.9　相互作用联系

4. 集合关系联系。这种联系用 SR 节点表示,共有四种集合关系,分别用不同的联接弧表示。

(1) 子集关系。母集用 ST 弧联接,子集用 SB 弧联接,见图 4.2.10(a)。

(2) 互斥关系。两个集合都用 SX 弧联接,见图 4.2.10(b)。

(3) 相交关系。两个集合都用 SI 弧联接,见图 4.2.10(c)。

(4) 对应关系。两个集合都用 SE 弧联接,见图 4.2.10(d)。

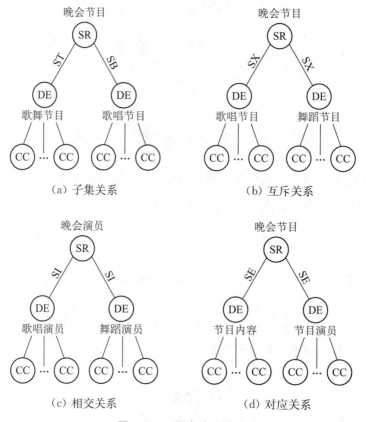

图 4.2.10　集合关系联系

与前面的简单联系一样,这些联系也需要配备相应的算法。对于子集关系,要判断一个元素是否属于此子集。对于相交关系,要判断一个元素是属于公共部分还是属于参加相交的哪一方,等等。对应关系原来称为等同关系,但是从模型提出者 Su 的阐述来看,它联系的两个集合并非真的相等,而是存在着一一对应的关系,因此我们改称它为对应关系。

5. 合成联系。如果一个概念由多个分概念组成,且恰由这些分概念组成,则用合成联系表示之,节点形式为 CP。这种联系也可包括修饰概念 MD。每个分概念本身则用 COP 弧联接。例子见图 4.2.11。

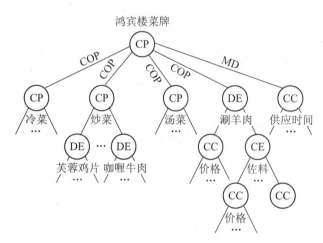

图 4.2.11　合成联系

6. 因果联系。这种联系以 CF 节点为代表,在原因(一般以相互作用节点表示)和结果(相互作用节点或其他概念节点)之间建立联系。例如,在货物销售和货物库存之间存在因果关系,销售多了,库存就少,发现库存少时可以从销售额中去找原因。又如,在工人完成生产定额和应得奖金之间也存在因果关系。完成生产定额愈多,得的奖金就愈多。在图 4.2.12 中用 CA 和 EF 分别标志联结原因和结果的弧。

7. 活动方式联系。这种联系以 AM 节点代表,它联系的一方是一个活动(用相互作用联系表示),另一方是一些修饰此活动的实体或联系。前者用 AC弧联接,后者用 MAC 弧联接。在图 4.2.13 中,EI 节点代表一个生产活动,DE节点"工作时数"表示活动的方式。活动的成果(产量)既与生产率(每小时完成产品件数)有关,也与工作时数有关,且有一致性规则:总产量=生产率×工作时数,加以限制。

8. 活动目的联系。这种联系用节点 AP 代表,它联系的一方是活动(可以用EI 或 DE 等节点代表),另一方是活动的目的,也可用同类节点代表。前者以AC 弧联结,后者用 PR 弧联结。在图 4.2.14 中,投标的目的是为了中标,这种联系隐含了一些一致性条件,如活动(投标)的日期又必须早于目的(中标)的日期。

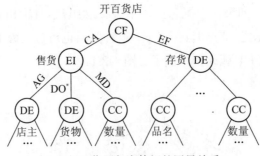

（a）相互作用与实体间的因果关系

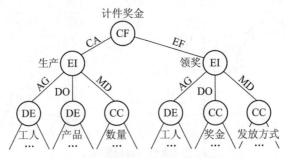

（b）相互作用与相互作用间的因果关系

图 4.2.12　因果联系

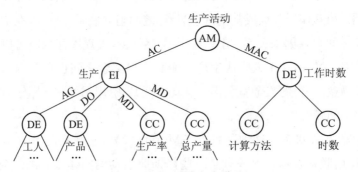

图 4.2.13　活动方式联系

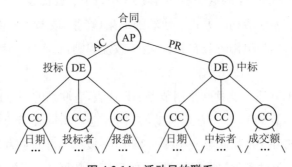

图 4.2.14　活动目的联系

9. 蕴含联系。这种联系用 LRI 节点代表,它联系的一方是前题(可用 DE,EI 等节点表示),另一方是结论。前者用 IF 弧联接,后者用 THEN 弧联接。在图 4.2.15 中,教学人员的报酬(工资、津贴、奖金等)已蕴含在他的地位和贡献中(职称、职务、工作年限等),利用特定的一致性规则可以计算出来。

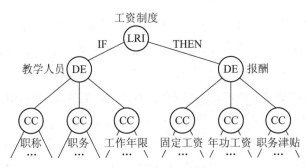

图 4.2.15 蕴含联系

Su 的模型在语义上下了一番功夫,把各种联系提到了模型的中心地位,并标准化为九种固定的联系方式。这种作法自然有其优点,但是从知识表示的角度来看,该模型的局限性仍然很大。且不说这九种标准联系是否概括了常见的各类联系,我们仅指出它的一个最主要的缺点,在相当程度上,这个模型只能比较含糊地指明某些量之间有某种联系,但却不能精确地给出这种联系。事实上要用大量的附加一致性规则,即语义过程,去补充。所需的语义过程数量之多,不符合建立模型者的本意,即尽量地让联系本身来隐含必要的语义过程,如图 4.2.14 中投标日期必须早于中标日期那样。由于语义过程不是网络的一个组成部分,使得由网络表示的这种知识很不完整,而且也不直观。

举例来说,在集合关系联系中,指出的仅仅是两个集合间有何种关系,但是并未告诉人们关于元素的相应结论。对相交关系来说,用户如何知道它们的交集是什么? 对于子集关系来说,用户如何知道它们的差集(A−B)是什么?

又如,在因果联系中,并未指明究竟是哪一种因果关系。在图 4.2.12(a)中,只说明了销售和库存有关,但看不出销售是增加库存还是减少库存。我们知道,进货也和库存有关,如果把进货和销售一起作为原因纳入此因果联系之中,则具体的因果关系就更看不清了。

再如,在集合的对应关系中,两个集合的元素间究竟是如何对应的,在图 4.2.12(b)中,生产的工人和领奖的工人间到底有什么关系等,都是在联系图上看不出来的。解决这些问题的办法,只能在实现时为每一组数据建立一个联系,而这最很不经济的。

4.3 语言语义网络

用语义网络来进行自然语言的分析和理解是很自然的。早期的自然语言翻译工作由于只注意语句的表面结构,没有达到预期的效果,人们转而研究语句的所谓深度结构。Fillmore(1968)提出的格文法是这方面的一个尝试。这个模型在分析语句时以动词为中心,而把所有其他成分都看作是对动词(动作)的修饰。每一种修饰称为一个格,不同形式的格是对句子理解的主要支柱。这项工作后来由 Thomson(1971),Celce-Murcia(1972)等人不断改进,由 Simmons 概括成比较完整的形式。本节将简要地介绍他们的语义网络,我们简称它为 FTCS 语义网络。

这个网络立足于对一个英语句子进行分析,把一个句子的语义结构分解为下列 BNF 的形式:

〈句子〉::=〈语态〉〈陈述〉

〈语态〉::=〈时态〉|〈体态〉|〈形式〉|〈语气〉

　　　　　　|〈情态〉|〈方式〉|〈时间〉|〈本性〉

〈陈述〉::=〈动词〉〈格变元〉

　　　　　　|〈主题〉〈格变元〉

〈时态〉::=〈现在〉|〈过去〉|〈将来〉

〈体态〉::=〈完成〉|〈未完成〉

〈形式〉::=〈简单〉|〈强调〉|〈进行〉

〈语气〉::=〈说明〉|〈询问〉|〈命令〉

〈本性〉::=〈肯定〉|〈否定〉|〈不确定〉

〈情态〉::=〈可以〉|〈能够〉|〈必须〉

〈方式〉::=〈状语〉

〈时间〉::=〈状语〉

〈动词〉::=跑|跳|走|……

〈格变元〉::=〈格关系〉〈名词短语〉

　　　　　　|〈格关系〉〈语句〉

$$\langle\text{名词短语}\rangle::=\langle\text{介词}\rangle_0^1\langle\text{限定词}\rangle_0^1\langle\text{形容词}\rangle_0^n\langle\text{名词}\rangle_0^1$$

$$|\langle\text{名词}\rangle\langle\text{语句}\rangle$$

$$|\langle\text{名词}\rangle\langle\text{名词短语}\rangle$$

$$\langle\text{格关系}\rangle::=\langle\text{动作主体}\rangle|\langle\text{主题}\rangle|\langle\text{地点}\rangle$$

$$|\langle\text{源泉}\rangle|\langle\text{目标}\rangle$$

根据这一套理论,动词是一个句子的核心。由动词引出两部分子结构,一部分为纯语法性质,以〈语态〉为代表,另一部分是语义性质,称为格结构。一个格结构由许多格变元组成,每个格变元从语法上讲是一个名词短语,从语义上讲分别属于五种格关系。这种分析方法图示于图 4.3.1。

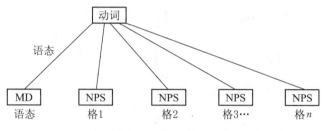

图 4.3.1　FTCS 语句分析法

这种分析形式,也就是 FTCS 语义网络的基本结构,它强调的是句子的内在含义,与通常的语法分析不一样。其中 MD 代表八种语态(时态、体态、……、等等),每个 NPS 代表一个格,它或是一个名词,或是一个句子。

下面我们举一些例子来说明 FTCS 网络。虽然它是为分析英语句子而设计的,但还是举中文的例子更有意思些。

例如　猪八戒背媳妇。

这个句子分析为

动作:背,

地点:猪八戒,

主题:媳妇。

请看,在通常语法分析中认为是主语的猪八戒在这里成了地点,表示媳妇背在何处。而通常在语法分析上认为是宾语的媳妇,在这里却又成了主题。全句的意思解释为"一个媳妇背在猪八戒的背上"。

例如 鲁提辖拳打镇关西。

这个句子分析为

动作：打，

第一动作主体：鲁提辖，

第二动作主体：拳，

主题：镇关西。

在这里，鲁提辖和拳都是动作主体，因为既是鲁提辖打了镇关西，又是拳打了镇关西。这个模型不把拳解释成工具，也不把"拳打"解释为方式。

两个句子的语义网络分别如图 4.3.2(a)和图 4.3.2(b)所示。

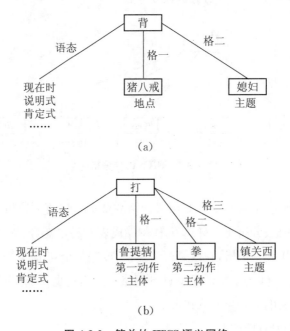

图 4.3.2 简单的 FTCS 语义网络

从这两个例子可以看出，在分析中文句子时，FTCS 语义网络的语态部分不一定非常合用。例如，中文句子一般不明确指明时态。因为动词是不变位的，而且通常很少用"以前"、"过去"、"曾经"等词来表示动作的过去式，所以对于这两个句子中的动作，我们只能都看成是现在时。但是它的格结构部分即语义描述部分，却对中、英文基本上同样适用。至于对句中成分的分析方法，包括把猪八戒分析为地点，把拳也分析为动作主体，等等，那是属于 FTCS 网络本身的观点，只是一种分析方法,别的语言网络不一定要仿效的。

再举一个比较复杂的例子:

拿破仑在滑铁卢遭受了最终的失败。

动作:遭受,

第一地点:拿破仑,

第二地点:滑铁卢,

主题:失败,

　　地点:滑铁卢,

　　主题:拿破仑。

这个句子有两层结构。第一层以动词"遭受"为中心,说明主题是"失败",这个失败落在拿破仑身上,所以把拿破仑分析为第一地点,当然,滑铁卢也是地点。第二层以主题"失败"为中心,进一步加以说明。

它的语义网络如图 4.3.3 所示。

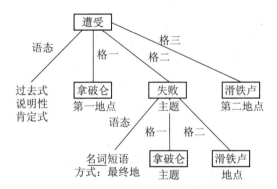

图 4.3.3　双层 FTCS 语义网络

由于"遭受"后面有"了"字,所以时态用过去式,这个例子已经对前面的规定作了扩充。因为按规定只有动词才有格结构,现在把格结构推广到了名词短语("失败"在这里是名词短语),出现了双层格结构的情况。

FTCS 网络是在兼顾语法结构的同时,把重点放在语义分析上的一种知识表示网络,它不免要受到英语语法结构的某些限制,有时使所得到的网络形式不必要地复杂化。事实上,"遭受了最终的失败"就是"最终地失败了"。因此,从语义的观点看。同一个句子可以表示为更简单的网络形式。见图 4.3.4。

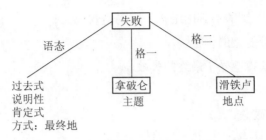

图 4.3.4 化简语法的 FTCS 网络

FTCS 语义网络的具体结构形式可以用下列语法公式表示：

〈网络〉::=〈节点〉*

〈节点〉::=〈原子〉〈关系集〉

　　　　|〈终结常量〉

〈原子〉::=Li(该节点的词典含义)

　　　　|Ci(该节点的上下文含义)

〈关系集〉::=(〈关系〉〈节点〉))*

〈关系〉::=某种语义关系

〈终结常量〉::=〈字符串〉

下面我们给出一个这种具体网络结构的例子。由于这种网络结构中的弧，即"关系"，与英语语法的联系十分密切，因此，用英语句子作为例子是比较恰当的。

Wang broke the window with a hammer

该英语句子可表为图 4.3.5 中的网格。

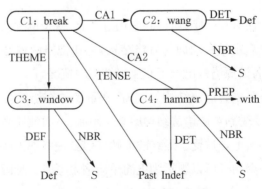

图 4.3.5 FTCS 网络的具体结构

解释:每个加框节点的内容是原子,从这种节点伸出的所有弧是该节点的关系集;不加框的节点是终结常量;CA1 和 CA2 表示动作的第一和第二主体;THEME 是主题;TENSE 是时态;DET 表示该名词前带定冠词还是不定冠词(Def 或 Indef);NBR 表示名词的单数或多数(S 或 F);PREP 表示该名词所带的前置词(介词)。

为了使 FTCS 网络真正能做一些事,关系的种类太少了是不行的。下面列出它包含的部分关系:

1. 联结关系。OR(或),NOT(非),SINCE(因为)BUT(但是),AND(以及),IMPLY(蕴含)…

2. 深度格关系。CA1(第一动作主体),CA2(第二动作主体),THEME(主题),SOURCE(源泉),GOAL(目标),LOC(地点)。

3. 语态关系。TIME(时间),MANNER(方式),MOOD(语气),ASPECT(体态),FORM(形式),TENSE(时态),MODAL(情态),ESSENCE(本性)。

4. 属性关系。MOD(修饰),POSSESSIVE(占有),HASPART(以……为其部分),ASSOC(连接),SIZE(大小),SHAPE(形状),…。

5. 量词关系。Q(全称或存在量词),NBR(单数或复数),DET(定冠词或不定冠词),COUNT(计数),…

6. 符号置换关系。TOK(标记)…

7. 集合关系。SUP(母集),SUB(子集),EQ(相等),PARTOF(部分),…。

4.4 几种特殊的语义网络

在前三节中,我们已经介绍了三类主要的语义网络。如同产生式系统一样,语义网络是一个比较模糊的概念,允许有各种各样的变种,因而也可应用到各类不同的领域。在本节中,我们将进一步介绍语义网络的其他几个变种。从它们所描述的对象来看,用"语义"二字来定义这种网络往往不十分贴切,所以用"联想网络"的提法也许更恰当一些。但另一方面,如果我们设想先用某种语言来描述一个对象,再把这种语言用网络的形式表示出来,则"语义网络"一词似乎仍可使用。

1. 结构网络

用于描述客观事物结构,常见于模式识别,机器学习等应用领域中。图 4.4.1 是一个表示拱门的语义网络。A 是拱门的顶,B,C 是拱门的两根柱子。在这种网络中,实例节点和概念节点的表示方法没有区别,这可能是一个缺点。把事物间的关系表示为节点,并可用其他节点加以描述,这可能又是一个优点。

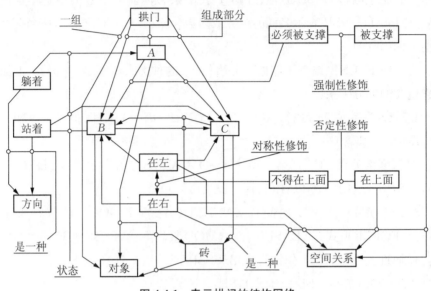

图 4.4.1　表示拱门的结构网络

例如:"必须被支撑"是"被支撑"关系的进一步修正。这种做法使关系有了层次,提高了描述的精确性。这种网络是 Winston 设计的。这里给出的与原来的网络有些不同。

2. 分类网络

在某种程度上,分类网络有点像语义网络。不过分类网络更倾向于描述抽象的概念,对它们按层次进行分类。分类网络是理解客观事物的重要工具,常见于专家系统应用中。

分类网络的构造非常简单,每个节点代表一个概念。节点间的关系只有两种,即子集关系和个体关系。子集关系联结中间节点,个体关系联接叶节点。整个网络结构一般呈树形。例如图 4.4.2 是地质专家系统 PROSPECTOR 中用的分类网络中的片断。

根据实际情况,分类网络的结构可以稍呈复杂。当两个子集节点所代表的概念不完全互斥时,网络结构不一定呈树形。此外,作为叶节点的个体节点所代表的概念虽然一般来说不同,但也有不互斥的时候,遇到这种情况时,可以参考本章 4.2 节中 Su 的语义联系模型中有关集合关系联系的思想,以及我们对这个思想所作的评注及提出的进一步改进的方案,将分类语义网络加以改造,使之能应付更复杂的分类关系。

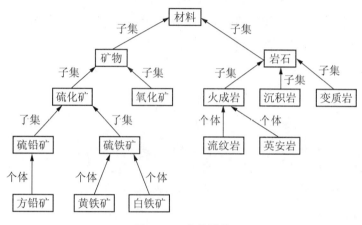

图 4.4.2 分类网络

如果令分类网络为严格的树形结构,并且在每条弧上标出循这条弧往下走的条件,则分类网络就成了一种判定树,在专家系统中有广泛的应用。

许多专家系统都是分类专家系统,需要对输入数据进行排队分析,从中得出结论。最直观的方法是列一个判定矩阵。以看病来说,如果可能的症状数是 m,疾病数是 n,那就要列一个 $m \times n$ 矩阵。为了判定一个病,要做 m 次检查,这不但费时、费钱,有时甚至还有害。如果判断肝病一定要用肝穿刺,判断心脏病一定要用心血管造影,判断胃病一定要做胃镜,许多病人就不敢上医院看病了。比较好的办法是把各项检查按重要次序排一个队,所谓重要是指排在前面的检查要尽量多地排除不可能的结论,以便尽快地达到最终的判断。这些检查的组合形成一棵树,树的总高度(树叶到树根的最长距离)或平均高度(树叶到树根的平均距离)要小,代价低廉的节点要尽可能靠近树根,代价高昂的节点尽可能靠近树叶。

Warner 设计了一个先天性心脏病诊断系统,他根据 83 个病人的病历提炼出 53 种症状和 35 种病,按矩阵方法要做 53 种检查。后来 Gorry 和 Barnett 使用判定树方法,把检查数减少到平均 6.9 次。

杨周南和方积乾利用 X 线胸片资料整理出肺癌的判定树。其中,有关周边型腺癌和周边型鳞癌的特征抽取了九个,构成判定树后,为了"两中择一",最多的需做七次判断,最少的只需做三次判断,平均是 5.3 次。有关小细胞未分化癌和中心型鳞癌的特征抽取了七个。构成判定树后,为了"两中择一",最多的需做五次判断,最少的只需做两次判断,平均是 3.8 次。由此看来,实际情况比较复杂,判断次数不一定能大幅度地缩减,能做到缩减一半就不错。图 4.4.3 是小细胞未分化癌和中心型鳞癌的判定树,树叶 a 表示前者,树叶 b 表示后者,树叶 c 表示不定。x_1 至 x_7 的含义是

x_1:柱状、手套状段支气管内铸型;

x_2:叶和叶以上支气管狭窄、截断;

x_3:叶支气管管壁肿块;

x_4:段支气管管外肿块;

x_5:段支气管狭窄、截断;

x_6:梗阻变化;

x_7:淋巴结增大。

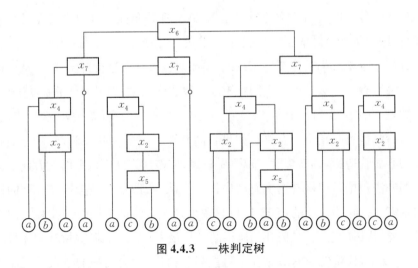

图 4.4.3 一株判定树

每个节点的分叉表示该症状的有无和轻重。第一分叉表示无此症状,第二分叉表示有此症状,如果还有第三分叉,则表示症状较明显和较重。带圆圈的分叉表示第二分叉和第三分叉的重合。

3. 推理网络

所谓推理网络,本质上是一种命题网络,只是它已经在某种程度上规范化,更适于进行专家系统中的推理。推理网络的基本节点是事实或概念,而节

点间的关系则表示推理规则。简单的推理网络如图 4.4.4 所示。在那里,每个判断谓词都是一个不可分节点。若从判断 B 可直接推出判断 A,则有一弧直接从 B 通向 A。若几个判断同时成立时方可推出某个结论,则从这几个判断出发的弧要通过一个与节点后才能到达该结论,以此方式可表示任何复杂的推理关系。

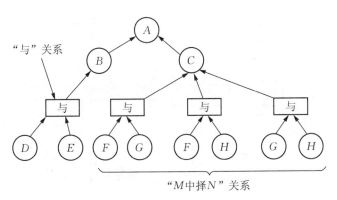

图 4.4.4　简单的推理网络

有的推理网络把每个判断中的谓词部分和变元部分分解开来,以便得到更深入的推理关系和更模块化的推理规则表示。图 4.4.5 是地质专家系统 PROSPECTOR 中使用的推理网络的一部分。最高层节点是结论,下层节点是事实,每条弧旁注的数目字是规则编号。图中有两个谓词被分解,一个是"A 覆盖 B",另一个是"A 填塞 B 的裂缝"。

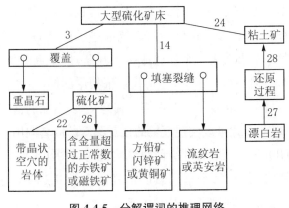

图 4.4.5　分解谓词的推理网络

实际上,在 PROSPECTOR 的推理网络中兼有推理规则和语义描述部分。图 4.4.5 中的规则形式还是简化了的,更详尽的规则形式如图 4.4.6 所示。E—$3A$,E—$3B$ 和 E—$3C$ 都是用户指定的矿物编号。该图的意思是:E—$3A$ 由重晶石组成,E—$3B$ 由硫化矿组成,E—$3A$ 和 E—$3B$ 之间有覆盖关系,这是一种物理关系。V—$3A$ 是一种硫化矿,E—$3C$ 是一种大型硫化矿床,等。

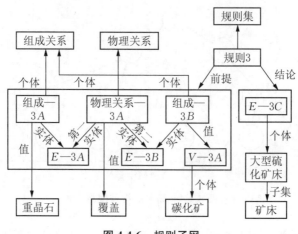

图 4.4.6   规则子网

推理网络表示的推理可以是不精确的。关于这一点,将在以后的不精确推理部分予以介绍。

4. 框架网络

语义网络和框架的联合使用构成框架网络。这有两方面的含义,第一种含义是,网络中的节点是框架,相当于基本事实或假设,利用节点之间的关系可由某些框架推论出另一些框架。医学专家系统描述工具 IRIS 系统就是用这种框架网络实现的,每个节点代表一个症状或一个判断,例子见图 4.4.7。第二种含义是,网络中的节点既可代表框架,也可代表框架中的槽,每条弧的一头联着某个框架的一个槽,另一头联着另一个框架。其意义是,后面的框架是前面的槽所代表的子框架。以此方式可以实现框架的任意深度的嵌套调用。教授南美地理的专家系统 SCHOLAR 就是通过这种网络实现的。图 4.4.8 是 SCHOLAR 语义网络的一个片断。其中每个槽用表的形式写出。SUPERC 表示上级概念,SUPERP 表示上级部分(地理上的从属关系)。

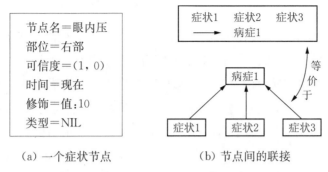

（a）一个症状节点　　　　　（b）节点间的联接

图 4.4.7　第一类框架网络

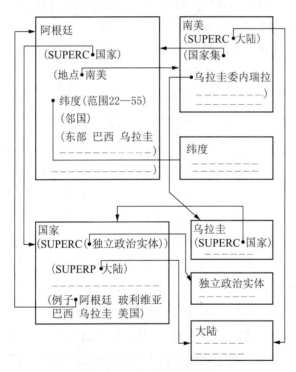

图 4.4.8　第二类框架网络

4.5　网络上的推理

　　根据应用领域的不同，可以在语义网络上进行不同的操作。除了维护性的操作外，大体上可分为检索和推理两大类。在这里，我们把检索也看作是一种推理。本节讨论网络上的推理，它可以分为两大类：开式推理和闭式推理。先从闭式推理谈起。

闭式推理着眼于寻找几个概念之间的内在联系。它把语义网络中的每个概念节点看成是一个有限自动机。这个有限自动机从任何一个输入弧上接收信号后即开始工作,并把输出信息沿各个输出弧发送出去。所有这些自动机的工作都是独立进行的。如果我们要寻找两个概念 C_1 和 C_2 之间的联系,可以启动相应的节点 n_1 和 n_2,让这两个自动机开始工作。它们发出的信息启动了邻接的节点自动机,又使这些自动机工作起来。继续这个过程,可使产生的信息沿着以 n_1 和 n_2 为中心的波浪形的大圈向外扩散。如果这两个大圈在某处会合,则会合点即是 C_1 和 C_2 两个概念的共同点,从 C_1 经过会合点到达 C_2 的路径即是这两个概念相互联系的方式。

以 Mc Donald 和 Hayes-Roth 的研究工作为例,可以说明这种联系是如何构造的。他们研究极其简单的词组的含义,包括

(名词,名词):前面的名词修饰后面的名词。

(形容词,名词):前面的形容词修饰后面的名词。

(主体,动作,对象):主体把动作施行于对象。

他们采用的语义网络(我们称之为 MH 网络)是一个有向图,允许循环。每个节点代表一个概念,即一个字或一个词组。每条弧均附有标志。如果有一条弧从节点 a 引向节点 b,则可认为 b 是对 a 的装饰。每个节点的意义被一个子图所定义,此子图就是从此节点出发可达到的全体节点之集合加上连接这些节点的路径(即对该节点的一切可能的修饰)。例如,在图 4.5.1 中,节点 A 以及由 A 向上可达到的全体节点之集合便是概念节点 mower 的定义。节点 L 以及由 L 向上可达到的全体节点之集合便是概念节点 Lawn 的定义。

MH 网络与某些其他网络不同,它没有所谓语义原语,不存在抽象级的概念,节点表达的对象限于英语句子中出现的词和词组。例如,并没有加一个节点说明 cut 是一个动作,也没有加一个节点说明 machine 是一种工具,等等。MH 网络的设计者主张,网络中需要存放的唯一信息是一本字典,其中有对每个词的上下文无关解释。他们认为,这样可使每个词的含义具有客观性,而不偏于任何一种应用。同时,新的词和新的定义的加入也比较方便,不必考虑对原有内容会有什么影响。换句话说,就是加强了知识的模块性。而且这样做也不妨碍一字多义,只需多放几条定义就行了。

图 4.5.1 是一个(名词,名词)组的描述,它描述的对象是 lawn mower。对这

两个字的词典定义是

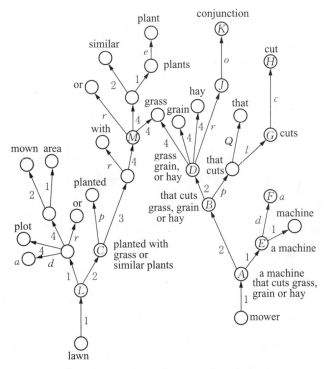

图 4.5.1　表示割草机和草地的 MH 网络

A lawn is a mown area or plot planted with grass or similar plants.

A mower is a machin e that cuts grass, grain, or hay.

由图可以看出,两个定义在网络中交于 grass 节点处。图中各类弧的含义是:1 弧表示"个体"关系;2 弧用于修饰所指的对象;p 弧指向谓词;3 弧指向谓词的变元;r 弧表示这是一个关系;4 弧指向关系的各变元,如 grass,grain 和 hay 是"或"关系的三个变元;l 弧指向动作(如 G 节点的 cuts);C 弧指动词名词原形,如从 G 节点的 cuts 到 H 节点的 cut;Q 弧指向关系代词(如 that);d 弧指向冠词修饰语(如 E 节点到 F 节点);O 弧是对关系的一种说明,在这里表示并列(由 J 到 K)。

对 lawn mower 进行解释的过程是这样的:由于 lawn 是修饰 mower 的,因此要在 mower 的定义中找到一个词组,用 lawn 定义中的一部分去代替它,也就是对 mower 的定义加以限制。为此,首先找到 lawn 和 mower 两个 MH 子网的交点,即 grass。由 grass 节点出发,分别向 lawn 和 mower 两个方向逆行前进。

在 mower 的方向找到应该被取代的节点(该节点代表了一个子图,此子图由该节点本身加上从该节点出发顺着弧的方向所能达到的全部节点组成),在 lawn 方向找到用以替代上述节点的节点。规定:所求的节点应该是在搜索方向遇到的第一个非并列的节点。由于 grass, grain 和 hay 是并列的,因此被取代的节点应是 D。又由于 grass 和 similar plants 是并列的,所以取代 D 的节点应该是 M。取代后,lawn mower 的定义成为:Machine that cuts grass or similar plants.

由上面所说的可以看出,MH 网络从表示方法到推理方法都是紧密地与英语联系在一起的,对其他语种不适用。即便是英语,这种推理方法也过于简单,它有"望文生义"的毛病:不求深层结构,只看字面含义,因而对许多词得不到正确的解释。如

(lawn, party):草地晚会,草地是晚会的地点。

(computer, music):计算机音乐,计算机是音乐的来源。

(fire, department):救火会,火是该 department 防御的目标。

这些词对的定义子网是没有公共节点的,因此用上述方法不能建立起联系,可见 MH 网的理解能力有限。

关于闭式推理就只举这么一个例子。

至于开式推理,指的是针对语义网中的某个或某些概念提出问题,并通过语义网上的推理来回答这个问题。因此,它的工作方式不像闭式推理那样,寻找一对概念或几个概念之间的通路和交叉点,而是从被提问的概念出发,顺着网中的通路进行搜索,直到找到能回答这个问题的概念节点为止。所提的问题可以简单,也可以复杂。简单的问题如"何时","何地","做什么","谁做","x 是什么","什么是 x"等等。较复杂的问题如"x 的原因","x 的目的"。更复杂的问题如"求证 x","x 的发展前途","由 x 得出的结论"等等。

以我们在本章开头时举过的命题为例:

海浪把战舰轻轻地摇

如果表示成图 4.1.1(a)中的最简单语义网络,那我们就只能提这样的问题:

海浪在轻轻摇什么?

什么在轻轻摇战舰?

什么在轻轻摇什么?

但是却不能提这样的问题:

海浪对战舰干了些什么?

因为这个简单语义网络并未告诉我们"摇动"属于"干一件事"的范畴。为了回答这个问题,我们必须有像图 4.1.1(c)中那样的较深入的语义网络。可以设想有如下的回答:

问:海浪和战舰有什么关系?

答:某港海浪摇动某港战舰。(这两个节点分别通过"动作主体"和"动作对象"两条弧与节点"摇动"相联。本问题也可看作属于闭式推理的范畴。)

问:摇动是什么意思?

答:是一种动作。("摇动"节点通过"个体"弧与"行为"节点相联。)

问:怎样摇动呢?

答:轻轻地摇。("摇动"节点通过"动作方式"弧与节点"轻轻"相联。)

问:摇动哪些战舰?

答:摇动该港的所有战舰。

最后一个问题答案的根据是"某港战舰"是"战舰"的子集,它下面没有再分出子集,说明是该港的全体战舰。

对于图 4.1.2 中的语义网络,我们当然可以提许多简单的问题,如:

她穿了什么?

她把香粉擦在什么地方?

她戴了几枝花?

等等。但是,由于网中除了具体概念之外,还加了抽象概念,因此,可以提出高一级的问题:

她穿了什么衣服?

她擦了什么化妆品?

她戴了什么装饰品?

如果我们要提更深一层的问题,如:

她为什么要戴花?

她为什么要擦香粉?

则仅用图 4.1.2 中的语义网络就不够了,必须加进有关花和香粉的进一步知识才行。这涉及对故事情节的理解。我们将在第五章中阐述 Schank 的概念依赖关系时再回过头来讨论。

对于简单的开式推理,一般有两种实现的方法。第一种方法是建立起一套有关弧的推理体系。例如,在命题网络中,我们用到了"个体"弧,"子集"弧,"动作主体"弧,"动作对象"弧等等,这些弧是语义网络的基本元素。设计一个具体的语义网络时,必须首先确定这样一组基本元素,然后给出它们的推理关系,此时可把每个基本元素看成一个谓词,并用产生规则来表达这种关系,如

子集$(x,y) \wedge$ 子集$(y,z) \rightarrow$ 子集(x,z)

个体$(x,y) \wedge$ 子集$(y,z) \rightarrow$ 个体(x,z)

动作对象$(x,y) \wedge$ 个体(x,z)

$\rightarrow \exists t[$ 个体$(t,z) \wedge$ 动作对象$(t,y)]$

动作对象$(x,y) \wedge$ 子集$(x,z) \rightarrow \forall t[$ 个体(t,x)

$\rightarrow$ 动作对象$(t,y)]$

等等。在形式化地列出了这些规则以后,系统即可据此在语义网络上进行推理。例如,根据上述第三个规则,可以从图 4.12 推出:有一个人脸上擦了一种化妆品,根据上述第四个规则,可以从图 4.1.1(c) 推出:海浪摇动某港的所有战舰(此结论已在前面提到),等等。

对于特定领域的语义网络,我们还可以有更具体的规则,例如:

大于$(x,y) \wedge$ 大于$(y,z) \rightarrow$ 大于(x,z)

父亲$(x,y) \rightarrow$ 祖先(x,y)

父亲$(x,y) \wedge$ 祖先$(z,x) \rightarrow$ 祖先(z,y)

等等。第二种方式是直接把推理规则编入语义网络之中,如像图 4.1.8 中包含的"蕴含"关系,及图 4.4.4 中显示的编成子网形式的推理规则,这种类型的语义网络把语义的重点不放在弧上而放在节点中。几乎所有的弧都表示同一意思,即前提和推论的连接。图 4.4.4 中的简单推理网络就属于这一类。如果对弧也赋予不同的语义,如"子集"、"个体"之类,那便是把两类形式糅合在一起,图 4.4.6 中给出的 Prospector 推理网络的一部分便是一个例子。

习 题

1. 把下列诗句表示为命题语义网络。

(1) 感时花溅泪,恨别鸟惊心。

(2) 欲穷千里目,更上一层楼。

(3) 两个黄鹂鸣翠柳,一行白鹭上青天。

(4) 八月秋高风怒号,卷我屋上三重茅。

(5) 可怜无定河边骨,犹是春闺梦里人。

(6) 无边落木萧萧下,不尽长江滚滚来。

(7) 打起黄莺儿,莫叫枝上啼。啼时惊妾梦,不得到辽西。

提示:必要时可对本章提到的命题语义网络作适当扩充。

2. 把第一章的习题1,2,3改编成命题语义网络。

3. 你注意到没有,图4.1.5含有比"每个学生都读过《牛虻》"更多的内容,它隐含"所有学生读的是同一本《牛虻》",实际上读的可能不是同一本。你能据此修改图4.1.5吗?

4. 图4.1.9中的"红楼梦"有另一方面的问题,该图隐含"李平说他想看基本《红楼梦》"之意,实际上李平想看的是小说《红楼梦》(抽象目标),至于哪一本(具体目标)是无所谓的。你能据此修改图4.1.9吗?

5. 请为下列三句话分别设计三个语义网络,注意体现它们的区别:"你昨天看见的人就是我今天看见的人","我今天看见的人就是你昨天看见的人","你昨天看见的和我今天看见的是同一个人"。(提示:它们分别是对如下三个问题的回答:"昨天看见的人是谁?","今天看见的人是谁","昨天和今天看见的人有什么关系?")

6. 如果要增加惊叹句和疑问句,该如何扩充命题语义网络的功能?

7. 根据实体—关系模型设计下列数据库的实体和关系(每个数据库的实体和关系数各不得少于10个):

(1) 北京市解放以来重大案件数据库。

(2) 中国科研机构数据库。

(3) 二次大战中重大战役数据库。

(4) 上海虹桥机场航班管理数据库。

(5) 人口调查数据库。

8. 用网络模型重新设计上述五个数据库的结构。每个数据库应至少有10种网络结构,并且在这五个数据库中(不一定是每个数据库中)应能体现图4.2.2中(a),(b),(c),(d),(e)各种结构。

9. 用Su和Lo的语义联系模型重新设计上述五个数据库的结构,并且在这五个数据库中(不一定是每个数据库中)应能体现4.2节所列的各种语义联系。

10. 你能给出一个算法,把任何数据库的关系—实体结构机械地转化为网络模型结构吗?或者反过来,把网络模型结构转化为关系—实体结构?

11. 把第一章的习题 1 和 2 改编成语言语义网络。

12. 把本章的习题 1 中的诗句表示成语言语义网络。

13. 4.2 节指出了语义联系模型中尚存在的一些缺点,你能参考这些评注,设计出一种更好的语义联系模型吗?

14. 利用量词能否提高语义联系模型的表达能力? 如果能,该如何把量词概念加进去?

15. 在 FTCS 语义网络中,有些成分是英语中独有,而汉语中没有的。例如时态、限定词等。请对 FTCS 语义网络加以修改,把对汉语无用的成分去掉,加进汉语分析特殊需要的成分(至少五种)。

16. 利用 4.2 节提出的想法,对 4.3 节中介绍的分类语义网络加以改进,使它能用于更复杂(非树形)的分类关系。

17. 我们在第二章中介绍了产生式系统的各种推理策略,你能否对 4.4 节的推理网络加以改进,使它能体现某种推理策略?

18. 给出下列对象的结构网络。

(1)人体 (2)八仙桌 (3)自行车 (4)茶缸 (5)剪刀
通过这些例子,你觉得 4.4 节中给出的结构网络描述方法需要扩充吗? 怎样扩充?

19. 修改 McDonald 和 Hayes-Roth 的网络结构(4.5 节),使它适用于汉语推理。

第五章

过程性知识

过程性知识是相对于说明性知识而言的。在本章中,知识的过程性有两种含义。第一种含义是,把解决一个问题的过程描述出来。可以称之为解题知识的过程性表示。第二种含义是,把客观事物的发展过程用某种方式表示出来。它往往用于理解用自然语言写的故事,因此可以称之为故事知识的过程性表示。在某些情况下,这两种含义是很难绝对分开的。例如,在解决计划制订的问题上,解题系统根据你所提的问题,把解此问题的过程(解题计划)提供给你。在此意义上,它可以算是前一种含义了,但因为它描述的是一系列的事件,所以也可从后一种意义上去理解。

最典型的过程性知识表示当然是通常的计算机高级语言,尤其是 Lisp 语言。现有的大量人工智能系统,有许多是用 Lisp 编写的,但是近年来有关知识表示方面的许多研究成果,是 Lisp 不能包括的,值得我们注意考察。

5.1 状态空间

在第二章中,我们曾讨论过产生式系统的三个基本要素,即一个数据基,一组产生规则和一个解释程序。实际上,任何一个解题系统的基本构成都与此类似,也是由三个部分组成:一个数据基,一组运算符和一个解释程序。数据基代表了所要解决的问题,每个运算符代表了解题的一个步骤,它作用于数据基,改变数据基的状态。而解释程序则包含了解题的策略,即在什么情况下运用哪个运算符去改变数据基的状态,以及怎样改变。在产生式系统中,每个产生式起着一个运算符的作用。

在解题过程中的每一时刻,数据基都处于一定的状态,数据基的所有可能状态的全体,称为状态空间。若把每个状态看成一个节点,则整个状态空间就是一个有向图。这个图不一定连通,即从某些状态不一定能到达另一些状态。在每个连通的部分,每条弧代表一个运算符,它把一个状态引向另一个状态。如果从代表初始状态的那个节点出发,有一条路径通向目标状态,则称此目标状态所代表的问题在当前的初始状态下最可解的。具体给出从初始状态到目标状态通路上的每一条弧(运算符),也就是给出了解题的过程。在解题过程中,不一定能直截了当地从最短的路径到达目标状态,也许要做各种尝试,包括走进死胡同和"南辕北辙"的可能性(就像走迷宫)。在解题过程中到达过的所有状态的集合,称为搜索空间,它不同于状态空间,只是其一部分。状态空间和搜索空间是表示解题过程的一种方法,属于过程性的知识表示。

我们在前面讨论过的九宫图问题是运用状态空间求解的一个例子。在这个例子中,数据基就是放着八个棋子的九格棋盘,运算符就是形如

$$at(a_1, a_2, \cdots, a_9) \rightarrow at(b_1, b_2, \cdots, b_9)$$

的 24 条规则。解释程序规定了对这些规则采取向前推理的方式,以得到最后所要求的组合(例如 $at(1, 2, 3, 4, \triangle, 5, 6, 7, 8)$)为推理成功。在这里,数据基只用一个谓词表示,$at(\cdots)$,它也是状态。

图 5.1.1 中给出的是九宫图状态空间的一部分,用 * 号标志的是初始状态,用 ⊕ 号标志的是目标状态(当然,每次游戏可以选择不同的初始状态和目标状态)。我们假定搜索的规则是

1. 优先移动行数小的棋子。

2. 对同一行的棋子,优先移动列数大的。

3. 对相同行列的棋子,按向右、向上、向左、向下次序走棋。

搜索的结果已在图中给出。用双线围绕的节点属于搜索空间,弧旁的标号表示节点生成的次序,由①②⑧⑨四条弧连成的路径是解题路径。

九宫图的状态空间是不连通的,这在图中看不出来,我们可以证明这一点:把棋子按自左至右,自上至下排列,得到它的一般组合形式是 $[a_1a_2a_3a_4a_5a_6a_7a_8]$。如果 $i < j$ 而 $a_i > a_j$,则我们说存在一个逆序。考虑每个状态中逆序的个数,当横向移动一个棋子时,逆序数的改变是零;当纵向移动一个棋子时,这个棋子总是跳过两个棋子,或者向前,或者向后。因此,逆序数的改变是 -2,0 或 $+2$。由此可见,在任何情况下,具有偶数个逆序的状态不能到达具有奇数个逆序的状态,同样,具有奇数个逆序的状态也不能到达具有偶数个逆序的状态。这就证明了不可到达状态的存在性。

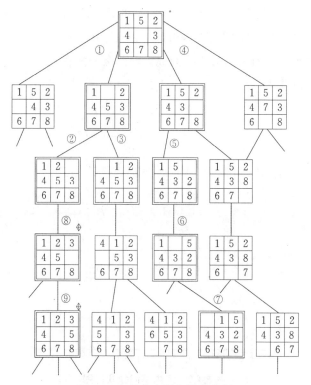

图 5.1.1 状态空间和搜索空间

在状态空间中,求解路径不一定是唯一的,即使最短路径也不一定是唯一的。作为例子,我们来考察一下河内塔问题。设在桌上固定三根柱子,按1,2,3,次序排列。在第一根柱子上插有 n 个盘子(盘子中间有空心,可以插在柱子上)。盘子大小全不一样,按从小到大,小的在上的次序依次插在第一根柱子上。现在要把这 n 个盘子全部搬到第二根柱子上,每次只许搬一个,而且任何时刻都不允许大盘子放在小盘子的上面,问应该如何搬法?

我们以盘子的个数来定义河内塔问题的阶数,用 n 个盘子的称为 n 阶河内塔问题。每个状态用一个向量来表示

$$(a_1, a_2, \cdots, a_n)$$

每个 a_i 的值可以是 n, $n=1$, 2 或 3,表示第 i 个盘子现在正位于第 n 根柱子上。这种状态很容易递归地定义:如果 $\{(a_1, a_2, \cdots, a_n)\}$ 是 n 阶河内塔问题的全体状态集合,则 $\{(a_1, a_2, \cdots, a_n, 1), (a_1, a_2, \cdots, a_n, 2), (a_1, a_2, \cdots, a_n, 3)\}$ 就是 $n+1$ 阶河内塔问题的全体状态集合。已知一阶河内塔问题有三个状态,因

此，n 阶河内塔问题恰好有 3^n 个状态。它们的状态图也很容易构造，图 5.1.2 中
给出了一阶，二阶和三阶河内塔问题的状态图。每个状态图都是一个三角形，它
由三个低一阶的状态图三角形连接而成。全部盘子集中到一根柱上的状态位于
三角形的三个顶端。

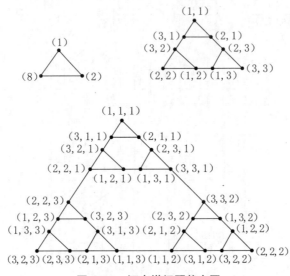

图 5.1.2　河内塔问题状态图

由图可以直观地看出，对于把全部盘子从一根柱子搬到另一根柱子的原始
河内塔问题来说，最短求解路径是唯一的，即从三角形的一个顶点走到另一个
顶点。

河内塔问题是一个古老的问题，被许多人研究过，但是看来还没有研究透。
1983 年，Wood 在一家数学刊物上发表了一篇文章，其中有一个定理，推广了上
述问题。该定理断言，给定河内塔问题的任意一个状态，求一个算法把它变成另
一个指定的状态，则它的最短求解路径也是唯一的。云南师范大学的一位研究
生卢学妙指出，Wood 的这个定理是错误的，利用状态图（卢学妙称它为河内图）
很容易看出这一点。在图 5.1.2 中，从状态(3，2)到状态(2，3)的最短路径就不
是唯一的。

卢学妙证明了如下两个结论：

1. 如果初始状态或目标状态位于三角形的顶点（全部盘子都在一根柱子
上），则最短求解路径是唯一的。

2. 对于任意两个状态，最短求解路径至多有两条。

5.2　时序框架

框架不仅能表示事物的属性,也可以表示一个故事情节的发展过程,为此只需把框架中的各个槽赋以隐含的时间先后次序即可。

Charniak 利用这种时序框架来理解一个故事的情节,他对框架的定义是

1. 框架由框架标题和一组框架语句组成。

2. 框架语句的次序具有时序的意义。

3. 框架语句有两类,一类是该框架的知识元,包含一个独立的知识,一般来说是故事中的一个情节。另一类可称之为元知识,它说明各知识元之间的关系。这种元知识经常表现为一种控制结构,协调各情节之间的关系。例如,在某种条件之下发生某种情节(条件控制),或某种情节的反复发生(循环控制)。

4. 框架语句中可以有变元,相当于形参。在产生框架实例时用实参值代入之。参数的作用域是整个框架。

5. 循环语句先展开再作参数代换。

6. 框架语句可以是子框架调用,子框架调用可以带参数,用实参代入子框架标题的形参中,母框架中的参数和变元,凡不作为子框架调用的实参出现者,其作用域均不伸入子框架中。

7. 在框架标题中可有一个或多个参数,又称关键词,用来与现实的故事情节匹配。

8. 把时序框架和具体故事匹配时,首先把框架标题中的关键词和故事匹配,如果匹配成功,即这些关键词均出现于故事之中,则从此框架中找出与故事情节匹配的框架语句,并用该情节(故事语句)产生这个框架语句的一个实例。也就是利用框架推理得到了一个结果,存于情节数据库中。

9. 根据 5.的规定,实参和形参的这种联结应传播到整个框架之中。

10. 通过这种传播,又可产生新的框架语句实例,得到新的情节。

例如,可以把在自选商场购货编成一个框架如下,带下划线的是变元或参数:

1. 标题:采购(<u>自选商场</u>,<u>购货</u>)。

2. 主题:<u>顾客</u>去<u>自选商场购货</u>。

3. 目标:<u>顾客</u>得到<u>货物</u>。

4. 顾客到自选商场。

5. 若顾客有自带物品则寄存自带物品。

6. 若 5.则顾客领取寄存牌。

7. 顾客取一个篮子。

8. 循环:选中一个货架。

9. 顾客走到货架旁。

10. 循环:若顾客要买架上的货。

11. 开始:顾客从架上取下货。

12. 顾客把货放入篮子中,结束。

13. 循环完。

14. 若已买够则转 15 循环完。

15. 顾客到出口处。

16. 顾客把篮子放上桌子。

17. 若篮子中有货则顾客付款。

18. 若 17 则售货员把篮子中的所有货装入塑料袋中。

19. 若 18 则售货员把塑料袋交给顾客。

20. 若 6 则顾客交寄存牌。

21. 若 20 则顾客取回自带物品。

22. 顾客离开自选商场。

如果有这样一段故事:

小张想去自选商场购货,他来到了科学城商场。他把随身带的手提包交给了寄存处,领了一块寄存牌,就进去了。他今天想买两袋猪肘子,一瓶酱油和一个蘑菇罐头,可是只买到了猪肘子和酱油。突然他发现寄存牌不见了,一着急,把手里的篮子丢在地上,酱油瓶也打破了。他捡起篮子和猪肘子就往出口处跑。

这段故事中有自选商场和购货两个关键词,和框架匹配上了。接着是其余变元的匹配,通过匹配,可以与系统进行有关故事情节的交谈:

问:谁去科学城商场?

答:小张。(4)

问:他去干什么?

答:他去买猪肘子、酱油和蘑菇罐头。(3)

问:他买到了什么?

答：他买到了猪肘子。（18）

问：为什么没有买到蘑菇罐头？

答：因为架上没有蘑菇罐头。（10）

问：为什么没有买到酱油？

答：因为酱油瓶打破了。（故事）

问：为什么酱油瓶打破了？

答：因为酱油瓶是放在篮子里的，篮子掉在地上了。（12）

问：为什么篮子掉在地上？

答：因为小张不见了寄存牌，着急了。（故事）

问：为什么不见了寄存牌要着急？

答：因为没有寄存牌不能取回自带的手提包。（21）

显然，对于一段成文的故事来说，直接与框架匹配是很困难的。框架的结构不可能与故事的文字叙述严格对应，因此，在匹配之前，一般要作一些预加工，例如把这段文字先分析成一个语义网络，然后再把语义网络中的成分和框架的标题或语句匹配。

在上面这个时序框架中，有些语句的执行依赖于条件。框架语句 IF n······仅在第 n 个语句（应是一个带条件的语句）被执行的情况下才执行。

5.3　概念依赖理论和剧本

在各种知识中，最难表示的是日常生活中的常识，由于实际社会生活的千变万化，要加以详尽的描述是很困难的。作为一个人来说，他理解现实生活或故事情节时不仅根据其表面现象，而且也根据自己头脑中的常识。这种常识是人们在一生中积累起来的，其数量之巨，关系之复杂，使得我们很难把它"教给"计算机，从而也使得构造一个能理解故事情节的系统变得十分困难。

为了克服这个困难，人们产生了一种想法：把现实生活中各类故事情节的基本概念抽出来，成为一组原子概念，确定这些原子概念之间的相互依赖关系，然后把所有的故事情节都用这组原子概念及其依赖关系表示出来。Schank 的概念依赖理论就是在这种思想的基础之上产生的。

由于人们的观点不同，考察问题的角度和表示事物的方法也不同，因此，抽象出来的原子概念也不尽一样。但有一些基本要求是公共的，它们是

1. 所有原子概念表示的意思必须是无二义性的,即使用来表示此原子概念的词原来就有二义性,在使用时也必须把这种二义性除掉。

例如,"运动"一词可有许多含义:

部队运动到老山脚下。

生命在于运动。

发起了"大炼钢铁"的群众运动。

武松的官司不轻,施恩拿银子去运动一下县衙门。

因此,不加限制地把"运动"定为原始概念是不行的。

2. 所有相同意思的概念必须用同一个原子概念来表示,即表示的唯一性。否则,本来是相同的概念会导致不同的理解。例如:

A 在 B 和 C 之间。

A 的两边是 B 和 C。

B 和 C 中间夹着 A。

B 过去是 A,A 再过去是 C。

表示成原子概念时应该是一样的。

3. 各原子概念之间,它们的表达范围不应该重复。这叫做原子概念的正交性。例如:

使物体 A 变换位置。

把物体 A 吸入体内。

把物体 A 从体内吐出。

这三个概念就不符合正交性要求,因为吸入体内和从体内吐出同时也就变换了位置。

4. 各原子概念之间应该互相独立。一个原子概念不应该用另一个原子概念来定义。这就是说:原子是不可分的(当然完全可以另外建立一套原子概念可分的理论)。例如

扣球:把球从上向下打到对方场地上。

对扣:双方交叉扣球。

这两个概念中,对扣的定义用到了扣球,因此,对扣不是原子概念。

5. 原子概念的数目要尽量少。数量少而表达的东西多,说明它的概括性强。

例如:读报、看信、看电视、听收音机、交谈、讨论、批评、表扬、斥责、吹捧、耳语、窃听、监视等等,尽管五花八门,都可以用一个概念,即信息传播,来刻画。

下面,我们来介绍 Schank 的概念依赖关系。他把概念分为下列范畴:

1. PP:一种概念名词,只用于物理对象,也叫图像生成者。例如人物,物体等都是 PP,还包括自然界的风雨雷电和思维着的人类大脑(把大脑看成一个产生式系统)。

2. PA:物理对象的属性,它和它的值合在一起描述物理对象。

3. ACT:一个物理对象对另一个物理对象施行的动作,也可能是一个物理对象自身的动作,包括物理动作和精神动作(如批评)。

4. LOC:一个绝对位置(按"宇宙坐标"确定),或相对位置(相对于一个物理对象)。

5. TIME:一个时间点或时间片,也分绝对和相对时间两种。

6. AA:一个动作(ACT)的属性。

7. VAL:各类属性的值。

Schank 用"概念体"(conceptualization)这个概念来表示各种概念之间的关系。一个概念体可以是

1. 一个演员(能动的物理对象),加上一个动作(ACT)。

2. 上述概念体加上任选的下列修饰:

一个对象(若 ACT 为物理动作,则为一个物理对象,若 ACT 为精神动作,则为另一个概念体)

一个地点或一个接收者(如 ACT 发生在两个物理对象之间,表示有某个物理对象或概念体传到了另一个物理对象那里。如 ACT 发生在两个地点之间。表示对象的新地点)

一个手段(本身也是一个概念体)

3. 一个对象加上此对象的某一属性的值。

4. 概念体和概念体之间以某种方式组合起来,形成新的概念体,例如,用因果关系组合起来。

本来,Schank 的目标是要把所有的概念都原子化。但事实上,他只做了对动作(ACT)的原子化。根据他的观点,ACT 可分为 11 种:

1. PROPEL:应用物理力量于一对象,包括推、拉、打、踢等等。

2. GRASP:一个演员抓起一个物理对象。

3. MOVE:演员身体的一部分变换空间位置,如抬手、踢腿、站起、坐下等等。

4. PTRANS:物理对象变换位置,如走进、跑出、上楼、跳水等等。

5. ATRANS:抽象关系的改变,如传递(持有关系改变),赠送(所有关系改变),革命(统治关系改变)等等。

6. ATTEND:用某个感觉器官获取信息,如用目光搜索,竖起耳朵听等等。

7. INGEST:演员把某个东西吸入体内,如吃、喝、服药、吞金等等。

8. EXPEL:演员把某个东西送出体外,如呕吐、落泪、便溺、吐痰等等。

9. SPEAK:演员产生一种声音,包括唱歌、奏乐、号啕抽泣、尖叫等等。

10. MTRANS:信息的传递。上面讨论定义原子概念的第五个要求时已经举了例子。

11. MBUILD:由旧信息形成新信息,如"怒从心头起,恶向胆边生","眉头一皱,计上心来"之类。

在定义这十一种原子动作时,Schank 有一个基本的思想,这些原子概念主要地不是用于表示动作本身,而是表示动作的结果,并且是本质的结果。因此也可以认为是这些概念的推理。例如:"X 通过 ATRANS 把 Y 从 W 处转到 Z 处"包含着如下推论:

1. Y 原来在 W 处。

2. Y 现在到了 Z 处(不再在 W 处)。

3. 通过 ATRANS 实现了 X 的某种目的。

4. 如果 Y 是一种好的东西,则意味着事情向有利于 Z,而不利于 W 的方向变化,否则相反。

5. 如果 Y 是一种好的东西,则意味着 X 作此动作是为了 Z 的利益,否则相反。

Schank 利用他提出的概念依赖关系来理解故事情节,办法是:事先编好许多剧本,每个剧本代表日常生活中发生的一种事件,它把这种事件的典型情节规范化,编成一种程式,很像我们在前一节中介绍的时序框架。但是在这里,框架的槽,即框架语句,不是任意设置的,每个框架语句必须属于前面所说 11 种原子 ACT 之一。Schank 实现了一个系统,叫 SAM(Script Applier Mechanism)。它的功能是,接受一个故事后,首先做语法分解工作,按照概念依赖关系的模式化成内部表示,然后从库中取出相应的剧本进行匹配,根据事先定就的剧本情节来理解故事。例如,下面是一个到餐馆就餐的剧本:

剧本:就餐

演员:顾客、服务员、厨师

目的:品尝佳肴、招待亲友

第一幕:进入餐馆

　　　　PTRANS:步入餐馆

　　　　ATTEND:用目光寻找空桌

　　　　MBUILD:选定桌子

　　　　PTRANS:走到桌子旁

　　　　MOVE:坐下

第二幕:定菜

　　　　ATRANS:服务员送菜单

　　　　MTRANS:读菜单

　　　　MBUILD:选定所要的菜

　　　　MTRANS:告诉服务员

　　　　ATRANS:付钱

第三幕:吃饭

　　　　ATRANS:服务员上菜

　　　　INGEST:吃饭

第四幕:离开

　　　　MOVE:站起身来

　　　　PTRANS:步出餐馆

现在我们看看如何利用这个剧本来理解故事。假定输入如下一段文字:

王经理来到全聚德饭店。他冲进去抢到了一个位子,服务员拿来菜单。王经理要了两只烤鸭,八个菜。菜很快齐了。王经理又吃又喝,两个小时以后醉醺醺地离开了饭店。

利用剧本,可以对这段故事进行提问和回答:

问:王经理吃了什么?

答:烤鸭和别的菜。(故事中未说吃烤鸭)

问:谁给王经理菜单?

答:服务员给王经理菜单(故事中只说拿来菜单,没有说给了王经理)

问:谁上的菜?

答:服务员(故事中未提)

问:有几个人吃饭?

答:八人左右(根据四个人吃一只鸭算出,这需要额外的知识)

问:谁付的钱?

答:可能是王经理(根据剧本的上下文)

问:王经理为什么冲进去?

答:为了寻找桌子(故事中未提桌子)

问:服务员为什么给王经理菜单?

答:因为王经理要点菜(根据剧本上下文)

问:王经理为什么要付钱?

答:因为吃了烤鸭(根据剧本上下文)

问:为什么醉醺醺地离开了饭店?

答:大概酒喝多了(这又需要额外的知识)

关于剧本的使用,有几个问题需要说明:

首先,剧本和时序框架不完全一样。除了每个 ACT 的原子化、标准化以外,还有一点:各个 ACT 之间的关系不仅是时序关系,而且还是某种程度上的因果关系。根据 Schank 的理论,整个故事情节的发展是一条因果链。前面的 ACT 是因,后面的 ACT 是果。每个 ACT 在此因果链中占有一定的位置,此位置是理解该 ACT 的关键。上面问答中有几个为什么(例如问服务员为什么给王经理菜单),就是根据因果链的思想回答的。

其次,实际故事和剧本完全一致的情况是很少的。每个剧本应该有适应临时出现的新情况的能力,这些能力包括:

1. 子剧本调用。这往往是由意外的情况引起的。例如,王经理正在吃烤鸭时,忽然在鸭肉里咬到了一根钉子,此时,正常的剧情已不能演下去。可能需要调用这样的子剧本:

子剧本:交涉

演员:顾客、服务员、经理

目的:批评服务差错,要求赔偿损失

　　MTRANS:招呼并批评服务员

　　MTRANS:服务员反唇相讥

　　PTRANS:顾客去找经理

MTRANS：向经理提意见

PTRANS：顾客回桌

ATRANS：端上新菜

2. 排除障碍。剧本中的每个 ACT 需要一定的条件才能进行，这些条件往往是隐含的。有时可能因某个条件不成而 ACT 无法进行。剧本应该备有变通动作来排除这种障碍。例如，如果王经理找不到空桌子或找不到椅子，如果服务员迟迟不送菜牌，或者今日烤鸭已售完，或发现菜价高而钱不够，这些都是障碍。相应的变通动作可以是站在别人桌旁等，或招呼服务员快送菜牌，甚至换一家餐馆，从头开始，等等。

3. 调用剧本以外的知识。应该有许多备用知识存在库里供剧本调用。在上面故事中的"四个人吃一个烤鸭"的知识可用来估计就餐人数，以及从醉醺醺推出酒喝多了都是调用额外知识的例子。额外知识还可以用来解决上面两个问题，即排除障碍和调用子框架。

4. 提炼、忘却和想象。一个故事中包含许多情节，其中有些是主要的，有些是次要的。为要理解故事的核心，一个剧本系统应该能提炼出最主要的情节，为此，就要忘掉许多次要的情节。没有忘却就没有记忆。例如，王经理吃烤鸭的故事，加上那个意外的子剧本调用，经过提炼后剩下的主要情节是：

王经理等人到全聚德要了两只烤鸭，鸭肉里吃到钉子，饭店经理下令给换了。

其余的情节关系不大，可以忘记。

但是，一个剧本系统不仅应能通过提炼而收缩故事情节，也应能通过想象而使故事情节膨胀起来，这就是把剧本中的情节全部加进故事中去。并且可以加进各种可能的子剧本调用，随机地插入各种事先设想过的障碍，以及相应的变通动作等等。

例如，故事中仅用一两句话描述的"王经理吃到一枚钉子"，可以被系统想象成如下的情节：

王经理吃到一枚钉子，王经理崩掉一块牙。王经理痛极难忍，王经理去找服务员。服务员傲然不答，王经理去找饭店经理。王经理与饭店经理发生争执，砸碎柜台玻璃。派出所民警来把王经理带走。

关于 Schank 的概念依赖理论，余留的问题还很多。第一是它的 11 种 ACT 到底能否概括所有的动作？第二是它的"概念体"中大部分内容都还没有原子

化。第三,它的 ACT 过于强调物理状态的变换,而缺乏这些变换的内涵。例
知,下面两个句子:

妈妈打了儿子一记耳光。

妈妈擦干儿子脸上的眼泪。

用 ACT 表示都是 PROPEL,但实际上它们的含义是很不一样的。

5.4　说明性表示中的过程知识

在知识表示方法中,向来就有说明性表示和过程性表示两大类。说明性表
示只给出事物本身的属性及事物之间的相互关系,对问题的解答就隐含在这些
知识之中,而过程性知识则给出解决一个问题的具体过程。两者相比,说明性知
识比较简要,清晰,可靠,便于修改,但往往效率低。过程性知识则与此相反,它
比较直截了当,效率高,但由于详细地给出了解题过程,使这种知识表示显得复
杂,不直观,容易出错,不便修改。

但是,在争论究竟是过程性表示更好还是说明性表示更好时,我们不能忘了
一个事实,即说明性表示和过程性表示实际上没有绝对的分界线。任何说明性
知识如果要被实际使用,必须有一个相应的过程去解释执行它。对于一个以使
用说明性表示为主的系统来说,这种过程往往是隐含在系统之中而不面向用户
的。用户所看见的只是说明性表示,所以,说明性表示和过程性表示的区别实际
上在于:第一,解题的具体过程和算法是直接面向用户(用户能看见这种算法,能
选用算法,修改算法,甚至自己设计算法),还是作为系统固有的设备而隐藏在系
统之中,使用户必须接受先天决定的解题过程。第二,解题过程是通用的(可应
用于用某种特定的说明性语言表示的任何知识),还是专用的,只能解决某个特
定问题。

从过程性知识本身来说,可以分成两大类,一类是直接与解题有关的知识,
它们往往表示为一套解决某些标准子问题的过程。普通程序设计语言中的一个
标准函数,标准过程,产生式系统中的一个产生式,都可以算是这种知识。另一
类是指挥上述知识去解题的知识,即控制知识。过程性表示和说明性表示之间
的区别,在是否明确给出控制性知识方面表现得特别明显。

先说直接解题的知识。它可以安插在各种说明性的知识表示中,首先是在
产生式系统中。这种过程通常分为有值过程(函数)和无值过程两种。有值过程

可以从两种意义上去考察，一方面，有值过程担当着通常的计算任务，无论是初等函数（如三角函数、对数、指数等计算，或 Lisp 中的初等函数 car, cdr 等等）或是复杂的函数（如求一个定积分的值）都可以通过有值过程进行。这种过程可以用通常的算法语言来编，如 Pascal，Fortran 等都行，它们在干这种事方面比 Prolog 这样的产生式语言出色得多。另一方面，对于取布尔值的有值过程来说，又可以把它们看成是谓词过程，可以像普通的谓词一样放在产生式的左部当条件用。

在医学专家系统 Mycin 中，产生规则左部允许出现谓词过程，这使它比通常的产生式系统要复杂一点。这些谓词过程通过比较复杂的运算来判断某些条件是否成立。Prolog 走得比 Mycin 远一点，它允许在左部出现一些通常是无值的过程，如 read，write，并硬把它们看成是有值的谓词过程，它规定：一旦 read，write 操作完成，即认为它们取真值，即条件成立。

Mycin 和 Prolog 都是向后推理的，它们都只能在产生式左部安排谓词过程，或在谓词变元和谓词过程变元中安排其他函数过程（这些函数过程当然不一定取布尔值）。对于向前推理的系统来说，情况就不一样了，除了在左部可以照样安排谓词过程外，还可以在产生式右部安排普通的无值过程。

OPS 5 是一个向前推理的产生式语言。在 80 年代，它有了较大的变化，大量加进了过程成分，相当于把一个产生式语言和一个通常的程序设计语言混合在一起。这个新语言名叫 OPS 83。它的产生式具有如下形状：

$$\text{rule}\langle\text{symbol}\rangle\text{“}\{\text{”}\langle\text{lhs}\rangle\rightarrow\langle\text{body}\rangle\text{“}\}\text{”}$$

这里 symbol 是规则名，lhs 是左部，body 是右部。左部由一些条件元组成，右部即是一个过程体，和通常的过程体一样。一个 OPS 83 程序由许多程序模块组成。每个模块可以是一个说明，一条规则，或一个独立的过程体（供调用）。

Tuili 兼有向前推理和向后推理的功能，既可以在产生式左部安推谓词过程，也可以在产生式右部安排普通的无值过程。不过凡是右部有无值过程的产生式不能用于向后推理。除此之外，正如前面已说过的，Tuili 还有一类特殊的谓词过程，称为咨询过程，可以从外界获取信息。

至于表达控制信息的过程，按其表达形式的级别高低，可以分成三大类，即策略级控制类（较高级），语句级控制类（中级）和实现级控制类（较低级）。

Tuili 是采用策略级控制的例子。在这个语言中，用户可以在产生式右部像调用普通无值过程一样调用策略控制过程。一旦执行这个过程，系统即遵循某种控制策略，直到另一个策略控制过程又被执行并使控制策略改变为止。其中包括推理策略(向前推理和向后推理)，搜索策略(深度优先、广度优先和最佳优先)，信息传播策略(模拟推理网络时使用)，求解策略(求第一个解，全部解，严格解，还是最优解)，限制策略(规定推理的限度)等。

SNOBOL4 是采用语句级控制的例子。在这个语言中，每个匹配规则后面可以附一个或两个转移标志，也可以不附。转移标志的形式是

:(A)表示如匹配成功则转向标号为 A 的匹配规则并继续运行。

:$F(A)$表示如匹配失败则转向标号为 A 的匹配规则并继续运行。

这实际上相当于 goto 语句。也有采用较高级的语言级控制结构的，如 IF…THEN…ELSE 结构，DO…LOOP 结构，FOR EACH…DO 结构等等。从这里可以看到冯·诺依曼型高级语言的明显影子。

Conniver 是采用实现级控制的例子。这个语言继承了 Planner 的很多思想，但是认为 Planner 的控制手段过于集中到系统手里。它主张尽可能地把控制策略的使用权交给用户，以便增强灵活性，提高效率。其中的关键在于搜索过程中的回溯，因为不必要的回溯是造成低效的祸根。1973 年，Bobrow 和 Wegbreit 提出了实现 Conniver 指导思想的一种模型。这种模型允许非常灵活的控制流，它把所有与控制有关的信息组成一个集团，叫 Frame。这个 Frame 包含如下内容：

1. 一个约束指针，指明当前过程调用中局部变量(如 Lisp 的 prog 和 lamba 变量)的值在何处。

2. 一个访问指针，指向一个环境，其中可找到当前过程调用中自由变量的值。

3. 一个控制指针，指向另一个过程调用。在本过程调用正常结束后，即转去执行那个过程调用。

4. 本过程调用的运行状态，即应该在什么地方和如何恢复先前挂起的动作。这里包括有关变量的值和程序指针的值等。

由此可见，Frame 中包含了掌握控制流程所需要的全部信息。在 Conniver 中，允许用户自由修改这些信息，这在控制上当然是极大地灵活了，然而用户编控制程序的负担却是大大加重了，同时出错的可能性也大大增加了。

因此，采用哪一级的过程语言来表达控制信息，是用户和语言设计者权衡利

弊的选择问题。

以上我们主要讲了如何把过程式知识加进产生式系统一类的知识表示中。实际上,任何说明性知识表示都可以加进过程性的成分,只是做法不同而已。

例如,框架中就可以加入过程性知识。加进过程性知识后的框架系统更像SIMULA 67 中原来 CLASS 的样子,它得到了一个新的名字:对象。Smalltalk语言首先采用这种技术,取得了很大的成功,并导致了一种新的程序设计技术——面向对象的程序设计的产生,以致后来出现了各种各样的“talk”,如 Objecttalk,C-talk 等等。

与完善的框架系统类似,一个对象系统中的所有对象也分成类,类有子类,子类还有子类,如此形成一个层次体系。框架的元素叫槽,对象的元素叫变元,变元的值和槽的值一样,可以顺着由子类构成的层次体系一直继承下去。对象的变元有两类,一类叫类变元,它仅属于它在其中被定义的那个子类,它的值对于它属下的所有子类和实例都适用。另一类叫实例变元,虽然同一子类中的所有实例都有这个变元,但它们的值可以各各不同。

在对象中插入的过程叫“方法”,它们是处理这一类对象的专用过程。“方法”属于对象的类,同一子类中的所有对象实例均使用同样的方法。方法也顺着子类的层次体系实行继承。每一个子类可以有许多方法。

方法通过“消息”的传递而被调用。如果对象甲需要某个结果,此结果是对象乙能够提供的,则对象甲发出一个消息,在消息中指明接收此消息的对象(对象乙),调用的方法(此方法应在对象乙中有定义),有时可能还带一些参变量。

面向对象的程序设计摆脱了以过程为中心的程序设计体制,改成以对象为中心,而过程不过是附着于对象之上的方法。

例如,在 Smalltalk 中,下面这些都可定义为对象:

数字符串,队,栈,数据字典,文件字典,用户程序,编译程序,长方形(屏幕显示模块),屏幕画面等等。

在“数”这类对象中定义的方法可以是各种加、减、乘、除运算,初等函数运算等;在“字符串”这类对象中定义的方法可以是去头、掐尾、拼接等各类字符操作;在“栈”、“队”这类对象中定义的方法可以是进栈,出队等等;在“长方形”这类对象中定义的方法可以是收缩、放大、旋转等等。

消息的内容分为三部分。第一部分叫接收者,第二部分叫选择符(表示选择一种方法的意思),第三部分是一个或多个参元,也可以没有参元。如

3 power 4

是一个消息,其中 3 是接收者("数"类中的一个对象实例),power 是一个选择符(求乘幂),4 是参元,表示求 3 的 4 次幂。

就这样,一个对象体系的各对象之间互相发送消息,调用对方的方法,从而共同完成一个复杂的任务。

在过程性知识中,有一类值得特别注意,那就是按事件调用,而不是按名字调用的过程。在通常的程序设计语言中,过程一般都是通过名字调用的(这里说的不是 call by name,而是指调用某个过程时必须给出其名字)。但是还有另一类过程,他们并不由调用者通过名字调用,而是当某种客观条件成立时自动被调用,例如一个事件的发生或一种状态的出现都属于这种客观条件。PL/1 中的 On 语句,Modula 中的中断设备,Ada 中的异常处理均与此有关。

在人工智能语言中,不少人使用"魔鬼"这一术语来表示那些不"请"自来的过程调用。实现"魔鬼"的方法很多。在某些系统中,魔鬼只能对少数几种特定条件作出反应。例如,在 Conniver 系统中,if-added 魔鬼能对加进来的任何新规则立即作出反应,利用新规则推论出所有可能推论出的新事物,加入到数据库中。if-needed 魔鬼则仅当推理过程中需要用到新规则时,才去作那些推论。if-removed 魔鬼的工作是每当删去一个规则时,它自动把原来由于这个规则而产生的新数据、新事实随之一同删去。

有些系统,例如 Tuili,允许用户以普通产生规则的形式来表示调用魔鬼的条件以及定义魔鬼所做的事情。这实际上是一些元规则。用户自定义魔鬼的功能给控制结构的设计提供了很大的方便。

在 LOOPS 中,有一种"面向数据的程序设计",把魔鬼隐藏在数据之中,这种包含有魔鬼的数据叫主动数据,只要访问到它,魔鬼就自动跳出来。读数据时有读的魔鬼,写数据时有写的魔鬼。以往一向认为数据是被动的处理形象,因此许多事情不易做到,现在好做了。例如程序设计语言中的变量应该先赋值,后使用,否则就会带来不可靠的后果。但是如何能检查这一点呢(必须动态进行)?在每个变量处存一个魔鬼就行了。遇到非法访问时它会自己跳出来。又如对变量值域的限制(Pascal 的子域类型,Ada 的子类型),也只能动态检查,此时魔鬼亦可助一臂之力。在知识表示语言的推理过程中,遇到情况需要改变策略时都可借助于魔鬼。

习 题

1. 把图 5.5.1 中 16 宫图的状态变换为有序状态,画出状态空间和搜索空间。

1	2	3	4
8	5	9	7
12	10	13	11
14	6		15

图 5.5.1　16 宫图

图 5.5.2　华容道

2. 图 5.5.2 的游戏称为华容道,曹操只能从出口处逃走。请设法安排关羽送曹操出境,(a)是初始状态,(b)是目标状态(刘、赵、张、孔的排列次序不重要)。请画出状态空间和搜索空间。

3. 考察二阶魔方,它由八个立方体组成。在坐标系中(见图 5.5.3)$x=0$,$y=0$ 和 $z=0$ 三个平面把魔方分为六个"半魔方"(每个"半魔方"由四个立方体组成)。假设在开始时魔方的六个面的颜色为(红、黄、蓝、绿、白、黑),如允许把任何一个"半魔方"绕相应的轴转动(例如,"半魔方"(1234)绕 y 轴转动),请画出全部状态空间。

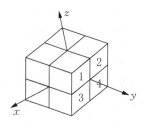

图 5.5.3　二阶魔方

4. 请计算(不必画出)三阶魔方(即通常的魔方)的状态总数。

5. 图 5.5.4(a)表示一种游戏,盘上共 33 格,其中 32 格有棋子,中心一格为空。走法为:任择一个棋子纵向或横向掠过任意数量的其他棋子,但不允许掠过空格,被掠过的棋子即从棋盘上除去。要求的目标状态为:除中心一格有棋子外其他格皆空。例如图 5.5.4(b)表示走过一步后的一种可能状态。试给出本游戏的状态空间。

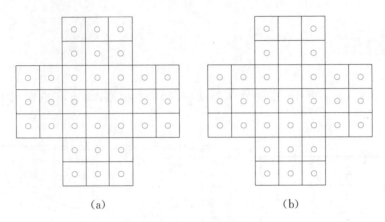

(a)   (b)

图 5.5.4 删子问题

6. 考虑上题的如下几种变形:(1)每次只许掠过一个棋子。(2)可以斜向掠过棋子。(3)可以掠过空格。请给出它们的状态空间。

7. 下面是一段新闻报道,请你:(1)把里面的情节按 Schank 的规定编成一系列原子动作。(2)把这些原子动作编成一个多幕剧。(3)从多幕剧中尽可能地推出那些不含在剧中但根据常识可以从其他情节推出的情节。

"本月 11 日晚九时许,两名歹徒在动物园附近拦住一辆出租车,诡称要去长城饭店。当车开到三环路偏僻地段时,坐在后面的歹徒突然用刀顶住司机的后背,逼迫司机把车开向京津公路,司机企图反抗,被歹徒连刺两刀,推下汽车,歹徒开车仓皇逃窜。幸有人路过此地,发现了受伤司机,当即拦住一辆过路汽车,把受伤司机送往医院,并报告了公安局。公安局立即派巡逻车追赶,并通知沿途民警堵截。歹徒的车在廊坊附近被警车截住,歹徒弃车企图逃跑,被武警战士生擒。"

8. Schank 的 11 种原子动作是否概括了所有的物理动作? 你能否找到例外?

9. Schank 的 11 种原子动作只刻画物理现象,你能加以扩充,使之也能描述精神现象吗?

10. Schank 的概念依赖关系中包含七种概念范畴,其中只有 ACT 一种实现了原子化。你能把其他概念范畴的一种或数种也实现原子化吗?

11. 根据 5.3 节中所列对原子概念的要求考察 Schank 的概念依赖理论,看它是否符合这些要求,若不符合,如何修改?

12. 按向前推理的要求,使用 2.7 节中的策略 s_{11},把第二章习题 5 的产生式系统改编为某种过程性表示,例如用 Pascal 语言把它编成程序。

13. 按向后推理的要求,使用深度优先策略,把上题再做一遍。

14. 按向前推理和向后推理的要求把第三章习题 7 的产生式系统改编为同类过程性表示。是这个系统改编容易还是第二章习题 5 的系统改编容易? 你能从比较中说出一点说明性知识(如产生式系统)和过程性知识(如 Pascal 程序)在表示知识上的差异吗?

15. 设计一个由对象构成的体系,它可以通过对象的互相调用(发信息)计算整数和实数的算术表达式以及在此基础上建立的布尔表达式。

16. 如果没有专用的硬件,单靠软件方法能否在普通计算机上实现"魔鬼"? 试用某种程序设计语言编出下列魔鬼:

(1) 当计算机程序访问未曾赋值的变量时立即发出警告。

(2) 当一个值为零的变量用作除法中的分母时立即发出警告。

(3) 当非授权用户访问数据库中的数据时立即发出警告。

(4) 当向前推理过程中生成某个特定谓词时立即发出警告。

第二部分　搜索技术

　　——在智能过程中,搜索是不可避免的。

Nilsson

　　——一个物理符号系统具有充分和必要的条件来解决任何智能问题。

Newell

　　正如 Nilsson 所说的那样,搜索是人工智能中的一个基本问题。为什么是基本的呢?这与人工智能研究的特点有关。前已述及,人工智能的研究对象主要是那些没有成熟方法可依的问题领域。也就是说,没有直接的方法可以把有关问题解出来(这里的直接方法是指像解一元二次方程式,解线性方程组那种可以直接得到解的算法),而是必须一步步地去摸索求解,这种问题求解过程就是搜索过程。因此,不难理解为什么搜索技术是人工智能的核心技术之一。举例来说,求不定积分时,要把被积函数作一系列变换,最后变成积分表上的某种形式。寻找这一系列变换的过程就是搜索过程。用公理系统证明一个定理时,要从定理的前提出发,运用一系列公理,最后达到所求的结论。寻找这一系列公理的过程也是搜索过程。面对一付象棋残局,要找出一系列的步骤来夺取胜利,这又是一个搜索过程,如此等等。例子俯拾皆是,不胜枚举。

　　由于上述原因,搜索也是人工智能中研究得比较透的一个分支,已经找到了许多行之有效的搜索方法。在研究和选用搜索算法时,下列几种不同的角度是值得注意的:

　　1. 有限搜索还是无限搜索? 如果要搜索的空间是有限的,则任何一种穷举算法都能最后完成任务(此处不考虑复杂性)。但如搜索空间是无限的,则应考虑某些算法有永远找不到解的可能性。

2. 搜索空间是静态的还是动态生成的？这可能是人工智能中的搜索和通常搜索概念的重要区别之一。Knuth 的《计算机程序设计技巧》第三卷中讲到很多搜索算法，那里用了"查找"的译名，实际上英文都是 Search，为何译法不同？因为那里涉及的搜索空间基本都是静态的：或一张名字表，或一组数，或一个数据库。但人工智能中搜索的对象(常称状态)往往是边搜索边生成的。以前面举的例子来说，被积函数变换的中间形式，定理证明的中间结论，残局对弈的中间棋局，都是在搜索过程中逐步生成的。因此，在考虑这种搜索的复杂性时，必须把搜索对象的生成和评估的代价计算在内。

3. 已知目标还是未知目标？在上例中，定理证明的搜索是已知目标的，这就是定理的结论。但是，求不定积分和象棋残局的搜索的目标是未知的，因为被积函数变换的最后结果和象棋残局对弈最后决胜负的场面既不能事先给出，更不是唯一的。

4. 只要目标还是也要路径？所谓路径，就是解题过程中运用的操作系列。是否需要路径，主要取决于解题者的要求。如果积分只要知道结果，定理只要知道是否成立，棋局只要知道是输是赢，则并不需要给出路径。

5. 状态空间搜索还是问题空间搜索？如果在搜索过程中只是由一个状态变成另一个状态(一个函数变成另一个函数，一盘棋局变成另一盘棋局)，则称为状态空间搜索。如果搜索的对象是问题，搜索的原则是把一个复杂的问题化成一组比较简单的子问题(把一个复杂的函数分成几个简单的函数，把一个复杂的下棋策略分成几个子策略)，则称为问题空间搜索。后者常常比前者有效，但算法要复杂些。

6. 有约束还是没有约束？问题空间搜索时，如果子问题间互相无约束关系，则求解比较简单；否则，一般需要回溯，即放弃已解决的子问题，走回头路，寻找新的解法。八皇后问题是一个典型的有约束问题：要求在八行八列的国际象棋棋盘上放八个皇后，使得没有任何两个皇后在同一行、一列或一斜线上。

7. 数据驱动还是目标驱动？从已有的状态或已知能解决的问题出发，一步步向前搜索，直到目标状态，或所要求的问题，称为数据驱动。反之，则称为目标驱动。这两种搜索有时也称为向前搜索或向后搜索。

8. 单向搜索还是双向搜索？数据驱动和目标驱动都是单向搜索。两种搜索同时进行，让两个搜索序列在中间相遇，称为双向搜索。双向搜索有时效率比较高,但在某些情况下不能保证求到解。

9. 盲目搜索还是启发式搜索? 按照预定的控制策略实行搜索,在搜索过程中获取的中间信息不利用来改进控制策略,称为盲目搜索。反之称为启发式搜索。这种中间信息一般不能完全确定最佳控制策略,所以是一种不精确信息。人工智能感兴趣的主要是启发式搜索。

关于"启发式"一词的含义,现在还没有一致公认的看法。一种看法是:任何有助于找到问题的解,但是不能保证找到解的方法都是启发式方法。另一种看法是:有助于加速求解过程和找到较优的解的方法是启发式方法。这两种看法和我们上面的定义都不矛盾。

10. 有对手搜索还是无对手搜索? 如果有两个控制源都能改变同一状态空间,并且任何一方向目标前进的时候,另一方都力图把它从目标拉开,则称为有对手搜索,通常称为博弈搜索。博弈搜索算法可以看成是一种特殊的问题空间搜索。

第六章

无变量盲目搜索算法

6.1 状态空间的盲目搜索

我们在第五章中引进了状态空间的概念。本节首先讨论状态空间的盲目搜索。为了显示地表示求解的路径，有时我们把产生一个状态 S 所走过的搜索路线 path 附在后面，成为 $S(path)$。相应的术语用下划线加以区别，即 S 是一个状态，而 $S(path)$ 是一个状态。我们既说"规则 R_n 把状态 S 变为状态 T"，也说"规则 R_n 把状态 $S(path)$ 变为状态 $T(path, n)$。"并把"状态库 SB 中状态 $S(path)$ 的状态部分 S"简述为"状态库 SB 中的状态 S"，如果这样做不引起二义性的话。假设每个规则只能作用于一个状态，并只产生一个新状态。初始状态通过执行零号规则（空规则）产生。

在向后搜索中使用术语"目标"，它也是一个状态，只是在搜索中所处的位置不同，因此说"目标 G 等于状态 S"是允许的。若规则 R_n 把状态 $S(path)$ 变为状态 $T(path, n)$，则把 S 和 T 看作目标时，我们说规则 R_n 把目标 $T(path)$ 逆变为目标 $S(n, path)$。因此，目标和状态不是等价的，而是反对称的。

盲目的向前搜索可用下列算法表示：

算法 6.1.1（盲目向前搜索）。

1. 建立一个空的状态库 SB。

2. 把初始状态 $S(0)$ 作为当前新状态，并送入 SB 中。

3. 若当前新状态已是目标状态，则搜索成功，算法运行终止。如当前新状态的形式为 $S(path)$，则解就是 $(path)$。

4. 若某种搜索极限已经达到（如时间用完或空间用完），则搜索失败，算法运行结束，没有解。

5. 若任何规则都不能应用于状态库中的任务状态，或虽能应用而不能产生合适的新状态，则搜索失败，算法运行结束，没有解。

6. 按某种原则取 SB 中的一个状态 S(path)和一个可应用于此状态的规则 R_n(第 n 个规则之意,$n \geqslant 1$),产生当前新状态 T(path,n)并送入 SB 中。

7. 转 3。

算法完。

在以后叙述的种种变化中,我们将看到,上述算法的关键是第 6 步。对第 6 步中的状态选取和规则选取作一种具体规定就得到一种新的向前搜索策略。

状态空间的向前搜索和向后搜索有某种对应关系。下面是盲目的向后搜索算法。

算法 6.1.2(盲目向后搜索)。

1. 建立一个空的目标库,GB。

2. 定义目标状态为当前新目标 G(0),并送入 GB 中。

3. 若当前新目标就是初始状态,则搜索成功。算法运行终止。如当前新目标的形式为 G(path),则解就是(path)。

4. 若某种搜索极限已经达到,则搜索失败,算法运行结束,没有解。

5. 若不存在合适的状态 S 及规则 R,使得当把 S 看作目标 G 时,它不同于目标库中的任何目标,但 R 可把目标库中的某个目标逆变为 G,则搜索失败,算法运行结束,没有解。

6. 按某种原则取目标库中的某个目标 G_1(path)并取一规则 R_n,把 G_1(path)逆变为符合 5 中所述条件的新目标 G(n, path),并送入 GB 中。

7. 转 3。

算法完。

在向前搜索算法的第 5 步中规定选取的规则必须能产生新的和合适的状态,其道理是明显的。例如,从颐和园坐汽车到北京站,可以看作是一个状态空间搜索过程。北京市各汽车、电车站的总和构成了我们的状态空间。每一条规则是一个三元组(路线号,上车站,下车站)。初始状态是颐和园站,每坐一段车子,到达一个新站,就是一个新状态。如果我们已经搜索过坐 A 路车到达甲站的路线,再试验坐 B 路车到达甲站就没有意思了[①]。这说明每一步产生的状态必须是新的。至于合适的状态,指的是解题可能附带的条件必须满足。例如,若要求找到的路线必须从早 5 时到晚 11 时都能使用,而某状态代表的站只有早 6 时到晚 8 时有车开往目标方向,则认为该状态是一个不合适的状态。

———————————

① 我们暂时还不考虑代价问题。

向后搜索算法中的相应规定的意义与此相似。

向前搜索和向后搜索可以结合起来,从初始状态和目标状态两头同时发动,形成双向搜索。

算法 6.1.3(盲目双向搜索)。

1. 建立一个空的状态库 SB。

2. 建立一个空的目标库 GB。

3. 定义初始状态 $S(0)$ 为当前新状态,并送入 SB 中。

4. 定义目标状态 $G(0)$ 为当前新目标,并送入 GB 中。

5. 若当前新状态就是目标库中的某个目标,则搜索成功,算法运行终止。设此当前新状态形式为 $S(\text{path 1})$,该目标的形式为 $G(\text{path 2})(S=G)$,则解是(path 1, path 2)。否则,转 7。

6. 若当前新目标就是状态库中的某个状态,则搜索成功,算法运行终止。设此当前新目标形式为 $G(\text{path 2})$,该状态的形式为 $S(\text{path 1})(G=S)$,则解是(path 1, path 2)。

7. 若某种搜索极限已经达到,则搜索失败,算法运行结束,没有解。

8. 根据某种原则确定本步搜索是向前还是向后,若是向后,转 12。

9. 若任何规则都不能应用于状态库中的任何状态,或虽能应用而不能产生合适的新状态,则搜索失败,算法运行结束,没有解。

10. 按某种原则取 SB 中的一个状态 $S(\text{path})$ 和一个可应用于此状态的规则 R_n,产生当前新状态 $T(\text{path}, n)$,并送入 SB 中。

11. 转 5。

12. 若不存在合适的状态 $S(S$ 应不同于目标库中的任何目标),以及规则 R,使得 R 能把 GB 中的一个目标逆变为 S,则搜索失败。算法运行结束,没有解。

13. 按某种原则取 GB 中的一个目标 $G(\text{path})$ 和规则集中的一个规则 R_n,此 R_n 把 $G(\text{path})$ 逆变为符合 12 中条件的当前新目标 $H(n, \text{path})$,并送入 GB 中。

14. 转 6。

算法完。

在这个算法中,第 5 步和第 6 步说明只要向前搜索和向后搜索中有一方进行不下去,整个搜索即告失败。因为在这种情况下初始状态和目标状态分处于状态空间的两个子空间中,这两个子空间彼此不连通。

第 8 步中首先确定是向前还是向后搜索,这并不失去一般性,因为如果某种搜索策略要求首先从 SB+GB 中选择一个状态(GB 中的目标也是状态),则可在选定以后,根据选出的是 SB 中的还是 GB 中的,确定应进行向前或是向后搜索。这个过程本身就可以看成是在第 8 步中应用的原则。

上面这三个算法只提供一个解(如果存在的话)。假定我们需要的是所有的解,则应对算法作相应的修改。但必须首先弄清楚什么叫一个解,因为我们在此以前并未给出有关解的详细定义。

因为目标状态是已知的,明确的,所以,求一个解就意味着求从初始状态通向目标状态的一条道路。由于这条道路是通过一步步使用规则而走过来的,因此它等价于求解过程中使用的规则序列。

以后我们将会看到,对求解的这种定义仅适用于本节所说的内容。不过目前这个定义已经够了。那么问题是,什么叫求多个解或全部解呢?

可以从两个方面考虑。第一,目标状态可能不止一个,它构成一个有限集。从初始状态出发,只要达到其中的任何一个即算成功。根据这个观点,从初始状态到任何目标状态的通路都算一个解。第二,从初始状态到同一个目标状态的通路可能不止一条。可以把每一条这样的通路定义为一个解。

因此,求全部解就是求从初始状态到每个目标状态的每一条通路。根据这个定义,可以把算法 6.1.1 修改如下。

算法 6.1.4(盲目向前搜索求所有解)。

1. 建立一个空的状态库 SB。

2. 建立一个空的解库 LB。

3. 定义初始状态 $S(0)$ 为当前新状态,并送入 SB 中。

4. 若当前新状态是目标状态之一,则求得一个解。设当前新状态的形式是 $S(path)$,则解就是 $(path)$。把解送入解库中。

5. 若某种搜索极限已经达到(如时间用完,或空间用完,或求得的解的个数已经够了),则结束本算法的运行。若解库 LB 为空,则搜索失败,否则,LB 的内容即为所求得的解。

6. 若任何规则都不能应用于状态库中的任何状态,或虽然能应用却不能产生合适的新状态,则结束本算法的运行。若解库 LB 为空,则搜索失败。否则,LB 的内容即为所求得的解。

新状态的含义如下:两个状态下的 $S_1(path\ 1)$ 和 $S_2(path\ 2)$,如果 $S_1 \neq S_2$ 和 $path\ 1 \neq path\ 2$ 两者中至少有一个成立。

7. 按某种原则取 SB 中的一个状态 $S(path)$ 和一个可应用于此状态的规则 R_n，产生当前新状态 $T(path, n)$，并送入 SB 中。

8. 转 4。

算法完。

对这个算法应该作两点说明。第一，本算法对"新"的定义与算法 6.1.1 是不一样的。在算法 6.1.1 中，要求的是新状态而不是新状态。在那里，$S(path\ 1)$ 和 $S(path\ 2)$ 对应同一个状态 S，因为 path 参数对判断状态的异同不起作用。第二，本算法并没有考虑效率，如果考虑效率，则有很大的优化余地。在第 7 步中求得一个新状态 $S(path, n)$ 后，如果 SB 中另有一状态 $S_1(path\ 1)$。$S=S_1$，$(path, n)\neq(path\ 1)$。则可把新状态 $S(path, n)$ 存在另一个地方。因为从 $S_1(path\ 1)$ 到目标状态的通路(不管是已经建立的还是将来有可能建立的)都可以直接接在 $S(path, n)$ 上，以避免从 $S(path, n)$ 再向前搜索的重复劳动。本算法的规定只是为了更清楚、直观。

向后搜索和双向搜索的求全部解算法可从它们原来的算法作相应的修改而得到。这里不再列出。

还有一种策略可能是在实用中会遇到的，那就是求最优解。和求所有解一样，求最优解也有两种可能的定义。第一，在由有限个目标状态组成的集合中，可能有一个或数个目标状态是优于其他目标状态的。这些状态代表的解称为最优解。第二，在由初始状态通向同一目标状态的通路中，有一条可能是最优的。这条通路称为相对于该目标状态的最优解。如果通向所有目标状态的通路能比较优劣，则其中的最优者称为最优解。

求最优解的算法可根据求全部解的算法修改而来。

算法 6.1.5(盲目向前搜索求最优解)。

1. 建立一个空的状态库 SB。

2. 建立一个空的解库 LB。

3. 定义初始状态 $S(0)$ 为当前新状态，并送入 SB 中。

4. 若当前新状态是目标状态之一，则求得一个解。设当前新状态的形式是 $S(path)$，则解就是 $S(path)$。把解送入解库中。否则，转 6。

5. 若已经可以判定 $S(path)$ 符合最优条件，则搜索成功，算法运行终止。$S(path)$ 就是最优解。

6. 若某种搜索极限已经达到，则结束本算法的运行。若解库 LB 为空，则搜索失败。否则根据某种标准比较 LB 中的各个解，求出其相对最优者作为最优解。

7. 若任何规则都不能应用于状态库中的任何状态,或虽然能应用却不能产生合适的新状态,则结束本算法的运行。若解库 LB 为空,则搜索失败。否则根据某种标准比较 LB 中的各个解,其中最优者即为最优解。

8. 按某种原则取 SB 中的一个状态 $S(\text{path})$ 和一个可应用于此状态的规则 R_n,产生当前新状态 $T(\text{path}, n)$,并送入 SB 中。

9. 转 4。

算法完。

关于这个算法,可以指出的一点是:求最优解可能不一定要等到求出全部解后再经过比较取其最优(见第 5 步)。其次,解 $S(\text{path})$ 不仅指出路径 path,也指出目标状态 S。

向后搜索和双向搜索的求最优解算法我们也不再列出了。

下面,我们对上面已经介绍过的搜索策略进一步地具体化。首先讨论广度优先策略。在实行向前推理时,这种策略首先选择最接近于初始状态的那些状态作为进一步搜索的出发点,具体说来,它的算法如下。

算法 6.1.6(广度优先向前搜索)。

1. 建立一个空的状态序列 SS。

2. 建立一个空的状态库 SB。

3. 把初始状态 $S(0)$ 送入序列 SS 中。

4. 若序列 SS 的最后一个状态已是目标状态,则搜索成功,算法运行中止。如该状态的形式为 $S(\text{path})$,则解就是 (path)。

5. 若某种搜索极限已经达到(如时间用完,或空间用完),则搜索失败,算法运行结束,没有解。

6. 若任何规则都不能应用于状态序列 SS 中的第一个状态,或虽能应用而不能产生合适的新状态,则把此第一个状态从 SS 中除去,送入 SB 中;否则,转 8。

7. 舍 SS 成为空序列,则搜索失败,算法运行结束,没有解。否则,转 5。

8. 按某种原则取一个可以应用于 SS 的第一个状态 $S(\text{path})$ 并产生合适的新状态的规则 R_n,产生新状态 $T(\text{path}, n)$,并放到序列 SS 的最后。

9. 转 4。

算法完。

可以看出,这个算法的特点是按照状态生成的先后次序来处理它们。仅当对前一个状态穷尽了一切可能性(使用一切可能的规则)之后,才处理后一个状态。在这里,新状态的定义与算法 6.1.1 中一样。但是,在比较时,应把 SS 和 SB 中的状态全部考虑在内。

现在举例说明。一个经典的智力测验说:有一个农夫带一条狼、一只羊和一颗白菜过河。如果没有农夫看管,则狼要吃羊,羊要吃白菜。但是船很小,只够农夫带一样东西过河。问农夫该如何解此难题?

以向量(人、狼、羊、菜)表示状态,其中每个变元可取值 0 或 1。取 0 表示在左岸(出发点),取 1 表示在右岸。则我们有八个规则:

$$(0, *, *, *) \to (1, *, *, *) \tag{1}$$

$$(0, 0, *, *) \to (1, 1, *, *) \tag{2}$$

$$(0, *, 0, *) \to (1, *, 1, *) \tag{3}$$

$$(0, *, *, 0) \to (1, *, *, 1) \tag{4}$$

$$(1, *, *, *) \to (0, *, *, *) \tag{5}$$

$$(1, 1, *, *) \to (0, 0, *, *) \tag{6}$$

$$(1, *, 1, *) \to (0, *, 0, *) \tag{7}$$

$$(1, *, *, 1) \to (0, *, *, 0) \tag{8}$$

每个 * 号可以是任意的 0 或 1。但是在每条规则内部,左边和右边的对应 * 号应取相同值。注意这些规则中也包含了不允许的状态,即农夫在河的一边而狼或羊或羊和菜在河的另一边。在搜索时不得产生这些“不合适”的状态。下面是执行广度优先盲目向前搜索的一个记录。斜杠后面是规则编号。

从初始状态到目标状态使用的规则序列是$(0, 3, 5, 2, 7, 4, 5, 3)$。即带羊过河,自己回来,带狼过河,带羊回来,带菜过河,自己回来,带羊过河。假如我们不是求一个,而是求全部解,则根据规定,当 path 1≠path 2 时,S(path 1)≠S(path 2)。这样,上面的第 15 步就不会是把状态$(0, 0, 0, 1/0, 3, 5, 4, 7)$送入 SB 中,而是产生新状态$(1, 1, 0, 1/0, 3, 5, 4, 7, 2)$。经过搜索后得到另一个解$(0, 3, 5, 4, 7, 2, 5, 3)$。它和前一个解的区别在于把狼和菜的过河次序调换了一下。

可以把广度优先搜索推广为代价优先搜索。即寻找一条从初始状态到达目标状态的代价为最小的通路。为此,我们需要一个计算代价的函数 $C(X_1,$

X_2，…，X_n)，它表示，从初始状态出发，连续使用规则 X_1，…，X_n 所需的代价。恒假设 $C(X_1, X_2, \cdots, X_n) > C(X_1, \cdots, X_{n-1})$。

步　骤	SS	SB
1	$[(0, 0, 0, 0/0)]$	$\{\ \}$
2	$\begin{bmatrix}(0, 0, 0, 0/0)\\(1, 0, 1, 0/0, 3)\end{bmatrix}$	
3	$[(1, 0, 1, 0/0, 3)]$	增加$(0, 0, 0, 0/0)$
4	$\begin{bmatrix}(1, 0, 1, 0/0, 3)\\(0, 0, 1, 0/0, 3, 5)\end{bmatrix}$	
5	$[(0, 0, 1, 0/0, 3, 5)]$	增加$(1, 0, 1, 0/0, 3)$
6	$\begin{bmatrix}(0, 0, 1, 0/0, 3, 5)\\(1, 1, 1, 0/0, 3, 5, 2)\end{bmatrix}$	
7	$\begin{bmatrix}(0, 0, 1, 0/0, 3, 5)\\(1, 1, 1, 0/0, 3, 5, 2)\\(1, 0, 1, 1/0, 3, 5, 4)\end{bmatrix}$	
8	$\begin{bmatrix}(1, 1, 1, 0/0, 3, 5, 2)\\(1, 0, 1, 1/0, 3, 5, 4)\end{bmatrix}$	增加$(0, 0, 1, 0/0, 3, 5)$
9	$\begin{bmatrix}(1, 1, 1, 0/0, 3, 5, 2)\\(1, 0, 1, 1/0, 3, 5, 4)\\(0, 1, 0, 0/0, 3, 5, 2, 7)\end{bmatrix}$	
10	$\begin{bmatrix}(1, 0, 1, 1/0, 3, 5, 4)\\(0, 1, 0, 0/0, 3, 5, 2, 7)\end{bmatrix}$	增加$(1, 1, 1, 0/0, 3, 5, 2)$
11	$\begin{bmatrix}(1, 0, 1, 1/0, 3, 5, 4)\\(0, 1, 0, 0/0, 3, 5, 2, 7)\\(0, 0, 0, 1/0, 3, 5, 4, 7)\end{bmatrix}$	
12	$\begin{bmatrix}(0, 1, 0, 0/0, 3, 5, 2, 7)\\(0, 0, 0, 1/0, 3, 5, 4, 7)\end{bmatrix}$	增加$(1, 0, 1, 1/0, 3, 5, 4)$
13	$\begin{bmatrix}(0, 1, 0, 0/0, 3, 5, 2, 7)\\(0, 0, 0, 1/0, 3, 5, 4, 7)\\(1, 1, 0, 1/0, 3, 5, 2, 7, 4)\end{bmatrix}$	
14	$\begin{bmatrix}(0, 0, 0, 1/0, 3, 5, 4, 7)\\(1, 1, 0, 1/0, 3, 5, 2, 7, 4)\end{bmatrix}$	增加$(0, 1, 0, 0/0, 3, 5, 2, 7)$
15	$[(1, 1, 0, 1/0, 3, 5, 2, 7, 4)]$	增加$(0, 0, 0, 1/0, 3, 5, 4, 7)$
16	$\begin{bmatrix}(1, 1, 0, 1/0, 3, 5, 2, 7, 4)\\(0, 1, 0, 1/0, 3, 5, 2, 7, 4, 5)\end{bmatrix}$	
17	$[(0, 1, 0, 1/0, 3, 5, 2, 7, 4, 5)]$	增加$(1, 1, 0, 1/0, 3, 5, 2, 7, 8)$
18	$\begin{bmatrix}(0, 1, 0, 1/0, 3, 5, 2, 7, 4, 5)\\(1, 1, 1, 1/0, 3, 5, 2, 7, 4, 5, 3)\end{bmatrix}$	

算法 6.1.7(代价优先向前搜索)。

1. 把算法 6.1.6 中第 4 步的第一句话"若序列 SS 的最后一个状态已是目标状态"改为"若序列 SS 的第一个状态已是目标状态"。把第 6 步的"新状态"改为"新状态"。

2. 把该算法中第 7 步的"否则转 5"改为"否则转 4"。

3. 把该算法中第 8 步的一句话"并放到序列 SS 的最后"改为"并按代价从小到大的顺序插进序列 SS 中。即若状态 S_1(path 1)在 S(path, n)之前,S_2(path 2)在 S(path, n)之后,则定有 C(path 1)$\leqslant C$(path, n)$\leqslant C$(path 2)"。

4. 把该算法中第 9 步改为"转 5"。

算法完。

应该指出,算法 6.1.7 虽然能保证找到一条代价为最小的通路,但不能保证按代价从小到大的次序获取新状态。这是因为每走一步的代价对不同的状态出发点和不同的通路来说是不一样的。如果定义每一步的代价都是 1,则 $C(P_1, \cdots, P_n)=n$,代价优先搜索就转化为通常的广度优先搜索。

对 $C(P_1, \cdots, P_n)$ 可以作各种不同的定义。在旅行推销员问题中,可把 $C(P_1, \cdots, P_n)$ 看作两个城市之间的距离,并有递推公式:

$$C(P_1, \cdots, P_{n-1}, P_n)=C(P_1, \cdots, P_{n-1})+C(P_n)$$
$$n \geqslant 2$$

在与可信度有关的问题中,假定把状态 S_i 变为状态 S_i 的规则 P_k 具有可信度 C_k,则 $C(P_1, \cdots, P_n)$ 代表执行规则 P_1 到规则 P_n 的可信度损失。具体说来:

$$C(P_k)=1-C_k$$

$$C(P_1, \cdots, P_{n-1}, P_n)=1-\prod_{i=1}^{n} C_i$$

利用这种定义进行搜索,能找到可信度为最大的目标。

在以上这几种解释中,从状态 S_1 到状态 S_2 的代价与这两个状态在整个通路上的位置无关。

现在我们考察深度优先向前搜索。它也只需对广度优先搜索算法作很少的修改。

算法 6.1.8（深度优先向前搜索）。

1. 把算法 6.1.6 中第 4 步中的第一句话"若序列 SS 的最后一个状态已是目标状态"改为"若序列 SS 的第一个状态已是目标状态"。

2. 把该算法中第 8 步中的一句话"并放到序列 SS 的最后"改为"并放到序列 SS 的最前面"。

3. 经如此修改后的算法 6.1.6 即是本算法。

算法完。

我们用深度优先向前搜索来重做一遍农夫过河的例子。下面是执行记录。

步骤	SS	SB
1	[(0000/0)]	{ }
2	[(1010/03) (000/0)]	
3	[(0010/035) (1010/03) (0000/0)]	7 [(0101/0352745) (1101/035274) (0100/03527) (1110/0352) (0010/035) (1010/03) (0000/0)]
4	[(1110/0352) (0010/035) (1010/03) (0000/0)]	
5	[(0100/03527) (1110/0352) (0010/035) (1010/03) (0000/0)]	8 [(1111/03527453) (0101/0352745) (1101/035274) (0100/03527) (1110/0352) (0010/035) (1010/03) (0000/0)]
6	[(1101/035274) (0100/03527) (1110/0352) (0010/035) (1010/03) (0000/0)]	

只用八步就解决了。在许多情况下，深度优先比广度优先有更高的效率。但深度优先不一定保证得到解，这是它的缺点。

本例有一个不足之处：太顺利了，没有回溯就一直做到底，未能充分显示深度优先搜索的特点。下面我们给一个简单的有回溯的例子。目的是观察一下回溯时序列 SS 的情况。在本算法中，SS 实际上是个栈。设状态变换规则为

$$A \rightarrow B_1, \quad A \rightarrow B_2,$$
$$B_1 \rightarrow C_1, \quad B_1 \rightarrow C_2,$$
$$B_2 \rightarrow C_3, \quad B_2 \rightarrow C_4,$$

初始状态是 A,目标状态是 C_4,为简单起见,我们只给出 SS 的内容,而且状态后不附规则的编号。

1. $\begin{bmatrix} A \end{bmatrix}$　2. $\begin{bmatrix} B_1 \\ A \end{bmatrix}$　3. $\begin{bmatrix} C_1 \\ B_1 \\ A \end{bmatrix}$　4. $\begin{bmatrix} B_1 \\ A \end{bmatrix}$

5. $\begin{bmatrix} C_2 \\ B_1 \\ A \end{bmatrix}$　6. $\begin{bmatrix} B_1 \\ A \end{bmatrix}$　7. $\begin{bmatrix} A \end{bmatrix}$　8. $\begin{bmatrix} B_2 \\ A \end{bmatrix}$

9. $\begin{bmatrix} C_3 \\ B_2 \\ A \end{bmatrix}$　10. $\begin{bmatrix} B_2 \\ A \end{bmatrix}$　11. $\begin{bmatrix} C_4 \\ B_2 \\ A \end{bmatrix}$

在双向搜索中,每一方都可以采取深度优先、广度优先、代价优先,或别的什么策略。但因为我们希望搜索双方一定"碰头",一般以采取用广度优先或与广度优先类似的策略为宜。下面是一个广度优先双向搜索策略。

算法 6.1.9(广度优先双向搜索)。

1. 建立一个空的状态库 SB 和一个空的目标库 GB。

2. 建立一个空的状态序列 SS 和一个空的目标序列 GS。

3. 把初始状态 $S(0)$ 送入状态序列 SS 中。

4. 把目标状态 $G(0)$ 送入目标序列 GS 中。

5. 若 SS 的最后一个状态是 $S(\text{path } 1)$,GS 中有一个目标是 $S(\text{path } 2)$,则搜索成功。算法运行终止,解为(path 1, path 2)。否则,转 7。

6. 设 GS 的最后一个目标是 $S(\text{path } 2)$,SS 中有一个状态是 $S(\text{path } 1)$,则搜索成功,解为(path 1, path 2)。算法运行终止。

7. 若某种搜索极限已经达到,则搜索失败,算法运行结束,没有解。

8. 根据某种原则确定本步搜索是向前还是向后,若是向后,转 13。

9. 若任何规则都不能应用于 SS 中的第一个状态,或虽能应用而不能产生合适的新状态(如果产生的状态不与 SS+SB 中的任何状态一致,则它是新状态),则把此第一个状态从 SS 中除去,送入 SB 中。否则转 11。

10. 若 SS 成为空序列,则搜索失败,算法运行结束,没有解。否则转 9。

11. 按某种原则取一个可以应用于 SS 的第一个状态 S(path),并且产生合适的新状态的规则 R_n,产生新状态 T(path, n),并放到 SS 的最后面。

12. 转 5。

13. 若不存在合适的状态 S(S 应不同于 GS+GB 中的任何目标),以及规则 R,使得 R 能把 GS 中的第一个目标逆变为 S,则把此第一个目标从 GS 中除去,加入 GB 中。否则转 15。

14. 若 GS 成为空序列,则搜索失败,算法运行结束,没有解。否则转 13。

15. 按某种原则取一个规则 R_n,把 GS 的第一个目标 G(path)逆变为符合 13 中条件的新目标 H(n, path),并放到 GS 的最后面。

16. 转 6。

算法完。

6.2　问题空间的盲目搜索

有一种与状态空间不同的空间,称为问题空间。该空间由一组节点组成,每个节点代表一个问题。如果由节点 A 有一边通向节点 B,则表示问题 A 的解决有赖于问题 B 的解决,A 称为父问题,B 称为子问题。如果由节点 A 有一边通向一组节点 $\{B_1, \cdots, B_n\}$,则表示 A 问题的解决有赖于整个子问题组 $\{B_1, \cdots, B_n\}$ 的全部解决。利用这种方法,可以把较复杂的问题分解为一组较较简单的子问题。如果这些较简单的子问题仍然不能直接求解,可以再把其中的每一个子问题进一步分解为更简单的子问题。这样重复多次,最后求得问题的解决。

在表示方法上,问题空间与状态空间也不一样。在状态空间中进行搜索时,其搜索空间一般形成一个有向图,因为从某个状态出发,经过一个规则作用后,总得到另一个状态。而在问题空间中,从一个问题出发,经过一个规则作用后,得到的往往不是一个子问题而是一组子问题。这是一种特殊的树形结构,我们在第二章中已经提到过了,叫与或树。

在求解一个问题时,既可以用状态空间来做,也可以用问题空间来做。以河内塔问题为例,我们在第五章 5.1 节中曾用状态空间来表示这个问题的求解方式,现在改用问题空间来表示。

如果有 i, j, k 三根柱子,则把 n 个盘子从第 i 根柱子搬到第 k 根柱子上去的问题可以归结成如下三个子问题:

1. 把上面的 $n-1$ 个盘子从 i 搬到 j。

2. 把第 n 个盘子从 i 搬到 k。

3. 把 j 上的 $n-1$ 个盘子搬到 k。

这就把 n 阶的问题化成了 $n-1$ 阶的问题。当然还可以按这个方法继续化简下去,本质上是一个递归过程。当 $n=3$ 时,该问题求解过程如图 6.2.1 所示。每个节点的 (a, b, c) 是该节点所代表的子问题的描述,表示把 b 柱最上面的 a 个盘子搬到 c 柱上去。

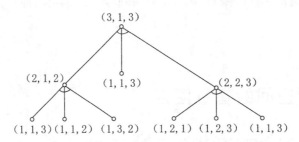

图 6.2.1　三阶河内塔问题

不过,这个问题不够典型,因为每个问题唯一地化成一组子问题,都是与节点,没有或节点。

但是既有与节点又有或节点的完整的与或树,在第二章中已经有多个例子了。这里可以不必再举例。

状态空间和问题空间可以互相转换。从前者到后者的转换方法是

1. 把"从初始状态到目标状态"定义为所要解的问题,即与或树的树根,是一个或节点。

2. 如果从初始状态出发,可以达到 n 个不同的新状态,则从树根生出 n 枝或叉,每枝或叉的尽头是一个与节点,代表一组子问题,组内的子问题共有两个。如果这是第 i 枝或叉,则第 i 组子问题为:{从初始状态 S_0 到中间状态 S_i,从中间状态 S_i 到目标状态 G}。

3. 对于每个子问题,再按同样方式分成更下一层的子问题。

如果用节点 $i|j$ 表示子问题"把状态 i 变为状态 j",以 S 表示初始状态,

G 表示目标状态,则图 6.2.2 表示如何把一个状态空间变成一个问题空间。

在图 6.2.2(a)的状态空间中,⑧是目标状态,凡打√的状态是成功的状态(即目标状态本身,或能通向目标状态的状态),打×的是失败状态,未作标记的是前途未卜的状态。整个搜索是成功的,因为已经有一条路通向目标状态。在相应的问题空间中,打√的是能解的问题,其中⟨i|j⟩都是两个相邻状态的转换(i到j),根据状态空间的定义是一定可解的。又由于⑧是目标状态,所以⟨8|G⟩当然可解。由⟨3|8⟩和⟨8|G⟩的可解导致它们的父与节点的可解,又导致父或节点⟨3|G⟩的可解。再加上⟨S|3⟩的可解又导致后者的父与节点的可解,最终导致根或节点⟨S|G⟩的可解。

反过来,问题空间也可以转换成状态空间。在表示问题空间的与或树中,每个或节点代表一个问题,每个与节点代表一组子问题。因此,我们可以用待解的问题来表示当前状态。转换的方法是

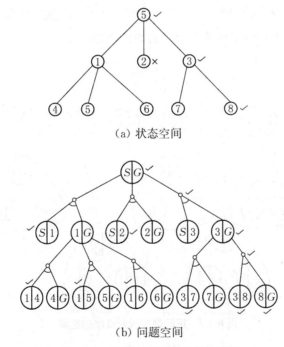

(a) 状态空间

(b) 问题空间

图 6.2.2　把状态空间变成问题空间

1. 用待解的原始问题表示初始状态,即状态树的树根。
2. 如果从与或树的树根伸出 n 枝或叉,则从状态树的树根也伸出 n 枝分

叉,指向 n 个状态。其中第 i 个状态即是上述第 i 枝或叉所代表的第 i 组子问题(由该或叉末端的与节点把这些子问题连在一起)。

3. 如果正在构造的状态树的某个状态节点代表了原来与或树中的 n 个子问题,其中第 i 个子问题在原来的与或树中伸出 M_i 枝或叉,则从此状态节点伸出 $\prod_{i=1}^{n} M_i$ 枝分叉,每个分叉连接一个新状态。其对应关系是,从原来 n 个子问题中任选每个子问题的一个或叉拼成 n 枝或叉,对应状态树的一个分叉。因为总共有 $\prod_{i=1}^{n} M_i$ 种可能,所以共有 $\prod_{i=1}^{n} M_i$ 个新状态。如果新状态 S 对应的 n 个或叉以 $(t_1, t_2, \cdots, t_n)$ 代表,第 t_i 个或叉的末端又伸出 k_i 枝与叉,则 S 代表 $\sum_{i=1}^{n} k_i$ 个子问题。

这里有一个很重要的假定,就是除了父子关系外,子问题的求解彼此无关。

利用这个方法,可以把任何问题空间化成状态空间。例如,图 6.2.2(b) 的问题空间化成状态空间后如图 6.2.3 所示。可以看出,这就是图 6.2.2(a) 的复原,在每个状态节点中标明了该节点所代表的子问题集。

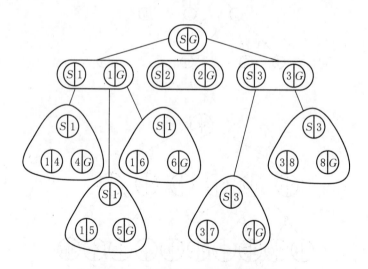

图 6.2.3　把问题空间变成状态空间

我们证明了状态空间和问题空间可以互相转换,但这并不是说,对任何一个问题,用状态空间和问题空间来表示是一样的。实际上,有些问题宜于用状态空间表示而另一些问题则宜于用问题空间表示。属于前一类的问题如:

　　有三只油瓶,分别能装 10 斤、7 斤和 3 斤油。现在 10 斤瓶装满了油,其他两个瓶空着。问如何才能仅仅利用这三个瓶把 10 斤油分成两个 5 斤?

　　这种问题内部缺乏层次结构,又很难化成一组子问题,用状态空间搜索来解决是比较理想的。反之,象河内塔问题,它的层次结构很清楚,便于把 n 阶问题归结为 $n-1$ 阶问题,对它来说,第五章中的状态空间解法就不如本章中的问题空间解法来得好。

　　下面我们给出问题空间的搜索算法。此算法虽然生成一株与或树,但实际生成的只是或节点,即一个个的子问题,而与节点隐含在算法中,不实际生成。问题空间的搜索一般都采用向后搜索,每个子问题就是一个子目标。如果求解的原始问题是 P,则解的形式是 P(path),其中(path)$=[R,(\text{path } 1,\cdots,\text{path } n)]$,这里假定 P 有 n 个子问题,它们的解是 P_1(path 1),$\cdots$,P_n(path n),把 P 和这些子问题联系起来的规则是 R。这就得到了解题过程 path 的一个递归表示。在算法中,我们仍旧以带下划线和不带下划线两种方式来表示带求解路径和不带求解路径的子问题。

　　算法 6.2.1(问题空间,即与或树盲目搜索)。

1. 建立一个已知有解的子问题库 SB。

2. 建立一个已知无解的子问题库 UB。

3. 建立一个空的待解子问题库 PB。

4. 把待解的原始问题 P_0 送入 PB 中,并定义它为当前子问题组。

5. 若 UB 中有待解的原始问题 P_0,则搜索失败。算法运行结束,没有解。

6. 若 SB 中有待解的原始问题 P_0,则搜索成功,解为 P_0(path),算法运行终止,否则,以 P_0 为 F_1 转 9 之(1)。

7. 若当前子问题组 G 中至少有一个问题属于 UB,则把 G 标为不可解,并把 G,以及从 G 导出的任意深度的其他子问题全部从 PB 中除去,转 9。

8. 若当前子问题组 G 中至少有一个问题已经在从原始问题到该问题的通路上出现过,则把 G,以及从 G 导出的任意深度的其他子问题全部从 PB 中除去;并转 9,否则,转 10。

9. 考察被删子问题组的父问题 F:

　　(1) 若 F 可化为新的子问题组,转 12。

　　(2) 若 F 为原始问题,则推理失败,算法终止。

(3) 若 F 的所有子问题组均有不可解标记,则送 F 入 UB。

(4) 把 F 所在的子问题组作为当前子问题组,转 7。

10. 若当前子问题组中有已属于 SB 的问题,则删去这些属于 SB 的问题。

11. 若当前子问题组没有删空,则转 12,否则,把这组子问题的父问题 P 从 PB 中删去,若各子问题在 SB 中的形式是 P_i(Path i),又把这组子问题联结到 P 的规则是 R,则把有解问题 $P[R,(\text{path }1,\cdots,\text{path }n)]$ 送入 SB 中。若该父问题是原始问题,则转 6。否则,将该父问题本身所属的子问题组列为当前子问题组,转 10。

12. 按某种准则从 FB 中取一个尚可以化为子问题的问题 P,取一个规则把它化为一组子问题,作为当前子问题组送入 PB 中,这组子问题必须和 P 原来有过的所有子问题组(如果有的话)不一样。转 7。

算法完。

关于这个算法,可以说明如下:

1. 它包含了两方面的优化。首先,凡是成功的子问题(即已知有解的)不断存入 SB 中,从而当在另一条通路上又出现这个子问题时,不必重新求其解,一查 SB 便知。其次,凡是证明了无解的子问题不断存入 UB 中,下次再遇到它时,也不会浪费时间了。

2. 如果可能出现的子问题只有有限多个,则本算法一定能在有限步内决定是否有解,并在有解的情况下给出解。因为上述前提包含了如下的结论:从任何一个子问题出发只能生成有限多个不同的子问题组,并且任何一条通路的长度不会大于不同子问题的个数。

3. 还有进一步优化的可能。例如,在不同的通路上出现同一个子问题时,只需对其中一个进行搜索就够了。但此处暂不考虑了。

下面给出限定策略的与或树盲目搜索。首先讨论广度优先与或树盲目搜索。这个算法由八个独立的部分组成,其核心部分是建立一个节点序列 PS(先进先出的队),其中每个元素可以是或节点,也可以是与节点。每个元素都是向量,其含义如下:

PS[i, 1] 第 i 个节点的内容。对或节点说是子问题描述,与节点是符号串 'and'。

PS[i, 2] 第 i 个节点的父节点的地址。对或节点说是父与节点地址,对与节点说是父或节点地址。

PS[i, 3] 第 i 个节点在它的兄弟节点中排行第几。

PS[i, 4] 第 i 个节点的子节点个数。

PS[i, 5] 第 i 个节点的长子节点地址。

PS[i, 6] 当 PS[i, 1]为与节点时,表示此与节点是根据第几个规则生成的。当 PS[i, 1]为或节点时,表示此或节点是根据第几个规则成功的。

PS[i, 7] 当 PS[i, 1]为与节点时无用。当 PS[i, 1]为或节点时表示成功的子与节点的地址。当 PS[i, 1]为原始可解问题时 PS[i, 7]=1。

PS[i, j] 当 $j > 7$ 时表示:PS[i, j]=0,即第 $j-7$ 个子与节点尚未失败(若 PS[i, 1]是或节点),或第 $j-7$ 个子或节点尚未成功(若 PS[i, 1]是与节点)。

PS[i, j]=1,相反的情况。

在本算法中,我们总假定节点向量 PS 足够长,有足够的位数可以表示它的所有子节点。可以粗略地这样估算:设规则总数是 n,各规则左部元的最大个数是 m,则 PS 节点向量的维数应该是 $7+\max(m, n)$。

各分算法的意义是

Breadth-first   主算法

Generate   或节点的展开

Getnode   生成一个子与节点

Getsons   生成一组子或节点

Next   找下一个待展开的或节点

Success   一组子或节点成功

Faitl   一个子或节点失败

Garbage   删去无用的节点

算法 6.2.2(广度优先与或树盲目搜索)。

Breadth-first:

1. 建立一个已知有解的子问题库 SB;

2. 建立一个已知无解的子问题库 UB;

3. 若原始问题 P_0 无解则搜索失败。算法运行结束,没有解;

4. 若原始问题 P_0 有解则搜索成功。算法运行结束,解为 P_0;

5. 建立一个空的待解问题序列 PS；

6. father：＝1；

7. try：＝2；

8. PS[father，1]：＝P_0；(原始问题入列)

   PS[father，2]：＝0；

   PS[father，3]：＝1；

   对于每个 $j > 5$ 执行：

$$PS[father，j]：＝0；$$

9. PS[father，5]：＝try；

10. record：＝0；

11. birth：＝generate（调用函数过程 generate）；

12. case：birth＝1：(新展开了一组子节点)record：＝record＋1；(子节点组数加一)转向 11；(再去展开)

    birth＝2：(新展开的一组子节点都是有解的问题，因此，父问题亦有解)转向 15；

    birth＝3：(新展开的子节点失败)转向 11；(再去展开)

    birth＝0：(规则用完，没有子节点可展开)转向 13；

13. PS[father，4]：＝record；(子与节点个数，亦即子问题组的组数)

14. 若 record＝0(父问题无解)则调用 fail；

15. 调用 next；(取下个待展开节点为父节点)

16. 转向 9。

主算法完。

算法 Generate(函数过程)。

1. 若无新的规则可用于当前父节点 PS[father，1]，则

   1.1　generate：＝0；

   1.2　返回。

2. 选择一个新的规则 R_n；

3. 调用 getnode；(生成子与节点)

4. generate：＝getsons；(生成一组子问题)

5. 返回。

分算法完。

算法 Getnode(生成子与节点)。

1. node：＝try；(记下当前位置)

2. PS[try，1]：＝'and'；(与节点的标志)

3. PS[try，2]：＝father；(父节点地址)

4. PS[try，3]：＝record＋1；(本子与节点排行第几)

5. PS[try，5]：＝try＋1；(最年长的子或节点地址)

6. PS[try，6]：＝n；(生成此与节点的规则编号)

7. 对每个 $j>6$ 执行：

$$PS[try，j]：＝0；$$

8. try：＝try＋1；

9. 返回。

分算法完。

算法 Getsons(生成子或节点)。

1. i：＝1；(计算排行第几用)

2. 对每个子或节点 son 执行：

begin

　　　　若 $\exists t$，PS[t]∈SB，PS[t，1]＝son

　　　　则 begin PS[try]：＝PS[t]；转 M end；

　　　　若 $\exists t$，PS[t]∈UB，PS[t，1]＝son 则转 6；

　　　　　　PS[try，1]：＝son；(子问题入列)

　　　　　　PS[try，2]：＝node；(父与节点地址)

　　　　　　PS[try，3]：＝i；(排行第几)

　　　　　　对每个 $j>5$ 执行：

　　　　　　　　PS[try，j]：＝0；

　　　M：　　try：＝try＋1；

　　　　　　i：＝i＋1；

　　　L：end。

3. 若 $\forall i$，node$<i<$try，PS[i，7]$\geqslant$1(本组子问题成功)，则begin

　　　　　　调用 success；

　　　　　　getsons：＝2；(子问题组成功标记)

　　　　　　返回；

end。

4. getsons：＝1；(得到一组子问题)

5. 返回；

6. try：＝node；(退回与节点处)

7. getsons：＝3；(本次展开失败)

8. 返回。

分算法完。

算法 Next(取下个待展开节点)。

1. father：＝father＋1；(取下个节点)

2. 当 PS[father, 1]＝'and'(与节点)

   或 PS[father, 4]＝－1(废料节点)

   或 PS[father, 7]≥1(已知有解的节点)

   时执行 father：＝father＋1；(跳过)

3. 返回。

分算法完。

算法 Success(删去成功的节点)。

1. gss：＝node；(与节点)

2. gs：＝PS[gss, 2]；(父或节点)

3. PS[gs, 6]：＝PS[gss, 6]；(导致此父或节点成功的规则编号)

4. PS[gs, 7]：＝gss；(记下成功的与节点地址)

5. 若 gs＝1 则搜索成功,主算法运行结束,解为 P_0(path),其中 path 按下列方法求得：

   (1) 设 PS[PS[1, 7]]辖下的子或节点为

      PS[j], PS[$j＋1$], …, PS[$j＋k$]

      则令 path 为

      PS[1, 6], (PS[j, 1], PS[$j＋1$, 1], …, PS[$j＋k$, 1])；

   (2) 若 PS[m, 1]出现在 path 中,

      且 PS[m, 7]＞1(非原始可解问题)

      则令 $h＝$PS[m, 7]；

      以 PS[h, 6], (PS[PS[h, 5], 1],

      　　　　PS[PS[h, 5]＋1, 1],

······

$$PS[PS[h,5]+PS[h,4]-1,1])$$

置换 path 中的 PS[m, 1]；

否则停止，已求得 path 的最终形式。

（3）转（2）；

6. 把 PS[gs]送入 SB 中。

7. gss：=PS[gs, 2]；（高层父与节点）

8. PS[gss, PS[gs, 3]+7]：=1；（成功标记）

9. 若对所有 j∈[8，PS[gss, 4]+7]皆有

PS[gss, j]=1（与节点成功）

则转向 2；

10. 把 gs 送入 buffer；（第一个废节点）

11. 调用 garbage；（标明废节点）

分算法完。

算法 Fail（删去失败的节点）。

1. 若 father=1 则搜索失败，主算法运行终止，没有解。

2. gs：=PS[node, 2]；（通过父与节点 node 找到高层父与节点）

3. PS[gs, PS[node, 3]+7]：=1；（失败标记）

4. 若对于每个 j∈[8，PS[gs, 4]+7]皆有

$$PS[gs, j]=1$$

则 begin 把 PS[gs]送入 UB；（新的无解问题）

若 gs=1 则搜索失败，主算法运行结束，没有解。

mode：=PS[gs, 2]；（父与节点）

转向 2；

end；

5. 把 node 送入 buffer；（第一个废节点）

6. 调用 garbage；（标明废节点）

7. 返回。

分算法完。

算法 Garbage（标明废节点）。

1. 直到 buffer 为空执行：

begin

　　　若 $i \in$ buffer 则

begin

　　　PS$[i, 4]:= -1$；(标明废料)

　　　把 i 从 buffer 中除去；

　　　把 i 的所有子节点地址 j 送入

　　　buffer；(新的废料)

end

end。

2. 返回。

　　　　　　　　　　　　　　　　　　　　分算法完。

执行广度优先算法要配一个废料回收程序，否则，存储的浪费是很大的。

广度优先算法之所以复杂，是因为它要保留许多暂时不用的与或树节点，这些节点之间的联系错综复杂。深度优先算法则不然，它基本上不生成暂时不用的节点，因此算法十分简单，存储也很节省。深度优先算法的核心是要建立一个先进后出的节点栈 PS。它的每个节点是一个只有三个分量的向量：

$P[i, 1]$第 i 个节点的内容，只设或节点(子问题描述)，不设与节点。

$P[i, 2]$其值为 1 时表示本节点是本组子问题中之最年长者，否则为 0。

$P[i, 3]$存放求解路径 path。

算法 6.2.3(深度优先与或树盲目搜索)。

1. 建立一个已知有解的子问题库 SB。在初始状态时库中子问题的 path 皆为 0；

2. 建立一个已知无解的问题库 UB；

3. 建立一个空的待解问题栈 PS；

4. child:=1；

5. PS$[1, 1]:=$待解的原始问题 P_0；

6. PS$[1, 2]:=1$；

7. PS$[1, 3]:=\lambda$；

8. 若 PS$[$child, 1$]$属于 UB，则转 16；

9. 若 PS$[$child, 1$]$不属于 SB，则转 14；

10. 若 PS[child，1]在 SB 中的形式是 P(path)，则调用 feedback(child，path)；（路径信息记入长兄节点）

11. 若 PS[child，2]=0，则（不是长兄）child:=child−1；转向 8。

12. 否则，（是长兄）

若 child<3，则搜索成功。若 child=2，则调用 feedback(child−1，PS[child，3])。算法结束，解为 P_0(PS[1，3])。

13. 否则，（不是根节点）

   (1) 若 PS[child−1，2]=0（父节点非长兄），则调用 feedback(child−1，PS[child−3]（PS[child，3]），否则调用 feedback(child−1，PS[child，3]）；（把父节点的路径填入大伯节点）

   (2) 把 PS[child−1，1]（PS[child−1，3]（PS[child，3]））送入 SB；

   (3) child:=child−1，转 11；

14. 若对本节点已无新规则可用，则把 PS[child，1]送入 UB，并转 16；

15. 选择一个尚未对本节点使用过的规则 R_n，作用于本节点 PS[child，1]后生成 m 个子问题，分别放在 PS[child+1，1]，…，PS[child+m，1]中，且

   (1) PS[child+1，2]:=1；（长兄）

   (2) 若 $m>1$ 则令 PS[child+i，2]:=0；$2 \leqslant i \leqslant m$

   (3) PS[child，3]:=n:；（n 为规则编号）

   (4) PS[child+1，3]:=λ；（待填路径）

   (5) child:=child+m；（新的栈顶），转 8。

16. 若 PS[child，2]=1，则（长兄节点）

   (1) 若 child=1 则搜索失败，算法运行终止，没有解。

   (2) child:=child−1；

   (3) 转向 14；

17. child:=child−1；（寻长兄）

18. 转向 16。

算法完。

算法 Feedback(a，b)（填写解题路径）。

1. 从 a 开始向栈内找第一个 c，使

PS[c，2]=1 长兄者，执行

(1) 若 $PS[c, 3]$ 之形式为 $d \neq \lambda$，则改为 b, d；

(2) 否则，若 $PS[c, 3]$ 之形式为 $n:$，则改为 $n:(b)$；

(3) 否则，若 $PS[c, 3]$ 之形式为 $n:(\alpha)$，α 为任意非空串且 $PS[c+1, 2]$ $=1$，则改为 $n:(b), \alpha$；

2. 返回。

分算法完。

习 题

1. 有三个男孩和三个女孩要过河，只有一条船，每次顶多载两人。如果在任何一边岸上男孩数大于女孩数且女孩数不为零，则男孩就要欺侮女孩。如果每个男孩和每个女孩都能划船，请你设计一种过河方法，且

(1) 确定一种状态表示法。

(2) 按你设计的过河方法写出状态变换规则。

(3) 实现状态空间搜索并给出状态空间和搜索空间。

2. 有 $2n$ 个硬币，其中除一个略重外，其余 $2n-1$ 个都一样重。如果有一架无砝码的天平，请用状态搜索法求出：至少称多少次才能把略重的那个硬币找出来？〔提示：把 $2n$ 个硬币对应于一个 $2n$ 维状态向量，其中每个硬币对应于(1)未知(2)略重(3)正常三种状态。〕

3. 图 6.3.1 是一张西极洲地图，共 14 个国家，试用状态搜索法来解该图的四色问题。(提示：可把状态设计为一个 14 维向量，每个分量可为红、黄、蓝、绿四色之一。任意选择一个向量，例如全红，为初始状态，每步改变其中的一个颜色，直到相邻国家颜色都不同为止)可用深度优先和广度优先两种方法。

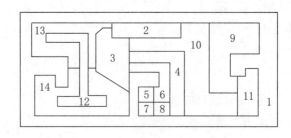

图 6.3.1　西极洲地图

4. 图 6.3.2 是由四个圆环组成的盘面,每个圆环都可以独立地绕中心转动,每次转动 90°。图中所示的是初始状态,要达到的目标状态是每条半径上的数字总和为 12。试用深度优先和广度优先方法搜索,并写出搜索步骤。

图 6.3.2 圆环匹配

图 6.3.3 方柱问题

5. 有四个正方块。在每个正方块上任意选择四面,分别涂上红、黄、蓝、绿四种颜色,其余两面随意各涂这四色中之一。请你把四个方块叠成一根方柱,使方柱的每一面都具备四种不同的颜色,并把搜索过程用状态空间法描述出来。

6. 两个图 G_1 和 G_2 称为同构,如果它们有相同数量的节点和弧,并且能在 G_1 和 G_2 的节点之间,以及 G_1 和 G_2 的弧之间分别建立起一一对应关系,使得当且仅当两条弧互相对应时,这两条弧两头的节点也分别互相对应。请你给出一个用状态空间来判断任意两个图是否同构的方法,并试用于图 6.3.4 中的(a)和(b),具体给出搜索空间。

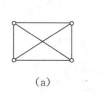
(a)
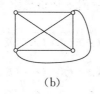
(b)
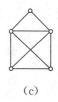
(c)

图 6.3.4 同构的图和子图

7. 图 G_1 称为图 G_1 的子图,如果 G_1 的节点和弧分别是 G_2 的节点和弧的子集。请你给出一个用状态空间搜索来判断任意图 G_1 是否与任意图 G_2 的某一个子图同构的方法,并试用于图 6.3.4 的(a)和(c)。

8. 设 G 是一个图请你用状态空间搜索法寻找一条从某个点 a 出发,经过每个点一次且仅一次,最后回到 a 的通路(Hamilton 回路),可以用(1)向前搜索,(2)双向搜索来做(提示:这样的回路不一定存在),并把该法试用于图 6.3.4 的(c),并给出搜索过程。

9. 设 G 是一个图请你用状态搜索法寻找一条从图中某个点 a 出发,经过每条弧一次且仅一次,最后回到 a 的通路(欧拉回路),也可以用(1)向前搜索,(2)双向搜索,请试用于图 6.3.4 的(c)并给出搜索过程。

10. 设计一种方法,可以通过状态空间搜索来判断一个仅含命题变元的谓词公式是否是可满足的,若是可满足的,给公式中的各命题变量指派一组使公式满足的值,并应用于下列命题公式:

$$[(A{\rightarrow}C){\rightarrow}B]\lor(\text{IF } D \text{ THEN } C \text{ ELSE } E)\land[(E{\rightarrow}F)\equiv B{\rightarrow}G\lor H{\rightarrow}A]$$

给出搜索过程。

11. 在上题中,把谓词公式的形式限制为子句形式。请分别在以下两种限制条件下重新设计上述搜索过程:(1)每个子句中至少有一个正原子和一个负原子,(2)每个子句中恰有一个正原子,并应用于转换为子句形式后的上题中的例子。

12. 有一次,孔祥熙遇到孔乙己,他们都为自己是孔子后代而骄傲,但在辈分高低上争论不休。请你:(1)设计一个搜索算法确定他们两人的辈分谁高谁低,此算法应尽可能不涉及辈分高的祖先,(2)利用第二章习题 5 中的产生式系统得出同样的结果。(3)比较专用算法(1)和通用算法(2)的效率。

13. 有 $2n$ 个硬币排成一行,n 个正向的在左,n 个反向的在右,规定每次移动时必须把紧挨着的两个一起移,只许平移,不许旋转,要求至多用 n 步把它们变换成正反相间的形式,并且中间不许出现空当。下图是 $n=3$ 的情形。

初　始:(正)(正)(正)(反)(反)(反)
第一步:(正)(反)(反)(反)(正)(正)
第二步:(正)(反)(反)(正)(反)(正)
第三步:(反)(正)(反)(正)(反)(正)

图 6.3.5　硬币重新排列

试给出 $n=4$ 时的状态空间和搜索空间。

14. 用代价优先算法解图 6.3.6 旅行推销员问题。请找一条从北京出发能遍历各城市的最佳路径(旅费最少)。每条弧上的数字表示城市间的旅费。

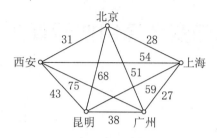

图 6.3.6　旅行推销员问题

15. 设计状态空间中广度优先向后搜索求最优解算法。

16. 本章 6.1 节提到算法 6.1.4 可以优化。请设计一个优化的 6.1.4 算法,并根据同样原理设计优化的算法 6.1.5。

17. 设计一个与或树双向盲目搜索算法。

18. 在双向搜索中,如果有一中间状态 M,使得从初始状态 S 到目标状态 T 的通路中有些通路可能会经过 M,则可以进行"四向搜索",即从 S 和 M 出发向前搜索,同时从 T 和 M 出发向后搜索。问应如何修改广度优先双向搜索算法,以得到广度优先四向搜索算法?

19. 第二章 2.7 节中概述了 6 组产生式匹配冲突解决策略,它们都是针对向前推理或向后推理的。试以这 6 组策略为基础,设计一套用于双向推理的匹配冲突解决策略。

20. 考虑本章 6.1,6.2 节中诸算法的实现问题。以 6.1 节的算法为例,状态序列 SS 和状态库 SB 应如何设计? 在 SS 中,每个元素是一个状态,此状态可能很复杂,例如棋盘的布局(第五章习题 5),方块序列的组合(本章习题 5)等。请你:(1)为本书各章中提到的不同的实际问题设计状态的不同内部表示。(2)想一下,是否有必要在 SS 的每个节点都放一个完整的状态?(这样做将耗费巨量的存储)提出一种节省存储的方案。

21. 用某种高级语言(例如 Pascal)把本章中的算法都编成程序,并用它试算正文中和习题中的例题。

第七章

带变量盲目搜索算法

7.1 通代算法

通代算法是谓词匹配中的基本算法。在讨论状态空间和问题空间的搜索技术时要用到它，以后在讨论消解法时也要用到它。

在没有变量的情况下，如果求解的问题是 A，则首先考察 A 是否为已知有解的基本问题，即到数据库中去查 A 是否存在。其次考察另一个问题或另一组问题的解决是否能导致 A 的解决，因而去寻找类似于

$$B \rightarrow A$$

或

$$C \wedge D \rightarrow A$$

之类的规则。

在有变量的情况下，把求解的问题作简单的恒等匹配是不够的。若要解问题 $A(x, a)$，而数据库中有现成的解 $A(b, y)$，则只需作变量约束 $x \rightarrow b$，$y \rightarrow a$，即可使两者都成为 $A(b, a)$。把 $A(x, a)$ 与一个规则的后部匹配时也可照此办理。这种变量约束称为通代。

首先给一些基本概念。

定义 7.1.1 谓词的参数，即项，可递归地定义如下：

1. 常量是项。

2. 变量是项。

3. 若 f 是一个 n 目函数符号，t_1，$\cdots$，t_n 是 n 个项，则 $f(t_1, \cdots, t_n)$ 是项。

4. 除此以外没有别的项。

定义 7.1.2 不含变量的项称为基项。

定义 7.1.3 若 P 是一个 n 目谓词符号，t_1，$\cdots$，t_n 是 n 个项，则 $P(t_1, \cdots,$

t_n)是 n 目谓词,简称谓词。

定义 7.1.4 只含基项的谓词称为基谓词。

定义 7.1.5 若 $x_1,\cdots,x_n$ 是 n 个变元,它们各不相同,$t_1,\cdots,t_n$ 是 n 个项,$t_i \not\equiv x_i$,则有限序列 $\{t_1/x_1,\cdots,t_n/x_n\}$ 称为一个代换。若所有的 t_i 都是基项,则代换称为基代换。若此有限序列为空序列($n=0$),则它代表一个空代换,以 ε 表之。

定义 7.1.6 若 $\varphi=\{t_1/x_1,\cdots,t_n/x_n\}$ 是一个代换,W 是一个谓词,使 φ 作用于 W,作用方式为依次用 x_i 取代 W 中的 t_i。代换结果以 $W\varphi$ 表之,称为 W 的一个样品。若此样品中不含变量,则称为基样品,也称为 W 的一个实例。

例 令 $\varphi_1=\{a/x,\,f(s)/y,\,g(f(b))/z\}$

$\quad\quad\quad \varphi_2=\{z/x,\,f(b)/y,\,g(f(c))/z\}$

则 $\quad W=P(h(x,\,y),\,z)$

$\quad\quad W\varphi_1=P(h(a,\,f(s)),\,g(f(b)))$

$\quad\quad W\varphi_2=P(h(g(f(c)),\,f(b)),\,g(f(c)))$

若 a,b,c 为常量,x,y,z,s 为变量,则 $W\varphi_2$ 是基谓词,而 $W\varphi_1$ 不是。

定义 7.1.7 若有一组谓词 $W=\{W_1,\cdots,W_n\}$,又有一个代换 φ,使

$$W_1\varphi=W_2\varphi=\cdots\cdots=W_n\varphi$$

则 φ 称为谓词组 W 的通代。

定义 7.1.8 若 φ_1 和 φ_2 都是谓词组 W 的通代,另有一个代换 φ_3,使

$$[W\varphi_1]\varphi_3=W\varphi_2$$

则称通代 φ_1 较通代 φ_2 为广。

定义 7.1.9 设 φ 是谓词组 W 的一个通代。若对任意其他通代 ψ,φ 都比 ψ 广,则称 φ 为 W 的一个最广通代。

下面我们介绍一个求最广通代的算法。为了说明算法,我们还需要一个定义:

定义 7.1.10 令 W 为一个非空的谓词集,从左向右逐个比较这组谓词中的符号,如果存在一个 $n>0$,在第 n 个符号处 W 中的诸 W_i 第一次出现分歧(至少有一个 W_i 和一个 W_j 在第 n 个符号处不一样,但对所有的 $h<n$,诸 W_i 在第 h 个符号处均一样),则全体 W_i 的第 n 个符号构成 W 的分歧集。

例 7.1.1　若谓词组为

$$\{P(f(x,g(a))),\ P(f(x,y)),\ P(f(x,g(f(x,x))))\}$$

则 $n=7$，分歧集是 (g,y,g)。

引理 7.1.1　分歧集的出现处一定是谓词或项的开始处。

证明　若组中各谓词的名字不尽相同，则分歧集出现在谓词名处，即谓词的开始处。

若分歧集不是出现在谓词名处，设它是各谓词的第 $n+1$ 个符号的集合，$n>0$。我们考察第 n 个符号是什么。

令第 i 个谓词的第 n 个符号为 $S_{i,n}$，它不能是函数名、变量名或常量名。因为函数名后一定是开圆括号，即所有的 $S_{i,n+1}$ 都是开圆括号，不可能构成分歧集。至于变量名和常量名，它们后面可以是逗号，也可以是闭圆括号，如果其中某个是闭圆括号，则所有的 $S_{i,n+1}$ 一定也是闭圆括号。这是因为，取此闭圆括号前面和它配对的开圆括号，开圆括号之前一定是谓词名或函数名，一个谓词或函数的变元个数是固定的，若有一个 $S_{i,n}$ 是此谓词或函数的最后一个变元，则所有的 $S_{i,n}$ 都是。因此，$S_{i,n+1}$ 或全为逗号，或全为闭圆括号，与原假设相反。

$S_{i,n}$ 也不可能是闭圆括号，否则，它们是某个项的最后一个符号或谓词的最后一个符号。在前一种情况下，这个项又是谓词或某个函数的一个参数。因此，$S_{i,n+1}$ 或同为闭圆括号，或同为逗号。在后一种情况下，后面不再有符号了，$S_{i,n+1}$ 不存在。

这就证明了，分歧集一定由项或谓词的第一个符号组成。

　　　　　　　　　　　　　　　　　　　　　　　　　　证毕。

以 W 表示谓词组，ε 为空代换，k 为指标，则求最广通代的算法如下：

算法 7.1.1(最广通代算法)。

1. 令 $k=0$，$W_0=W$，$\sigma_0=\varepsilon$。

2. 若 W_k 中各谓词完全一样，则算法的执行完成，σ_k 是 W 的最广通代。否则，求 W_k 的分歧集 D_k。

3. 若 D_k 含变量 x_k 及项 t_k 的首符，且 x_k 在 t_k 中不出现，则转 4，否则，W 的最广通代不存在，停止执行算法。

4. 令 $\sigma_{k+1}=\sigma_k\circ\{t_k/x_k\}$(表示先执行 σ_k，再执行 $\{t_k/x_k\}$)，$W_{k+1}=W_k\{t_k/x_k\}$。

5. 令 $k:=k+1$，转 2。

例 7.1.2　求 $W=\{P(a,\,x,\,f(g(y))),\,P(z,\,f(z),\,f(u))\}$ 的最广通代。

1. $\sigma_0=\varepsilon$，$W_0=W$，$D_0=\{a,\,z\}$。

2. $\sigma_1=\{a/z]$，$W_1=\{P(a,\,x,\,f(g(y))),\,P(a,\,f(a),\,f(u))\}$，$D_1=\{x,\,f\}$。

3. $\sigma_2=\{a/z,\,f(a)/x\}$，$W_2=\{P(a,\,f(a),\,f(g(y))),\,P(a,\,f(a),\,f(u))\}$，$D_2=\{g,\,u\}$。

4. $\sigma_3=\{a/z,\,f(a)/x,\,g(y)/u\}$，$W_3=\{P(a,\,f(a),\,f(g(y))),\,P(a,\,f(a),\,f(g(y)))\}$，$D_3=\varnothing$(空集)。

最广通代是 $\{a/z,\,f(a)/x,\,g(y)/u\}$。

例 7.1.3　求 $W=\{Q(f(a),\,g(x)),\,Q(y,\,y)\}$ 的最广通代。

1. $\sigma_0=\varepsilon$，$W_0=W$，$D_0=\{f,\,y\}$。

2. $\sigma_1=\{f(a)/y\}$，$W_1=\{Q(f(a),\,g(x)),\,Q(f(a),\,f(a))\}$，$D_1=\{g,\,f\}$。

3. σ_2 不存在,因为 g 和 f 都不是变量名。结论:最广通代不存在。

例 7.1.4　求 $W=\{P(a,\,x,\,f(g(y))),\,P(z,\,f(x),\,f(y))\}$ 的最广通代。

这个例子和例 7.1.2 仅有一点差别,即第二个谓词的最后一个变元不是 u 而是 y。因此,求最广通代的前面两步都一样,从第三步起开始不一样:

1. $\sigma_2=\{a/z,\,f(a)/x\}$

$W_2=P\{(a,\,f(a),\,f(g(y))),\,P(a,\,f(a),\,f(y))\}$

$D_3=\{g,\,y\}$

2. σ_3 不存在,因为 $g(y)$ 中含有变量名 y。

结论:最广通代不存在(?)。

这实在有点冤枉,因为在本章的含义中,每个谓词前都假定它带有对应于此谓词中每一个变量的全称量词。在上边的 W_2 中,前一个谓词中的 y 和后一个谓词中的 y 是没有关系的,完全可以在求最广通代之前先把它换一个名。因此,我们要加上一个条件:

实行最广通代的预置条件:在实行最广通代前,应把所有谓词中的变量全换成不同名字的变量。

这样,例 7.1.4 中的最广通代就存在了。但也有加了这个条件后仍然没有最广通代的,如:

例 7.1.5　求 $W=\{P(x,\,x),\,P(x,\,f(x))\}$ 的最广通代。

1. 换名:$W=\{P(x,\,x),\,P(y,\,f(y))\}$

2. $\sigma_0 = \varepsilon$, $W_0 = W$, $D_0 = \{x, y\}$

3. $\sigma_1 = \{x/y\}$

$W_1 = \{P(x, x), P(x, f(x))\}$

$D_i = \{x, f\}$

4. σ_2 不存在,因为 $f(x)$ 中含有变量 x。

结论:这可是真的没有最广通代了。

检查与某个变量 x 对应的项 t 中有没有含变量 x 自身,称为"出现检查"(Occur Check),这是很重要的。如果不作这种检查,将有可能导致无穷代换,使求最广通代的算法停不下来。例如,假定在例 7.1.5 中,我们不做出现检查,则接下去的步骤可能是:

4. $\sigma_2 = \{x/y, f(x)/x\}$

$W_2 = \{P(f(x), f(x)), P(f(x), f(f(x)))\}$

$D_2 = \{x, f\}$

5. $\sigma_3 = \{x/y, f(x)/x, f(x)/x\}$

$W_3 = \{P(f(f(x)), f(f(x))), P(f(f(x)), f(f(f(x))))\}$

$D_3 = \{x, f\}$

…

定理 7.1.1 若 W 是有限个谓词的集合,这个谓词集合的通代是存在的,则算法 7.1.1 一定成功地结束并给出该谓词的最广通代。

证明 设 φ 是 W 的一个通代。不失一般性,我们假定 W 中只包含两个谓词。现在用归纳法来证明,对于任意的 $k \geq 0$,均有代换 λ_k 存在,使得 $W_\varphi = W\sigma_k \circ \lambda_k$。对于 $k=0$,此断言显然成立,此时 $\sigma_0 = \varepsilon$,$\lambda_0 = \varphi$。若对于 $k \leq n$ 此断言皆成立,我们考察 $W\sigma_n$。若 $W\sigma_n$ 中各谓词已恒等,则断言亦成立。算法执行成功结束,根据归纳假设,σ_n 是最广通代。否则,求出 $W\sigma_n$ 的分歧集 D_n。因为已知 $W_\varphi = W\sigma_n \circ \lambda_n$ 成立,φ 是 W 的通代,λ_n 是 $W\sigma_n$ 的通代,如果 D_n 的两个符号中没有一个是变量名,则 λ_n 不可能把 $W\sigma$ 代换成相同形式。因此 D_n 中至少有一个是变量名,设为 x,又令对应的项为 t,则在代换 λ_n 的作用下一定有 $x\lambda_n = t\lambda_n$。我们断定,x 一定不在 t 之中,否则 $x\lambda_n$ 就会在 $t\lambda_n$ 之中,与 $x\lambda_n = t\lambda_n$ 的事实相矛盾。这表示我们的通代算法可以继续执行下去,即存在 $\sigma_{n+1} = \sigma_n \circ \{t/x\}$。但是我们已知 $x\lambda_n = t\lambda_n$,因此有 $W\sigma_{n+1} \circ \lambda_n = W\sigma_n \cdot \{t/x\} \circ \lambda_n = W\sigma_n \circ \lambda_n = W\varphi$,归纳断言得以证明。

从这个证明中,我们还可以看出,对于所有的 n,$W\sigma_n \circ \lambda_n = W\varphi$,亦即,取 $\lambda_n = \varphi$ 即可。一个十分简单的事实:如果 σ 是用算法 7.1.1 求出的最广通代,φ 是任意一个通代,则必有 $W\sigma \circ \varphi = W\varphi$。

证毕。

7.2　带变量的状态空间盲目搜索

如果状态中含有变量,搜索时可能要作必要的变量约束。这时,就要用到上一节中讲的最广通代,以求得到一个最一般的解。因为不仅状态中含有变量,规则中也会含有变量。此时,应用一个规则的前提不再是此规则的条件正好是目前的一个已知状态,而是该条件与目前的一个已知状态有最广通代。具体应用时,应该把此最广通代施行于整个规则(包括条件和结论),经过此通代作用后的结论即是新状态。例如,设已知状态是

$$\mathrm{like}(x, \mathrm{rost}(\mathrm{duck}))$$

表示人人都爱吃烤鸭。而搜索规则是

$$\mathrm{like}(\mathrm{son}(\mathrm{wang}), y) \rightarrow \mathrm{goto}$$
$$(\mathrm{son}(\mathrm{wang}), \mathrm{shop}(y))$$

表示老王的儿子只要喜欢什么。他就一定到卖那个东西的店里去。

使用此规则时应先求已知状态和规则左部的最广通代。有两个变换:

$$\{\mathrm{son}(\mathrm{wang})/x, \mathrm{rost}(\mathrm{duck})/y\}$$

把此最广通代也施行于规则的右部,得

$$\mathrm{goto}(\mathrm{son}(\mathrm{wang}), \mathrm{shop}(\mathrm{rost}(\mathrm{duck})))$$

即老王的儿子到烤鸭店去。

下面我们看一个用最广通代约束变量进行搜索的例子:

初始状态:$S(f(a), g(b))$

目标状态:$S(g(x), f(y))$

搜索规则:

$$S(t, w) \rightarrow Q(h(w), t) \tag{7.2.1}$$

$$S(t, w) \rightarrow Q(\varphi(t, w), \psi(w, t)) \tag{7.2.2}$$

$$Q(u, \psi(v, r)) \rightarrow S(g(\varphi(u, v)), f(\psi(v, r))) \tag{7.2.3}$$

$$Q(\varphi(u, v), r) \rightarrow S(g(\psi(u, v)), f(\varphi(v, r))) \tag{7.2.4}$$

从初始状态出发,利用规则(7.2.1),得到新状态 $Q(h(g(b)), f(a))$,最广通代是 $\{f(a)/t, g(b)/w\}$。这个新状态与目标状态没有最广通代,因之搜索尚未成功。但它也不能再继续前进了,因为它与任何规则的左部都没有最广通代。于是这个新状态是一条死胡同,只能放弃,回头寻求新的道路。

现在再从初始状态出发,利用规则(7.2.2),得到新状态 $Q(\varphi(f(a), g(b)), \psi(g(b), f(a)))$,最广通代和刚才的一样。这个新状态和目标状态之间也没有最广通代,因此解还没有找到。但是,存在着可以应用于此新状态的规则,比如规则(7.2.3),所以它还可以前进。应用规则(7.2.3)的结果是得到又一个新状态:

$$S(g(\varphi(\varphi(f(a), g(b)), g(b))), f(\psi(g(b), f(a)))) \tag{7.2.5}$$

最广通代是:

$$\{\varphi(f(a), g(b))/u, g(b)/v, f(a)/r\} \tag{7.2.6}$$

这个新状态与目标状态之间有一个最广通代,其形式是:

$$\{\varphi(\varphi(f(a), g(b)), g(b))/x, \psi(g(b), f(a))/y\} \tag{7.2.7}$$

因此,这个新状态是一个解。

如果我们从中间状态 $Q(\varphi(f(a), g(b)), \psi(g(b), f(a)))$ 出发,利用规则(7.2.4),则得到的新状态是:

$$S(g(\psi(f(a), g(b))), f(\varphi(g(b), \psi(g(b), f(a))))) \tag{7.2.8}$$

最广通代是:

$$\{f(a)/u, g(b)/v, \psi(g(b), f(a))/r\} \tag{7.2.9}$$

这个新状态和目标状态也有最广通代,即:

$$\{\psi(f(a), g(b))/x, \varphi(g(b), \psi(g(b), f(a)))/y\} \tag{7.2.10}$$

因之也是一个解。

由上面的例子我们可以得到如下两点结论:

1. 在有变量的情况下，所谓求解，不是找一个与目标状态恒等的状态，而是找一个与目标状态有最广通代的状态。这经过最广通代作用后的新状态（或目标状态）才是我们要求的解。

2. 在有变量的情况下，求解的关键是找出上面所述的最广通代，并把它作用于原定的目标状态后得到一个解的样品。不同的样品就代表不同的解（上例有两个样品，见式(7.2.5)和(7.2.8)）。因此，所谓目标状态只是给出一个解的框架模式，要你把具体的解找出来。

由于这个原因，今后我们对解的定义不再是从初始状态到目标状态的通路，而是在求解的路走通以后目标状态的最后样品。

在有变量的情况下，状态空间的盲目搜索算法要作少量修改。兹择其具代表性者说明于下。

算法 7.2.1（带变量的盲目向前搜索）。

1. 建立一个空的状态库 SB。

2. 把初始状态 S_0 作为当前新状态，并送入 SB 中。

3. 若当前新状态 S 与目标状态有最广通代 φ，则搜索成功，算法运行终止，解就是 $S\varphi$。

4. 若某种搜索极限已经达到（如时间用完，或空间用完）则搜索失败，算法运行结束。没有解。

5. 若任何规则都不能应用于状态库中的任何状态，或虽能应用而不能产生合适的状态，或虽能产生合适的状态 S，但 S 能向上匹配到状态库中一个已有的状态 T，则搜索失败，算法运行结束，没有解。

6. 按某种原则取 SB 中的一个状态 T，和一个可应用于此状态的规则 R_n，产生当前新状态 S，并送入 SB 中。

7. 转 3。

算法完。

算法中的少量区别是：求解的路径不再记录下来（要记录也可以，改动很少）。此外，用到了向上匹配的概念，需要说明。

如果状态 A 和 B 有一个最广通代 φ，且有

$$A\varphi = B$$

成立（按：通常情况下是 $A\varphi = B\psi$），则称 B 向上匹配到 A，或者说 A 向下匹配到 B，或者说 B 是 A 的一个样品，或者说 B 是 A 的一个实例。

若在搜索过程中出现了状态 S,它能向上匹配到库中已有的状态 T,则 S 没有保留的价值。其理由是:

1. 凡是能应用于 S 的规则,一定也能应用于 T。凡是从 S 出发经过搜索得到的解,从 T 出发也一定能得到。

2. 反之则不一定,就是说,由于 T 有更大的"自由度",从 T 推得的解(如有的话)包含了从 S 推得的解且不限于从 S 推得的解。因此,删 S 而留 T。

向前搜索的做法不能照搬到向后搜索中来。在向后搜索中,不仅要保留经过最广通代后得到的新目标,而且要把最广通代本身保留下来。因为最后求得的解一般来说不是目标本身,而是目标的一个样品。附有最广通代的状态或目标用加下划线表示。

算法 7.2.2(带变量的盲目向后搜索)。

1. 建立一个空的目标库 GB。

2. 定义目标状态 (G_0, ε) 为当前新目标,并送入 GB 中,其中 ε 是空变换。

3. 若当前新目标为 (G, φ),初始状态是 S,$G\varphi$ 与 S 有最广通代 ψ,则搜索成功。算法运行终止,解是 $G_0\varphi \circ \psi$。

4. 若某种搜索极限已经达到,则搜索失败,算法运行结束,没有解。

5. 寻找这样的规则 R:$G_1 \rightarrow G_2$,使得 G_2 和 G_φ 有最广通代 ψ,其中 (G, φ) 是目标库中某个目标,并且 $G_1\psi$ 不能向上匹配到目标库中任何已有的目标。如果这样的规则 R 不存在,则搜索失败,算法运行结束,没有解。

6. 如果存在这样的规则 R,则把 $(G_1\psi, \varphi \circ \psi)$ 作为当前新目标存入 GB 中。

7. 转 3。

算法完。

在这个算法中,我们假定所有的状态(目标)和规则已作了必要的变量换名,使得各状态和规则之间无同名变量。因此,比如说在第 5 步中,$G_1\psi$ 和 $G_1\varphi \circ \psi$ 是一样的。但尽管如此,我们还是必须把新目标写作 $(G_1, \varphi \circ \psi)$,而不是 (G_1, ψ),因为所有这些变换都要记载下来,最后总加到目标状态上去。

例如,设有下列搜索问题:

初始状态:$R(a, b, c)$

目标状态:$P(x, y, z)$

搜索规则:$Q(a, t, w) \rightarrow P(a, t, w)$

$$R(s, b, u) \rightarrow Q(s, b, u)$$

搜索过程为

1. $(P(x, y, z), \varepsilon)$（根目标）
2. $(Q(a, t, w), \{a/x, t/y, w/z\})$
3. $(R(a, b, u), \{a/x, t/y, w/z\} \circ \{a/s, b/t, u/w\})$
4. $R(a, b, u)$ 与初始状态 $R(a, b, c)$ 有最广通代 $\{c/u\}$
5. 因此解为

$$P(x, y, z)\{a/x, t/y, w/z\} \circ \{a/s, b/t, u/w\} \circ \{c/u\}$$
$$= P(x, y, z)\{a/x, b/y, c/z\}$$
$$= P(a, b, c)$$

掌握了带变量的向前搜索和向后搜索,就不难定义带变量的双向搜索,也不难定义一些特殊的策略,如广度优先和深度优先搜索。

7.3　带变量的问题空间盲目搜索

在问题空间中,一般采用向后搜索,在本节中只给出广度优先和深度优先的向后搜索算法。我们在 6.1 节中已经讨论过问题空间中无变量时的广度优先向后搜索,看到了这个算法是相当复杂的。如果把有变量的因素考虑在内,算法的复杂程度还要增加许多。为了不致因陷入细节而看不到概貌,本节中只在较抽象的一级给出这种算法,而略去其实现细节。

在这个算法中,已知有解的问题称为数据,数据和规则的右部(即规则的结论)统称为匹配元。

算法 7.3.1(带变量的广度优先与或树盲目搜索)。

1. 建立一个已知有解的问题库 SB。
2. 建立一个已知无解的问题库 UB。
3. 设原始问题为 P,建立一个 0 阶代表集 $\{P_\varepsilon\}$,它只有一个元素 P_ε,ε 是空代换。
4. $n := 0$。
5. 设共有 m 个 n 阶代表集,则按下列方法逐个检查并处理之:
   (1) 若某个代表集中至少有一个代表元素能向上匹配到 UB 中的一个问题,则此代表集整个撤销。
   (2) 若所有的 n 阶代表集都被撤销,则初始问题无解,算法运行结束。

6. 对通过 5 的检查后剩下来的 n 阶代表集再按下列方法逐一检查处理之：

若存在一个代换 ψ，把它作用于某个 n 阶代表集的所有元素$\{P_1\varphi, \cdots,$ $P_l\varphi\}$ 后，得到的元素集是 SBψ 的一个子集，则初始问题有解。搜索成功，算法运行结束。令 ψ 为满足此类性质的代换中最广者，则解为 $P_{\varphi}\circ\psi$，其中 P 是原始问题。

7. 代表集升阶。

若通过 5，6 两步后既没有证明原始问题无解，也没有求得一个解，则对每个通过 5 的检查后保留下来的 n 阶代表集做如下工作：

(1) 若某个代表集有 h 个元素：$\{P_1\varphi, \cdots, P_k\varphi\}$，同时存在 h 个匹配元 Q_i，$1\leqslant i\leqslant h$，和一个代换 ψ，使

$$P_i\varphi\circ\psi = Q_i\psi, \quad 1\leqslant i\leqslant h,$$

则称此代表集为有后代的(注意：这 h 个匹配元不可能全是数据)。

(2) 若有 k 组不同的 $\{Q_i\}$ 满足上述条件，即可由该代表集生成 k 个后代。这里，"不同的 $\{Q_i\}$"是指：

$$(Q_1\cdots, Q_h) \text{ 和 } (Q_1', \cdots, Q_h')$$

不同，当且仅当至少有一个 j，$1\leqslant j\leqslant h$，使得

(a) $Q_j\neq Q_j'$。

(b) 或 $Q_j = Q_j'$，但它们是两个不同的规则的右部。

(注意，由于 P_i 是确定的，因此，一旦 Q_i 确定，ψ 也随之确定。此外，必要时需在匹配前作变量换名，见 7.1 节。)

(3) 生成后代的方法是：对每个 n 阶代表集$\{P_i\varphi\}$和每组与此代表集匹配的不同的$\{Q_i\}$生成一个后代。

(a) 若其中某个 Q_i 是数据，则弃置不要。

(b) 若某个 Q_i 是一个规则的右部，此规则的左部是 L_1，L_2，$\cdots$，L_p 等 p 个元素，则 $L_1\varphi\circ\psi$，$L_2\varphi\circ\psi$，$\cdots$，$L_p\varphi\circ\psi$ 都是该后代的元素。

(c) 这个后代包括这组$\{Q_i\}$通过(b)生成的全体元素，且仅有这些元素。

(d) 这个后代是一个 $n+1$ 阶代表集。

8. 若在 7 中未能生成任何代表集,则搜索失败,算法运行结束,没有解。

9. $n:=n+1$。

10. 转 5。

算法完。

在这个算法中,第 5 步中的(1)是比较好办的,只需把代表集中的元素与 UB 中的元素逐个匹配就行了。但第 6 步和第 7 步中求代换 ψ 则要麻烦些。怎样才能找到这个代换? 怎样保证它是最广的? 需要作一些说明。这里涉及典型的试探和回溯技术。以求第 6 步中的代换 ψ 为例,我们有下列算法:

算法 7.3.2(问题组的匹配)。

1. 设有 k 个数据,排成序 $S_1,\cdots,S_k$。

2. 设有 l 个问题,排成序 $P_1,\cdots,P_l$,

3. 建立数组 T,含 $l+1$ 个分量。对任一 m,$1\leqslant m\leqslant l$,$T[m]$ 记载为使 P'_m 与一个数据匹配而确定的最广通代。这里

$$P'_m=P_m T[1]\circ T[2]\circ\cdots\circ T[m-1]$$

4. 建立数组 R,它有 l 个分量。对任一 m,$1\leqslant m\leqslant l$,$R[m]$ 记载已经与 P'_m 作过匹配试验的数据的最大编号。

5. 置初值:

(1) 对所有 m,$T[m]:=\varepsilon$;$0\leqslant m\leqslant l$

(2) 对所有 m,$R[m]:=0$;$1\leqslant m\leqslant l$

(3) $i:=1$;

(4) $j:=1$;

6. 令 $P_i T[0]\circ T[1]\circ T[2]\circ\cdots\circ T[i-1]$ 与 S_i 试匹配;

7. 若匹配不成则转 13;

8. 否则,令最广通代为 φ_{ij},令

(1) $T[i]:=\varphi_{ij}$;

(2) $R[i]:=j$;

9. 若 $i=l$,则匹配成功,最广通代为

$$\psi=T[1]\circ T[2]\circ\cdots\circ T[l]$$

算法运行结束。

10. $i:=i+1;$

11. $j:=1;$

12. 转 6；

13. 若 $j=k$ 则转 16；

14. $j:=j+1;$

15. 转 6；

16. 若 $i=1$ 则匹配失败。算法运行结束,无最广通代。

17. $i:=i-1;$

18. $j:=R[i];$

19. 转 13。

分算法完。

为解决算法 7.3.1 中第 7 步中安排的"推算后代"问题,只需对算法 7.3.2 略作调整即可

算法 7.3.3(推算后代)。

对算法 7.3.2 作如下修改:

1. 把其中的"数据"改为"匹配元"。

2. 增加一个数组 D,也有 l 个分量,对任一 m, $1 \leqslant m \leqslant l$, $D[m]$ 存放 P_m 生成的后代集合。

3. $D[m]$ 的初值为空集,$1 \leqslant m \leqslant l$。

4. 在算法 7.3.2 的第 8 步中增加:

   (3) 若 S_i 为数据则 $D[i]:=\phi$;

   (4) 若 S_j 为某规则的右部,则 $D[i]:=\{L_i\}$,这里 $\{L_i\}$ 是该规则的所有左部元的集合。

5. 在算法 7.3.2 的第 9 步后面增加:

$$D:=D[1]\phi \cup D[2]\phi \cup \cdots\cdots \cup D[l]\phi;$$

D 即是问题组 $\{P_i\}$ 生成的一个后代。

(注意,一个问题组可以生成许多后代。)

分算法完。

为了得到问题组 $\{P\}$ 的全部后代,只需在算法 7.3.3 的基础上再略加改进,即在每次匹配成功时记下这一次得到的后代,然后再强制它按匹配失败同样的

方法处理。

算法 7.3.4(推算全部后代)。

对算法 7.3.3 作如下修改：

1. 增加一个变量 record。初值为 0。

2. 增加一个数组 DG，它的分量个数足够多，能装下所有后代。比如说，可以有 k^l 个分量。

3. 把算法 7.3.3 的第 5 步和算法 7.3.2 的第 9 步改为若 $i=l$，则匹配成功一次：

   (1) 最广通代为：$\psi = T[1] \circ T[2] \circ \cdots \circ T[l]$；

   (2) record：= record + 1；

   (3) DG[record]：= $D[1]_\psi \cup D[2]_\psi \cup \cdots \cup D[l]_\psi$

   (4) 转 13。

4. 把算法 7.3.2 的第 16 步改为：

   若 $i=1$ 则匹配结束，算法运行停止。

   (1) 若 record = 0 则匹配失败，没有后代。

   (2) 若 record > 0 则共生成了 record 个后代，分别存放在 DG[1] 到 DG[record] 中。

分算法完。

正像前面所说的，这个广度优先算法比较"原则"，舍弃了实现的细节。这是必要的，否则会非常繁琐。毫无疑问，它有许多可优化的地方，但是我们不准备去讨论了。下面研究深度优先算法时再考虑优化问题。

相比起来，深度优先算法要简单一些，占用的存储也显著地少。我们现在比较具体地给出这个算法。

算法 7.3.5(带变量的深度优先与或树盲目搜索)。

1. 建立一个匹配元序列 SB，其中所有数据在所有规则右部之前。

2. 建立一个已知无解的问题库 UB。

3. 建立一个数组序列 PS[i, j]，其中 $i \geq 0$，$1 \leq j \leq 4$；

   对或节点：

   PS[$i, 1$] 存放第 i 号子问题内容；

   PS[$i, 2$] 存放父与节点地址；

   PS[$i, 3$] 存放此子问题匹配所需要的最广通代；

PS[i, 4]存放最近一次与本子问题匹配成功的匹配元编号。

对与节点：

PS[i, 1]存放字符串'and'；

PS[i, 2]存放父或节点地址；

PS[i, 3]存放此子树匹配所需要的最广通代；

PS[i, 4]不用。

4. father：=1。

5. try：=2。

6. 置初值：

PS[1, 1]：=PS[0, 1]：=P；(初始问题)

PS[1, 2]：=PS[0, 2]：=0；

PS[1, 3]：=PS[0, 3]：=ε；

PS[1, 4]：=PS[0, 4]：=0；

7. j：=PS[father, 4]+1。

8. 令 current：=PS[father, 1]PS[father−1, 3]。

(把原有的最广通代加到待匹配的问题上)。

9. 若 current 能向上匹配到 UB 中的一个问题，则 current 无解，转 19。

10. 把 current 与各匹配元作匹配尝试，自第 j 个匹配元开始逐个进行。

11. 若没有匹配元可以与 current 匹配成功，则转 19。

12. 若 current 与第 m 个匹配元匹配成功，匹配用的最广通代为 φ，则

(1) PS[father, 4]：=m；

(2) PS[father, 3]：=PS[father−1, 3]∘φ。

13. 若第 m 个匹配元为某规则的右部，则转 23。

14. 若 father=1，则搜索成功，解为

$$PS[1, 1]PS[1, 3]$$

算法运行结束。

15. 若 father=try−1 或 PS[father+1, 1]='and'，则

(1) h：=father；(本组或节点成功)

(2) k：=PS[father, 2]；(求父与节点)

(3) father：=PS[k, 2]；(求父或节点)

(4) PS[father, 3]：＝PS[h, 3]；

（把成功的或节点组的全部最广通代加到它们的父与节点的父或节点上）

(5) 转 14。

16. father：＝father＋1；(查看弟节点)

17. j：＝1；(从第一个匹配元开始)

18. 转 8。

19. 若 father＝1 则搜索失败,算法运行结束,没有解。

20. 若 PS[father－1, 1]＝'and'则本组或节点失败：

(1) try：＝father－1；(退出这组或节点所占的存储)

(2) father：＝PS[try, 2](回溯到高层或节点)

(3) 转 7。

21. father：＝father－1；(回溯到兄节点)

22. 若 PS[father, 4]为数据编号则转 7；

(兄节点为最近节点)

否则(1)father：＝try－1；(回溯到最近节点)

　　　(2) 转 7。

23. 生成一个新的与节点：

(1) PS[try, 1]：＝'and'；

(2) PS[try, 2]：＝father；(父或节点地址)

(3) PS[try, 3]：＝PS[father, 3]。

　　(继承父或节点的全部最广通代)

24. 生成一组新的或节点：

若该规则有 m 个左部元 Q_i(子问题),则对于

k：＝1 到 m：(循环)

(1) PS[try＋k, 1]：＝Q_k；(子问题)

(2) PS[try＋k, 2]：＝try；(父与节点)

(3) PS[try＋k, 3]：＝ε；(空代换)

(4) PS[try＋k, 4]：＝0；(匹配元编码)

　　　　(循环完)

25. father：＝try＋1；(当前子问题)

26. try：＝try＋m＋1；（分配存储）

27. 转7；

算法完。

现在我们举一个例子来分别说明这两个算法。

数据：(1) $Q(a, c)$；(2) $Q(b, c)$；(3) $G(b, d)$；

(4) $M(b, c, e)$；(5) $N(b, c, e)$；(6) $H(b, c, e)$；

规则：(7) $Q(a, y) \wedge R(a, y) \rightarrow P(a, y, b)$；

(8) $Q(v, y) \wedge S(v, y) \wedge T(v, y) \rightarrow P(b, y, v)$；

(9) $G(u, d) \rightarrow Q(u, d)$；

(10) $H(b, d, z) \rightarrow S(b, d)$；

(11) $M(b, c, z) \wedge N(b, c, z) \rightarrow S(b, c)$；

(12) $H(b, c, z) \rightarrow T(b, c)$；

(13) $M(b, d, z) \wedge N(b, d, z) \rightarrow T(b, d)$

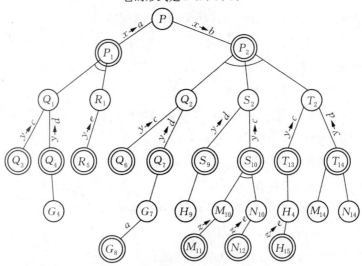

图 7.3.1　带变量约束的广度优先与或树

目标　$P(x, y, b)$；

首先用广度优先方法，它生成的与或树的情况如图 7.3.1 所示，单圈是或节点，双圈是与节点。圈中是子目标名，下标相同的子目标属于同一个数据或规则。名字相同而下标不同的子目标表示该子目标作了某个代换。

0 阶代表集是 $\{P(x, y, b)\}$

1 阶代表集是

$$\{Q(a, y), R(a, y)\}$$

和

$$\{Q(b, y), S(b, y), T(b, y)\}$$

$$\text{（其中第一个一阶代表集没有后代）}$$

2 阶代表集是

$$\{Q(b, c), M(b, c, z), N(b, c, z), H(b, c, z)\}$$

和

$$\{G(b, d), H(b, d, z), M(b, d, z), N(b, d, z)\}$$

其中第一个二阶代表集中的 $Q(b, c)$ 下面加了横线,表示它实际上不属于这个代表集,只是为了提示该代表集生成的历史才放在那里。

作代换 $z \to e$ 后,第一个二阶代表集变成数据集的一个子集。因此解存在,它的形式是 $P(b, c, b)$。

再用深度优先法做同一个例子。图 7.3.2 给出了执行过程中 PS 的变化情况。它本质上是一个栈。每个单元分成六栏,第一栏是单元号,小号到大号是进栈,大号到小号是出栈和修改栈顶内容。从第二栏到第五栏对应 PS$[i, 1]$ 到 PS$[i, 4]$。第六栏下面再解释。

带变量的深度优先与或树盲目搜索是非常重要的。例如,Prolog 语言的推理方法就是以这种方法为基础。从实用角度看,算法的优化非常重要。我们这里给出的深度优先算法与通常的 Prolog 实现算法有所不同,对这个算法至少可以作如下一些优化考虑:

1. 从图 7.3.2 可以看出,PS$[i, 1]$ 中存放的是子问题的原形,而不是它经过变量约束以后的样品,变量约束分开放在另一栏内。因此,在 PS$[i, 1]$ 中可以用指向子问题的指针代替子问题本身。这样,在内存中只要存放一套子问题就够了。PS$[i, 1]$ 所占的存储可以大大节省。这种技术通常称为结构共享,在我们这里称为第一类结构共享。结构共享技术之所以可能实现,主要是因为把变量约束存进 PS 中了。

0	$P(x, y, b)$	0	ε	0	
1	$P(x, y, b)$	0	$x{\to}a$	7	1
2	and	1	$x{\to}a$		1
3	$Q(a, y)$	2	$x{\to}a$, $y{\to}c$	1	2
4	$R(a, y)$	2	失败		
3	$Q(a, y)$	2	$x{\to}a$, $u{\to}a$, $y{\to}d$	9	3
4	$R(a, y)$	2			
5	and	3	$x{\to}a$, $u{\to}a$, $y{\to}d$		3
6	$G(u, d)$	5	失败		
1	$P(x, y, b)$	0	$x{\to}b$, $v{\to}b$	8	2
2	and	1	$x{\to}b$, $v{\to}b$		2
3	$Q(v, y)$	2	$x{\to}b$, $v{\to}b$, $y{\to}c$	2	3
4	$S(v, y)$	2	$x{\to}b$, $v{\to}b$, $y{\to}c$	11	3
5	$T(v, y)$	2			
6	and	4	$x{\to}b$, $v{\to}b$, $y{\to}c$		3
7	$M(b, c, z)$	6	$x{\to}b$, $v{\to}b$, $y{\to}c$, $z{\to}e$	4	4
8	$N(b, c, z)$	6	$x{\to}b$, $v{\to}b$, $y{\to}c$, $z{\to}e$	5	4
4	$S(v, y)$	2	$x{\to}b$, $v{\to}b$, $y{\to}c$, $z{\to}e$	11	4
5	$T(v, y)$	2	$x{\to}b$, $v{\to}b$, $y{\to}c$, $z{\to}e$	12	4
6	and	5	$x{\to}b$, $v{\to}b$, $y{\to}c$, $z{\to}e$		4
7	$H(b, c, z)$	6	$x{\to}b$, $v{\to}b$, $y{\to}c$, $z{\to}e$	6	4
5	$T(v, y)$	2	$x{\to}b$, $v{\to}b$, $y{\to}c$, $z{\to}e$	12	4
1	$P(x, y, b)$	0	$x{\to}b$, $v{\to}b$, $y{\to}c$, $z{\to}e$	8	4

图 7.3.2 深度优先栈运行情况

2. 从图 7.3.2 还可以看出,存放变量约束(通代)也是很费存储的,而且经常重复存放,显得很累赘,实际上,变量约束也只要存放一套就够了。实现方法是另建一个变量约束栈,每个栈单元存放一个变量约束 $x{\to}t$,其中 t 是一个项。每个 PS$[i, 3]$ 有一指针指向这个栈的某个单元,表示 PS$[i, 1]$ 的约束由栈底到这个单元为止的所有变量约束构成。当匹配成功时只进栈,不退栈。匹配失败时则退栈。图 7.3.3 是变量约束栈的运行情况,它总共只占 4 个单元。图 7.3.2 中的第六栏是指向变量约束栈的指针。由于有了这些指针，在回溯时知道变量约束应该退到哪里，不会发生混乱。这种变量约束的共享我们称为第二类结构共享。

1	$x \to a$	$x \to a$	$x \to b$
2	$y \to c$	$u \to a$	$v \to b$
3		$y \to d$	$y \to c$
4			$z \to e$

图 7.3.3　变量约束栈运行情况

3. 在算法 7.3.5 中我们没有把原来不在 UB 中，但在运行过程中证明不可解的子问题加进 UB 中，也没有把原来不在 SB 中，但在运行过程中证明有解的子问题加进 SB 中。这两点都是可以改进的。在加的时候要把原形子问题作相应的变量约束后再加。这也是一种共享，是与或树的失败子树或成功子树的共享，即已知肯定要失败或成功的子树就不必再去展开了。我们称之为第三类结构共享。

4. 为了避免出现循环推理的情况，从理论上说还应做一种检查，就是对任何待解的子问题，在把它展开以前，要首先搜索一下从该子问题到根节点的通路（只顺着父子关系查去，不考虑兄弟关系）；如果一个子孙节点能向上匹配到一个祖先节点，则此子孙节点应被认为失败。不过这种检查可能很费时间。

5. 回溯是一项很消耗时间的工作，完全盲目的回溯可能导致推理的低效。举一个极端的例子，我们知道，兄弟节点之间的回溯完全是因为变量约束问题而引起的。当弟节点匹配不成时，考虑到兄节点的变量约束可能不当，影响了弟节点，因而对兄节点换一种约束。可是在没有变量，或兄弟节点变量各不相同的情况下，回溯纯粹是白费力，如果有 l 个这样的兄弟，有 k 个匹配元，则有可能要白白进行 k^l 次匹配。

许多人对这个问题进行过研究。Cox 在 1977 年提出了一种办法，后来又为 Pietrzykowski 和 Matwin 等人以及他本人进一步发展。这个方法称为最大可通代子树法。其原理是：每当与或树展开中遇到矛盾，即无法继续匹配，而要回溯时，不一定回溯到按深度优先次序的最近一点上去，而是回溯到某个最大可通代子树，从那里出发再继续作新的尝试。这样的子树可能不止一个。从每一个最大可通代子树出发，增加适当的新分叉以后，有可能发展成一棵无矛盾的求解与或树，在有多处理机的情况下，可以对多个最大可通代子树实行平行处理，以提高速度。

例如,考虑下列搜索问题:

数据:$P(a)$,$S(b)$,$R(u,u)$

规则:$P(x) \wedge Q(y) \wedge R(x,y) \rightarrow G$ (7.3.1)

        $S(v) \rightarrow Q(v)$ (7.3.2)

目标:G

图 7.3.4 中给出了与或树搜索遇到矛盾时的情况。每个节点圆圈内标明了需要匹配的一对问题,称为一个限制。每个规则以一棵二级子树的形式出现,子树的树根是一个平面向上的半圆形,树叶是一组平面向下的半圆形,中间有弧相连。这种表示法由 Ferguson 首创,称为 Ferguson 表示法。一棵最大可通代子树就是一个最大的无矛盾限制树。在 Ferguson 图中,限制用节点表示,因此也可以说是一个最大无矛盾节点树。在上述例子中,共有三棵最大可通代子树,它们是:$\{P,Q,R\}$,$\{P,Q,S\}$ 和 $\{Q,S,R\}$,这三棵子树都可以作为回溯出发点,若采用 $\{P,Q,S\}$ 则相当于传统的回溯方法。

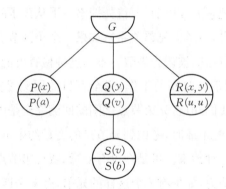

图 7.3.4   Ferguson 表示法

在实现中发现,这种方法可能会出现重复搜索问题空间的某些部分的情况,影响了效率。为此,Bruynooghe,Pereira 等人提出了一种新的方法,称为最小不可通代子树方法。其原理是从矛盾的与或树中逐步删去必须删去的限制节点,然后再行展开。用这种方法可以避免重复的搜索。在上例中,最小不可通代子树就是该矛盾树本身。

以上所进行的两种方法:最大可通代子树法和最小不可通代子树法,都在一定程度上背离了深度优先搜索的原则,而且实现起来有一定麻烦。我们建议采用一种简便而又不背离深度优先原则的方法。其原理是：回溯是由于某个节点求最广通代失败而引起的。遇到这种情况，我们就记下引起最广通代失败的原因，即匹配中失败的是哪一个项。同时，由于我们建立了变量约束栈（见前面的讨论 2），可以从这个栈的栈顶往下查，这个失败的项是在哪一次变量约束中产生的，查到以后，即可直接回溯到这个变量约束所属的节点，可以省去许多不必要的中间回溯，实现起来也容易。

例如，如果把上例中的规则式(7.3.2)改为

$$S(b) \rightarrow Q(b) \tag{7.3.3}$$

则按照 Cox 的方法 $\{P, Q, R\}$ 仍是一棵最大可通代子树。但按照我们的方法：查变量约束栈可知，在 R 节点匹配时发生困难的项（R 的第二个变元）是在 Q 节点中约束的，因此可跳过 S 节点而直接回溯到 Q 节点。

6. 我们在前面 7.1 节曾提到求最广通代时要进行"出现检查"，这是一项很费时间的工作。对此也有人专门进行研究。Haridi 和 Sahlin 提出用自然演绎法（而不是消解法中常用的方法）求最广通代，可以免去"出现检查"而不致发生问题。

习　题

1. 在定义 7.1.6 中，代换 φ 作用于 W 的方式是依次用 φ 中的 t_i 去取代 W 中的 x_i，如果把作用方式改为同时取代，则：(1)代换的效果与定义 7.1.6 中的依次取代的效果有无不同？(2)关于最广通代的定理 7.1.1 是否还成立？

2. 再次考察第六章习题 3 的四色问题，这次用一个向后推理的产生式系统来解。这个系统只有一个产生式，是针对地图的实际分割设计的，原理很简单，每一对相邻图像 (x, y) 的着色问题用 $c(x, y)$ 表示。换一个地图可立即更换产生式。

$c(x_1, x_2) \wedge c(x_1, x_4) \wedge c(x_1, x_5) \wedge c(x_1, x_6) \wedge c(x_1, x_7)$

$\wedge c(x_1, x_8) \wedge c(x_1, x_9) \wedge c(x_1, x_{10}) \wedge c(x_1, x_{11}) \wedge c(x_1, x_{13})$

$\wedge c(x_1, x_{14}) \wedge c(x_1, x_3) \wedge c(x_2, x_{10}) \wedge c(x_2, x_{13}) \wedge c(x_3, x_4)$

$\wedge c(x_3, x_6) \wedge c(x_3, x_{10}) \wedge c(x_3, x_{13}) \wedge c(x_3, x_{14}) \wedge c(x_4, x_6)$

$\wedge c(x_4, x_8) \wedge c(x_4, x_{10}) \wedge c(x_5, x_6) \wedge c(x_5, x_7) \wedge c(x_6, x_8)$

$\wedge c(x_7, x_8) \wedge c(x_9, x_{10}) \wedge c(x_9, x_{11}) \wedge c(x_{12}, x_{13}) \wedge c(x_{12}, x_{14})$

$\wedge c(x_{13}, x_{14}) \rightarrow \text{Map}(x_1, x_2, x_3, x_4, x_5, x_6, x_7, x_8, x_9, x_{10}, x_{11}, x_{12}, x_{13}, x_{14})$

数据基为：$\quad$ $c(\text{Blue}, \text{Yellow})$, $c(\text{Blue}, \text{Red})$,
$\qquad\qquad$ $c(\text{Blue}, \text{Green})$, $c(\text{Yellow}, \text{Blue})$, $c(\text{Yellow}, \text{Red})$
$\qquad\qquad$ $c(\text{Yellow}, \text{Green})$, $c(\text{Red}, \text{Blue})$, $c(\text{Red}, \text{Yellow})$
$\qquad\qquad$ $c(\text{Red}, \text{Green})$, $c(\text{Green}, \text{Blue})$, $c(\text{Green}, \text{Yellow})$
$\qquad\qquad$ $c(\text{Green}, \text{Red})$.

请你按算法 7.3.5,以及习题 7,8,9 中的修改方案分四次运行这个产生式,然后比较这四种方法的实际效率。

3. 在带变量的盲目搜索中,产生式和数据基中各谓词的排列次序对回溯次数和运行效率有很大关系。试论述在四色问题搜索中降低回溯次数的方法。请分别给出上题产生式和数据基中各谓词的最佳和最坏排序,并证明这两种排列引起的回溯分别为最少和最多。

4. 设计一个在求最广通代时作"出现检查"的算法,并加入算法 7.3.5 中。

5. 在 7.3 节中我们对算法 7.3.5 谈了三种结构共享的可能性,即(1)第一类结构共享,(2)第二类结构共享,(3)第三类结构共享。试把这三种结构共享的思想编进算法 7.3.5 中。

6. 如何修改算法 7.3.5,以避免循环推理?

7. 根据 Cox, Pietrzykowski 和 Matwin 的最大可通代子树原理修改算法 7.3.5,并论证其正确性。

8. 根据 Bruynooghe 和 Pereira 的最小不可通代子树原理修改算法 7.3.5,并论证其正确。

9. 根据 7.3 节中最后提出的想法,即针对最广通代失败的原因找回溯地点,修改算法 7.3.5,并论证其正确性。

10. 比较习题 7,8,9 三种修改对算法 7.3.5 效率的影响。

11. 如果采用习题 7,8,9 的方法,则习题 3 中谓词的最佳和最坏排列是什么? 回溯的最少和最多次数是多少?

12. 用某种高级语言(例如 Pascal)把本章中的算法(包括习题中的修改算法)编成程序,并用它们试算正文和习题中的例题。

第八章

启发式搜索算法

从理论上说，如果计算机可以使用的时间和空间是无限的，那么仅仅有盲目搜索算法也许就已经够了，但实际情况并不是这样。更何况还有个搜索速度问题，要是搜索的时间太长，即使计算机有这个耐心，人也奉陪不起。现在已经发现了许多计算复杂性很高的问题，如旅行推销员问题，布尔表达式的化简等等。这些问题的现有算法都是具有指数复杂性的。一旦将来 P≠NP 的猜测被证明，为这些问题寻找简单算法的希望就会彻底落空。现实的困难迫使人们转而求援于启发式算法。这种算法的本质是部分地放弃算法"一般化，通用化"的概念，把所要解的问题的具体领域的知识加进算法中去，以提高算法的效率。如，广度优先法几乎可以用于解一切搜索问题，什么九宫图，河内塔，旅行推销员，华容道，以至魔方等等。但是实际使用时，效率也许低得惊人，甚至根本解不出来（例如魔方问题）。但如果我们为每类问题找出一些特殊规则，和广度优先法配合起来使用，那结果就可能完全不一样了。

在本书中，我们将从状态树（状态空间），与或树（问题空间）和极小极大树（博弈空间）三个方面来讨论各种启发式算法及其应用。根据启发信息，在生成上述各种搜索树时可以考虑种种可能的选择，如：

1. 下一步展开哪个节点？

2. 是部分展开还是完全展开？

3. 使用哪个规则（或算子）？

4. 怎样决定舍弃还是保留新生成的节点？

5. 怎样决定舍弃还是保留一棵子树？

6. 怎样决定停止或继续搜索？

7. 如何定义启发函数（估值函数）？

8. 如何决定搜索方向？

等等。由于这些选择的不同，就得到了不同的启发式算法。本章将择其要者进行讨论。

8.1 单值有序搜索和多值有序搜索

在上两章给出的盲目搜索算法的基础上,很容易定义启发式的搜索算法。其原理是对于每个在搜索过程中遇到的新状态,计算一个估计值,根据估计值的大小,确定下一步将从哪一个状态开始继续前进。一般以估计值小者为较优的状态,以此实行最佳优先搜索。计算状态估计值的函数是确定的,但是每个状态的估计值的大小,与从初始状态到达该状态的路径有关。仍以坐车问题为例,如果把到达一个车站定义为一个状态,并把从出发站到达该站的车费作为估计值,则沿不同路线到达该站的车费可能是不一样的。这表示,把"到达某站"作为状态时,其估计值可能是与所走的路线有关的。

我们将要定义的算法叫有序搜索算法。与盲目搜索算法一样,求解的路径要记下来,附在状态的后面,估计函数即定义为路径的函数。为了提高运行效率,每个状态一经产生,即把估计值算出来,也附在状态后面,以免每次选择状态节点时重新计算一遍。状态加上路径和估计值以后也用下划线表示。因此,若状态为 S,则相应的状态常表为 $S(\text{path}, f(\text{path}))$,其中 path 是路径,$f$ 是估值函数,$f(\text{path})$ 是估计值。

算法 8.1.1(有序搜索算法)。

1. 建立一个空的状态序列 SS。
2. 建立一个空的状态库 SB。
3. 定义一个估值函数 f。
4. 若初始状态为 S_0,则定义初始状态 $S_0(0, f(0))$ 为当前新状态。
5. 把当前新状态按估计值从小到大的顺序插入 SS 中。若新状态为目标状态,则插入具有相同估计值的状态的最前面,否则,插入具有相同估计值的状态的最后面。
6. 若在 SS 或 SB 中原有一个状态,它和当前新状态共一个状态,则删去原有状态。
7. 若新状态在 SS 的最前面,则转 11。
8. 若某种搜索极限已经达到,则搜索失败,算法运行结束,没有解。
9. 若任何规则都不能应用于状态序列 SS 中的第一个状态,或虽能应用而不能产生合适的新状态(在 SS 和 SB 中都没有者称为新),或虽能产生合

适的新状态 $S(path2, f(path2))$，但不是改进型的（若 SS 和 SB 中已有状态 $S(path1, f(path1))$，它与新状态共一个状态 S，且 $f(path2) \geqslant f(path1)$，则新状态不是改进型的），则把此第一个状态从 SS 中除去，送入 SB 中，否则，转 12。

10. 若 SS 成为空序列，则搜索失败，算法运行结束，没有解。

11. 若 SS 中第一个状态已是目标状态，则搜索成功，算法运行终止（如该状态的形式为 $S(path, f(path))$，则解就是 $(path)$），否则，转 9。

12. 取一个可以应用于 SS 的第一个状态 $S(path, f(path))$，并产生改进型的合适新状态的规则 R_n，产生新状态 $T(path, n, f(path, n))$，定义它为当前新状态。转 5。

算法完。

关于这个算法，我们可以进行如下的讨论。

1. 在本算法中，每个新状态产生后，对该状态是否即是目标状态的问题要作两次判断，一次在第 5 步，一次在第 11 步，这在时间上似乎是一种浪费。但这种浪费是不得已的，是为了避免更大的浪费。

为了说明这一点，我们设想至少有两种办法可以替代我们的做法。第一种办法是，在第 5 步中不判断新状态中的状态是否为目标状态。则有可能发生这样的情况：有许多并非目标状态的状态，具有和目标状态相同的估计值，但排在目标状态的前面，因而先于目标状态被处理，它们可能生成大量无用的后代，浪费了大量的时间和空间。第二种办法是，在第 5 步中也不判断新状态的状态是否为目标状态，但在第 11 步中对 SS 中具有最小估计值的全部状态同时判断，看其中是否有一个是目标状态。这种办法的缺点是当具有相同估计值的状态数量很多时，搜索工作量很大，而且每进入这一步就要做一次大搜查。

2. 与前一章一样，我们对节点采取了部分展开的方法，即每次只生成一个后代。比起某些文献中每次生成一个节点的所有后代来，往往会少生一些没有用的后代。

3. 本算法第 9 步中与原有状态的比较，是一件很消耗时间的工作，可以考虑采用下面的方法来提高效率：

（1）用某种杂凑方法确定所产生的状态是否为新状态。

（2）若是新状态，即直接按状态估计值 $f(path)$ 用对半查找法把新状态插入 SS 中。

(3) 若不是新状态,但是是新状态,则按状态估计值从大到小的次序进行比较,比较到 SS 或 SB 中已有状态的 f(path)值小于等于新状态的估计值时即可停止。因为再往下找已没有意义。

4. 给定估值函数 f 的意义,则有序搜索归结为几种已知的搜索:

(1) 令 f 为状态节点的深度,则本算法成为广度优先搜索。

(2) 令 f 为初始状态到该状态节点的代价,则本算法成为代价优先搜索。

(3) 令 f 为状态节点深度的负数,则本算法成为深度优先搜索。

5. 必须注意:有序搜索算法不一定能找到解,即使确有解存在也罢。在我们所讲过的算法中,几乎只有广度优先算法能保证做到这一点。有序搜索算法的特点是使用启发信息(表现在估值函数上),可是,启发信息也会骗人,把你引向没有尽头的叉路。

另一方面,即使有序搜索能找到解,也未必一定是最优的,因此,有序搜索算法需要改进。可以从两个方面改进。首先,我们可以不限于一个估值函数,用多个估值函数来"层层设卡"。其次,我们可以对估值函数的形式加以限制,以保证它一定能找到解,甚至一定能找到最优解。

先讨论多个估值函数的情况,可以用两种不同的方式设立多个估值函数。

算法 8.1.2(第一类多值有序搜索)。

对算法 8.1.1 作如下修改:

1. 定义 n 个估值函数 f_i, $i=1$, …, n。

2. 状态的一般形式为 $S(\text{path}, f_1(\text{path}), f_2(\text{path}), \cdots, f_n(\text{path}))$。

3. 定义初始状态为 $S_0(0, f_1(0), f_2(0), \cdots, f_n(0))$,其中 S_0 是初始状态。

4. SS 中各状态的排序方式为:先按 f_1(path)的值排序,如果这一项相等,则按 f_2(path)的值排序,若不相等,再按 f_3(path)的值排序,如此下去。(按:各状态在 SS 中的次序就是它们被挑选来作为进一步搜索出发点的次序。)

5. 如果产生的新状态和 SS 或 SB 中原有的状态共一个状态,则比较它们的估计值时也是按 4 中的次序进行比较,即先比较 f_1(path1)和 f_1(path2),其中 path1 和 path2 分别是从初始状态通向上述新状态和原有状态的路径。若这两个值相等,再比较 f_2(path1)和 f_2(path2),若又相等,再比较 f_3(path1)和 f_3(path2),如此等等。在这种字典次序的意义下,若新状态的估计值小于原有状态的估计值,则称新状态是改进型的(参见算法 8.1.1 中的第 9 步)。

6. 选择规则 R_m 作用于状态 $S(\text{path}, f_1(\text{path}), f_2(\text{path}), \cdots, f_n(\text{path}))$ 后,得到的新状态形式应为 $T(\text{path}, m, f_1(\text{path}, m), f_2(\text{path}, m), \cdots, f_n(\text{path}, m))$。

7. 如此修改所得的算法即是本算法。

算法完。

为了说明多值有序搜索的功能,我们不妨考察它的几个特例:

1. 当 $n=1$ 时它就是普通有序搜索。

2. 令 $n=2$,f_1 表示搜索的深度,f_2 表示另一个估值函数,则多值有序搜索变成优化的广度优先搜索。即在广度优先的前提下,在同一层深度中优先选择希望较大的节点。

3. 令 $n=2$,f_1 表示接近目标状态的程度估计,f_2 表示接近最佳路径的程度估计。则本算法的含义是:在尽快到达目标(尽量少展开中间节点)的前提下求最佳可能的路径。

这个例子告诉我们,利用多值有序搜索可以在多种优化目标指导下利用多种启发信息。

4. 令 $n=2$,$f_1=\text{depth}\div m$(depth 是搜索深度,m 是正整数,$\div$ 是整除运算),f_2 是另一个估值函数。则本算法成为广义的优化广度优先算法。即按深度计算,以每 m 层为一个阶梯。搜索优先在低阶的阶梯内进行,在每一层阶梯内部,优先展开那些希望大的节点,每一层阶梯试验完毕后,再向高一层的阶梯过渡。$m\div h=k$ 的意思是 $m=k\times h+l$,其中 $h>0$,$m\geq l\geq 0$,$k\geq 0$,当 $m\geq h$ 时 $m>l$。

5. 令 $n=3$,f_1 表示九宫图中被移动棋子所在的行数,f_2 表示被移动的棋子所在列数的负数,f_3 表示被移动棋子将要去的行数,则本算法实现的策略就是在第五章 5.1 节中所举九宫图例子中使用的策略。

由以上例子可见,我们给出的多值有序搜索算法是非常灵活的,现在我们来讨论另一类多值有序搜索。它有点类似于 Lisp 中的条件表达式,用条件判断来决定应当使用哪一个估值函数。

算法 8.1.3(第二类多值有序搜索)。

对算法 8.1.1 作如下修改:

1. 定义 n 个估值函数 f_i，$i=1$，…，n。

2. 定义 $n-1$ 个估值条件 p_i，每个 p_i 是一个取布尔值的函数。

3. 状态的一般形式为 $S(path，p_1(path)，f_1(path)，p_2(path)，f_2(path)$…，$p_{n-1}(path)，f_{n-1}(path)，f_n(path))$。

4. 定义初始状态为 $S_0(0，p_1(0)，f_1(0)，…，p_{n-1}(0)，f_{n-1}(0)，f_n(0))$，其中 S_0 是初始状态。

5. SS 中各状态的排序方式为：对于每一个状态，从 $i=1$ 开始，检查它的 $p_i(path)$ 的值（其中 path 是该状态的路径），若 $p_i(path)$ 取真值，而对所有的 $i<j$，$p_i(path)$ 皆取假值，则我们称 p_i 为该状态的第一个有效估值条件，f_i 为第一个有效估计值。如果还有一个 $k>j$，使 $p_k(path)$ 取真值，而对所有的 $j<i<k$，$p_i(path)$ 均取假值，则我们称 p_k 为该状态的第二个有效估值条件，f_k 为第二个有效估计值，依此类推。由于不存在 p_n，f_n 永远是有效估计值。排序时，首先按各状态的第一个有效估计值排（不一定是同一个 i），小的在上，大的在下，如果双方的第一个有效估计值相同，则按第二个有效估计值排，依此类推。如果一方的有效估计值尚未用完而另一方已用完，则没有用完的一方在前，而用完的一方在后。

6. 如果产生的新状态和 SS 或 SB 中原有的状态共一个状态，则比较它们的估计值时也是按 5 中的次序进行比较，即先比较第一个有效估计值，若这两个有效估计值相同，再比较第二个有效估计值，依此类推。如果在这种有效估计值的字典次序比较中，新状态的估计值小于原有状态的估计值，或新状态的有效估计值没有用完，而原有状态的有效估计值已经用完，则称新状态是改进型的（参见算法 8.1.1 中的第 9 步）。

7. 选择规则 R_m 作用于状态 $S(path，p_1(path)，f_1(path)，…，f_{n-1}(path)，f_n(path))$ 后，得到的新状态形式应为 $T(path，m，p_1(path，m)，f_1(path，m)，…，f_{n-1}(path，m)，f_{n-1}(path，m))$。

8. 如此修改所得的算法即是本算法。

算法完。

这个算法比前一个算法更一般，下面是它的几个特例：

1. 当 $p_1\equiv p_2\equiv\cdots\equiv p_{n-1}=$ true（真）时，它退化为第一类多值有序搜索。

2. 令 $n=2$，$p_1\equiv$ freecell $>m$，$f_1\equiv$ depth，$f_2\equiv-$ depth。此时本算法的意思是：当还有相当数量的存储空间（$>m$）时，用广度优先搜索，一旦存储空间数

量减少到某种限度以内,即采用深度优先搜索。

3. 令 $n=2$,$p_1\equiv$pending$<m$,$f_1\equiv$depth,$f_2\equiv-$depth。此时本算法的意思是:当已生成而未处理完的节点数小于某个限度时,采取广度优先搜索,一旦超过这个限度,即采用深度优先搜索。这个例子与上个例子有相似之处,但也有一点不同。上个例子一旦进入深度优先搜索,就不会恢复广度优先,除非使用废料回收,但在本例中则有可能(考虑 SS 中的状态数)。

4. 令 $n=3$,$p_1\equiv$all(表示士象全),$p_2\equiv$pair(表示有一对士或一对象),p_1 和 p_2 为假表示士象都不成对,以上都是指对方的情况。$f_1\equiv-\alpha*H-\beta*K$,$f_2\equiv-(\alpha+\beta)*(H+K)/2$,$f_3\equiv-\beta*H-\alpha*K$;这里 H 表示自己一方尚有马的个数,K 表示自己一方尚有炮的个数,α 和 β 是两个常数,$0<\alpha<\beta$。此时本算法表示处理中国象棋残局的一种原则:当对方士象都全时,主要根据自己一方炮的多寡来判断局势优劣;对方有一对士或一对象时,自己一方马、炮的作用大体相等;对方士象都不成对时,则主要根据自己还有几匹马来判断棋势。

8.2　H*算法和 A*算法

在本节中,我们从第二个方面来探讨有序搜索,即如何适当地选择估值函数 f。

这里,我们赋予估值函数 f 以一个特定的含义,即 f 在某个节点 n 处的值估计了从根节点开始,到达目标节点,并且经过该节点 n 的一条代价为最小的通路的代价。形象地说,我们可以把这种通路看成是一条绷紧的弦,弦的一头缚在初始节点上,另一头缚在目标节点上,中间某处被节点 n 卡住,除此之外,全弦是绷紧的,严格地说,令:

S 为初始节点,t_i 为一组目标节点,

n,n_i,n_j 为任意的节点,

$k^*(n_i,n_j)$ 是从 n_i 到达 n_j 的最小代价,

$g^*(n)=k^*(s,n)$ 是从初始节点到节点 n 的最小代价,

$h^*(n)=\min k^*(n,t_i)$ 是从节点 n 到一个目标节点 t_i 的最小代价,

$j^*(n)=g^*(n)+h^*(n)$ 是从初始节点出发,经过节点 n,到达一个目标节点的最小代价。

算法 8.2.1(H 算法)。

1. 令 $g(n)$ 为对 $g^*(n)$ 的估计;$g(n) > 0$。

2. 令 $h(n)$ 为对 $h^*(n)$ 的估计;$h(n) \geqslant 0$。

3. 令 $f(n) = g(n) + h(n)$ 为每个节点 n 处的估值函数。

4. 使用如此选定的估值函数 f 的有序搜索算法(算法 8.1.1)即是本算法。

算法完。

在这个算法中,$g(n)$ 是容易找到的。事实上,我们只需要把从初始节点到节点 n 实际上走过的路程的代价当作 $g(n)$ 使用就可以了。它是对 $g^*(n)$ 的估计,而且永远有 $g^*(n) \leqslant g(n)$。同时我们也知道,在算法执行过程中 $g(n)$ 是不断改进的,即随着更多的搜索信息的获得,$g(n)$ 的值呈下降趋势。但是要找到合适的 $h(n)$ 则要靠来自具体问题领域的启发信息了。

由于 $h(n)$ 的选择仍有很大的任意性,因此 H 算法并不能保证找到一个解,更不能保证找到最优解。关于求最优解问题,Hart,Nilsson 和 Raphel 等人在 1968 年定义了一个条件,称为"可采用条件"。

定义 8.2.1 状态空间的一个搜索算法称为是可采用的,如果只要目标状态存在,并且从初始状态到目标状态有一条通路,则该算法一定在有限步内终止并找到一个最优解(即代价为最低的解)。

下面是一个满足此可采用条件的算法,H* 算法。

算法 8.2.2(H* 算法)。

1. 在 H 算法中,规定 $h(n) \leqslant h^*(n)$;

2. 推广 $k^*(n_i, n_j)$ 的定义,令 $k^*(n_1, n_2 \cdots, n_m)$ 为从 n_1 出发,经过 $n_2, \cdots,$ 到达 n_m 的最小代价,规定存在一个正整数 $e > 0$,使得对任意的 $n_i, n_j,$ $n_m (n_j \neq n_m)$ 均有

$$k^*(n_i, n_j, n_m) - k^*(n_i, n_j) > e$$

3. 经如此限制以后的 H 算法就是 H* 算法。

算法完。

定理 8.2.1 H* 算法是可采用的。

证明 首先,如果存在一条从初始状态到目标状态的通路,则一定存在一条最优通路。这是因为,从 H* 算法的第二条件可以知道,每多走一步所增加的代价起码是 $e > 0$。假定已知通路的代价为 K,则从初始状态到目标状态的任何通

路,凡长度超过 $\left[\dfrac{K}{e}\right]$ 者,其代价必定大于 K。所以我们只需考虑长度不超过 $\left[\dfrac{K}{e}\right]$ 的从初始状态到目标状态的通路即可($[X]$ 表示不超过 X 的整数)。这样的通路至多只有有限多条,我们必能找出其中最优的来(也许有几条同为最优,但这不要紧,任择一条即可)。

其次,在算法运行结束前,每条最优通路至少有一个节点(状态)在 SS 中。事实上,甚至每条从初始状态到目标状态的通路都至少有一个节点在 SS 中。这是因为,从初始状态开始,每个新生成的状态都送入 SS 中,只有当一个状态不能生成后代或已生成了所有的后代以后,才把这个状态从 SS 中除去。现在假设状态 n' 是最优通路上的一个节点,它位于 SS 中,根据算法规定有:

$$f(n') = g(n') + h(n')$$

其中 f 是估值函数。但由于 n' 在最优通路上,因此应有 $g(n') = g^*(n')$,所以

$$f(n') = g^*(n') + h(n')$$
$$\leqslant g^*(n') + h^*(n') = f^*(n') = f^*(t)$$

其中 t 是目标状态。这里用到了 H^* 算法的第一个条件。

对于任意择定的一个时刻,SS 中位于 n' 之前的节点(状态)只有有限多个,设个数为 N,我们暂称之为第一代节点,其中估计值最小者为 a_1。由第一代节点生成的节点称为第二代节点,其估计值最小者为 a_2,根据算法条件知 $a_2 \geqslant a_1 + e$,一般有

$$a_j \geqslant a_1 + (j-1)e$$

当 j 足够大时定有 $a_j > f^*(t)$。此示:由第一代节点生成的后代只能有有限多代位于 n' 之前,由于每个节点只能派生有限多个直接后代,在此之后它就要被从 SS 中除去。因此,经过有限步后 n' 必然成为 SS 的第一个节点(如果在此之前算法尚未结束的话)。又由于最优通路上只能有有限多个节点 n',因此经有限步后算法必然因到达目标状态 t 而停止。根据假设,这就是最优解。假若算法在尚未到达 t 之前就停止了,也即找到了另一个目标状态或另一条通路,则由于 SS 中的状态是按估计值大小排列的,它必定也是最优解。

在我们的搜索过程中,每一步都记下路径 path,因此我们还需要证明:当目

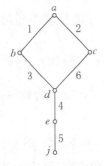

图 8.2.1 可能影响
路径记载的搜索图

标状态出现在状态栈顶时,目标状态内的 path 就是最优路径。之所以提出这个问题,是为了排示图 8.2.1 中所示的情况,即节点展开的次序是 a, b, d, e, c, j,且 $f(acd)$ < $f(abd)$,实际的最优路径是 $acdej$,但由于 c 在 e 之后展开,使得原来与 b 挂钩的 d 改与 c 挂钩,从而使目标状态 j 内记载的 path $abdej$ 与最优路径 $acdej$ 不一致。图中每条弧旁标的数字指示路径生成次序。

现在我们证明这种情况不可能发生。设最优路径是 p(在图中是 $acdej$),p 上最后一个被二次生成的节点是 α,我们以 α 和 α' 表示该节点的两次生成。

首先,当 α' 生成时,不仅 $f(\alpha')$ < $f(\alpha)$,而且对 α 在 SS 中的所有(可能已生成的)后代 β_i,均有 $f(\alpha')$ < $f(\beta_i)$。因为,若 α' 的父节点是 γ,则由于 α 先于 γ 被展开,必有 $f(\alpha) \leqslant f(\gamma)$,生成 α' 时 γ 正在栈顶,因此又有 $f(\gamma) \leqslant f(\beta_i)$,如果 $f(\beta_i) \leqslant f(\alpha')$,则将得到矛盾不等式:

$$f(\beta_i) \leqslant f(\alpha') < f(\alpha) \leqslant f(\gamma) \leqslant f(\beta_i)$$

其次,由于 $f(\alpha')$ < $f(\alpha)$,$f=g+h$,$h(\alpha')=h(\alpha)$,我们必有 $g(\alpha')$ < $g(\alpha)$。因此,对于 α 的任一子节点 β,必有 α' 的相应子节点 β',使

$$f(\beta') < f(\beta)$$

于是刚才对 α 和 α' 的推论可以照样施行于 β 和 β',并依此类推,直到 α 在 p 上的最后一个子节点。这说明:α 在 SS 中的所有子节点 β_i 在它们被展开前即被 α' 的相应子节点 β_i' 所取代,不可能进入目标状态的 path 中。

证毕。

在各种搜索算法中,H* 算法具有基本的重要性,许多其他算法都是经此算法演变而来,因此,值得我们深入地加以研究。

H* 算法的搜索效率在很大程度上取决于函数 $h(n)$ 的选择。它要求 $h(n) \leqslant h^*(n)$,但如果 $h(n)$ 太小了,则启发信息就很少了。在极端情况下 $h(n) \equiv 0$,此时估计值完全根据已走过的路程来确定:$f(n)=g(n)$,选择 $g(n)$ 为搜索深度或代价,则 H* 算法将退化为广度优先搜索或代价优先搜索。

事实上,$h(n)$ 的值在满足上述不等式($\leqslant h^*(n)$)的前提下越大越好。下边

的定理说明了这一点。

定理 8.2.2　若 H_1 和 H_2 是针对同一问题的两种不同的 H^* 算法,它们的估值函数分别为

$$f_1(n) = g_1(n) + h_1(n)$$
$$f_2(n) = g_2(n) + h_2(n)$$

如果对任意节点 n,恒有 $g_1(n) = g_2(n)$(注意,这里的 n 虽说是节点,实际上是从初始状态通向此节点的一条路径,$g(n)$ 的值实际上是对这条路径的代价估计。因此,$g_1(n) = g_2(n)$ 指的是走同一条路径的前提下),并且

$$h_2(n) > h_1(n),\text{其中 } n \text{ 不是目标}$$

则我们说 H_2 算法比 H_1 算法拥有更多的启发信息。在此情况下,H_1 算法展开的节点不会比 H_2 算法少。更严格地说,H_2 算法展开的节点集是 H_1 算法展开的节点集的子集。(注:一个节点被展开指的是它充当父节点。)

证明　我们使用数学归纳法,对节点的代数(即在搜索树中的深度)K 进行归纳。

当 $K = 0$ 时上述结论肯定成立,因为如果初始状态就是目标状态,则 H_1 和 H_2 都不展开根节点,如果初始状态不是目标状态,则 H_1 和 H_2 都要展开根节点。

现在假设命题当 $K-1$ 时成立,即所有属于第 $K-1$ 代的节点,凡被 H_2 展开者,必被 H_1 展开。设 n 是一个 K 代节点,它被 H_2 展开,问是否也被 H_1 展开?

首先,由于 n 被 H_2 展开,定有 $f_2(n) \leqslant f_2^*(t)$,其中 t 是目标。这是因为,我们在定理 8.2.1 中已经证明了:在 H^* 算法运行结束前的任一时刻,必有通向目标的最佳通路上的一个节点 n' 位于 SS 中(条件是这种最佳通路确实存在),并且对于 n' 有 $f(n') \leqslant f^*(t)$。根据这一点可以知道,若 n 就在最佳通路上,则 $f_2(n) \leqslant f_2^*(t)$ 自然满足。若 n 不在最佳通路上,则最佳通路的某个节点 n' 在 n 之下,根据估计值的排序规定,应有 $f_2(n) \leqslant f_2(n') \leqslant f_2^*(t)$。命题也成立。

另一方面,假设 n 不被 H_1 展开,则显然有 $f_1(n) \geqslant f_1^*(t)$,因为 SS 的首部出现目标状态 t 时 n 在 t 之下。

由于 $g_1^*(t) = g_2^*(t)$,因此 $f_1^*(t) = f_2^*(t)$。此示应有不等式

$$f_1(n) \geqslant f_2(n)$$

成立。由定理假设知 $g_1(n)=g_2(n)$，因此有 $h_1(n) \geqslant h_2(n)$，这与 $h_2(n) >$
$h_1(n)$ 的假设是矛盾的。

证毕。

应该注意，在这个定理中我们只证明了 H_1 展开的节点不比 H_2 少，更确切
地说，如果节点 n 既被 H_1 又被 H_2 生成，且 H_2 展开了它，则 H_1 也一定会展开
它。但我们并没有证明凡是 H_2 生成的节点，H_1 也一定会生成。事实上这一定
成立（请读者自证）。现在看一个例子：

初始状态：a

规则：$a \rightarrow b$

$\qquad a \rightarrow c$

$\qquad b \rightarrow t$

目标状态：t

估值函数：$g_1(a)=0$，$g_1(b)=1$

$\qquad g_1(c)=1$，$g_1(t)=3$

$\qquad h_1(a)=2$，$h_1(b)=0$

$\qquad h_1(c)=1$，$h_1(t)=0$

$\qquad h_2(a)=3$，$h_2(b)=2$

$\qquad h_2(c)=2$，$h_2(t)=0$

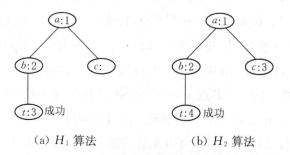

（a）H_1 算法　　　　　（b）H_2 算法

图 8.2.2　H^* 算法生成节点的比较

由于 g_1 等于 g_2，因此 g_2 不必写出。H_1 和 H_2 分别使用 g_1，h_1 和 g_2，
h_2，其搜索结果如图 8.2.2 所示。c 节点既被 H_1 又被 H_2 生成。

我们还需注意：定理 8.2.2 中的关键假定和结论都是不能改进的，第一，
$h_2(n) > h_1(n)$ 的假定不能改进为 $h_2(n) \geqslant h_1(n)$，下面是反例：

初始状态：a

规则：$a \rightarrow b$

　　　$a \rightarrow c$

　　　$c \rightarrow t$

目标状态：t

估值函数：$g_1(a)=0$，$g_1(b)=2$

　　　　　$g_1(c)=2$，$g_1(t)=5$

　　　　　$h_1(a)=3$，$h_1(b)=3$

　　　　　$h_1(c)=2$，$h_1(t)=0$

　　　　　$h_2(a)=3$，$h_2(b)=3$

　　　　　$h_2(c)=3$，$h_2(t)=0$

该例子的运行情况如图 8.2.3 所示，其中节点标号后的数字是该节点被展开的次序，而不是被生成的次序。在 H_2 算法中 b 节点被展开了，但未能生成后代。

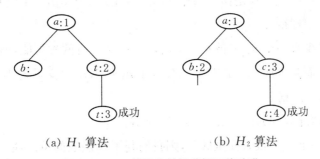

　　　　(a) H_1 算法　　　　　　　(b) H_2 算法

图 8.2.3　H* 算法比较的前提不能改进

第二，定理 8.2.2 的结论：H_2 展开的节点集是 H_1 展开的节点集的子集，也不能改进为 H_2 展开的节点集是 H_1 展开的节点集的真子集。下面是反例：

初始状态：a

规则：$a \rightarrow t$

目标状态：t

估值函数：$g_1(a)=0$，$g_1(t)=2$

　　　　　$h_1(a)=1$，$h_1(t)=0$

　　　　　$h_2(a)=2$，$h_2(t)=0$

H_1 和 H_2 算法都只展开两个节点，即初始节点和目标节点。

定义 8.2.2 如果估值函数 $h(n)$ 满足下列不等式：

$$h(n_i) - h(n_j) \leqslant k^*(n_i, n_j)$$

其中 $k^*(n_i, n_j)$ 是从 n_i 到 n_j 的最小代价，n_j 是 n_i 的后继节点，则称函数 $h(n)$ 是单调的。

定理 8.2.3 如果估值函数 $h(n)$ 是单调的，则对被 H^* 算法展开的任何节点 n 一定有

$$g^*(n) = g(n)$$

亦即 H^* 算法是循着从初始状态通向该节点的最优路径到达该节点的。

证明 设 n 是被 H^* 算法展开的一个节点，如果 n 是初始状态，则定理显然成立。

现在假定 n 不是初始状态。令路径 $n_0 n_1 n_2 \cdots n_k$ 是从 n_0 到 n_k 的最优路径，其中 n_0 是初始状态，$n_k = n$。

如果 n_k 的产生过程是：n_0 生成 n_1，n_2 生成 n_2，$\cdots$，n_{k-1} 生成 n_k，则最优路径已经生成，定理得证。

否则，至少有一个 n_j 未被 n_{j-1} 生成，$1 \leqslant j \leqslant k$。有两种可能，或者 n_{j-1} 没有完全展开，因而未生成 n_j。或者 n_{j-1} 生成了 n_j 但因 n_j 作为状态不是改进型的，而使弧 $n_{j-1} n_j$ 被删去。

这两种情况分别如图 8.2.4(a)，(b)所示。

如果有一个 n_{j-1} 没有完全展开，则我们利用 h 函数的单调性。已知对任意的 i 有

$$h(n_i) \leqslant h(n_{i+1}) + k^*(n_i, n_{i+1})$$

因此，

$$g^*(n_i) + h(n_i) \leqslant g^*(n_i) + h(n_{i+1}) + k^*(n_i, n_{i+1})$$

由于这些 n_i 都在一条最优通路上，因此有

$$g^*(n_{i+1}) = g^*(n_i) + k^*(n_i, n_{i+1})$$

代入前式，得到

$$g^*(n_i) + h(n_i) \leqslant g^*(n_{i+1}) + h(n_{i+1})$$

利用这个关系的传递性，我们得到

$$g^*(n_{j-1})+h(n_{j-1})\leqslant g^*(n_k)+h(n_k)$$

此即

$$f(n_{j-1})\leqslant g^*(n_k)+h(n_k)$$

但是 H* 算法选择了 n_k 而不是 n_{j-1} 实行展开,可见必有

$$f(n_k)\leqslant f(n_{j-1})$$

由此推出

$$g(n_k)\leqslant g^*(n_k)$$

结果是

$$g(n_k)=g^*(n_k)$$

所以在这种情况下定理能够得证。

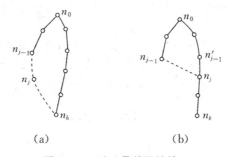

图 8.2.4 $h(n)$ 是单调的情况

如果有一条弧 $n_{j-1}n_j$ 因不是改进型而被删去,则取最小的这样的 j,必有另一条通路 $n_0n_1'\cdots n_{j-1}'n_j$ 通向 n_j,并且 $p=n_0n_1'\cdots n_{j-1}n_jn_{j+1}\cdots n_k$ 也是最优的。考察这条新路径 p,并重复上面的考虑,最后必能证明生成 n_k 的路径是最优的。

证毕。

推论 8.2.1 由 H* 算法展开的节点序列的估计值,在 $h(n)$ 为单调的前提下,是一个单调非降的序列。

证明 我们只需考察一对直接的相继被展开的节点 n_1 和 n_2 就够了。如果在展开 n_1 时,n_2 已在 SS 中,则显然 n_1 在 n_2 之上,$f(n_1)\leqslant f(n_2)$。否则,n_2 定是被 n_1 产生的。我们有

$$f(n_2) = g(n_2) + h(n_2)$$
$$= g^*(n_2) + h(n_2) \text{(根据定理)}$$
$$= g^*(n_1) + k^*(n_1, n_2) + h(n_2) \text{(同上)}$$
$$= g(n_1) + k^*(n_1, n_2) + h(n_2) \text{(同上)}$$
$$\geqslant g(n_1) + h(n_1) \text{(单调性条件)}$$
$$= f(n_1)$$

证毕。

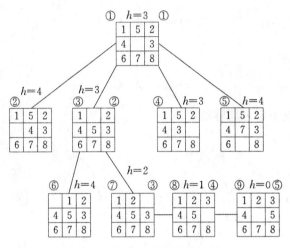

(a) 用 H_1 算法搜索

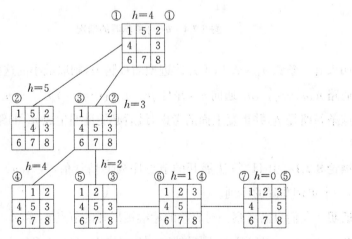

(b) 用 H_2 算法搜索

图 8.2.5　启发信息量不同的算法比较

现在举例展示 H^* 算法的工作过程,仍以前面提到过的九宫图为例。分别使用两套估值函数,构成两个 H^* 算法,H_1 和 H_2。

H_1:$h_1(n)$＝偏离指定位置的棋子个数

　　　$g_1(n)$＝实际走的步数

H_2:$h_2(n)$＝所有棋子偏离指定位置的距离总和

　　　$g_2(n)=g_1(n)$

H_1 和 H_2 算法的运行过程分别在图 8.2.5(a) 和 (b) 中给出。每个节点的左、右上方标着该节点的生成和展开次序。估值函数 h_i 只满足 $h_2(n) \geqslant h_1(n)$,而不满足 $h_1(n) > h_1(n)$。H_1 生成的节点比 H_2 多,但是它们展开的节点个数一样多。H_1 和 H_2 中的 h 函数都满足单调性质。所有被展开的节点都位于最优路径上。

本节所述的 H^* 算法和通常文献上载的 A^* 算法略有不同。主要区别有两条:第一,在 H^* 算法中,每次只生成一个后继节点,在 A^* 算法中,每次生成一个节点的所有后继节点,第二,在 H^* 算法中,每生成一个新节点即询问它是否是目标节点,在 A^* 算法中,只询问栈顶节点是否为目标节点。下面我们就来具体给出 A^* 算法以及与它有关的其他算法。

算法 8.2.3(完全展开的有序搜索算法)。

1. 建立一个空的状态序列 SS。

2. 建立一个空的状态库 SB。

3. 定义一个估值函数 f。

4. 若初始状态为 S_0,则定义初始状态 $S_0(0, f(0))$ 为当前新状态。

5. 把所有的当前新状态按估计值从小到大的顺序插入 SS 中。

6. 若在 SS 或 SB 中原有一个状态,它和某个当前新状态共一个状态,则删去原有状态。

7. 若 SS 的第一项是一个新状态,则转 11。

8. 若某个搜索极限已经达到,则搜索失败,算法运行结束,没有解。

9. 若任何规则都不能应用于状态序列 SS 中的第一个状态,或虽能应用而不能产生改进型的合适新状态,则把此第一个状态从 SS 中除去,送入 SB 中,否则,转 12。

10. 若 SS 成为空序列,则搜索失败,算法运行结束,没有解。

11. 若 SS 中的第一个状态已是目标状态,则搜索成功,算法运行终止(如该状态的形式为 S(path，f(path))，则解就是(path))，否则，转 9。

12. 取所有可以应用于 SS 的第一个状态 S(path，f(path))，并产生多个不同的改进型的合适新状态的规则 R_i，$i \in I$，产生当前新状态集 T(path，i，f(path，i))，其中对属于同一状态的诸状态只取一个最优者，转 5。

算法完。

算法 8.2.4(A 算法)。

在算法 8.2.1 的第 4 步中，把使用算法 8.1.1 改为使用算法 8.2.3，即得 A 算法。

算法完。

算法 8.2.5(A* 算法)。

把算法 8.2.2 中对 H 算法的限制改用于 A 算法，即得 A* 算法。

算法完。

下面是有关 A* 算法的一些定理，它们和前面 H* 算法的定理几乎完全一样，读者可自行验证。

定理 8.2.6　A* 算法是可采用的。

定理 8.2.7　对同一个搜索问题，启发信息多(即 h 值大)的 A* 算法展开的节点是启发信息少的 A* 算法展开的节点的子集。

定理 8.2.8　如果估值函数 $h(n)$ 是单调的，则对被 A* 算法展开的任何节点 n 一定有

$$g^*(n) = g(n)$$

8.3　估值函数的选择

在 A* 算法中，估值函数 $f(n) = g(n) + h(n)$ 的选择是一个关键。人们希望找出最好的定义 $f(n)$ 的方法，以便进一步改进启发式搜索。例如，可以考虑如下的问题：

1. 不仅要找到最优解，而且要尽快地找到最优解。

2. "快"的定义是什么？是生成的节点少，还是展开的节点少？是否考虑各种工作量，如比较估计值的工作量，生成节点的工作量，展开节点的工作量，等等？

3. 如果找最优解和尽快找到最优解不能兼顾,能否在适当牺牲"最优性"的条件下大大加快搜索进程? 对这种牺牲能否作出适当估计?

4. $f(n)=g(n)+h(n)$ 的估值函数形式是否是最理想的形式?

5. 可采用性条件 $h(n) \leqslant h^*(n)$ 的必要性究竟有多大?

针对这些问题,许多人作了各种各样的试验,并获得了一些结果。

第一个想法也许是,如果在 $f(n)=g(n)+h(n)$ 中令 $h(n) \equiv 0$,即仅以已经花费的代价 $g(n)$ 来进行估计。我们在前面已经说过,这有点接近于广度优先算法。实际上,Dijkstra 很早(1959 年)就提出了类似的算法,用以求一个有向图中两点间的最短距离。差不多与 Dijkstra 同时,Moore 也发表了类似的算法。这些算法实际上是 A* 算法的前身。试把下列的 Dijkstra 算法与 A* 算法作一比较,其中:

s:初始节点,t:目标节点。

pred(n):n 的父节点(在通往初始节点的路上)。

SUC(n):n 的所有直接后继节点的集合。

SB:已经探明与初始节点间最短距离的那些节点的集合。

SF:SB 中所有节点的直接后继节点的集合,但不包括 SB 本身的节点。

$g(n)$:从 s 到 n 的最短距离。

算法 8.3.1(Dijkstra 算法)。

1. 令 SB$=\{s\}$。

2. 令 SF$=$SUC(s)。

3. 令 $g(s)=0$。

4. 对所有的 $n \in$ SF,令 $g(n)=l(s,n)$,其中 $l(s,n)$ 是 s 到 n 的边长。

5. 对同样的 n,令 pred(n)$=s$。

6. 令 $P=\{n \mid n \in$ SF $\land \forall m \in$ SF$[g(n) \leqslant g(m)]\}$。

7. 对 P 中的每个 n 执行 8 到 10 各步。

8. 若 $n=t$ 则搜索成功,其路径可由 pred(n)函数给出。算法停止。

9. 把 n 自 SF 中取出,加入 SB 中。

10. 考察 n 的后继集 SUC(n)中的每个 m:

　　(1) 若 $m \in$ SB 则舍弃之;

　　(2) 若 $m \notin$ SF 则把 m 加入 SF 中,并令

$$g(m)=g(n)+l(n,m);$$
$$\text{pred}(m)=n;$$

(3) 若 $m \in SF$ 则比较 $g(m)$ 和 $g(n)+l(n,m)$,若后者值较小则做与
(2)同样之赋值。

11. 若 SF 为空,则搜索失败,否则转 6。

算法完。

事实证明,用 Dijkstra 算法虽然一定能找到最优解,但花费的工作量不一定是最小的。因为它不利用任何启发式信息。

另一种想法与此相反,不是舍弃 $h(n)$ 而是舍弃 $g(n)$,即令 $f(n)=h(n)$。这种想法的实质在于把解的最优性置于次要地位,而首先考虑如何尽快地求得一个解,即一切根据当前节点 n 到目标节点的估计代价来确定。Doran 和 Michie 编写的图搜索程序就遵循这一策略。该程序是用 ALGOL 60 编制的,在 NCR Elliot 503 计算机上(内存为 8 000 字)可以计算节点数达 500~1 000 之间的搜索树。

为了估计舍弃 $g(n)$ 对求解过程的影响,我们可以考察 Doran 和 Michie 用该程序做的实验。有关的度量是:

1. P:解的路径长度;

2. D:被展开的节点总数;

3. T:生成的节点总数;

4. P^*:最优解的路径长度;

5. P^*/P:解的优化度;

6. P^*/D:节点展开的优化度;

7. P/D:节点展开的相对优化度。

由于 P^* 的值要使用 A* 算法才能知道,因此,Doran 和 Michie 的实验中没有给出这个值。他们给出了节点展开的相对优化度 P/D 作为代替,起名叫渗透度。

第一个实验是 16 宫图,它是九宫图的推广,使用 4×4 棋盘和 15 个棋子。他们随机构造了十个初始图形,结果在上述存储限制下解出了其中的六个。$h(n)$ 的形式是 $a+wb$,其中 a 是各棋子偏离正确位置的距离总和,b 是估计各棋子按正确次序排序的程度,w 是一个恰当地选择的权。实验的数据见图 8.3.1。

	1	2	3	4	5	6	
P	99	115	84	82	78	83	未解出的题未列在内。
D	165	182	99	126	114	111	
T	394	440	225	304	284	266	
P/D	60%	63.2%	84.8%	65.1%	68.4%	74.8	

图 8.3.1 用图搜索程序解 16 宫问题

第二个实验是公式变换问题。设 S_1 和 S_2 是两个表达式,具有相同的变元,而不同的组合。假设运算是可交换和可结合的,要把其中的一个变成另一个。实验时试了 11 个例子,其中 6 个得到解决,使用的规则是交换律和结合律。实验结果见图 8.3.2。

	1	2	3	4	5	6
P	13	9	9	10	10	同左
D	46	15	16	17	19	同左
T	268	112	117	124	132	同左
P/D	28.3%	60.0%	56.3%	58.8%	52.6%	同左

图 8.3.2 用图搜索程序解公式变换问题

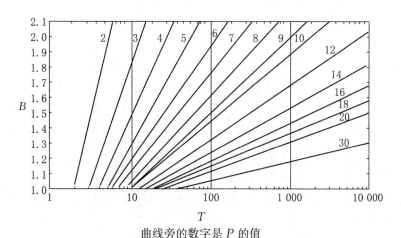

曲线旁的数字是 P 的值

图 8.3.3 P 为常量时 B 和 T 的关系(引自 Nilsson 著"人工智能原理")

Nilsson 曾经对这个问题进行过一些理论上的分析。他把渗透度定义为 P/T,而不是像 Doran 和 Michie 那样定义为 P/D。Nilsson 认为,用渗透度来判断算法的优劣有个缺陷,它在某种程度上可能与求解路径长度有关。因为生成节点的数量的增加呈越来越快的趋势,结果是:求解路径长的,渗透度就低,求解路径短的,渗透度就高;但这并不反映所用搜索算法的真正效率。Nilsson 定义了一个量,B 称为有效分叉度。它的意义是:想象有一棵树,该树的高度恰好等于求解路径的长度 P,该树的节点数恰好等于搜索过程中生成节点的总数 T。设该树的每个节点生成的分叉个数一样多,B 即是它的分叉数。自然,B 一般来说不会是整数。它的公式是

$$B+B^2+\cdots+B^P=T \tag{8.3.1}$$

即

$$B(B^P-1)/(B-1)=T \tag{8.3.2}$$

图 8.3.3 给出了当 P 为常数时 B 与 P 的关系,图 8.3.4 给出了当 B 为常数时 P 与渗透度的关系。

Nilsson 用与 Doran 和 Michie 同样的估值函数 $h(n)$,但是加上了 $g(n)$。即用 $f(n)=g(n)+h(n)$ 来做一个九宫图问题。结果生成节点 44 个,展开节点 22 个,求解路径长为 180,按 P/D 求得渗透度为 0.41,按 P/T 求得渗透度为 0.82,与图 8.3.1 中 Doran 和 Michie 的结果有很大差别。但如按有效分叉度计算,则 Nilsson 的例子为 1.08,而图 8.3.1 中的全部例子均在 1.02 至 1.03 之间。

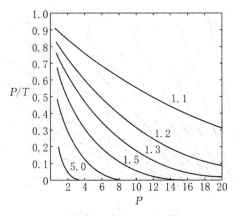

曲线旁的数字是 B 的值

图 8.3.4 B 为常量时 P 和 P/T 的关系(引自 Nilsson 著"人工智能原理")

因此,单靠有限的数据似乎难以判断这些算法的优劣性。现在我们以一个比较简单的模型为依据,来比较一下估值函数 $f(x)$ 中 $g(x)$ 和 $h(x)$ 的取舍的

优缺点。我们的模型是一株无穷树,每个节点都有 m 个分叉,m 是固定的正整数,每个节点代表一个状态,假定任何一个方向都是可逆的,即从任何一个节点出发都可以到达任意的另一个节点。当然,这种路径是唯一的,恒有 $g(x)=g^*(x)$。

我们要做的是最坏情况分析。在 $h(x)$ 为任意(当然要满足 $h(x) \leqslant h^*(x)$),$h(x)$ 为严格(即 $h(x)=h^*(x)$)和 $h(x)$ 有最大误差 d(即 $h^*(x) \geqslant h(x) \geqslant h^*(x)-d$)三种情况下,分析 $f(x)=g(x)$,$f(x)=h(x)$ 和 $f(x)=g(x)+h(x)$ 三种估值函数的最不顺利的效果。

还要假定每条边的长度(代价)都是 1。目标为 t,根节点为 s,$g^*(t)=j>0$。

1. $h(x)$ 为任意。

(1) $f(x)=g(x)$。

搜索以广度优先方式一层层地推进,在最坏情况下,t 是在第 j 层上最后被生成的节点,生成节点总数为

$$\sum_{i=0}^{j} m^i = (m^{j+1}-1)/(m-1) \tag{8.3.3}$$

(2) $f(x)=h(x)$。

在最坏情况下,沿着从 s 到 t 的方向,至少有一个节点使 $h(x)$ 大于 0,而沿着另一个错误的方向,在所有节点上 $h(x)=0$。于是,搜索将沿着错误的路线一直找下去,而得不到解。

(3) $f(x)=g(x)+h(x)$。

在最坏情况下,沿着从 s 到 t 的最短方向 $h(x)=h^*(x)$,而在其他节点上 $h(x)=0$,即 $f(x)=g(x)$。

这就是说,在从 s 到 t 的最短通路上,$f(x)=f^*(t)=g^*(t)$。对于第 j 层上的所有其他节点 y,$f(y)=g(y)=g^*(t)$。因此,在最坏情况下,要比(1)中的广度优先情况约多生成一层节点。即生成节点的总数是

$$\sum_{i=0}^{j+1} m^i - m = (m^{j+2}-1)/(m-1) - m \tag{8.3.4}$$

2. $h(x)$ 为严格。

(1) $f(x)=g(x)$。

同 1 中(1)。

(2) $f(x)=h(x)$。

此时 $h(x)=h^*(x)$，对每个 x 都有：$f(x)$ 为 x 到 t 的距离。若 y 不在 s 到 t 的通路上，则 y 一定要经过此通路上的某节点 z 才能到达 t，它到 t 的距离一定大于 z 到 t 的距离，更大于从 z 到 t 的通路上 z 的直接后继 w 到 t 的距离。由于 y 生成的时刻一定晚于 z 生成的时刻，因此这样的 y 不可能被展开，但与 s 到 t 的通路上的节点距离为 1 的节点可能被生成。这就是说，在最坏情况下，生成节点总数为

$$m\times j+1 \tag{8.3.5}$$

(3) $f(x)=g(x)+h(x)$。

此时对 s 到 t 通路上的任一 x 皆有 $f(x)=f^*(t)$，对不在此通路上的任一 y 皆有 $f(y)=g(y)+l(y,z)+l(z,t)$，其中 z 是 s 到 t 通路上的一个节点，l 代表两点间距离，因此

$$\begin{aligned} f(y)&=g(z)+l(y,z)+l(y,z)+l(z,t)\\ &=f^*(t)+2\times l(y,z)\\ &=f(z)+2\times l(y,z) \end{aligned} \tag{8.3.6}$$

因此可作与(2)同样的推理：在最坏情况下，生成节点总数为

$$m\times j+1 \tag{8.3.7}$$

3. $h(x)$ 有最大误差 d。

(1) $f(x)=g(x)$。

同 1 中(1)。

(2) $f(x)=h(x)$。

设 y 不在 s 到 t 的通路上。若 y 要展开，必须存在 z，z 在通路上，且

$$h(y)\leqslant h(z) \tag{8.3.8}$$

最坏情况是：s 到 t 通路上的 h 值非常高，甚至等于严格值 h^*，而其他节点上的 h 值尽量低，此时可选 z 为 y 的最近祖先，我们有

$$\begin{aligned} h(y)&\leqslant h^*(z)\\ h^*(y)-d&\leqslant h^*(z)\\ l(y,z)+h^*(z)-d&\leqslant h^*(z)\\ l(y,z)&\leqslant d \end{aligned} \tag{8.3.9}$$

这最后一个公式就是确定展开节点总数的条件。因此,不难看出,生成的节点总数是 $j+d$ 级树中以 s 到 t 的通路为中心的宽度为 $d+1$ 的带状区内的所有节点,减去以 t 的根的子树的全部非根节点,即

$$j \times \{(m-1) \times T_m(d)+1\}+1 \qquad (8.3.10)$$

其中 $T_m(d)$ 是一棵 d 级的标准 m 叉树的节点总数,如 $T_m(0)=1$, $T_m(1)=m+1$, 等等。

化简之,得

$$\begin{aligned} j \times &\{(m-1) \times (m^{d+1}-1)/(m-1)+1\}+1 \\ &= j \times \{m^{d+1}\}+1 \\ &= j \times m^{d+1}+1 \end{aligned} \qquad (8.3.11)$$

(3) $f(x)=g(x)+h(x)$。

设 y 和 z 的定义与(2)中一样,若要 y 展开,必有

$$g(y)+h(y) \leqslant g(z)+h(z) \qquad (8.3.12)$$

最坏情况仍然是 $h(z)=h^*(z)$ 而 $h(y)=h^*(y)-d$,因此应有

$$\begin{aligned} g(y)+h^*(y)-d &\leqslant g(z)+h^*(z) \\ g(y)+h^*(y)-d &\leqslant f^*(z)=f^*(t) \end{aligned} \qquad (8.3.13)$$

这表示,z 的选择无关紧要,可以是 s 到 t 通路上的任意一点,我们现在选它就是 y 的最近祖先,于是

$$g(y)=g(z)+l(y, z) \qquad (8.3.14)$$

$$h^*(y)=h^*(z)+l(y, z) \qquad (8.3.15)$$

于是上面的不等式变为

$$2 \times l(y, z) \leqslant d \qquad (8.3.16)$$

与式(8.3.9)相比,多了一个因子 2。因此,生成的节点总数是 $j+\left[\dfrac{d}{2}\right]$ 级树中以 s 到 t 的通路为中心的宽度为 $\left[\dfrac{d}{2}\right]+1$ 的带状区内的所有节点,减去以 t 为根的子树的全部非根节点,结果为

$$j \times m^{\left[\frac{d}{2}\right]+1}+1 \tag{8.3.17}$$

综合以上的分析,我们可以看出:

1. 在 $f(x)=g(x)+h(x)$ 中,$g(x)$ 是"保险"的项,起着稳定形势的作用,而 $h(x)$ 是"冒险"的项。搞得好,可以带来很大利益,搞不好,可以起很大的破坏作用。

2. 因此,当 $f(x)=g(x)$ 时,搜索不快不慢,旱涝保收,它的"最坏"情况是三种估值函数(另两种是 $f(x)=h(x)$ 和 $f(x)=g(x)+h(x)$)中之最佳的,生成节点的数量级是 m^j。

3. 选择 $f(x)=h(x)$ 时,其效果与 $h(x)$ 对 $h^*(x)$ 的估计精确程度有极大关系。估计不精确时,生成节点数按误差 d 的指数级增长,甚至根本找不到解。但如估计精确,则最多生成应该生成的节点数的 m 倍。

4. 选择 $f(x)=g(x)+h(x)$ 时,由于 $g(x)$ 的稳定作用,大大缩小了误差 d 的影响,在最坏情况下,它生成的节点数仅相当于 $f(x)=h(x)$ 时生成的节点数的平方根那么多(当 d 较大时),这是很可观的改进。无误差时它和 $f(x)=g(x)$ 的最坏情况一样。

5. 采用 $f(x)=g(x)$,即宽度优先时,生成节点数以 m 为底,以 j 为幂,说明它主要取决于目标的深度。在有 $h(x)$ 的情况下,生成节点数以 m 为底,以 d 为幂,说明它主要取决于误差的大小。

6. 对于 $f(x)=g(x)+h(x)$ 来说,当 $h(x)$ 任意时生成节点数最多时约为 m^{j+1},含误差 d 时生成节点数最多约为 $m^{d/2}$,这两者是可以统一起来的,因为在上述搜索树中,同在第 j 层上的两个节点的距离是 $2 \times j$,这正好是不在 s 到 t 通路上的 y 的距离估计 $h(y)$ 的最大误差。

Pohl 认为,适当调整一下 $g(x)$ 和 $h(x)$ 在 $f(x)$ 中所占的比重也许是一种好方法,他定义如下的估值函数:

$$f(x)=(1-w)g(x)+wh(x) \tag{8.3.18}$$

其中 w 称为权,$f(x)$ 称为加权估值函数。当 $w=0$ 时,$f(x)=g(x)$,当 $w=1$ 时,$f(x)=h(x)$,当 $w=0.5$ 时,它就是通常的 $f(x)=g(x)+h(x)$。使用加权估值函数的算法称为启发式路径算法(HPA)。它不一定满足可采用条件。Pohl 的实验结果表明,一般说来,如果 $h(x)$ 是一个比较精确的估计,$g(x)$ 的系数比较小(但不是非常小),即 $0.5<w<1$,则展开的节点数将相对地少。

Pohl 的权不限于是常量,也可以是变量,即估值函数可以定义为

$$f(x)=(1-w(x))g(x)+w(x)h(x) \qquad (8.3.19)$$

称为动态加权估值函数。

Harris 向可采用性条件提出了挑战。可采用性条件规定 $h(x) \leqslant h^*(x)$。在难以确切知道 $h^*(x)$ 的情况下当然是取 $h(x)=0$ 最为保险了。但这样一来就等于没有任何启发信息。另一方面,我们已经知道,$h(x)$ 越接近 $h^*(x)$,则搜索的效果越好(生成和展开的节点少)。可是,$h(x)$ 一接近 $h^*(x)$,就有超过 $h^*(x)$ 的危险。Harris 认为,又要使 $h(x)$ 尽量接近 $h^*(x)$,又不许 $h(x)$ 超过 $h^*(x)$,这是一个矛盾。与其采取保守的保险政策,不如允许 $h(x)$ 适量地超过 $h^*(x)$,并因此而牺牲一点解的最优性。换来的好处则是搜索效率的提高。

Harris 提出的条件是

$$h^*(x)-d \leqslant h(x) \leqslant h^*(x)+e \qquad (8.3.20)$$

其中 d 和 e 都是固定的非负常数,常数 e 表示允许 $h(x)$ 超过 $h^*(x)$ 的界限。我们在后面将会看到,这也是解的最优性受影响的界限。常数 d 用于对生成节点的质量进行估计,根据估计的结果,有可能在算法运行过程中大胆地删去一些无用的节点,从而进一步提高效率。条件式(8.3.20)称为带宽条件,在带宽条件下进行的搜索称为带宽搜索。

算法 8.3.2(带宽搜索算法)。

1. 在 A 算法中,规定

$$h^*(x)-d \leqslant h(x) \leqslant h^*(x)+e \qquad (8.3.21)$$

其中 $d \geqslant 0$, $e \geqslant 0$。

2. 规定,对任意的 x, y 有

$$g(x) \leqslant g(y)+k^*(x,y)(单调性) \qquad (8.3.22)$$

3. 规定,对任意的 x, y 有

$$k^*(x,y) \geqslant f > 0 \qquad (8.3.23)$$

4. 如此修改过的 A 算法即是本算法。

算法完。

定理 8.3.1

1. 如果有解存在,则算法 8.3.2 一定能找到一个解。

2. 若最优解为 p^*,本算法找到的解是 p,则定有

$$f^*(p) \leqslant f^*(p^*) + e \tag{8.3.24}$$

这种解称为是 e 可采用的。

3. 在算法运行过程中,如果出现两个节点 m 和 n,满足

$$f(m) < f(n) - (e + d) \tag{8.3.25}$$

则可以把节点 n 从 SS 中删去(见有序算法,即算法 8.1.1),而不会影响搜索的效果。

证明 首先证明它一定能找到一个解。从定理 8.2.1 的证明可推出本算法在运行结束前的任一时刻一定抓住从初始状态到目标状态的每一条通路,即每一条这样的通路至少有一个节点在 SS 中。假定 n 是最佳通路上的一个节点,它位于 SS 中。从 n 到 SS[1] 只有有限个节点 $n_i (f(n_i) \leqslant f(n))$,每个 n_i 只能生成有限个后代 m_j(包括直接后代和间接后代),使 $f(m_j) \leqslant f(n)$(根据本算法的第 2, 3 两条假定),因此在有限步之后,如果没有达到其他目标状态,则节点 n 一定会浮到 SS[1]。如果 n 不是目标,则 n 也要在有限步内被删去。此时必有 n 的一个后继 n' 在 SS 中,n' 也在最佳通路上。依此类推,其结论是:如果在算法运行过程中未找到其他目标,则最后必须以找到最优目标(最优通路)而告终。

其次,我们证明本算法找到的解与最优解的误差一定不超过 e。

设 SS[1] = p 是一个目标,已知有 $i > 0$,SS[i] = n,n 属于最佳通路。我们有

$$f(p) \leqslant f(n)$$
$$g(p) + h(p) \leqslant g(n) + h(n) \tag{8.3.26}$$

由于本算法有单调性前提,援用定理 8.2.8,可知对每个被展开的 x 有 $g(x) = g^*(x)$,另外,n 是在最优通路上,也有 $g(n) = g^*(n)$,因此有

$$g^*(p) + h(p) \leqslant g^*(n) + h(n) \tag{8.3.27}$$

由于 p 是目标 $h(p) = h^*(p) = 0$,所以

$$g^*(p) + h^*(p) \leqslant g^*(n) + h(n) \tag{8.3.28}$$

援用带宽条件,得

$$g^*(p)+h^*(p)\leqslant g^*(n)+h^*(n)+e \qquad (8.3.29)$$
$$f^*(p)\leqslant f^*(n)+e$$

令 p^* 为最佳目标,则有 $f^*(n)=f^*(p^*)$,因此

$$f^*(p)\leqslant f^*(p^*)+e \qquad (8.3.30)$$

这就证明了所得目标的误差不会超过 e。

最后,我们证明扔掉满足不等式(8.3.25)的节点 n 不会影响搜索的进行。设已知

$$f(m)<f(n)-(e+d)$$

利用带宽条件,又设 n 在最佳通路上,得

$$f^*(m)-d<f^*(n)+e-(e+d)$$
$$f^*(m)<f^*(n)$$

由于 n 在最佳通路上,应有 $f^*(n)=f^*(p^*)$,其中 p^* 是最优目标,因此有

$$f^*(m)<f^*(p^*)$$

这与 p^* 的最优性是矛盾的。所以 n 一定不在最佳通路上,可以删掉。

证毕。

事实上,带宽搜索并没有一定要牺牲解的最优性这种限制,它只是说,找到的第一个解不一定是最优的。为了找到最优解,只需利用带宽条件

$$h(x)\geqslant h^*(x)-d$$

如果 n 是最佳通路上的一个节点,它位于 SS 中,则有

$$f(n)\geqslant f^*(n)-d=f^*(p^*)-d$$
$$f^*(p^*)\leqslant f(n)+d$$

任取算法运行的一个时刻,求

$$M=\underset{x\in SS}{\text{Max}}(f(x)+d) \qquad (8.3.31)$$

然后让算法继续运行,经过有限步后,SS 中的所有 y 必然满足:

$$f(y)-e>M\geqslant f^{*}(p^{*})$$

表示最优解已不存在于 SS 中,也不可能通过继续搜索得到。此时把到此为止求得的所有解(必定是有限个)比较一下,即可取最优解。并且可以同样的原理不是求最优解,而是求达到一定优化程度的解。

有时可能不易找到完全符合式(8.3.21)的估值函数 $h(x)$,此时可用两个函数 $h_1(x)$ 和 $h_2(x)$ 代替之,使

$$h_{1}(x)\leqslant h^{*}(x)+e \tag{8.3.32}$$

$$h_{2}(x)\geqslant h^{*}(x)-d \tag{8.3.33}$$

这对于定理 8.3.1 的第一和第二部分都没有影响(在第二部分中以 $h_1(x)$ 代替原来的 $h(x)$),对于定理的第三部分,只需把条件式(8.3.25)改为

$$f_{2}(m)<f_{1}(n)-(e+d) \tag{8.3.34}$$

即可,其中

$$f_{1}(x)=g(x)+h_{1}(x) \tag{8.3.35}$$

$$f_{2}(x)=g(x)+h_{2}(x) \tag{8.3.36}$$

8.4 B 算法和 B′算法

我们已经看到了 A* 算法的许多优点:它一定能保证找到最优解;如果按展开的节点个数来估计它的效率,则当启发函数 h 的值单调上升时,它的效率只会上升,不会下降;此外,它有比较合理的渐近性质。

可是 A* 算法也有不小的缺点,它有时会遇到麻烦。如果我们不是仅仅考察被展开的节点的个数,而是考察各节点被展开的次数,则 A* 算法在最坏情况下显示出很高的复杂性。当一个节点被重新生成时,由此节点通向根节点的距离估计 g 可能比上一次生成时的估计要短,由此引起该节点总估计值 f 的减小,从而有可能使该节点重新成为最优节点而被展开。这种展开可以重复多次。在图 8.4.1 中,节点 n_1 被展开 8 次,节点 n_2 被展开 4 次,节点 n_3 被展开 2 次,其余节点各被展开一次。圆圈中的数字是 h 的值,弧旁的数字是 k^* 的值。整个搜索过程如图 8.4.2 中的表所示,其中给出了每个节点在每一时刻 f 的值。带方框的节点是已关闭的,其余是被打开的。带下划线的是正被展开的节点。

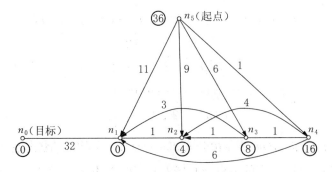

图 8.4.1 A* 算法的重复展开

n_0	n_1	n_2	n_3	n_4	n_5
—	—	—	—	—	<u>36</u>
—	<u>11</u>	13	14	17	☐36
43	☐11	<u>13</u>	14	17	☐36
43	<u>10</u>	☐13	14	17	☐36
42	☐10	☐13	<u>14</u>	17	☐36
42	<u>9</u>	11	☐14	17	☐36
41	☐9	<u>11</u>	☐14	17	☐36
41	<u>8</u>	☐11	☐14	17	☐36
40	☐8	☐11	☐14	<u>17</u>	☐36
40	<u>7</u>	9	10	☐17	☐36
39	☐7	<u>9</u>	10	☐17	☐36
39	<u>6</u>	☐9	10	☐17	☐36
38	☐6	9	<u>10</u>	☐17	☐36
38	<u>5</u>	7	☐10	☐17	☐36
37	☐5	<u>7</u>	☐10	☐17	☐36
37	<u>4</u>	☐7	☐10	☐17	☐36
<u>36</u>	☐4	☐7	☐10	☐17	☐36
☐36	☐4	☐7	☐10	☐17	☐36

图 8.4.2 $G(5)$ 在 A* 算法下的重复展开

这个图可以推广到任意的 m,令

$$k^*(n_i, n_j) = 2^{i-2} - 2^{j-1} + i - j, \; 1 \leqslant j \leqslant i \leqslant m \tag{8.4.1}$$

$$k^*(n_1, n_0) = 2^m \tag{8.4.2}$$

$$h(n_m) = 2^m + m - 1 \tag{8.4.3}$$

$$h(n_0) = h(n_1) = 0 \tag{8.4.4}$$

$$h(n_i) = 2^i, \; 1 < i < m \tag{8.4.5}$$

容易看出,若以 $G(m)$ 表示由公式(8.4.1)至(8.4.5)构成的状态空间,则图 8.4.1 中给出的就是 $G(5)$。它的节点一共展开 17 次,差不多等于 2^4。下面我们要证明,对一般的 $G(m)$,用 A^* 算法搜索的复杂性是 $O(2^{m-1})$。为此,我们首先证明三个引理。

引理 8.4.1 设 p_1 和 p_2 是 $G(m)$ 中从 n_j 到 n_i 的两条通路:

$$p_1 = n_j n_l n_{l-1} \cdots n_{l-k+1} n_{l-k} \tag{8.4.6}$$

$$p_2 = n_i n_{l-k} \tag{8.4.7}$$

其中

$$m \geqslant j > l > k > 0 \tag{8.4.8}$$

则定有

$$K^*(p_1) < K^*(p_2) \tag{8.4.9}$$

证明 这里 K^* 表示路径的总长度。利用定义展开 K^* 得:

$$K^*(p_1) = k^*(n_i, n_l) + K^*(n_l n_{l-1} \cdots n_{l-k})$$
$$= 2^{j-2} - 2^{l-1} + j - l + k \tag{8.4.10}$$

$$K^*(p_2) = 2^{j-2} - 2^{l-k-1} + j - l + k \tag{8.4.11}$$

因此,式(8.4.9)相当于

$$2^{l-1} > 2^{l-k-1} \tag{8.4.12}$$

由于式(8.4.8),这是显然的。

证毕。

引理 8.4.2 令

$$p_1 = s_1 n_l s_2 n_h \tag{8.4.13}$$

$$p_2 = s_1 n_i s_3 n_h \tag{8.4.14}$$

其中 s_1, s_2, s_3 是节点序列,s_1 非空,且

$$l > i > h \tag{8.4.15}$$

则定有

$$K^*(p_1) < K^*(p_2) \tag{8.4.16}$$

证明　无妨假设 s_1 只含一个节点，以 n_j 表之。可知 $j > l$。利用引理 8.4.1，我们有

$$K^*(p_1) = K^*(n_j n_l s_2 n_h) \leqslant K^*(n_i n_l n_h)$$
$$= 2^{j-2} - 2^{l-2} - 2^{h-1} + j - h$$
$$< 2^{j-2} - 2^{i-1} - 2^{h-1} + j - h \tag{8.4.17}$$
$$K^*(p_2) = K^*(n_j n_i s_3 n_h) \geqslant K^*(n_j n_i n_{i-1} \cdots n_{h+1} n_h)$$
$$= 2^{j-2} - 2^{i-1} + j - h \tag{8.4.18}$$

比较式(8.4.17)和(8.4.18)即得所求。

证毕。

引理 8.4.3　令

$$p_1 = s_1 n_j \tag{8.4.19}$$
$$p_2 = s_1 n_l s_2 \tag{8.4.20}$$

其中 s_1, s_2 是节点序列，s_1 非空，且

$$j > l \tag{8.4.21}$$

则定有

$$f(p_2) < f(p_1) \tag{8.4.22}$$

证明　无妨假设 S_1 只有一个节点，表为 n_k：

$$f(p_1) = g(p_1) + h(n_j) = 2^{k-2} + 2^{j-1} + k - j \tag{8.4.23}$$
$$f(p_2) = g(p_2) + h(n_i) \leqslant k^*(n_k, n_l) + k^*(n_l, n_i) + h(n_i)$$
$$= 2^{k-2} - 2^{l-2} + 2^{i-1} + k - i \tag{8.4.24}$$

其中 n_i 是 p_2 的最后一个节点。

$$f(p_1) - f(p_2) = 2^{j-1} + 2^{l-2} - 2^{i-1} + i - j \tag{8.4.25}$$

根据不等式

$$j > l > i \geqslant 1 \tag{8.4.26}$$

不难证明 $f(p_1)-f(p_2)>0$ 恒成立。

证毕。

定理 8.4.1 用 A^* 算法搜索 $G(m)$ 的复杂性是 $O(2^{m-1})$。

证明 我们断言,用 A^* 算法搜索 $G(m)$ 时的节点展开总数是 2^{m-1}。现在对 m 用数学归纳法来证。

鉴于最后一步展开的 n_0 是公共的。因此可以把问题简化为不考虑最后一步的搜索,即展开次数为 2^{m-1}。通过仔细验证图 8.4.1 中的例子,可以知道这个断言对 $G(1)$,$G(2)$,$G(3)$,$G(4)$,$G(5)$ 都是成立的。

现在假设断言对 $G(1)$,$G(2)$,$\cdots$,$G(m)$ 均成立,求证它对 $G(m+1)$ 也成立。以 $\exp(m)$ 表示搜索 $G(m)$ 时的展开次数,则我们只需证明公式

$$\exp(m+1)=1+\sum_{j=1}^{m}\exp(j) \tag{8.4.27}$$

即可,因为根据归纳假设,我们有

$$1+\sum_{j=1}^{m}\exp(j)=1+\sum_{j=1}^{m}2^{j-1}=2^m \tag{8.4.28}$$

为了证明公式(8.4.27),我们分析一下 $G(m+1)$ 的搜索过程。首先是展开 n_{m+1}。如果能够证明接下来是依次搜索 $G(1)$,$G(2)$,$\cdots$,$G(m)$,则自然就推得了公式(8.4.27)。

从 n_{m+1} 有弧通向 n_1,n_2,$\cdots$,n_m,因此

$$f(n_i)=k^*(n_{m+1},n_i)+h(n_i),\ 1\leqslant i\leqslant m \tag{8.4.29}$$

对于每一个 $i>1$ 有

$$k^*(n_{m+1},n_i)+h(n_i)=2^{m-1}+2^{i-1}+m-i+1 \tag{8.4.30}$$

当 $i>1$ 时,式(8.4.30)是 i 的单调递增函数。另一方面

$$f(n_1)=2^{m-1}+m-1<f(n_2) \tag{8.4.31}$$

因此,式(8.4.30)对所有的 i 单调递增。亦即

$$f(n_i)<f(n_l),\ 1\leqslant i<l\leqslant m \tag{8.4.32}$$

这决定了 n_1 到 n_m 诸节点的展开顺序。

于是,第一步展开 n_1,这相当于搜索 $G(1)$。第二步展开 n_2,它重新生成 n_1,

并产生 $f(n_1)$ 的一个新值。利用引理 8.4.1,可以证明此新值小于 $f(n_1)$ 的旧值(即当 n_1 由 n_{m+1} 生成时的值),因此 n_1 要重新打开,赋以新的 f 值。注意我们在前面已经证明了旧的 $f(n_1)$ 值小于所有的 $f(n_i)$,$1<i\leq m$。新的 $f(n_1)$ 值自然更小于那些 $f(n_i)$。因此下一步要展开的应该是 n_1(重新展开)。这意味着算法连续展开了 n_2 和 n_1,相当于搜索了完整的图 $G(2)$。

现在假设通过连续展开节点 n_1,n_2,…,n_j 连续搜索了图 $G(1)$,$G(2)$,…,$G(j)$,$j<m$。我们要证明下一步搜索的是 $G(j+1)$。注意,根据我们的定义,对于 $1\leq j<m$,每个 $G(j)$ 包含在 $G(j+1)$ 之中。并且注意每个 $G(j)$ 搜索完毕时,其中所有的节点均已关闭。因此下一步该展开的节点自然是 n_{j+1}。用类似于推导式(8.4.29)到(8.4.32)时所用的方法,可以证明 n_{j+1} 生成节点 n_1,n_2,…,n_j,并且有类似式(8.4.32)的关系成立。

根据归纳假设,n_{j+1} 是第一次展开,利用引理 8.4.1,已知 n_{j+1} 生成 n_1,n_2,…,n_j 之后。$g(n_1)$,…,$g(n_j)$ 的值比原来的减小了。因此 $f(n_1)$,…,$f(n_j)$ 的值也比原来的减小。这说明 n_1,…,n_j 要重新打开,利用引理 8.4.3,可知新 $f(n_1)<$新 $f(n_2)<\cdots<$新 $f(n_j)$,以及新 $f(n_j)<$原 $f(n_{j+2})$,这表示下一步应重新展开 n_1,…,n_j。再次引用引理 8.4.3 可知,对任意的 l,k,s,$1\leq l<k\leq j$,s 为节点序列,新 $f(n_{m+1}n_{j+1}n_ls)<$新 $f(n_{m+1}n_{j+1}n_k)$。这表示:在以 n_l 为起点的 $G(l)$ 搜索完之前不会去搜索以 n_k 为起点的 $G(k)$。同时,由引理 8.4.2 可知,对 $G(l)$ 内部的任一节点 n,新 $f(n)<$旧 $f(n)$,所以我们可以援用归纳假设,知道 $G(l)$ 被完全搜索,且节点展开数为 2^{l-1}。这适用于任意的 l,因此,$G(j+1)$ 的节点展开数为 $G(1)$ 至 $G(j)$ 诸节点展开数之和加 1,即 2^j。这最终证明了 $G(m+1)$ 的节点展开数是 2^m,即式(8.4.27)和(8.4.28)。

此外,不难看出对每个节点 n,$h(n)\leq h^*(n)$,符合 A* 算法的条件。

证毕。

用 A* 算法搜索 $G(m)$ 时复杂性高的原因是因为 $G(m)$ 中各节点 n 上的估值,函数 $h(n)$ 不符合单调性要求(定义 8.2.2)。参阅图 8.4.1 可知,本来最短的解题路径应该是 $n_5n_4n_3n_2n_1n_0$,但由于 n_1,n_2 等处的 h 值太低,把节点的展开路线"吸引"到 n_1n_2 那里去了。结果是走了许多弯路。

为了避免不正常的 h 值对解题路径的影响,Martelli 提出了一种新算法,称为 B 算法。该算法在 h 值不正常时不予考虑,只根据 g 的值来选择展开的节点,从而把最高复杂性降低到 $O(N^2)$。具体步骤如下:

算法 8.4.1(B算法)。

1. 建立一个空的状态序列 SS。

2. 建立一个空的状态库 SB。

3. 若初始状态为 S_0,则定义初始状态 $S_0(0, f(0))$ 为当前新状态。

4. $F:=f(0)$。

5. 把当前新状态分为两组,凡估计值 $f \geqslant F$ 者,按 f 值从小到大的顺序插入 SS 中,其余新状态按 g 值从小到大的顺序插入 SS 中。

6. 若在 SS 或 SB 中原有一些状态,它们和某个当前新状态共一个状态,则删去原有状态。转 8。

7. 若 SS 成为空序列,则搜索失败,算法运行结束,没有解。

8. 若 SS 中第一个状态已是目标状态,则搜索成功,算法运行终止(如该状态的形式为 $s(path, f(path))$,则解就是$(path)$)。

9. 若某种搜索极限已经达到,则搜索失败,算法运行结束,没有解。

10. 把 SS 中第一个状态 s 取出送入 SB 中。令 $F:=\max(F, f(s))$。

11. 取所有可以应用于 s 并产生改进型的合适新状态的规则 R_i,产生新状态集 $T_i(path, i, f(path, i))$,定义它们为当前新状态集。

12. 如当前新状态集非空,则转 5,否则转 7。

算法完。

这个算法的关键是动态地维持一个被展开节点 n 的估计值 f 的上限 F。如果新产生的节点的估计值 $f < F$,则认为是出现了不正常情况(h 估计值违反了单调性)。此时不选择 f 值最小的节点,而在 $f < F$ 的诸节点中选择其 g 值最小者。这样做的道理可以从以下一些定理中看出来。

定理 8.4.2　B算法是可采用的。

定理 8.4.3　如果 h 值满足单调性条件,则 B 算法与 A 算法一致。

定理 8.4.4　对于 B 算法运行过程中产生的任何 F,均有 $F \leqslant g^*(t)$,其中 $g^*(t)$ 是从初始状态到目标状态 t 的最优路径的长度。

这三个定理的证明留给读者作为习题。

从上述定理可以看出,f 值小于 F 的那些节点迟早是要被展开的,因此,先取其 g 值比较小的(距初始状态近的),从直观上看是有利于减少重复展开的节点数的。下面是关于 B 算法复杂性的严格证明。

定理 8.4.5　用 B 算法搜索节点数为 N 的图 G 时,其复杂性为 $O(N^2)$。

证明　设被 B 算法展开的节点序列是 $n_1, n_2, \cdots, n_r$，其中 n_1 为初始节点，n_r 为目标节点。注意其中可能有重复的节点，即 $n_i = n_j$，$i < j$。此外，令与此相应的 f 值序列为

$$FS = f_1, f_2, \cdots, f_r \tag{8.4.33}$$

$$f_r = g^*(n_r) \tag{8.4.34}$$

构造 FS 的子序列 SFS：

$$SFS = f_{i_1}, f_{i_2}, \cdots, f_{i_p} \tag{8.4.35}$$

其中 $i_1 = 1$，且对任一 k 有：

$$f_{i_{k+1}} \geqslant f_{i_k} \tag{8.4.36}$$

$$f_j < f_{i_k}, \quad i_k < j < i_{k+1} \tag{8.4.37}$$

显然，SFS 是一个单调非降序列，它通过删去 FS 中所有"下降"的 f 值而得到。由规定 $h \leqslant h^*$，可知 $f(n_r)$ 必在 SFS 中，因此

$$i_p = r \tag{8.4.38}$$

SFS 的长度是 p，我们现在要证明 $p \leqslant N$。为此我们只需注意任一节点 n 的估计值不可能在 SFS 中出现两次。因为如若出现两次，必定是 n 的第二次 f 值小于它的第一次 f 值（否则它不是改进型的新<u>状态</u>，不会被重新加入 SS 中），这与 SFS 的单调非降是矛盾的。

现在我们进一步证明 SFS 中任意两个前后相接的 f 值之间，顶多只有 N 个 FS 中的 f 值。亦即，在按非降的 f 值实行的两次展开之间，顶多只有 N 次额外的展开。具体地说，考察节点序列

$$f_j, f_{j+1}, \cdots, f_{j+m} \tag{8.4.39}$$

其中：

$$j = i_k, \quad j + m = j_{k+1} \tag{8.4.40}$$

$$f_{j+d} < f_j, \quad 1 \leqslant d < m \tag{8.4.41}$$

我们的任务是要证明 $m \leqslant N$。为此，我们注意当存在小于 F 的 $f($ 值）时，B 算法是选择 g 值为最小的节点 n 展开的，当前 SS 中所有 $f < F$ 的节点 n_i，均有 $g(n_i) \geqslant g(n)$，n_i 的后继节点的 g 值只能比 n_i 的 g 值更大，因此，除非产生了 f 值 $\geqslant F$ 的新节点，否则 n 是不可能被第二次展开的。这证明了 $n_j, n_{j+1}, \cdots, n_{j+m}$ 诸节点的唯一性，因此 $m \leqslant N$。

综合以上两点,可知 B 算法的节点展开次数的复杂性≤$O(N^2)$。习题 16 告诉我们,它的复杂性至少是 $O(N^2)$。因此,B 算法的复杂性正好是 $O(N^2)$。

证毕。

下面的定理表明,B 算法在任何情况下都不会次于 A* 算法。

定理 8.4.6 设在图 G 的各节点上均有 $h(n) \leqslant h^*(n)$。如果在利用 A* 算法和 B 算法搜索 G 的过程中,把新状态插入 SS 中时按同一原则确定具有相同 f 值的新状态的插入次序(指 $f \geqslant F$ 的诸新状态),则 B 算法的节点展开次数一定小于等于 A* 算法的相应次数。

证明 考察 B 算法执行过程中形成的部分搜索空间序列,以

$$Q^B = G_1^B G_2^B \cdots G_r^B \tag{8.4.42}$$

表之,其中 G_1^B 只包含初始节点,在 G_i^B 的基础上,第 i 次展开形成 G_{i+1}^B。空间中的每个节点均附有 g 值和 h 值(g 值会动态改变),并标明该节点目前处于 SS 或 SB 中。又令

$$FS^B = f_1 f_2 \cdots f_r \tag{8.4.43}$$

表示依次展开节点时相应的 f 值。

$$SFS^B = f_{i_1}, f_{i_2}, \cdots f_{i_p} \tag{8.4.44}$$

表示 FS^B 中的单调非降子序列(定义如前)。

$$\overline{Q}^B = G_{i_1}^B, G_{i_2}^B \cdots G_{i_p}^B \tag{8.4.45}$$

是相应的部分搜索空间序列。与以前一样,有

$$i_p = r \tag{8.4.46}$$

令 Q^A, $\overline{Q}^A$, FS^A, SFS^A 为用 A* 算法搜索时得到的相应序列,我们来证明

$$\overline{Q}^A \equiv \overline{Q}^B \tag{8.4.47}$$

即两个部分搜索空间子序列恒等,其中

$$\overline{Q}^A = G_{j_1}^A G_{j_2}^A \cdots G_{j_l}^A \tag{8.4.48}$$

首先,无疑有 $G_{j_1}^A = G_{i_1}^B$。其次,假设对 $1 \leqslant h \leqslant k$ 有 $G_{j_l}^A = G_{i_l}^B$,我们证明 $G_{j_{k+1}}^A = G_{i_{k+1}}^B$。为此,考察双方在第 i_k 步选择展开的节点,由于此时诸 f 值均大

于等于 F,两个算法选同一个节点 n 展开,设在 i_k 和 i_{k+1} 步之间 A* 算法展开的节点集是 V_k,则易见 V_k 由下列节点组成:

1. n 属于 V_k。

2. 如果在 V_k 内部有一条路径 p 从 n 通向 m,并且

$$g_{i_k}(n)+K^*(p)+h(m)<F \qquad (8.4.49)$$

则 m 也属于 V_k,其中 $K^*(p)$ 是路径 p 的长度,$g_{i_k}(n)$ 是在第 j_k 步时 $g(n)$ 的值。

另一方面,不难看出 B 算法展开的节点集也是 V_k。而且对 V_k 上的任一点 m,$g(m)$ 的值在两个算法中相等。因此,$G_{j_{k+1}}^A = G_{i_{k+1}}^B$。于是证明了式(8.4.47)。

虽然两个算法展开的节点集 V_k 相同,但每个节点的展开次数不一定相同。在定理 8.4.5 中已经证明,B 算法对 V_k 中的每个节点只展开一次(指第 i_k 步和 i_{k+1} 步之间),而 A* 算法却可能把同一节点展开多次,因此,A* 算法决不可能优于 B 算法。

证毕。

我们可以从另一个角度来分析 B 算法的思想。在估值函数 $f(n)=g(n)+h(n)$ 中,$g(n)$ 和 $f(n)$ 这两个分量是在搜索之前就静态地确定的,还是可以在搜索过程中动态地改变的? 对于这一点,A* 算法和 B 算法的处理原则不同。A* 算法令 $g(n)$ 动态地改变(把它定义为迄今为止找到的离初始节点最近的通路的长度),而令 $h(n)$ 固定不变。B 算法则进一步令 $h(n)$ 也可以改变。实际上,B 算法的第 5 步可以改为:

在当前新状态中,凡估计值 $f<F$ 者,令 $f:=g$,其余新状态的估计值不变。然后把所有新状态按 f 值从小到大的次序插入 SS 中。

这里实际上是把那些不正常节点的 $h(n)$ 值置为 0。

Mérő 进一步发展了 $h(n)$ 值可以动态修改的思想,提出了 B 算法的一个改进版本,称为 B′算法。该算法在执行过程中把不符合单调性要求的 $h(n)$ 值统统按单调性要求改过来。它的具体步骤如下:

算法 8.4.2(B′算法)。

修改 B 算法如下。

1. 把它的第 4 步改为:

"对每个新状态 T_i,令

$$h(T_i):=\max(h(s)-k^*(s, T_i), h(T_i)) \qquad (8.4.50)$$

其中 s 是 T_i 的父节点。然后令

$$h(s):=\max(h(s), \max(h(T_i)+k^*(s, T_i)))" \qquad (8.4.51)$$

2. 把它的第 5 步改为:"把所有的当前新<u>状态</u>按 f 值从小到大的顺序插入 SS 中。"

3. 把它的第 10 步中的"令 $F:=\max(F, f(s))$"删去。

4. 把它的第 12 步当中的"则转 5"改为"则转 4"。经如此修改以后的 B 算法 即是 B′算法。

算法完。

在整个 B′算法中,关键是第 4 步,其中的前半部分从初始节点出发,逐步修改各节点的 h 估值,凡不符合单调性要求者使之符合单调性要求。显然,如果各节点原来的 h 估值符合

$$h \leqslant h^* \qquad (8.4.52)$$

的要求,则经过上述操作后仍然符合此要求。第 4 步的后半部分用来提高父节点的 h 估值,这同样不会破坏条件式(8.4.52)。因此,我们很容易证明下列各定理。

定理 8.4.7 B′算法是可采用的。

提高 h 估值的好处是,将来被重新展开的节点个数减少了,这在直观上十分清楚。下面,我们着重讨论 B′算法为什么可以代替 B 算法。首先,我们要证明,设立动态上限 F 的必要性已经不存在了,因为我们有:

定理 8.4.8 在 B′算法执行中的每一时刻,对 SS 中的任一<u>状态</u> s 均有

$$f(s) \geqslant F_N$$

其中 F_N 表示变量 F 在算法第 N 次展开一个节点时的值。注意,在这里我们设想 B′算法的第 4 步之前仍保留"$F:=f(0)$",并在第 10 步中仍保留"$F:=\max(F, f(s))$",以便动态监测 F 的值。

证明 用数学归纳法。当 $N=1$ 时展开初始节点,本定理的断言自然成立。

假设断言直到第 N 步都成立,在第 N 步时算法选择节点 n 予以展开,考察此展开对任意一个节点 a 的影响。如果 a 尚未生成或虽已生成而处在 SB 中,

并且此次展开也不把它重新送入 SS 中,则 a 的 f 值不会变化,因此,我们仅考虑在第 N 步展开后位于 SS 中的那些节点 a。

如果 a 是通过第 N 步展开而进入(或重新进入)SS 的,则应有

$$g_{N+1}(a)=g_N(n)+k^*(n, a)$$

由算法第 4 步知必有

$$h_{N+1}(a)\geqslant h_N(n)-k^*(n, a)$$

因此得到

$$f_{N+1}(a)=g_{N+1}(a)+h_{N+1}(a)\geqslant g_N(n)+h_N(n)=F_{N+1}$$

如果 a 是原来就在 SS 中的(没有受到第 N 步展开的影响),则由于这一步选择了 n 而不是 a 实行展开,因此应有

$$f_{N+1}(a)=f_N(a)=g_N(a)+h_N(a)\geqslant g_N(n)+h_N(n)=F_{N+1}$$

这表示在任何时候 $f(a)$ 的值都不小于 F。

证毕。

本章习题 17 说明:B' 算法在某些情况下优于 B 算法,而在另一些情况下又与 B 算法差不多,Mérŏ 还进一步证明了,在任何情况下 B' 算法都不会比 B 算法差。

8.5　双向启发式搜索

双向搜索能否推广到启发式搜索的情形,这是大家所关心的。我们知道,双向搜索往往比单向搜索效率高,展开的节点少。这是因为一般的双向搜索用广度优先方法,双方的搜索波呈扇形前进,在中间遇到的可能性比较大。图 8.5.1 示意性地解释了为什么在许多情况下双向搜索优于单向搜索。从图 8.5.1 可以看出,双向搜索的面积由两个小扇形组成,它们的面积之和等于单向搜索面积(那个大扇形)的二分之一。不过这仅是示意图,Pohl 所做的实验表明,双同搜索展开的节点数约为单向搜索展开的节点数的四分之一。

在第六章给出的双向搜索算法中,有一步是比较关键的,这就是算法 6.1.9 中的第 8 步:根据某种原则确定本步搜索是向前还是向后。如果这一步消耗的

时间太多(例如要作很多的比较和计算)就会影响双向搜索算法的效率。另一方面,如果这一步做出的决定不恰当,也会影响双向搜索算法的质量。最简单的办法是采用向前搜索和向后搜索交替进行的策略。Nicholson 建议的策略与此类似,他主张双方搜索"等距离"前进,即向前搜索波离开初始节点的距离和向后搜索波离开目标节点的距离大致一样。Pohl 提出了另一种策略,他认为,应该分析算法 6.1.9 中状态序列 SS 和目标序列 GS 中当前存在的状态数或目标数。如果 SS 中的状态数比较少,则优先处理 SS,即执行向前搜索,否则优先处理 GS,即执行向后搜索。

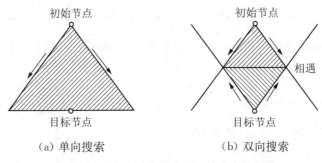

图 8.5.1   单向和双向搜索展开的节点数比较

Pohl 用这个方法做了一个实验,他用双向搜索来求有向图中两个节点间的最短距离。有向图是随机生成的,共有 500 个节点。Pohl 的实验结果见图 8.5.2,其中有三条曲线,向前和向后搜索都是单向搜索,第三条曲线是双向搜索。横坐标指示被搜索的图中节点的平均度数(与同一节点相联的边数称为该节点的度),纵坐标指示被展开的节点数。由该图可以看出,双向搜索展开的节点数远低于单向搜索展开的节点数。

Pohl 把双向搜索推广到启发式搜索的情形。在单向启发式搜索中使用的估值函数,这里要定义两套。具体形式为

$gs(n)$:至目前为止求得的初始节点到节点 n 的最小代价。

$hs(n)$:当前估计的从节点 n 到目标节点的最小代价。

$fs(n)=gs(n)+hs(n)$:向前搜索估值函数。

$gt(n)$:至目前为止求得的从目标节点到节点 n 的最小代价。

$ht(n)$:当前估计的从节点 n 到初始节点的最小代价。

$ft(n)=gt(n)+ht(n)$:向后搜索估值函数。

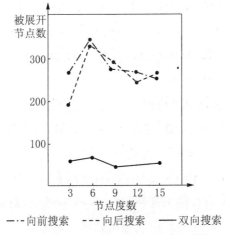

图 8.5.2　单向和双向搜索的实验数据

它的具体算法如下。

算法 8.5.1(双向启发式搜索,Pohl)。

1. 建立一个空的状态库 SB 和一个空的目标库 GB。

2. 建立一个空的状态序列 SS 和一个空的目标序列 GS。

3. 把初始状态 $S(0)$ 送入状态序列 SS 中。

4. 把目标状态 $G(0)$ 送入目标序列 GS 中。

5. 令 a_{min} :=inf,其中 inf 是一个足够大的值(大到肯定超过 $S(0)$ 到 $G(0)$ 的任何路径的长度)。

6. 若 SS 的第一个状态是 $S(path1)$,GS 中有一个目标是 $S(path2)$;或 GS 中的第一个目标是 $S(path2)$,SS 中有一个状态是 $S(path1)$,则执行赋值:

$$a_{min} := \min(a_{min}, \ gs(S) + gt(S))$$

若 $a_{min} \leqslant \max[fs(SS[1]), \ ft(GS[1])]$,则$(path1, \ path2)$是所要找的解,搜索成功,算法运行终止。

7. 若某种搜索极限已经达到,则搜索失败,算法运行结束,没有解。

8. 根据某种原则确定本步搜索是向前还是向后,若是向后,转 11。

9. 删去 SS 的第一个状态 $S(path1)$,取所有可以作用于此状态的规则 R_n,产生所有合适的后继状态 $x(path1, \ n)$,对每一个这种后继状态作如下处理:

(1) 若 SS 或 SB 中有<u>状态</u> $x(y)$,且 fs(path1, n)<fs(y),则删去 x (y),并把 x(path1, n)按 fs 值从小到大的顺序插入 SS 中。

(2) 若 SS 和 SB 中都没有状态 x,则直接把 x(path1, n)按顺序插 入 SS 中。

(3) 在其他情况下可把 x(path1, n)扔掉。

10. 把被删的<u>状态</u> S(path1)送入 SB 中。如果 SS 成为空序列,则搜索失败, 算法运行停止,没有解。否则,转 6。

11. 删去 GS 的第一个<u>目标</u> S(path2),取所有可以逆向作用于此目标的规 则 R_n,产生所有合适的先驱<u>目标</u> $x(n$, path2),对每一个这种先驱目标 作类似于第 9 步中对后继<u>状态</u>的处理。只是以 GS 代替 SS,以 GB 代替 SB,以 ft 代替 fs。

12. 把被删的<u>目标</u> S(path2)送入 GB 中。如果 GS 成为空序列,则搜索失 败,算法运行停止,没有解。否则,转 6。

算法完。

在本算法中,我们对每个节点采取了完全展开的原则,而不是像以前那样只 是部分展开,这一点不是本质的。用部分展开方法也一样。

与 A* 算法相应,在这里也可以定义可采用性条件。它们是

$$hs(n) \leqslant hs^*(n) \tag{8.5.1}$$

$$ht(n) \leqslant ht^*(n) \tag{8.5.2}$$

$$hs(n) \leqslant hs(m) + k(n, m) \tag{8.5.3}$$

$$ht(n) \leqslant ht(m) + k(n, m) \tag{5.5.4}$$

$$k(n_i, n_j, n_m) - k(n_i, n_j) \geqslant e > 0 \tag{8.5.5}$$

可以证明,满足条件式(8.5.1)到(8.5.5)的算法必能找到最优解,如果这样 的解存在的话。

此外,加权估值方法也可推广到双向启发式搜索中来,不过要定义两个权 w_s 和 w_t,相应的估值函数是

$$fs(n) = (1 - w_s)gs(n) + w_s hs(n) \tag{8.5.6}$$

$$ft(n) = (1 - w_t)gt(n) + w_t ht(n) \tag{8.5.7}$$

使用双向搜索法的目的原是为了提高效率,缩短搜索周期。它的可行性在

盲目搜索中已经得到了证实，见图 8.5.1 和图 8.5.2。但是，在启发式搜索中，情况就不一样了。它不像采用广度优先方法的双向盲目搜索那样，可以期望两个搜索波在初始状态和目标状态中间相遇。因为启发式搜索的搜索空间很可能会像深度优先那样又狭又长，从而使得两个搜索波擦肩而过，互不相遇，结果其长度与单向搜索时差不多。但因是两个方向同时进行的，总长度反而超过了单向长度，形成得不偿失，见图 8.5.3。Pohl 实验所得到的数据也证明了这一点。

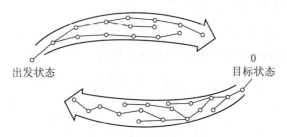

图 8.5.3　双向启发搜索的缺点

Pohl 曾想了一些办法，试图改进效率。例如，他曾设想设置一些猜测的中间状态，让双方都朝着中间状态前进。他又曾设想修改估值函数，让 $h(n)$ 不是代表对节点 n 到目标 t 的距离的估计，而是到对方搜索波波面的估计。但这些想法都没有获得成功，因为中间状态很难猜，而不断地动态修改估值函数又会大大影响效率。Doran 曾经建议从双方的搜索波中（在算法 8.5.1 中是 SS 和 GS）各任取一个状态（或目标），比较它们之间的距离，在穷尽所有的比较后，取其距离最短者作为下一步搜索的出发点。但这样一来，搜索工作量几乎是原算法工作量的平方，同时还不能保证一定找到一个好的搜索方向。Michie 则进一步建议一开始就对问题进行改编，把每一对状态看成是一个状态，然后用单向搜索状态偶的办法来模拟双向搜索。所有这些想法，至今还未见有成功的报道。

Pohl 进一步指出：实行双向搜索的附加工作量也是很大的，其中所谓冗余问题和相交问题尤其突出。冗余问题指的是出发一方的节点群和目标一方的节点群之间往往有许多路可以连通，从这一个节点到那一个节点之间也有许多路可走，要试验的各种可能太多了。相交问题指的是每产生一个新节点后，都要到对方的节点库中去查查是否一致，即判断两个搜索波是否相交，这个工作量也是很大的。当然采用杂凑方法可以解决部分问题。但和上面所说的那个困难加在一起，使得启发式双向搜索至今还不能成为一个实用的方法。

D. De Champeaux 和 L. Sint(以下简称 C 和 S)提出了一种改进的方法。此方法的要点是:估值函数 hs(n)不是直接估价节点 n 到目标的距离,而是估计节点 n 经过对方的节点群(在算法 8.5.1 中是 GS)的任一点到目标的最短距离。与此相应,ht(n)则是估计节点 n 经过 SS 的任一点到初始节点的最短距离。

使用下列符号:

$k^*(x, y)$表示节点 x 和 y 之间的最短距离。

$k(x, y)$是对 $k^*(x, y)$的估计。

gs(n)表示初始节点到 n 的最短距离的估计。

gt(n)表示目标节点到 n 的最短距离的估计。

$$\text{hs}(n) = \min_{y \in GS}(k(n, y) + \text{gt}(y)) \tag{8.5.8}$$

$$\text{ht}(n) = \min_{y \in SS}(k(n, y) + \text{gs}(y)) \tag{8.5.9}$$

$$\text{fs}(n) = \text{gs}(n) + \text{hs}(n) \tag{8.5.10}$$

$$\text{ft}(n) = \text{gt}(n) + \text{ht}(n) \tag{8.5.11}$$

算法 8.5.2(双向启发式搜索,C & S)。

1. 建立一个空的状态库 SB 和一个空的目标库 GB。

2. 建立一个空的状态库 SS 和一个空的目标库 GS。

3. 把初始状态 $S(0)$送入状态库 SS 中。

4. 把目标状态 $G(0)$送入目标库 GS 中。

5. 若 SS 或 GS 为空,则搜索失败,算法运行结束,没有解。

6. 若某种搜索极限已经达到,则搜索失败,算法运行结束,没有解。

7. 根据某种原则确定本步搜索是向前还是向后,若是向后,转 16。

8. 由 SS 中选出一个节点 n 来,使

$$\text{fs}(n) = \min_{y \in SS} \text{fs}(y)$$

若 n 所代表的状态是 $S(\text{path})$,则使用一切可能使用的规则 R_n,产生新状态 $T(\text{path}, n)$,以 $N(n)$表示这些新状态的集合。

9. 若 GS 中有一目标 $S(\text{path}')$,则搜索成功,算法运行结束,解为(path, path')。

10. 把 n 从 SS 中移去,送入 SB 中。

11. 若 $N(n)$为空集,则转 5。

12. 从 $N(n)$ 中任意取走一个节点 x。

13. 若 x 的状态为 $S(\text{path})$，SS 中有一节点 x'，其状态为 $S(\text{path}')$，且 $\text{fs}(x)$ $<\text{fs}(x')$，则以 x 取代 SS 中的 x'，转 11。

14. 若 x 的状态为 $S(\text{path})$，SB 中有一节点 x'，其状态为 $S(\text{path}')$，且 $\text{fs}(x)$ $<\text{fs}(x')$，则自 SB 中删去 x'，且把 x 送入 SS 中，转 11。

15. 把 x 送入 SS 中，转 11。

16. 由 GS 中选出一个节点 n 来，使

$$\text{ft}(n)=\min_{y \in \text{GS}} \text{ft}(y)$$

若 n 所代表的目标是 $T(\text{path})$，则使用一切可能使用的规则 R_n，逆向产生新目标 $S(n, \text{path})$，以 $N(n)$ 表示这些新目标的集合。

17. 若 SS 中有一状态 $T(\text{path}')$，则搜索成功，算法运行结束，解为 $(\text{path}', \text{path})$。

18. 把 n 从 GS 中移去，送入 GB 中。

19. 若 $N(n)$ 为空集，则转 5。

20. 从 $N(n)$ 中任意取走一个节点 x。

21. 若 x 代表的目标为 $T(\text{path})$，GS 中有一个节点 x'，它代表目标为 $T(\text{path}')$，且 $\text{ft}(x)<\text{ft}(x')$，则以 x 取代 GS 中的 x'，转 19。

22. 若 x 代表的目标为 $T(\text{path})$，GS 中有一节点 x'，它代表目标为 $T(\text{path}')$，且 $\text{ft}(x)<\text{ft}(x')$，则从 GB 中删去 x'，且把 x 送入 GS 中，转 19。

23. 把 x 送入 GS 中，转 19。

算法完。

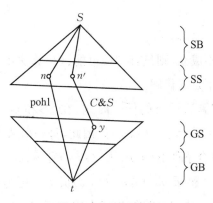

图 8.5.4　C&S 方法

图 8.5.4 是 C&S 方法的示意。

在图 8.5.4 中,标着 Pohl 的折线是用 Pohl 方法计算距离的表示。sn 和 nt 的长度分别代表 $gs(n)$ 和 $hs(n)$。标着 C&S 的折线是用 C&S 方法计算距离的表示,sn', $n'y$ 和 y_t 的长度分别代表 $gs(n')$, $k(n', y)$ 和 $gt(y)$,其中

$$k(n', y) + gt(y) = \min_{y' \in GS}(k(n', y') + gt(y')) = hs(n')$$

定理 8.5.1 若 $k(x, y) \leqslant k^*(x, y)$,且存在正整数 e,使得对所有 $x \neq y$ 有 $k(x, y) \geqslant e$,则只要初始状态和目标状态之间有一条最短路径,C&S 方法一定能找到这条路径。

证明 类似于单向搜索算法,我们不难看出:如果 $k(x, y) \leqslant k^*(x, y)$ 成立,则在算法运行的任何时刻,对任何一条最佳通路 p,必有 $n \in SS$, $m \in GS$,n 和 m 都在 p 上。这是因为任何一条最佳通路的头和尾都在 s 和 t 节点上。从两个方向进行搜索时,始终抓住每条通路的后代,不到算法结束决不撒手。对于这样的 n,我们有

$$
\begin{aligned}
fs(n) &= gs(n) + hs(n) \\
&= gs(n) + k(n, y) + gt(y) \text{(对某个 } y \in GS) \\
&\leqslant gs(n) + k(n, m) + gt(m) \text{(由 } y \text{ 的定义)} \\
&\leqslant gs(n) + k^*(n, m) + gt(m) \text{(可采用性条件)} \\
&= k^*(s, t)
\end{aligned}
$$

这最后一步是因为已知最佳路径 p 经过 n 和 m 两个节点,而 $gs(n)$,$k^*(n, m)$ 和 $gt(m)$ 分别代表 s 到 n,n 到 m 和 m 到 t 的最短距离,因而必定是 p 的长度。

同理可证 $ft(m) \leqslant k^*(s, t)$。

现在假设本定理不成立,则只有三种可能:(1)算法不终止,(2)算法终止而找不到解,(3)找到的不是最优解。

情况(1):由于在算法运行的任一时刻,在 SS 和 GS 中必有 n 和 m,使得 $fs(n) \leqslant k^*(s, t)$ 和 $ft(m) \leqslant k^*(s, t)$。因此,每一次从 SS 和 GS 选来展开的节点 n' 和 m' 也一定符合条件 $fs(n') \leqslant k^*(s, t)$ 和 $ft(m') \leqslant k^*(s, t)$。这意味着有 $gs(n') \leqslant k^*(s, t)$ 和 $gt(m') \leqslant k^*(s, t)$ 成立。可是我们已知两点间的最短距离不能小于 e,每个节点又只能生成有限个后代。因此,经过有限步以后,

由于节点代数地增长,所有节点离出发点的距离一定要超过 $k^*(s,t)$,与前面的结论矛盾。

情况(2):由于 SS 和 GS 中分别有符合 $fs(n) \leqslant k^*(s,t)$ 和 $ft(m) \leqslant k^*(s,t)$ 的节点 n 和 m 存在,本情况不可能发生。

情况(3):由于同一个理由,也不可能。

证毕。

关于 C&S 算法,我们可以指出几点:

1. 它展开节点时是完全展开,而不是像我们前面的一些算法一样是部分展开。

2. 它在每个节点到达序列的顶端时才检查它是否与对方的搜索波相遇,而不是在每个节点生成时立即检查。

3. C&S 的实验结果表明,利用算法 8.5.2,两个搜索波能在初始状态和目标状态的中间一带相遇,较好地克服了 Pohl 方法的缺点。但是这个成就的取得是以增加大量的辅助工作为代价的,由于两个搜索波的波面 SS 和 GS 在不断地变动,因此式(8.5.8)和(8.5.9)要不断地重复计算,这是极大的工作量。

4. 由于同样的原因,SS 和 GS 不再是 Pohl 算法中采用的队列,而只是两个集合,因为各节点之间的次序是不断地动态重排的。

5. 正如该算法的作者自己指出的,此算法还有一个与单向搜索不同的现象:在单向搜索中,如果分别使用两个不同的估值函数 $k_1(x,y)$ 和 $k_2(x,y)$,在它们之间有

$$k_1(x,y) < k_2(x,y) \leqslant k^*(x,y)$$

成立,则凡是使用 k_2 时展开的节点,在使用 k_1 时也一定被展开。但是在 C&S 方法中此结论不一定成立,作者举出了反例。

习　题

1. 在八宫图搜索中,把启发函数 h 定义为

$$h(n) = p(n) + 3s(n)$$

其中 $p(n)$ 是所有棋子偏离指定位置的距离总和,$s(n)$ 是对棋子排列顺序评分的

总和。其中若有一非中心棋子与其后继棋子的顺序不符合目标顺序,则该棋子得 2 分,否则得零分。中心格内有棋子时得 1 分,否则得零分。你能否(1)证明 $h(n) \leqslant h^*(n)$ 不成立。(2)验证带宽条件 $h^*(x) - d \leqslant h(x)$ 和 $h(x) \leqslant h^*(x) + e$ 是否成立。(3)如果成立,给出一个 d 和一个 e。(4)如果有可能,给出最小的 d 和最小的 e。(5)如果有可能,给出能使上述 d 和 e 被达到的例子。(6)考察在此情况下所得解与最优解的差距。

2. 把前几章习题中的状态空间搜索改为启发式搜索,为它们分别设计合适的启发函数 h,讨论 h 的性质(参考本章习题 1),并执行 A* 算法。

3. 在算法 8.1.1 的第 9 步中,当新状态 $S(path2, f(path2))$ 取代旧状态 $S(path1, f(path1))$ 时,有没有可能发生 path1 完全包含在 path2 中的情况? 在什么前提下会发生这种情况?

4. 在 H* 算法的证明中,证明了目标状态最后的 path 与所求的解题路径一致,这个结论对算法 8.1.1(有序搜索算法)是否也成立?

5. 在算法 8.1.1 中,当新状态是目标状态时,算法不立即结束而是将它插入 SS 中(第 5 步)。如果把它改为立即结束,试问使用这样修改过的算法 8.1.1 的 H* 算法是否还正确? 如果不正确,请举反例。如果正确,请证明并比较其效率。

6. 在 H* 算法和 A* 算法中,规定了新生成的状态要首先与 SS 和 SB 中的状态进行比较,如有相同者则择其 f 值小者留下,其余删去。如果不作这个比较,凡新状态一律插入 SS 中,试问算法是否还正确(即是否还是可采用的)? 如果不正确,请举反例。如果正确,请证明并比较其效率。

7. 如果已知搜索图是一株树,则应对算法 8.1.1 或 8.2.3 作什么修改?

8. 在具体实施有序搜索算法和 H* 算法(或完全展开的有序搜索算法和 A* 算法)时,下列因素对算法的效率有影响:(1)生成一个节点的代价。(2)展开一个节点的代价。(3)把一个节点与另一个节点相匹配的代价。(4)在 SS 中查找一个节点的代价。(5)在 SB 中查找一个节点的代价。(6)存储和访问一个节点的代价。试根据这些因素比较上述算法的效率。

9. 本章 8.3 节在最坏情况下比较了 $f(x) = g(x)$,$f(x) = h(x)$ 和 $f(x) = g(x) + h(x)$ 的优劣。如果不是最坏情况而是平均情况,应怎样比较它们的优劣?

10. 证明:如果函数 $h(n)$ 是单调的,则 A* 算法展开的节点序列的 f 值是单调非降的。

11. 对于任意给定的 $1 > w > 0$，试构造一个具体的搜索图及相应的函数 $h(x)$，使得用 8.3 节中的 Pohl 估值函数式(8.3.18)搜索时，其效率高于用任何一个其他的 t，$t \neq w$，$1 \geqslant t \geqslant 0$，$f(x) = (1-t)g(x) + th(x)$ 搜索的效果。

12. 证明定理 8.4.2。

13. 证明定理 8.4.3。

14. 证明定理 8.4.4。

15. 证明定理 8.4.7。

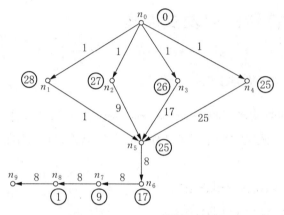

图 8.6.1　A*，B 和 B$'$算法的测试

16. 用 B 算法和 B$'$算法搜索图 8.4.1 的复杂性分别是什么？

17. 考察图 8.6.1。

其中 n_0 是初始节点，n_9 是目标节点，试问用 A*，B 和 B$'$算法搜索该图的复杂性分别是什么？

18. 证明满足可采用条件(8.5 节式(8.5.1)～(8.5.5))的 Pohl 双向启发式搜索算法必能找到最优解。

19. 举一个反例，说明对于算法 8.5.2，如果使用两个不同的估值函数 k_1 和 k_2，使 $k_1(x, y) < k_2(x, y) \leqslant k^*(x, y)$，并不一定能保证使用 k_2 时该算法展开的节点是使用 k_1 时该算法展开的节点的子集。

20. 用某种高级语言(如 Pascal)把本章中的算法及提到的各种改进的想法编成程序，并用它试算本章习题 2 提到的所有例题(问题大小依赖于参变量 n，要选择一批不同的 n 进行计算)。然后把实际计算结果整理成像图 8.3.1 和图 8.3.2 那样的表格，以及像图 8.5.2 那样的图表。比较这些实验数据并从中得出有关不同算法的效率的结论。

第九章

启发式搜索算法(续)

9.1 几种特殊的启发式搜索

9.1.1 生成和测试方法

这个方法的英文名字叫 generate and test,或 GT 方法,意为逐个地生成一切可能的状态,并测试它们是否即是所求的目标状态。严格地说,可以分为如下几个步骤:

算法 9.1.1(生成和测试方法)。

1. 生成一个未出现过的新状态。

2. 若此新状态即是目标状态,则算法运行终止,搜索成功,新状态即是所求的解。

3. 转 1。

算法完。

乍一看来,这个算法似乎非常简单,并且 GT 方法似乎译成穷举法更通顺一点。实际上,我们将要看到,它并不如想象的那样简单。因为生成和测试方法并不是简单的枚举,它要用到许多启发信息,所以它也并不真的去穷举一切可能性。

例如,工业生产中往往要搜索各种最优条件。一个药厂在试制新产品的过程中,为了达到最佳疗效,要试验各种不同的化学配方和生产工艺条件。在这里,每一种化学配方和生产工艺条件就相当于一个状态,在该配方和条件下生产出来的药品的疗效就是该状态的估计值。第一次试验所用的条件和配方就是初始状态。在这里,我们对于从初始状态到达目标状态的路是怎么走的丝毫也不感兴趣。当然我们希望这条路尽量短,也就是试验的次数要少,但这不是主要的,主要的应是药品的疗效要好。对于疗效和解的关系可以有两种理解,一种是求疗效最好的配方,这相当于求最优解;另一种是,只要疗效达到某种指标就认为是可以采用的配方,这相当于求第一个解。无论是哪一种理解,疗效都是我们首先关心的目标。一般说来,配方的变化趋势和疗效的变化趋势之间没有什么必然的联系。

如果没有任何启发信息,而去试验一切可能的配方和条件,那代价当然是相当大的。这有点象著名的"大英博物馆算法":抓一批数量足够多的猴子,给每只猴子配备一台打字机,然后让这些猴子在打字机上乱敲,经过足够多的时间以后,它们定能把博物馆中所有的书的内容都打印出来。

因此,我们要求生成和测试算法具备如下的优良性能:

1. 生成和测试的次数尽量少。

2. 每次生成和测试的代价尽量小。

3. 能找到最优的目标状态。

为了达到这个目的,在设计一个好的生成和测试算法时必须考虑如下问题:

1. 如何定义估值函数?

2. 怎样选择下一个状态?

3. 如何利用测试得到反馈信息?

4. 在向目标前进中遇到障碍时怎样克服?

9.1.2　黄金分割法

又称 0.618 方法,用来解决一类特殊的搜索问题。设状态在实数区间 $[a,b]$ 内连续变化,估计值是 $[a,b]$ 上的一个实值连续函数,目标是要找出该函数在哪一点上达到极大,极大值是多少,则可以应用本方法。应用时,无妨假设 $a=0$, $b=1$。必要时可以作一个变换,使这个条件得到满足。

算法 9.1.2(黄金分割法)。

1. 令 $a_1:=0$, $a_2:=1$;

2. 令 $a_3:=0.382$; $a_4:=0.618$;

3. 求出 $f(a_3)$ 和 $f(a_4)$ 的值。

4. 若 $f(a_3)$ 或 $f(a_4)$ 达到要求,则搜索成功,停止执行算法。

5. 比较 $f(a_3)$ 和 $f(a_4)$:

　　(1) 若 $f(a_3)>f(a_4)$ 则转 6;

　　(2) 若 $f(a_3)<f(a_4)$ 则转 10;

（3）若 $f(a_3)=f(a_4)$ 则根据某种原则决定转 6 还是转 10；

6. 令 $a_2:=a_4$；

7. 令 $a_4:=a_3$；

8. 令 $a_3:=a_1+a_2-a_4$；

9. 求出 $f(a_3)$ 的值，转 4。

10. 令 $a_1:=a_3$；

11. 令 $a_3:=a_4$；

12. 令 $a_4:=a_1+a_2-a_3$；

13. 求出 $f(a_4)$ 的值，转 4。

算法完。

本算法中的函数 f 包含了启发信息。可以证明，若函数 f 在区间 $[0，1]$ 内只有一个极大值，则 $f(a_3)$ 或 $f(a_4)$ 的极限值一定是此极大值，这就是所谓单峰函数的情况。

其次，还可以证明，对于各种选点实验方法来说，在同样求出极大值的前提下，本算法所选的点数（按数量级来说）是最少的。确切地说，是在最坏的情况下最少的。

0.618 这个数是哪里来的？如果我们在区间 $[0，1]$ 中取两个点 W 和 $1-W$，要求 W 把区间 $[0，1]$ 分割成两半的比例正好是 $1-W$ 把区间 $[0，W]$ 分割成两半的比例，这就是说：

$$1-W=W^2$$
$$W^2+W-1=0$$
$$W=(-1+\sqrt{5})/2$$

另一个解可以扔掉，因为那是负数，而上面那个解的值近似于 0.618，这种取比例的方法就是几何上的黄金分割法，本算法因此而得名。

许多问题符合本算法要求的条件，但是在实际生活中也经常出现非单峰函数的情形。这时找到的可能是局部极大值，而不是全局极大值。补救的办法可以是把区间 $[a，b]$ 划分为几个小区间，对每个小区间实行本算法，然后再比较所求得的解的优劣。不过这只能把问题改善一下而不能根本解决。

附带说明，本算法就是我国著名的数学家华罗庚教授曾在国内大力推广的优选法的要点。

9.1.3　并行搜索法

在执行生成和测试方法时,如果允许一次同时生成几个新状态,并计算其估计值(例如有几组人同时做实验),则速度可以大大加快。这多个新状态应该如何生成呢?

算法 9.1.3(并行搜索法)。

1. 设 n 为任意正整数,令 $m=2n$。

2. 把区间 $[a,b]$ 平分为 $m+1$ 等分,则在区间 $[a,b]$ 的内部共有 m 个点 a_1, a_2, $\cdots$, a_m。

3. 对每个 i,计算 $f(a_i)$ 的值,转 7。

4. 若 $f(a_j)$ 之值为最大,则令

$$a:=\text{if } j > I \text{ then } a_{j-1} \text{ else } a;$$
$$b:=\text{if } j < m \text{ then } a_{j+1} \text{ else } b;$$

5. 以 a_j 为中心,把新的 $[a,b]$ 区间平分为 $m+2$ 等分。则在区间内共有 $m+1$ 个点 a_1, a_2, $\cdots$, a_{m+1},其中,中心点是原来的 a_j。

6. 除中心点外,计算每个 $f(a_i)$ 的值。

7. 若至少有一个 $f(a_i)$ 达标,则搜索成功,停止执行算法,否则,转 4。

算法完。

可以证明,在允许一次生成并测试 m 个状态的情况下,上述算法在节省工作量方面是最佳的。

9.1.4　多维状态空间

如果状态空间不是一维区间,而是二维区域,甚至更高维数的空间,则应如何处理呢?

首先,我们分析一下单维的情形。实际做法是,先计算 f 在 0.382 和 0.618 两处的值,若 $f(0.382)$ 的值比较满意,则减去 0.618 到 1 那段区间,然后把剩下来的区间再次按 0.382 和 0.618 的比例进行分割、计算和处理。若 $f(0.618)$ 的值比较满意,则反过来剪掉从 0 到 0.382 那段区间,剩下来的部分同样处理。这样不断做下去,区间越减越小,最后趋向一点。见图 9.1.1(a)。

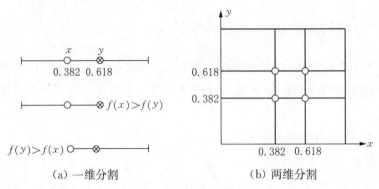

(a) 一维分割   (b) 两维分割

图 9.1.1 黄金分割法

这给了我们一个启发,在二维区域的情形下,我们可以先在 x 方向取两条直线 $y=0.382$ 和 $y=0.618$,再在这两条直线上各取两个点 $x=0.382$ 和 $x=0.618$,共得四个点(见图 9.1.1(b)),然后比较 $f(x,y)$ 在四个点上的值。如果 $f(0.382,0.618)$ 之值最大,则可把 $x=0.618$ 以右的部分和 $y=0.382$ 以下的部分剪去,然后继续做。余类推。

算法 9.1.4(二维黄金分割法)。

1. 令 $a_1:=b_1:=0$;

2. 令 $a_2:=b_2:=1$;

3. 令 $a_3:=b_3:=0.382$;

4. 令 $a_4:=b_4:=0.618$;

5. 令 $M=\text{Max}(f(a_3,b_3),f(a_3,b_4),f(a_4,b_3),f(a_4,b_4))$;若 M 已达标,则搜索成功,停止执行算法。

6. 若 $f(a_3,b_3)=M$,则

   (1) 令 $a_2:=a_4$;$b_2:=b_4$;

   (2) 令 $a_4:=a_3$;$b_4:=b_3$;

   (3) 令 $a_3:=a_1+a_2-a_4$;$b_3:=b_1+b_2-b_4$;

   (4) 转 5。

7. 若 $f(a_3,b_4)=M$,则

   (1) 令 $a_2:=a_4$;$b_1:=b_3$;

   (2) 令 $a_4:=a_3$;$b_3:=b_4$;

   (3) 令 $a_3:=a_1+a_2-a_4$;$b_4:=b_1+b_2-b_3$;

   (4) 转 5。

8. 若 $f(a_4, b_3)=M$,则

   (1) 令 $a_1:=a_3$；$b_2:=b_4$；

   (2) 令 $a_3:=a_4$；$b_4:=b_3$；

   (3) 令 $a_4:=a_1+a_2-a_3$；$b_3:=b_1+b_2-b_4$；

   (4) 转 5。

9. 若 $f(a_4, b_4)=M$,则

   (1) 令 $a_1:=a_3$；$b_1:=b_3$；

   (2) 令 $a_3:=a_4$；$b_3:=b_4$；

   (3) 令 $a_4:=a_1+a_2-a_3$；$b_4:=b_1+b_2-b_3$；

   (4) 转 5。

算法完。

在算法 9.1.4 中,当达到极大值 M 的函数值 $f(x, y)$ 不止一个时,选用哪一个的次序是确定的。实际上这个次序没有意义。完全可以像算法 9.1.2 中那样根据某种原则动态地选择一个,只是在算法的书写上稍微复杂一些罢了。此外,算法虽然是针对二维情形的,但其精神可适用于任何高维空间。

9.1.5 爬山法

在某些情况下,新状态的产生不像做化学试验那样可以从一个配方任意跳到另一个配方,而是必须从前一个刚生成的状态产生后一个状态。拿搜索树来说,就是必须由刚才生成的节点产生下一个节点。例如,在老鼠走迷宫的游戏中,老鼠不能从迷宫的某个位置突然跳到另一个位置。在九宫图游戏中,如果规定每选择一个新状态必须立即移动棋子(不是等找好通路以后再移动棋子),则情形与此相似。爬山法可以解决这种问题。

算法 9.1.5(爬山法)。

1. 令初始状态 S_0 为当前状态。

2. 若当前状态已经达标,则算法运行结束,搜索成功。

3. 若存在一个规则可以作用于当前状态以产生一个新状态,使新状态的估计值优于当前状态的估计值,则放弃当前状态,并令刚才产生的新状态为当前状态,转 2。

4. 取当前状态为相对最优解,停止执行算法。

算法完。

执行本算法的过程很像是一个瞎人爬山的过程。他看不见山峰在哪里，只能用手杖测量四周的地形，以便决定下一步往哪里走。

爬山法可以改进为下面的最陡爬山法，以提高效率。

算法 9.1.6（最陡爬山法）。

1. 令初始状态 S_0 为当前状态。

2. 若当前状态已经达标，则算法运行结束，搜索成功。

3. 使用所有可以作用于当前状态的规则，产生各种新状态。取新状态中估计值最优者，若此值比当前状态的估计值还优，则放弃当前状态，并令刚才产生的新状态为当前状态，转 2。

4. 取当前状态为相对最优解，停止执行算法。

算法完。

使用爬山法或最陡爬山法不一定能找到最优解（指估计值最优），因为可能遇到如下一些特殊情况：

1. 局部极优值。爬山法可能以在局部极优处结束而告终，从而放过了全局极优状态。

2. 山脊。可能有一个带状区域，属于此区域的状态的值为最优，而山脊两侧的状态则差一些。爬山法可能以到达山脊的某一点而告终。

3. 高原。可能有一大片相邻的状态具有相同的估计值，因此不论如何左冲右突也出不去，找不到最优状态。

当然有一些补救办法，例如：

1. 连续运用两次或三次规则后再测试新状态（即原有状态的孙子状态）的值，这样可以跳出较小的包围圈。

2. 多设几个初始状态，分几个区域同时或先后进行，这样可以跳出较大的包围圈。

3. 在进一步爬山没有发展余地时，允许回溯。这样可以"改正"原来走错的方向。

应该说明，这第三个办法，即允许回溯，偏离爬山法的本意比较远。因为爬山法的实质是只记住当前状态和只能看见最邻近的状态，即不能跳跃，也不许回溯。如果要回溯，就得记住以前走过的路，这种爬山法与通常的深度优先方法就相去不远了。

9.1.6 手段—目的分析法

在向前搜索时,一般只考虑哪些规则可应用于当前新状态,以便产生更新的状态,而并不考虑这些更新的状态是否向目标状态靠近了一步,有时可能反而走得更远了。同样,在向后搜索时,一般只考虑哪些规则可逆向作用于当前新目标,以便产生更新的子目标,也并不考虑这些更新的子目标是比原来的目标较容易达到呢,还是更难达到了。为了克服这些缺点,需要在搜索时有意识地分析当前状态和当前目标两头的情况,选择能最有效地缩短这两者之间距离的规则,这就是手段—目的分析法的要点。

这个方法假定,当前状态和当前目标之间的距离不仅有量的差别,而且有质的差别,差别是分为不同类型的。与此相应,规则也分为不同的类型,每种类型的规则只能应用于缩短同一种类型的差别的距离。在进行每一步搜索时,首先分析当前状态和当前目标之间的差别属于什么类型,然后从同类型的规则中选择最有希望缩小此差别的规则,实施此规则后,得到一个新的状态,然后重复上面所述的过程,直至达到目标。如果发现到了某处走不通了,对当前状态不存在有效的规则,则可以实行回溯,寻找新的途径。

不过,从本质上说,它是一个把复杂问题化为简单问题的过程,因此,用表示问题求解的与或树方法更合适一些。每个问题化成一组子问题后,这些子问题之间不是彼此无关的。甚至一个子问题的解决方法对另一个子问题的解决方法能否解决都有影响。我们在盲目搜索这一章中曾讨论过带变量的与或树搜索,那些带变量的子目标就是互相有影响的:由于实行通代的关系,原来可以解决的某个子目标可能因为它的某个目标需要的通代波及它而使它成为不能解决了,从而产生回溯等种种问题,但这只是子目标间相互影响的一个特例。可以有比较更一般更复杂的情况。例如,在带变量的与或树搜索中,各子目标之间的排序原则上是没有关系的,通代的最后结果与排序无关。而在一般的情况下,各子目标解决的先后次序可能会影响到总目标的解决。在手段—目标分析中就可能遇到这种情况。因此,我们对算法 7.3.5 略加修改,给出一个较一般的算法。它符合手段—目标分析法的精神,因为该方法原来就是深度优先的。

在这个算法中,我们假设状态之间的差别有多种类型。其中有的是最简单类型,即只含一种差别,通过使用某个无条件规则就可以消除这种差别(把一个状态直接变到另一个状态)。另有一些是复合类型,它是多个简单型差别的组合。解决复合型差别的规则称为有条件规则,它的任务是对复合型差别进行分解,得到一组较小的(简单型或复合型)差别,连续解决这组较小的差别,其结果也就解决了原来较大的差别。

从一个状态过渡到另一个与它有差别的状态称为问题。

算法 9.1.7(带相关子目标的深度优先与或树搜索)。

1. 设状态之间的差别有 n 种类型,则建立 n 个规则序列。每个序列中的规则用于解决属于该类的差别。同一规则可在多个序列中出现,规则在序列中的次序表示它对解决该类型差别的适用程度;

2. 建立一个已知无解的问题库 UB;

3. 建立一个数组序列 PS$[i, j]$,其中 $i \geqslant 0$, $1 \leqslant j \leqslant 5$;

   对或节点:

   PS$[i, 1]$存放第 i 个子问题内容;

   PS$[i, 2]$存放父与节点地址;

   PS$[i, 3]$存放此子问题的解题路径;

   PS$[i, 4]$存放最近一次与本子问题匹配成功的规则编号;

   PS$[i, 5]$指明本子问题代表的差别是简单型还是复合型:

   简单型时为 0,

   复合型时为 1;

   对与节点:

   PS$[i, 1]$存放串"and";

   PS$[i, 2]$存放父或节点地址;

   PS$[i, 3]$存放此子树的解题路径;

   PS$[i, 4]$存放本组子问题的当前排列;

4. father$:=1$;

5. try$:=2$;

6. 置初值:

   PS$[1, 1]:=$PS$[0, 1]:=p_0$;(初始问题)

   PS$[1, 2]:=$PS$[0, 2]:=0$;

   PS$[1, 3]:=$PS$[0, 3]:=0$;

   PS$[1, 4]:=$PS$[0, 4]:=0$;

7. $j:=$ PS[father, 4]$+1$;

8. 令 current:=

PS[father-1, 3](PS[father, 1]);(PS[father-1, 3]是到目前为止已走过的解题路径,在它作用下,对待解子问题 PS[father, 1]施加相应的限制)

9. 若 current 是 UB 中某个不可解问题的一个样品,则 current 无解,转 19;

10. 在与 current 类型相同的规则序列中,自第 j 个规则开始,试验应用于 current;

11. 若该序列中的任何规则都不能用于 current,则转 19;

12. 若该序列中的第 i 个规则 R_l 可以(有条件地或无条件地)作用于 current,则

(1) PS[father, 4]$:=l$;

(2) PS$'$[father, 3]$:=$(PS[father-1, 3], l);

(3) PS[father, 5]$:=0$;

13. 若 12 中的规则应用是有条件的,则转 26;

14. 若 father$=1$,则搜索成功,解为

$$(PS[1, 3])$$

算法运行结束。

15. 若 father$=$try-1 或 PS[father$+1$, 1]$=$"and"则本组或节点成功:

(1) $k:=$PS[father, 2];(求父与节点)

(2) $k:=$PS[k, 2];(求父或节点)

(3) PS[k, 3]$:=$PS[father, 3];(把求解路径填入高层或节点)

(4) father$:=k$;

(5) 转 14;

16. father$:=$father$+1$;(查看父节点)

17. $j:=1$;(从第一个规则开始)

18. 转 8;

19. 若 father$=1$ 则搜索失败,算法运行结束,没有解。

20. 若 PS[father-1, 1]$\neq$"and"则转 23,否则,本组或节点的当前排列方式失败;

若本组或节点的各种排列已用完,则转 22;

21. 生成一组新的排列:

(1) PS[father−1, 4]:=本组子问题下一个排列;

(2) 按照该排列重新生成一组或节点(其成员与原来的相同,只是排列次序变了),即若 m 个子问题的新排列为 $\{Q_k\}$,则对于 $k:=1$ 到 m(循环)

(a) PS[father+k−1, 1]:=Q_k;(子问题)

(b) PS[father+k−1, 2]:=father−1;(父与节点)

(c) PS[father+k−1, 3]:=0;

(d) PS[father+k−1, 4]:=0;(循环完)

(3) 转 7;

22. 本组或节点彻底失败:

(1) try:=father−1;(退去这组或节点所占的存储)

(2) father:=PS[try, 2];(回溯到高层或节点)

(3) 转 7;

23. father:=father−1;(回溯到兄节点)

24. 若 PS[father, 5]=0 则转 7;(兄节点是无条件解决的)

25. father:=try−1 转 7;(回溯到最近子问题)

26. 设条件是要首先解决一组子问题 $Q_1, \cdots, Q_m$:

(1) PS[father, 5]:=1;(注明复合型)

(2) PS[try, 1]:="and";(生成新的与节点)

(3) PS[try, 2]:=father;(父或节点地址)

(4) PS[try, 3]:=PS[father, 3];(记下父节点的解题路径)

(5) PS[try, 4]:=m 个子问题的第一种排列方式;

27. 同时生成一组新的或节点:

对于 $k:=1$ 到 m (循环)

(1) PS[try+k, 1]:=Q_k; (子问题)

(按照 PS[try, 4]中指出的当前排列次序)

(2) PS[try+k, 2]:=try; (父与节点)

(3) PS[try+k, 3]:=0;

(4) PS[try+k, 4]:=0; (循环完)

28. father：＝try＋1；　　　　　　　　　　　　（当前子问题）

29. try：＝try＋m＋1；　　　　　　　　　　　（分配存储）

30. 转 7。

　　　　　　　　　　　　　　　　　　　　　　　　算法完。

　　请注意，在这个算法中，我们对解的定义又回到了"解题路径"这个定义上，在一般情况下，这已经够了。如果有必要表示变量取值的情形，则可对本算法作适当修改。

　　下面我们举一些例子。

　　在 Newell 等人研制的逻辑证明程序 Logic Theorist 中，每个状态是一个命题公式，状态之间的差别可以是：

　　1. 某个变量的有无。

　　2. 某个变量的出现次数。

　　3. 非符号的有无。

　　4. 逻辑运算符(与和或)的差别。

　　5. 变元排序的差别。

　　6. 子公式的差别，等等。

　　相应地，解决这些差别的规则有：

1. $A \lor \sim A \rightarrow T$（永真）

2. $A \lor A \rightarrow A$

3. $\sim \sim A \rightarrow A$

4. $A \lor B \rightarrow \sim (\sim A \land \sim B)$

5. $A \lor B \rightarrow B \lor A$

6. $A \lor (B \land C) \rightarrow (A \lor B) \land (A \lor C)$，等等。

　　在一个解不定积分的系统中，每个状态是一个代数公式，状态之间的差别可以是：

　　1. 积分符号的有无。

　　2. 被积函数中有否正负号。

　　3. 被积函数中有否常数因子。

　　4. 被积函数中有否三角函数，等等。

　　相应地，解决这些差别的规则可能是：

　　1. 查积分表。

2. $\int (A+B)dx = \int Adx + B\int dx$

3. $\int CAdx = C\int Adx$

4. 做变量代换：$t = \text{tg}(x/2)$，等等。

9.2 通用弱方法

上一章和这一章讨论了许多搜索方法。从本质上说，人工智能在其方法论的研究中最关心的就是搜索方法。这类方法对付的是这样一些问题：或者根本不存在解这种问题的确定算法，或者虽有这种算法，但其复杂性之高足以使人望而却步。其中不少是属于所谓 NP 完全型的，例如旅行推销员问题。人工智能搜索的特点是尽量回避这种组合爆炸式的复杂性，如果可能的话，利用某种启发信息，逐步摸索问题的解决。它在多数情况下能以较少代价求得问题的解决，然而它并不能在任何情况下保证问题的解决。这一类方法通常称为弱方法。

弱方法出现的历史很早，从 60 年代开始更是大量涌现，下面列举的是一些常见的弱方法。

1. GT 方法，即生成和测试方法。前面已经介绍过了，指逐个生成各种可能是解的状态，并测试它们是否即是解。若是，则成功。

2. 爬山法，前面也介绍过了，注意爬山法依其策略不同还可分为两种：

(1) 简单爬山法。遇到第一个可以提高当前状态估计值的规则即使用之。

(2) 最陡爬山法。寻找可以最大限度地提高当前状态估计值的规则并使用之。

3. 广度优先搜索方法。

4. 深度优先搜索方法。

5. 代价优先搜索方法。

6. 有序搜索方法。

7. 带前探的最佳优先搜索。

8. 带信息反馈的最佳优先搜索。

9. A 算法。

10. A* 算法。

11. AO*算法。

据 Newell 估计,像上面列举的那种弱方法已经积累了三十多种,如果我们考虑到每种方法都有许多变种,则总数远远不止这些。它们为什么称为弱方法呢? 因为:

1. 它们基本上是"与问题无关"的方法,对待解问题的有关知识要求很少,这是一种"弱"。

2. 正因为它们对待解问题的知识要求很少,所以解决问题的把握也就比较小,这是第二种"弱"。

不过,Newell 认为,这种弱的性质,主要是指该方法作为一种框架而言的。在这个框架中可以加进各种具体知识(例如 A* 算法中的估值函数),因此,真正使用时也就不那么弱了。

在实际应用于人工智能系统时,单单使用某一种弱方法往往是不够的。实际的人工智能系统总是综合运用多种弱方法。以 Newell 和 Simon 构造的 GPS 为例,该系统综合使用了手段-目的分析法和算子子目标法。但 GPS 采用的弱方法远不止这两条,为了实现这两条弱方法,还要涉及一些较低层的弱方法,例如,匹配方法也是一种弱方法,当比较目前状态和目标状态是否一致时,就要把两个状态拿来匹配。又如,穷举法也是要用到的。在使用手段-目的分析法时,如果当前可用的算子不是一个而是有好几个,就要用穷举法从中选出一个来。另外,如果在搜索过程中发现某条通路失败时,也要用穷举法来另择目标进行尝试。

当然,为了实现一个完整的解题系统,仅仅把几个弱方法放在一起是不够的,还必须有一些附带的功能。GPS 的附带功能包括:状态的表示方法以及在状态上可以进行的操作;构造和运行一株搜索树(即我们在前面曾提到的搜索空间)的过程;表示算子和算子作用效果的一张表及查表过程等等。其他的解题系统也有类似的情形。

弱方法的结构可以形式地表示如下:

1. 对于任何弱方法,都假定有一个执行者,我们称之为小灵通。

2. 在任一时刻,小灵通的行为由该小灵通从初始时刻起,到该时刻为止所执行的一系列的算子决定。

3. 小灵通的结构可以表示为$[C, Q]$,其中 Q 是该小灵通可以执行的算子集,C 是一个控制机制,它能在每一时刻,根据当时的状态以及过去的历史(在此之前执行了哪些算子)来决定当前应该选用哪个算子。

4. 如果是一个通用解题系统,则要求小灵通的结构也具有通用的符号系统形式,此系统应能在符号结构上进行操作,并解释符号结构的含义,把它翻译成某种内部表示。

5. 控制机制 C 还可以进一步分解为 $C=[I, S]$。其中 S 是对本系统所要达到的未来状态的一种描述。这未来状态的描述当然首先是目标的描述,还可以加上一些附带的要求,例如对代价的限制,等等。S 的形式和内容都与求解的问题领域有关,它的形式可以是用某种计算机语言写出的程序,也可以是人工智能语言的特殊成分或其他系统构造者认为适用的形式。I 是一个解释程序,解释执行 S 的描述,其中应该包括例如对目标的识别和选择,并根据目标选择适当的算子等等。

9.2.1 状态空间和知识空间

仔细考察便会知道,用弱方法进行搜索时,实际上是在两个空间中进行的,一个是状态空间,一个是知识空间,利用算子作用于旧状态而得到新状态,这是在状态空间中移动。查看新状态是否即是目标状态,这是搜索过程。但是,当确定采用哪一个算子与/或确定选择哪一个状态进行展开时,一般要参考事先准备好的、往往是与问题领域有关的知识,这个知识要到知识空间中去寻找,这就是知识空间的搜索过程。参看图 9.2.1。

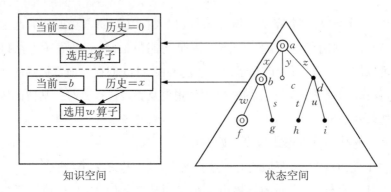

图 9.2.1 知识空间和状态空间

状态空间搜索和知识空间搜索的任务不同,做法也不同。先说状态空间,在这种空间中搜索时一般来说都有一个组合复杂性问题。如果在选择算子时不能完全确定应该选哪一个,则选择就带上一定的任意性,我们称之为误差。在搜索过程中,这种误差的增长很可能是指数性的。恰当地利用知识空间中的知识能减少误差。一般来说,这些知识可被用来完成下列 6 件事:

1. 决定当前的状态是否是成功的状态。

2. 如果尚未成功,决定该状态是失败状态还是留下来做新的尝试。

3. 如果当前状态失败,另选一个可以唤醒的状态(已经生成,由于某种原因曾暂停使用)。

4. 选择一个可以作用于当前状态的算子。

5. 应用此算子并得到一个新状态。

6. 决定是否保存新状态以备将来使用。

知识空间的搜索与状态空间的搜索有所不同。首先,这些知识都是事先准备好的(与待解问题不同,那是临时面对的),因此知识库能较好地组织,搜索也比较有效,它不一定像状态空间搜索那样具有组合复杂性。

9.2.2　SOAR：一个通用的解题结构

Newell 等人设计了一个通用解题结构 SOAR,希望能把各种弱方法都实现在这个解题结构中。SOAR 是 State, Operator and Result 的缩写,即状态,算子和结果之意,它表明设计人认为实现弱方法的基本原理是不断地用算子作用于状态,以得到新的结果。

SOAR 中的所有成分统称为对象,这些成分包括状态、状态空间、算子和目标。所有这些对象都存放在一个叫 Stock 的库中,因此,库中也划分为这么四个部分。另有一个当前环境,也同样地分为四个部分。其中每个部分顶多存放库中相应部分的一个元素。例如,当前环境的状态部分可以存放库中的一个状态,称为当前状态,等等。当前环境的一个部分也可以不存放任何东西,此时认为该部分无定义。例如,若没有任何算子可作用于当前状态,则当前环境的算子部分成为无定义。

为什么要把状态和状态空间分成两个独立的部分呢? 这是因为在解题过程中有时可能需要改变问题的形式,从而从一个状态空间转移到另一个状态空间。例如,我们曾经讲过农夫过河的故事,他要把一只狼、一头羊和一棵菜运到对岸去。在前面的讨论中,我们主要关心了这几样物品过河的次序。它们在河两岸的分布构成了不同的状态,这当然是状态空间。但是,设想那条唯一的船并不在河边,而是藏在某个地方,为了找到船并把它拖到岸边,就需要在另一个状态空间里进行搜索。解决一个复杂的问题可能需要多次更换状态空间。因此,当前环境中的状态空间指的是当前状态空间,而状态部分中的状态则指的是当前状态空间中的当前状态。

每个对象都可以附带许多附加信息。例如,状态的附加信息可以是该状态的估计值。状态空间的附加信息可以是该状态空间的算子集合,目标的附加信息可以是它的限制条件,算子的附加信息可以是它的作用后果,等等。

图 9.2.2 是 SOAR 结构的示意,我们假定存储容量是不限的,因此对象库的大小亦不受限制。

	目标	状态空间	状态	算子
当前环境	g_{28}	p_3	s_{30}	o_4
对象库	g_{86} g_{56} g_{51} ...	p_{83} p_{56} p_{65} ...	s_6 s_1 s_3 ...	o_1 o_{61} o_{23} ...

图 9.2.2　SOAR 结构示意

在对象库中,各对象的垂直排列次序没有任何特定的意义,因为对象库是一个集合,而不是一个栈或队列。但是,当前环境的对象间的水平排序却是有意义的。在这四个对象中,任何一个对象都是它左面的所有对象的函数。这表示,任何一个对象有变动时,它右面的所有对象都变成无定义而需要重新计算过。例如,在图 9.2.2 中,s_{30} 是 g_{28} 和 p_3 的函数,o_4 是 g_{28},p_3 和 s_{30} 的函数。若 p_3 改变,则 s_{30} 和 o_4 都要重新计算过,等等。可能有人会问,这个次序是否给策略的选择施加了某种不必要的限制?比如说,如果我们不希望先确定状态,再确定算子,而是倒过来,针对某个算子,问哪个状态可以被此算子作用?这类问题经过适当的处理后,也可以纳入 SOAR 的框架内。比如我们可以把先确定的那个算子也以某种方式并入目标之中,然后据此来确定状态空间和状态。

图 9.2.3 是用 SOAR 解决简单爬山问题的工作过程。从第 2 列到第 5 列是当前环境的内容,第 6 列到第 9 列是对象库的内容。第 1 列的 T 代表时刻,问号代表无定义,打×表示失败。各步的意义解释如下:

时刻	当前环境				对象库			
	目标	空间	状态	算子	目标	空间	状态	算子
T_0	g_0	?	?	?	g_1			
T_1	g_1	?	?	?	g_0		s_0	
T_2	g_1	p_0	?	?	g_0		s_0	h_1, h_2
T_3	g_1	p_0	s_0	?	g_0			h_1, h_2
T_4	g_1	p_0	s_0	h_1	g_0		s_0	h_2
T_5	g_1	p_0	s_1	?	g_0		s_1	h_1, h_2
T_6	g_1	p_0	s_1	h_1	g_0		s_0	h_2
T_7	g_1	p_0	s_2	?	g_0		s_0, s_1	h_1, h_2
T_8	g_1	p_0	s_1	?	g_0		s_0, s_2	h_1, h_2
T_9	g_1	p_0	s_1	h_2	g_0		s_0, s_2	h_1
T_{10}	g_1	p_0	s_3	?	g_0		s_0, s_1, s_2	h_1, h_2
T_{11}	g_1	p_0	s_1	?	g_0		s_0, s_2, s_3	h_1, h_2
T_{12}	g_1	p_0	s_1	$\times$	g_0		s_0, s_2, s_3	h_1, h_2
T_{13}	g_0	?	?	?				

图 9.2.3 用 SOAR 运行简单爬山法

T_0　从当前目标 g_0 引出一个爬山目标 g_1。

T_1　g_1 成为当前目标,它的初始状态是 s_0(即目前所在位置)。

T_2　爬山目标引出状态空间 p_0 及该空间中的算子 h_1 和 h_2。

T_3　s_0 成为当前状态。

T_4　试用算子 h_1。

T_5　得到新状态 s_1,经比较后,发现 s_1 优于 s_0,决定留用。

T_6　对 s_1 试用算子 h_1。

T_7　产生新状态 s_2,经比较后,发现 s_2 不如 s_1。

T_8　因此,恢复 s_1 为当前状态。

T_9　对 s_1 试用算子 h_2。

T_{10}　产生新状态 s_3,经比较后,发现 s_3 还是不如 s_1。

T_{11}　因此,仍恢复 s_1 为当前状态。

T_{12}　无新的算子可用,表示 s_1 已是局部极大。

T_{13}　目标 g_1 完成,回到原有目标 g_0。

9.2.3　分析—决策—行动三部曲

在 SOAR 运行过程中,如何利用知识空间的知识是一件非常重要的事情。图 9.2.3 中的每一步,都是在利用这些知识的基础之上进行的。利用知识控制 SOAR 运行的过程,大体上是一个分析—决策—行动的三部曲。

分析阶段。

输入:库中的对象。

任务:从库中选出对象加入当前环境;

增加有关当前环境中对象的信息。

控制:反复执行,直至完成。

决策阶段。

输入:库中的对象。

任务:赞成,或反对,或否决库中的对象。选择一个新的对象,用它取代当前环境中的同类型对象。

控制:赞成和反对同时进行。

执行阶段。

输入:当前状态和当前算子。

任务:把当前算子应用于当前状态。

如果因此而产生一个新状态,则把新状态加入库中,并用它取代原来的当前状态。

控制:这是一个基本动作,不可再分。

现在我们稍许解释一下这三个阶段。在分析阶段中,任务是尽量扩大有关当前对象的知识,以便在决策阶段使用。这种知识的扩大可能是逐步进行的,每一步增加的知识可以为进一步扩充知识创造条件。我们不妨设想这里有一个向前推理的产生式系统,能不断地根据已知的事实推出新的结论。因此,库中原有的对象在这个阶段是不会被修改的。

在决策阶段主要是进行投票。投票由规则来做,它可以看成是同时进行的,各投票者之间不传递信息,不互相影响,票分赞成、反对和否决三种。每得一张赞成票加一分,得一张反对票减一分,凡得否决票者即绝对无中选的可能。最后计分,每一类对象中得分最多的候选者(当然不包括得否决票的)当选。如果有几位候选者得分一样多,则根据某种原则选出一位。若任何候选者都没有得到正的分数(即得到过半数的赞成票),则选择过程失败。没有中选者。

在执行阶段,如果当前环境的每个部分都有定义,则用当前算子作用于当前状态。若作用成功,则用新状态代替旧状态,算子部分成为无定义。重新执行分析阶段。

分析和决策阶段是通过一个产生式系统来实现的,产生式的形式是

$$C_1 \wedge C_2 \cdots \wedge C_n \rightarrow A$$

条件 C_i 是否成立取决于当前环境和库中的对象情况,A 是一个动作,它的内容包括增加某些对象的信息量及上面说过的投票等。

例如,我们已经考察过 SOAR 运行爬山法的情况,下面是可应用于 SOAR 的分析和决策阶段的表征爬山法的产生式。

分析阶段。

状态:若当前状态尚未有估计值,则算出此估计值并把此信息加进状态中。

决策阶段。

目标:若当前状态即是目标状态,则投当前目标的父目标一票。

目标:若当前算子是 fail(表示无算子可用),则投当前目标的父目标一票。

状态:若当前状态的估计值优于上一个状态,则投当前状态一票。

状态:若当前状态的估计值劣于上一个状态,则投上一个状态一票。

算子:若某算子已对当前状态施行过,则否决之。

算子:若某算子尚未施行于当前状态,则投它一票。

我们在前面说过,执行弱方法的那个小灵通,它的控制机制 C 的形式是 $[I, S]$,其中的 S 指的就是上面那样的产生式,而 I 则是解释执行这些产生式的一个程序,也就是 SOAR。

9.2.4　通用弱方法

有没有可能利用 SOAR 的框架把所有的弱方法都容纳进去呢? 要是可能的话,应该以一种什么方式来容纳呢? 把各种各样的弱方法罗列一遍显然不是一个好方法,因为究竟什么方法可以称得上是一个弱方法,至今也没有严格的、明确的定义,要想开一个单子更是十分困难,即使开出了这样的单子,也不能保证以后没有新的弱方法被发明。

另一条途径是从所有的弱方法中抽出其公共的、本质性的东西来,成为一种

通用的弱方法。然后,在具体应用时,再把应用领域特有的知识加上,成为具体的弱方法。这种作法也许是行得通的。具体地说,把控制机制 $C=[I, S]$ 中的 S 分成两个部分:

$$S=S_U+S_M$$

其中 S_U 是对一切问题领域适用的,叫通用弱方法,S_M 则根据具体应用的需要而确定,称为辅助方法。两者合在一起,就得到所需的具体弱方法。这种分割方法要求:

1. S_U 和 S_M 应组成一个完整适用的方法(虽则 S_U 和 S_M 单独都不一定是一个完整的方法)。

2. S_U 应该不是太平凡的,亦即它应确实包含启发式搜索中的本质内容。

3. 在需要解决具体问题时,S_U 和各种不同的 S_M 的组合应当是容易的、快速的、自然的,用不着经过复杂的分析和综合过程。

4. 从具体问题领域中抽象出 S_M 的过程也应当是同样方便和快速的,并不需要许多的知识。否则,就失去了启发式搜索的意义了。

以下就是通用弱方法的概要,它也是一个产生式系统。

分析阶段。

目标:若当前状态空间是fail,则当前目标不能接受。

状态空间:若当前状态是fail,则当前状态空间不能接受。

状态:若当前算子是fail,则当前状态不能接受。

决策阶段。

目标:如果有一个可接受的目标,则投它一张赞成票。

目标:如果有一个不可接受的目标,则投它一张否决票。

状态空间:如果有一个可接受的状态空间与当前目标相对应,则投此状态空间一张赞成票。

状态空间:如果有一个不可接受的状态空间与当前目标相对应,则投此状态空间一张否决票。

状态:如果当前状态空间中有一个可接受的状态,则投此状态一张赞成票。

状态:如果当前状态空间中有一个不可接受的状态,则投此状态一张否决票。

算子:如果当前状态空间中有一个可接受的算子,则投此算子一张赞成票。

算子:如果有一个算子已经在当前状态上施行过,则投此算子一张否决票。

不难看出,这个通用弱方法很容易和辅助方法结合在一起解决问题。例如,前面给出的简单爬山法的那组产生式,就是这样的一种辅助方法。

SOAR 和通用弱方法已经用一个产生式系统实现。Newell 和 Laird 等人做了一个试验,他们找了一批已知的智力测验问题,又收集了一批已知的弱方法,然后用每种弱方法试着去解每个智力测验问题,也用通用弱方法(加上辅助方法后)去解这些问题,得到了很有趣的结果。

他们以如下的智力测验为试验对象

1. 九宫图问题。

状态:棋盘上棋子的每种排列法。

算子:移动一步棋子,共 24 种。

2. 河内塔问题。

状态:盘子在三根柱子上的分布情形。

算子:移动一个盘子,共 6 种。

3. 孩子过河问题。

三个男孩和三个女孩要过河,但只有一只小船能载 2 个人。如果在任一时刻,河的某一边男孩数多于女孩数,男孩就要欺侮女孩,问应如何组织渡河?

状态:河每边的男孩,女孩数,船的位置。

算子:从一个合法状态到另一个合法状态,共有 10 种。

4. 水桶问题。

有一个五升的水桶和一个三升的水桶,另有一口井,可任意汲水和倒水。问如何能分出一升水来?

状态:两个桶中水的数量。

算子:在两个水桶和井之间把水倒来倒去,共有六种。

5. 野餐问题。

A,B,C 三人去野餐,每人花费九元。每人都买面包、香肠和汽水。三人花在同一种食品上的钱都是总共九元。但是各人买同一种食品所花的钱都不一样,每人买两种不同食品所花的钱也不一样。购买单种食品的最大支出是 A 买香肠的钱。B 买面包的钱等于买香肠的钱的两倍。如果所有支出都是整数,问 C 花多少钱买汽水?

从上述故事立即推出,每人购买每种食品的钱不能超过六元。下面三种方法均以此为出发点。

5a. 野餐问题解法之一。

状态：3×3 矩阵，元素为数字 1 至 6。每个矩阵看成九位数字，从 111 111 111 到 666 666 666。

算子：只有一个：向九位数字上加 1，遇 7 进位。

5b. 野餐问题解法之二。

状态：3×3 矩阵，元素为数字 1 至 6 或未知数。

算子：有六种，每个算子赋一个数字（1 到 6）给矩阵中的一个未知数。矩阵元的位置是事先排序的。

5c. 野餐问题解法之三。

状态：3×3 矩阵，元素为数字 1 到 6。

算子：有九个，每个相对于矩阵的一个位置。每个算子向相应位置加 1。

6. 三段论法。

判断类似"若所有 A 都是 B，没有 B 是 C，则某些 A 不是 C"之类的论断是否正确。

状态：抽象对象的集合，每个抽象对象表示一个简单命题。

算子：四个算子把英语命题翻译成抽象对象，三个算子从已有的抽象对象生成新的抽象对象。

7. 规律验证。

桌上有四张牌，每张牌的一面是字母，另一面是数字。问要翻阅几张牌才能证明一个给定的规律？例如，若四张牌朝上的一面分别是 $[E]$，$[K]$，$[4]$ 和 $[7]$，则为了验证规律："一面是偶数的牌，另一面必是元音"，要翻阅两张牌。

状态：四张牌，加上需翻阅的牌的清单。

算子：翻阅一张牌。

8. 简单串匹配。

有两个串，均由常量和变量组成，问能否通过变量置换使两个串恒等。

状态：每个状态是一对串，其中某些元素是指向另一些串元素的指针。

算子：有两个，考察下一个串元素，及用常量置换同一变量的所有出现。

9. 三个聪明人问题。

判别自己头上帽子的颜色，见第二章。

状态：表示每个聪明人知道些什么。

算子：有八个，都是增加知识的。

10. 求根问题。

求单变量多项式的根。

10a. 求根问题解法之一。

状态：包括当前猜测(X)，前一个猜测(X')，以及代入这些猜测后多项式的绝对值(Y)和(Y')。

算子：有三个：

    (1) 令当前猜测为 $2X-X'$；

    (2) 令当前猜测为 $X+(X-X')/2$；

    (3) 令当前猜测为 $X-(X-X')/2$；

10b. 求根问题解法之二。

状态：同 10a。

算子：只有一个，即用牛顿公式

$$X_{new}=(YX'-XY')/(Y-Y')$$

来计算新的猜测。

下面是与一组已知弱方法对应的辅助方法，用来和通用弱方法配合使用。

1. AD 方法(避免重复)。

状态：若当前状态是原有状态的重复，则该状态不可接受。

算子：若某算子是产生当前状态的算子的逆，则否决此算子。

2. OSHS 方法(选用算子的启发式搜索)。

状态：若当前状态违反了加于目标的限制，则此状态不可接受。

算子：与问题领域有关。

3. MEA 方法(手段-目的分析)。

算子：如果一个算子能缩小当前状态和目标状态之间的差距，则投它一张赞成票。

4. BRF 方法(广度优先)。

状态：如果一个状态的深度是未知的，则它的深度等于它父亲的深度加一。

状态：如果一个状态的深度不超过其他可接受状态的深度，则投票赞成它。

5. DFS1 方法(深度优先)。

状态：如果当前状态是可接受的，则投票赞成它。

状态：如果当前状态是不可接受的，则投票赞成它的父亲状态。

6. DFS2 方法（深度优先）。

状态：如果一个状态的深度是未知的，则它的深度等于它父亲的深度加一。

状态：如果一个状态的深度不小于其他可接受状态的深度，则投票赞成它。

7. SHC 方法（简单爬山方法）。

状态：若当前状态是不可接受的，或它的估计值比父亲状态的要差，则投票赞成父亲状态。

状态：若当前状态是可接受的，并且其估计值比父亲状态的要好，则投票赞成当前状态。

8. SAHC 方法（最陡爬山法）

状态：若父亲状态是可接受的，投票赞成父亲状态。

状态：若当前状态不是可接受的，并且有一个后继状态的估计值不亚于任何其他状态的估计值，则投票赞成此后继状态。

状态：若当前状态是可接受的，父亲状态是不可接受的，则投票赞成当前状态。

9. BFS1 方法（最佳优先法）。

状态：若一个状态的估计值不亚于任何其他状态的估计值，则投票赞成此状态。

10. BFS2 方法（最佳优先法）。

状态：若一个状态的估计值优于任何其他状态的估计值，则投票赞成此状态。

11. MBFS 方法（改进的最佳优先法）。

状态：若父亲状态是可接受的，投票赞成它。

状态：若当前状态是不可接受的，另有一个状态的估计值不亚于任何其他状态的估计值，则投票赞成之。

状态：若当前状态是可接受的，父亲状态是不可接受的，投票赞成当前状态。

12. A* 算法。

状态：若一个状态到目标的估计距离加上深度不大于任何其他状态，则投票赞成此状态。

在上述辅助方法中，凡是加下划线的内容，都是与具体问题有关的，其确切含义要根据所解的问题来定。

方法 \ 问题	UWM	AD	OSHS	MEA	BRF	DFS	SHC	SAHC	BFS	MBFS	A*
九宫图	+	+	+	+	+	+	+	+	+	+	+
河内塔	+	+	+		+	+					
孩子过河	+	+	+	+	+	+	+	+	+	+	+
水 桶	+	+	+		+	+					
野餐之一	+										
野餐之二	+	+	+	+	+	+	+	+	+	+	+
野餐之三	+	+	+	+	+	+	+	+	+	+	+
三段论	+			+							
规律验证	+		+								
串匹配	+			+							
聪明人	+		+								
求根之一	+	+	+		+	+	+		+		
求根之二	+										

图 9.2.4　用各种方法解各种问题

图 9.2.4 是用各种方法解各种问题的一张表。有＋号的表示用该列的方法可以解该行的问题。其中"野餐之一"和"求根之二"是仅用通用的弱方法本身就解决了的,前者是因为没有提供辅助信息,不便利用其他弱方法。后者是因为问题太简单了,不必利用其他弱方法。其他诸问题都是以通用弱方法和辅助方法配合起来解决问题的。

9.3　与或树的启发式搜索

前面几章中已多次提到与或树的盲目搜索。本节将讨论与或树的启发式搜索,为此首先要引进解题树的概念。

定义 9.3.1　与或树 T 的解题树 S 定义为:

1. S 是 T 的子树。

2. T 的根节点即是 S 的根节点。

3. S 的叶节点都是 T 的有解叶节点。

4. 若或节点 n 属于 S,则在 n 在 T 中的诸子与节点中,有且只有一个属于 S。

5. 若与节点 n 属于 S,则 n 在 T 中的诸子或节点都属于 S。

定义 9.3.2 解题树的代价有几种不同的定义方法：

1. 和式代价。从解题树的树根到所有树叶的代价之总和即为该树本身的代价。

2. 极大代价。从解题树的树根到某个树叶的最大代价即为该树本身的代价。

说明：所谓从树根到所有树叶的代价之总和并不是说从树根到每个树叶的代价分开来算，最后再加起来。在以与节点或节点相联的父子节点之间，有一定的代价计算方法。下面将具体说明。

定义 9.3.3 （节点的代价函数）。

令 $e(n, m)$ 表示以节点 n 和 m 为两端的一条边，则定义节点 n 的代价函数 $h^*(n)$ 如下(注意：节点 n 的代价就是以 n 为树根的子树的代价)：

1. 若 n 为有解的叶节点，则 $h^*(n)=0$。 (9.3.1)

2. 若 n 为一个非叶或节点，它有 m 个子与节点 $n_1, n_2, \cdots, n_m$，则

$$h^*(n)=\text{for}(n_1, n_2, \cdots, n_m, e(n, n_1),$$
$$e(n, n_2), \cdots, e(n, n_m)) \quad (9.3.2)$$

3. 若 n 为一个与节点，它有 m 个子或节点 $n_1, n_2, \cdots, n_m$，则

$$h^*(n)=\text{fand}(n_1, n_2, \cdots, n_m, e(n, n_1),$$
$$e(n, n_2), \cdots, e(n, n_m)) \quad (9.3.3)$$

4. 若 n 为无解的叶节点，则

$$h^*(n)=\infty \quad (9.3.4)$$

其中 for 和 fand 是任意的实函数。

下面我们考察代价函数的几种特例：

特例之一，累加型代价：

1. $\text{for}(n_1, n_2, \cdots, n_m, e(n, n_1), e(n, n_2), \cdots, e(n, n_m))$

$$= \min_{1 \leqslant i \leqslant m} [h^*(n_i)+c(e(n, n_i))]$$
$$= \min_{1 \leqslant i \leqslant m} [h^*(n_i)+K^*(n, n_i)] \quad (9.3.5)$$

2. $\text{fand}(n_1, n_2, \cdots, n_m, e(n, n_1), e(n, n_2), \cdots, e(n, n_m))$

$$= \sum_{i=1}^{m} [h^*(n_i)+K^*(n, n_i)] \quad (9.3.6)$$

这里 c 是边的代价函数。对 fand 用了和式代价法。本特例给出的累加型代价适合于工作量或费用的估计。图 9.3.1 表示老王为要发财致富而在脑子中进行的一场与或树搜索。最优解题树用双线画出，最优代价是 1 700 元，每条边旁的数字是各种附加费用。

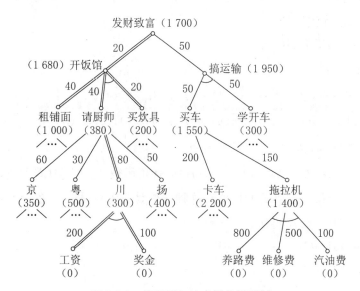

图 9.3.1　使用累加法求最优解题树

特例之二，极值型代价：

1. for 函数同特例之一。

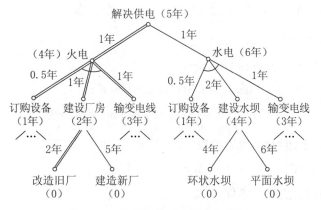

图 9.3.2　使用极值法求最优解题树

2. $\text{fand}(n_1, n_2, \cdots, n_m, e(n, n_1), e(n, n_2), \cdots, e(n, n_m))$

$$= \max_{1 \leqslant i \leqslant m}[h^*(n_i) + K^*(n, n_i)] \tag{9.3.7}$$

图 9.3.2 是适用极值型代价的一个例子。在那里,假定有足够多的人力和设备可以同时做几件工作,因此,为完成一项工作所需的最短时间就由最优解题树体现出来。最优代价是 5 年。

特例之三,累乘型代价:

1. $\text{for}(n_1, n_2, \cdots, n_m, e(n, n_1), e(n, n_2), \cdots, e(n, n_m))$

$$= \max_{1 \leqslant i \leqslant m}[h^*(n_i) \times K^*(n, n_i)] \tag{9.3.8}$$

2. $\text{fand}(n_1, n_2, \cdots, n_m, e(n, n_1), e(n, n_2), \cdots, e(n, n_m))$

$$= \max_{1 \leqslant i \leqslant m}[h^*(n_i) \times K^*(n, n_i)] \tag{9.3.9}$$

$K^*(n_1, n_2)$ 即 c,表示边 $e(n_1, n_2)$ 的代价函数,它不随时间和搜索的进行而变化,是一个仅与边有关的数值。这种代价计算方法适合于在专家系统中推算可信度。例如,设我们有下列规则:

(α) $A \wedge B \rightarrow C$

(β) $D \wedge E \rightarrow F$

(γ) $C \rightarrow G$

(δ) $F \rightarrow G$

则在 G 处有一隐含的或节点,C 和 F 是与节点。α, β, γ 和 δ 表示四个规则的可信度。如果 A, B, D 和 E 的观察可信度分别为 a, b, d 和 e。则根据类似 Mycin 的规则,C, F 和 G 的可信度按如下法则计算:

$$\text{CF}(C) = \min(a\alpha, b\alpha) \tag{9.3.10}$$

$$\text{CF}(F) = \min(d\beta, e\beta) \tag{9.3.11}$$

$$\text{CF}(G) = \max(r \cdot \text{CF}(C), \delta \cdot \text{CF}(F))$$

$$= \max(\min(a\alpha\gamma, b\alpha\gamma), \min(d\beta\delta, e\beta\delta)) \tag{9.3.12}$$

为了表示上述规则,可直接取:

1. $h^*(n) = \text{CF}(n)$　　n 为叶节点 $\tag{9.3.13}$

(与前面的定义稍有不同)

2. $K^*(n, m) = \text{CF}(n, m)$ $\tag{9.3.14}$

($\text{CF}(n, m)$ 是把 n 和 m 连接起来的规则的可信度。n 是父节点,m 是子节点)

为简单起见,在以下的算法中,我们一律采用特例之一中的代价函数定义,并首先给一个关于最优解题树的定义。

定义 9.3.4 最优解题树。

1. 最优解题树是一株解题树。

2. 若节点 n 属于最优解题树,且 n 是一个或节点,则它的子节点 m,使得 $K^*(n,m)+h^*(m)$ 最小者,属于最优解题树。

对于与或树,可以进行向后搜索,也可以进行向前搜索。两种搜索都要计算代价函数。所不同的是:向前搜索可以从叶节点开始,逐步计算各节点,以至根节点的代价。而向后搜索时却要事先估计各节点的代价,然后在搜索过程中根据新展开节点的值不断修正原来的估计值,这就有一个信息反馈的问题。

我们先从向后搜索开始。

算法 9.3.1(与或树启发式自顶向下搜索)。

1. 建立已知有解的问题库 SB。

2. 建立已知无解的问题库 UB。

3. 令 S 为初始问题(树根),估计代价为 $h(S)$。

4. 若 S 上没有"已解"标记,则转 6。

5. 否则,已求得最优解题树。树的结构是:从树根 S 开始,沿着所有标有"通略"的边前进,直至树叶。算法运行结束.

6. 若某种极限已到,则停止算法运行,本次搜索失败,没有解。

7. 从树根 S 开始,顺着"通路"标记,找到一个尚未展开的节点 n,并展开之。设子节点为 $n_1,\cdots,n_k$。

   (按:n 可为与(或)节点,相应地,其子节点是或(与)节点。)

8. 计算新生成节点的估值 $h(n_1),\cdots,h(n_k)$,并修改这些新节点的所有父节点(包括根节点)的估值,及各"通路"标记如下:

   (1) 若有一个新节点 n_i 是早已存在于搜索树中的,则沿用它原来的估计值 $h(n_i)$,否则,计算其估计值 $h(n_i)$。

   (2) 若新节点 n_i 存在于 SB 中,且是初等问题,则令 $h(n_i)=0$。若是本算法运行过程中加进 SB 的,则令 $h(n_i)=h^*(n_i)$,其中 $h^*(n_i)$ 是 n_i 加进 SB 时已算出的值,并把老 n_i 的通路标记接在新 n_i 上。不论 $h(n_i)$ 是否为 0,都给 n_i 加上"已解"标记。

(3) 若新节点 n_i 存在于 UB 中,则令 $h(n_i)=\infty$。

(4) 若 n 是或节点,则把它的估计值修改为

$$h(n)=\min_{1\leqslant i\leqslant k}(h(n_i)+K^*(n,n_i)) \tag{9.3.15}$$

并从 n 引一条"通路"标记到达到此极小值的子节点 n_i。

若此 n_i 有"已解"标记,则对 n 亦加上"已解"标记,并连"通路"标记一起,把 n 送入 SB 中。

(5) 若 n 是一个与节点,则把它的估计值修改为

$$h(n)=\sum_{i=1}^{k}(h(n_i)+K^*(n,n_i)) \tag{9.3.16}$$

从 n 到每个 n_i 都引一条"通路"标记,如果每个 n_i 都有"已解"标记,则 n 亦加上"已解"标记,并连"通路"标记一起,把 n 送入 SB 中。

(6) 从 n 开始,一直到根节点为止,逐步向上重新计算各节点的估计值。

(7) 在执行(6)的过程中,必须注意第(4)步:如果节点 n 原来有一条通路标记指向子节点 n_i,经过重新计算后,发现达到极小值的子节点变成了 $n_i'\neq n_i$,则不但要从 n 引一条通路标记到 n_i',而且要抹掉原来 n 到 n_i 的通路标记。同时还应注意:如果发现有一个节点 n 的估计值为 $h(n)=\infty$,则立即把 n 送入 UB 中。

9. 若根节点 S 的估计值 $h(S)=\infty$,则算法运行结束,搜索失败,问题无解。

10. 转 4。

算法完。

这个与或树搜索算法与状态树搜索的 A^* 算法相对应,有时称为 AO^* 算法。此处类似地有可采用性条件及有关的最优解定理。

引理 9.3.1   在一棵正在搜索的与或树中,如果对所有已经生成,但是尚未展开的节点 n 有

$$h(n)\leqslant h^*(n) \tag{9.3.17}$$

其中 $h^*(n)$ 是 n 的实际代价,则在进一步搜索的过程中,不等式(9.3.17)必然对所有节点 n 皆成立。

并且,如果节点 n 有"已解"标记,则 n 的最优解已经找到,即从 n 开始顺"通路"标记到达的所有节点构成的子树。

证明　我们对算法运行中每步达到的状态实行归纳法。本引理对初始状态显然是正确的。现在假定它对于某个中间状态是正确的,我们来证明它对于下一个状态也正确。

判断各节点估计值是否符合本引理断言的关键是看它们在算法第 8 步中每次被修改后,断言是否仍然成立。因此,我们考察某个正要展开的节点 n 及其所有祖先节点。令 $n=n^0$, n 的所有祖先节点皆以 n^i 标志,并规定,若 n^j 在 n^0 和 n^i 中间,则必有 $j<i$。

为了考察所有这些祖先节点,我们实行第二层归纳法,这次是对 i 作归纳。

我们首先证明当 $i=0$ 时的情况,即首先考察节点 n 自己。

若 n 有一个子节点 n_j 原在搜索树中就已存在,则根据第一层归纳假设 $h(n_j)\leqslant h^*(n_j)$。若 n_j 是新生成的,则根据本引理的前提亦有 $h(n_j)\leqslant h^*(n_j)$。若 n_j 是在 SB 中有的,则 $h(n_j)=h^*(n_j)$。无论是哪一种情况,对 n 都有 $h(n)\leqslant h^*(n)$。证明了断言的第一部分。

其次,如果 n 被加上"已解"标记,则定是由某个子节点 n_j 有"已解"标记而引起的。若 n_j 是有解的初等问题,则

$$h(h_j)=h^*(n_j)=0。$$

若 n_j 是在算法运行过程中解出的问题,则根据第一层归纳假设,n_j 的最优解应该已经找到,$h(n_j)=h^*(n_j)$。无论何种情况,n_j 的确切代价已经知道。因此,以 n 为树根的最优解题子树一定包含以 n_j 为树根的最优解题子树。这是由于,对任意另一个子节点 n_i 有

$$h(n_i)\leqslant h^*(n_i)$$
$$h^*(n_j)+K^*(n,n_j)=h(n_j)+K^*(n,n_j)$$
$$\leqslant h(n_i)+K^*(n,n_i) \qquad (极小值假设)$$
$$\leqslant h^*(n_i)+K^*(n,n_i) \qquad\qquad (9.3.18)$$

由此可见,在 n 为或节点且有"已解"标记的情况下,

$$h(n)=h^*(n) \qquad\qquad (9.3.19)$$

说明 n 的最优解确已找到。

类似地,可以证明当 n 为与节点时的情况。

把刚才对于 n^0 的论证方法反复使用于它的祖先节点 n^i,即可完成第二层归纳的证明。

由此,第一层归纳也得到证明。

证毕。

定理 9.3.1 对于任何待解的问题,只要解题树是确实存在的,并满足如下两个条件:

1. 对所有已生成而未展开的节点 n 皆有

$$h(n) \leqslant h^*(n) \tag{9.3.20}$$

2. 对所有边的代价 $K^*(n, m)$ 皆有

$$K^*(n, m) > c > 0 \tag{9.3.21}$$

其中 c 为常数,则算法 9.3.1 是可采用的。

证明: 用反证法。若本算法不可采用,则必有下列三种情况之一出现。

1. 算法结束,但未找到解。本算法在三种情况下结束。一是资源极限已到,这是客观条件所致。二是子节点在 UB 中出现,最后导致根节点 s 无解,这与本定理的前提相矛盾。三是 s 求到一个解。因此,找不到解的问题不存在。

2. 算法不结束。任取算法运行的一个中间状态,当我们从根节点 s 开始,顺"通路"标记到达某个节点 n 并准备展开 n 时,这条通路的代价是 $K^*(s, n)$。对于通路上的每条边 $e(n_i, n_j)$,我们有 $h(n_i) \geqslant h(n_j) + K^*(n_i, n_j)$,其中 n_i 是 n_j 的父节点。其理由是:根据我们的计算方法,若 n_i 为或节点,则 $h(n_i) = h(n_j) + K^*(n_i, n_j)$,若 n_i 为与节点,则 $h(n_i) \geqslant h(n_j) + K^*(n_i, n_j)$。由此可知,对根节点 s 有 $h(s) \geqslant K^*(s, n)$。由于从每个节点只能生出有穷多个子节点,因此,随着搜索的进行,$K^*(s, n)$ 的值必然不断增长并突破任何界限。但 $h(s)$ 是有界的:$h(s) \leqslant h^*(s)$。可知搜索不能无限制地进行下去。

3. 生成的解题树不是最优。在引理中已经证明,对任一节点 n,当标上"已解"标记时,n 的最优解题子树必已找到,$h(n) = h^*(n)$,所以对根节点 s 亦应如此。

证毕。

如果可解的初始问题(即有解的叶节点)只有有限多个,则我们还可以通过向前搜索来求解。解法如下:

算法 9.3.2(与或树启发式由底向上搜索)。

1. 建立有解问题库 SB。

2. 建立待解问题序列 SS。

3. 把所有的可解初始问题 t_i 按任意次序送入 SS 中,并令对所有的 i

$$h(t_i)=0 \qquad (9.3.22)$$

4. 除去 SS 的第一个元素 n 并送入 SB 中。

5. 若 n 是根节点,则算法运行结束,搜索成功,从 n 开始,沿通路标记找到所有其他节点,即是最优解题树。

6. 若某种极限已经达到,则算法运行结束,没有解。

7. 否则,逆向展开 n,即求 n 的所有父节点 n_i,并做如下事情:若 n_i 是或节点,则

(1) 若 n_i 既不在 SS 中,又不在 SB 中,则定义 n_i 的代价估计值为

$$h(n_i)=h(n)+K^*(n_i, n) \qquad (9.3.23)$$

按代价估计值从小到大的次序把 n_i 插入 SS 中,并从 n_i 引一个通路标记到 n。

(2) 若 n_i 在 SS 中,则它应该已有一个代价估计值,按下式重新计算之:

$$新 h(n_i)=\min[老 h(n_i), h(n)+K^*(n_i, n)] \qquad (9.3.24)$$

如果新值与老值不同,则按新值重新安排 n_i 在 SS 中的位置,并抹去 n_i 原来通往其他节点的通路标记,改引一条通路标记从 n_i 到 n。

(3) 若 n_i 在 SB 中,则什么也不做。

如果 n_i 是一个与节点,则

(1) 若 n_i 至少有一个子节点不在 SB 中,则什么也不做。

(2) 若 n_i 的所有子节点均已在 SB 中,则计算 n_i 的代价估计值。

$$h(n_i)=\sum_k (h(n_k)+K^*(n_i, n_k)) \qquad (9.3.25)$$

其中 n_k 是 n_i 的全部子节点,从 n_i 到每个 n_k 都引一条通路标记。

最后,按 $h(n_i)$ 值的大小把 n_i 插入 SS 中。

8. 转 4。

算法完。

与由顶向下的算法一样,自底向上的算法也能找到最优解。

引理 9.3.2 若对所有的边 $e(n,m)$ 均有

$$K^*(n,m)>c>0 \tag{9.3.26}$$

其中 c 为常数,则对 SB 中的所有节点 n 皆有

$$h(n)=h^*(n) \tag{9.3.27}$$

即以 n 为根的最优解题子树已经找到。并且,对所有的 m,凡

$$h^*(m)<h^*(n) \tag{9.3.28}$$

者,m 的最优解先于 n 的最优解而得到。

证明: 按本算法执行过程中得到的中间状态来做数学归纳法。本引理对初始状态显然是成立的。现在假定它对某一个中间状态成立,我们来证明它对下一个状态也成立。

设此时 SS 的第一个元素是 n。如果有另一节点 $m \notin$ SB,且

$$h^*(m)<h(n) \tag{9.3.29}$$

令 G 是以 m 为根的最优解题子树。显然,G 中至少有一个节点 r 在 SS 中,并且或者 r 没有子节点(是一个初始问题),或者 r 的子节点均已在 SB 中。

我们断言,对于这样的 r,有

$$h^*(r)=h(r) \tag{9.3.30}$$

其理由是:若 r 是与节点,则根据归纳法假设,它的子节点(由于在 SB 中)均已找到最优解,因此,根据代价计算法则算出的 r 的代价也应是最优的。

若 r 是或节点,则有

$$h(r)=\min[h(r_i)+K^*(r,r_i)] \tag{9.3.31}$$

其中 r_i 是 r 的全部子节点,因此,$h(r)$ 的值也是最优的。

由于 r 是 m 的解题子树的一个节点,且已知 $h(r)$ 最优,因此

$$h^*(m) \geqslant h^*(r) \tag{9.3.32}$$

另一方面,由于 n 是 SS 的第一个节点,因此

$$h(n) \leqslant h(r) \tag{9.3.33}$$

$$h(n) \leqslant h(r) = h^*(r) \leqslant h^*(m) \tag{9.3.34}$$

这与不等式(9.3.29)是矛盾的。于是我们证明了,对不属于 SB 的 m,必有

$$h^*(m) \geqslant h(n) \tag{9.3.35}$$

也就是说,凡满足 $h^*(m) < h(n)$ 的 m 均已在 SB 中。

现在来证明 n 的解的最优性。即

$$h(n) = h^*(n) \tag{9.3.36}$$

若 n 是一个初等有解问题(叶节点)此结论显然为真。否则,若 n 是一个或节点,如果 n 的所有子节点 n_i 皆已在 SB 中,则根据归纳假设,这些 n_i 均已有最优解,因此根据 $h^*(n_i)$ 计算出的 $h(n)$ 自然也是最优解 $h^*(n)$,若 n 有一部分子节点 n_i 不在 SB 中,则由(9.3.35)可知

$$h^*(n_i) \geqslant h(n) \tag{9.3.37}$$

由于任何边的代价一定大于 0,因此 n 的最优子树不可能在这些尚未进入 SB 中的子节点 n_i 中产生,所以,当 n 被从 SS 中移去时,它的通路标记早已指向了 SB 中的某个最优子节点 n_k,根据归纳
假设

$$h(n_k) = h^*(n_k) \tag{9.3.38}$$

因此

$$h(n) = h(n_k) + K^*(n, n_k) = h^*(n) \tag{9.3.39}$$

至于 n 是与节点的情况,那它的所有子节点已经进入了 SB(根据算法),所以,由归纳假设式(9.3.36)也成立。

证毕。

定理 9.3.2　若对某个问题的求解树确实存在,且所有边 $e(n, m)$ 的代价 $K^*(n, m) > c > 0$,则算法 9.3.2 是可采用的。

证明:用反证法,有三种情况:

1. 算法结束而未找到解。除了因资源限制而达到极根的情况外,本算法只能结束于第 5 步。因此,这种情况不可能出现。

2. 算法不结束。我们仍旧利用限制条件,即对被展开并送入 SB 中的节点 n 定有

$$h(n) \leqslant h(s) \leqslant h^*(s) \tag{9.3.40}$$

如此式不成立,即对某一 n 有 $h(n) > h(s)$,则根据引理 9.3.2,s 应先于 n 而进入 SB 中,但 s 一进入 SB,算法也就结束了。

利用边的代价 $K^*(n,m) > c > 0$ 的条件很容易证明:如算法不结束,条件式(9.3.40)迟早要被突破。

3. 找到解而不是最优。不可能,因它与引理 9.3.2 矛盾。

证毕。

算法 9.3.1 和 9.3.2 以及相应的定理都是 Martelli 和 Montanari 给出的,在此之前,Nilsson 等曾给出过类似的算法,但 Nilsson 的算法不包括自底向上部分,它的由顶向下部分基本上与算法 9.3.1 一致。

我们在第六章中曾讨论过用代表集的方法求解带变量与或树的宽度优先搜索问题。同样的思想可以应用到与或树的启发式搜索上来。

算法 9.3.3(与或树启发式代表集搜索)。

1. 建立已知有解的问题库 SB。

2. 建立已知无解的问题库 UB。

3. 设原始问题为 p_0,建立一个当前代表集 $\{p_0/h(p_0)\}$,它只有一个元素 p_0,$h(p_0)$ 是 p_0 的代价估计值,也是整个代表集的代价估计值。

4. 建立一个空的代表集序列 RS。

5. 计算当前代表集中所有新生成的节点 n_i 的估计值 $h(n_i)$ 并向上回溯。

   (1) 若 $n_i \in$ SB,则 $h(n_i) = 0$。

   (2) 若 $n_i \in$ UB,则 $h(n_i) = \infty$。

   (3) 若 n_i 的父节点 n 是或节点,且 n_i 是 n 的第一个子节点,则令 $h(n) = h(n_i)8 + K^*(n, n_i)$。若 n_i 不是 n 的第一个子节点,则令 $h(n) = \min[\text{老 } h(n), h(n_i) + K^*(n, n_i)]$。

   (4) 若 n_i 的父节点 n 是与节点,则令

   $$h(n) = \sum [h(n_i) + K^*(n, n_i)]$$

   (5) 反复执行(1)至(4),修改老的代表集中节点的 h 值,直至根节点。根节点的 h 值即为当前代表集的 h 值。

6. 把当前代表集按其代价估计值从小到大的次序插入 RS 中。

7. 若当前代表集排在 RS 的最前面,则转 9。

8. 若某种搜索极限已经达到,则搜索失败,算法运行结束,没有解。

9. 若 RS 的第一个代表集中有一个尚未展开的与节点,则展开之,生成全部子节点,转 13。

10. 若 RS 的第一个代表集中有一个尚未完全展开的或节点,则展开之,生成下个子节点,转 13。

11. ♯RS 的第一个代表集中只有叶节点♯若其中有一个节点的估计值是 ∞,则搜索失败,算法运行结束,没有解。

12. 搜索成功,算法运行终止。当前代表集的值即是解题树的值。

13. 以新生成的子节点代替父节点放入上述代表集中,得一新的代表集,称为当前代表集。转 5。

算法完。

Chang 和 Slagle 曾经发表过一个算法,其生成代表集的思想与此类似。

习　题

1. 从算法 9.1.1 到 9.1.6,都没有考虑到搜索失败的可能,如果要把这种可能加进去,该如何改写算法?

2. 如果用四分搜索代替黄金分割,即把 0.382 和 0.618 分别改为 0.25 和 0.75,若 $f(0.25) > f(0.75)$,则下次搜索区间为 $[0, 0.5]$;若 $f(0.75) < f(0.25)$,则下次搜索区间为 $[0.5, 1]$,并依此类推。请设计相应的算法,并比较你的算法和算法 9.1.2 的效率。

3. 在二维搜索中,可以采用折半搜索和黄金分割相结合的方法,即先取正方形的两条中线,在每条中线上做一维黄金搜索,假设分别得到图 9.4.1 中所示的最优点 0 和 x,比较 $f(0)$ 和 $f(x)$,若 $f(0) > f(x)$,则删去正方形的下半部,若 $f(x) > f(0)$,则删去正方形的左半部。请根据这个思想设计一个二维搜索算法,并比较你的算法和算法 9.1.4 的效率。

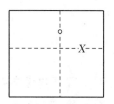

图 9.4.1　另一种二维搜索

4. 如果搜索区域是:(1)一个圆盘,(2)一个圆环,(3)一个三角形,该如何设计二维搜索算法?

5. 本章中讲的黄金分割法适用于搜索区域是连续的情况,如果搜索区域是离散的,可以适当修改一下。因为 $0.618 \approx (\sqrt{5} - 1)/2$,是下列分数序列的渐近值:

$$\frac{0}{1}, \frac{1}{1}, \frac{1}{2}, \frac{2}{3}, \frac{3}{5}, \frac{5}{8}, \frac{8}{13}, \frac{13}{21}, \cdots 。$$

其中每一项用 F_n/F_{n+1} 表示,F_n 是 Fibonacci 数,它的规律是

$$F_0 = 1, \quad F_1 = 1, \quad F_{n+2} = F_n + F_{n+1}$$

如果搜索区域为 $\{a_1, a_2, \cdots, a_m\}$,则找一个最接近 m 的 F_n,把 F_{n-1} 和 F_{n-2} 代替 0.382 和 0.618 作为两个试验点,并依次类推。请设计一个相应的算法。

6. 图 9.4.2 是一片方砖地,每块砖的每条边涂有(红、黄、蓝、绿)四色之一。允许两种操作:(1)交换两块砖,(2)把一块砖旋转 $90°$。目标是使每一对邻砖的公共边颜色一致,你能用爬山法解这个问题吗?请给出搜索过程。图中 1,2,3,4 分别代表四种颜色。

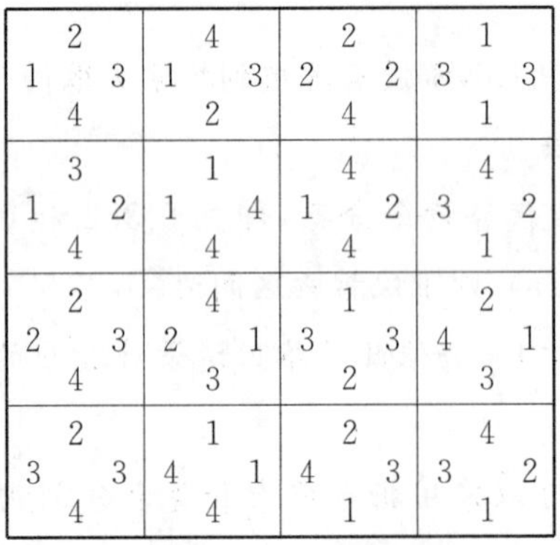

图 9.4.2 铺砖问题

7. 再次考察第六章习题 3 的四色问题,假设给定西极洲地图的初始着色为(红,黄,蓝,绿,红,黄,蓝,绿,红,黄,蓝,绿,红,黄),按 $x_1, \cdots, x_{14}$ 排列,允许的操作是更换一个国家的着色,你能用爬山法解决此四色问题吗?请给出搜索过程。

8. 在上两题中使用爬山法时是否遇到什么障碍? 如:(1)出现多个局部极大值,(2)出现山脊或高原,(3)可供选择的算子太多,等等。如何克服这些障碍?

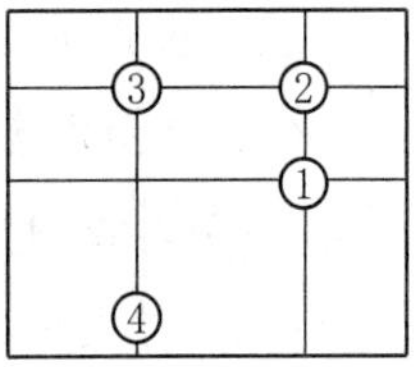

9. 在二维搜索中也可以把对半搜索、黄金分割和爬山法结合起来,方法是:先取一中线,用一维搜索求出中线上的最佳点(图 9.4.3 中的①),然后作过此点的垂线,求垂线上的最佳点(②),然后再作过②的垂线,等等。请根据这个思想设计一个算法,并讨论其效率。

图 9.4.3　三种方法的结合

10. 上题中的爬山法可以改为最陡爬山法,原理是:先找到第一个最佳点①,然后根据题 4 中的思想找出以①为中心的最佳方向,循此方向作一过①的直线,在此直线上求一维最佳点②,等等。请根据这个想法设计一个搜索算法,并讨论其效率。

11. 找一张积分表,根据表上的积分公式设计一个用手段—目的分析法解不定积分的程序。

12. 根据 SOAR 的思想编一个通用解题程序,并把第二节中列出的 11 种辅助弱方法(从 AD 方法到 A* 算法)编成辅助程序和通用解题程序配合使用,以此应用于 9.2 节中列出的 10 种智力测验,把所得的结果和运行效率与前面的方法进行比较。

13. 如有可能,把第六章以来正文中的各种算法看作弱方法,并写成像 9.2 节中 11 种辅助弱方法那样符合 SOAR 要求的形式(写出依赖于状态和算子的投票规则)。

14. 在算法 9.3.1 的第 7 步中。没有说根据什么原则选一个节点展开,你能给出这样的原则并说明其理由吗?

15. 在定理 9.3.1 的证明的第一部分,否定了因子节点在 UB 中出现,最后导致根节点无解的可能性。证明中对此只用了一句话,试给以详细证明(提示:证明算法 9.3.1 至少找到一株解题树)。

16. 在什么条件下,算法 9.3.3 能找到最优解?

17. 9.3 节中的诸与或树启发式搜索算法能否适用于不是树的情况?(即存在这样的节点 n,使得从根节点到 n 至少有两条不同的通路,甚至其中一条通路包含另一条(即存在回路))。如果不适用,请修改以使它适用。

18. 设计一个与或树的双向启发式搜索算法。

19. 设计一个与或树启发式带宽搜索算法,并证明其有关性质。

20. 假设现在有如下一些方法可供使用:

(1) GT 方法　　(2) 黄金分割法　　(3) 爬山法

(4) 最陡爬山法　　　(5) 深度优先方法　　　(6) 广度优先方法

(7) 双向广度优先方法　　　(8) H* 方法　　　(9)　A* 方法

(10) 与或树广度优先搜索

(11) 与或树深度优先搜索

(12) 与或树启发式自顶向下搜索

(13) 与或树启发式自底向上搜索

(14) 手段—目的分析法

问下列问题用什么方法解比较合适?

(1) 母亲游园,发现把带的小孩丢失了。

(2) 母子从小失散,三十年后要团聚。

(3) 刚接到新任务,要求研制抗肝炎的新药。

(4) 已知某些陶瓷材料可制造室温超导体。求配方和工艺。

(5) 某人和爱人长期分居两地,要设法调在一起。

(6) 我的朋友就住在这条巷子里,但不知是哪一家?

(7) 他在本单位实在混不下去了,要尽快找一个合适的新单位。

(8) 总理下令,要求开辟一条最经济合理的通往 x 城的新国际航线。

(9) 猴子吃香蕉。

(10) 曹冲称象。

(11) 马路下面的水管漏水,但不知在哪一段。

(12) 在交通堵塞的大街上,愣小伙子骑车猛闯。

(13) 小偷溜进了故宫珍宝馆,要偷最值钱的东西。

(14) 侯德榜研究新的制碱工艺流程。

(15) 生长在深山沟的铁柱,28 岁还未成家,他的母亲给他找对象。

21. 用某种高级语言(如 Pascal)把 9.1, 9.3 两节的算法编成程序,选择前八章(包括本章)正文和习题中合适的例子应用之,写出搜索空间。

第十章

博 弈 树 搜 索

10.1 极小极大树算法

如果参加搜索的不只有一个主体,而是对抗性的敌我双方,则搜索的进程不仅取决于参加一方的"如意算盘",而且取决于对方应付的策略。由此而产生的搜索树,通常称为博弈树。

博弈树的样子很像一棵与或树。设有甲、乙二人对弈,甲先行。他有几种可能的着法,这说明甲是一个或节点。从甲生出一组分枝,每个分枝的末端都与乙对应,此时乙表为与节点的形式,其原因是对于乙的任何一种变化,甲必须有办法对付。从乙生出的每个与叉的末端又与甲对应,甲又可以选择他认为最好的着法,因此又是或节点。就这样,与节点和或节点交互出现,形成一棵特殊的与或树,它的叶节点有三种,即赢、输或平手,见图 10.1.1(a)。

显然,这棵博弈树是从甲的立场出发的。这表现在叶节点的输、赢或平手都是对甲而言,甲的输即是乙的赢,甲的赢即是乙的输,等等。这也表现在对甲使用或节点,而对乙使用与节点。如果反过来,换成乙的立场,上述标记法也要反过来,见图 10.1.1(b)。

在图 10.1.1(a)中,甲如果往节点 2 走,则乙必然往节点 5 走。因为在再次轮到甲走时,甲或者走 11,或者走 12,顶多捞一个平手。反之,如果乙往节点 4 走,则一旦甲在下一轮走出 10,结果即为甲赢而乙输。综上所述,甲往节点 2 走的最好后果(对甲来说)将是平手。另一种可能是甲往节点 3 走,此时不管乙选择 6,7 还是 8,甲都有一步赢棋可走(13,16 或 18),因此,走节点 3 对甲来说是保赢的。两相比较,甲应走 3。

这就是评价博弈树的原则,即在最坏的可能中选择最好的。这个原则假定对手不会犯错误,对手总是选择对他最有利的步子走。

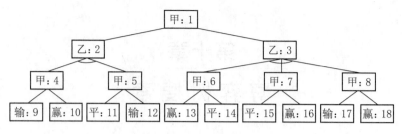

（a）从甲的立场出发

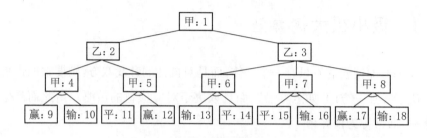

（b）从乙的立场出发

图 10.1.1　在不同观点下的博弈树

所以甲方不能采取任何冒险行动。这个原则,又叫极小极大原则,即在极小中取极大之意。由于同样的原因,博弈树往往又叫极小极大树。

下面是相应的算法

算法 10.1.1(极小极大算法)。

1. 以甲为博弈树的树根和或节点,并把甲送入待展节点库 TB;

2. 若 TB 为空,则对博弈树处理如下:

　　(1) 若某个或节点的所有子与节点的值皆为已知,则此或节点的值定义为所有子与节点的值中之最大者(按:赢最大,平其次,输最小);

　　(2) 若某个与节点的所有子或节点的值皆为已知,则此与节点的值定义为所有子或节点的值中之最小者;

　　(3) 反复执行上述步骤(1),(2),直至根节点被赋值,算法运行结束;

3. 否则,从 TB 中任意取出一个节点 n,删去之,并且

　　(1) 若 n 已直接表现出甲之赢、输或平,则对博弈树的 n 节点赋以相应的值(赢、输或平),转 2;

　　(2) 否则,若 n 为或节点,则生成 n 的所有子与节点,长在博弈树上,也送入 TB 之中,转 2;

(3) 否则,若 n 为与节点,则生成 n 的所有子或节点,长在博弈树上,也送入 TB 之中,转 2.

算法完。

当然,在实际的博弈中,情况是复杂多变的。有些博弈的结局只有输和赢,没有平手。另一些博弈的结局不是简单的输和赢,而是有几种可能的得分,等等。但原理都是一样的。

算法 10.1.1 没有保证一定结束,事实上,如果真想穷尽博弈的一切可能性,那它在许多情况下是不会结束的。例如把一个棋子来回走动而不做任何攻击动作。因此,在博弈树中的每一枝分叉,必须是有意义的。至于什么叫有意义,应根据具体领域的情况决定。

即使是排除了这种无意义的动作,博弈树的体积也可以大到计算机根本无法处理的地步。根据香农的估计,在国际象棋中,对于每一个棋局态势(棋子分布现状),均有 30 种不同的着法。在每一局棋中,平均双方各走 40 步。因此,总的可能性是 $(30^2)^{40} \approx 10^{120}$。这是博弈树中最后一排节点(叶节点)的个数,因此,总节点数应是 10^{121} 左右。这是世界上的任何计算机放不下的。即使生成每个节点只要一个毫微秒,则为生成这些节点所需的时间就是 10^{112} 秒,或 10^{104} 年。另有人估计,对中国象棋来说,每个棋局的应付走法约有 20—60 种,平均双方要各走 50 余步,即以平均数 40 种走法为下限双方各走 50 步来说,也要生成 $(40^2)^{50} \approx 10^{160}$ 个节点。超过了国际象棋的节点数。

为了对付这种复杂性极高的博弈树,采用算法 10.1.1 那样的穷举战术是行不通的。

因此,对博弈树的穷举搜索必须适可而止,到一定深度就不再往下走。不根据最后实际计算出的输赢来评分,而是根据在一定深度处的节点的估计值来评分,即用估计值代替实际的搜索。计算这种估计值的函数,叫静态估值函数,它相当于 A^* 算法中的函数 h。

对于表示输、赢或平的叶节点来说,这个估值函数是不难定义的。比如说,可以令:

$f(输) = -\infty$

$f(赢) = +\infty$

$f(平) = 0$

对于其他节点来说,有许多种选择可以供考虑,比如说:

1. f 度量从当前棋态到最后胜利的距离(胜利在望时 f 很大,败局已定时 $f=-\infty$)。

2. 有时 1 比较难以做到,因此可改为:f 度量从当前棋态到某个明显有利于我方的棋态的距离(例如,吃去对方一子,甚至只是叫吃,当然最好是将军。在中国象棋中形成卧槽马,当头炮,过河卒等等)。

3. f 度量当前敌我双方棋子的军力对比。对每个棋子要给一个代表其实力的值。车无疑最大,马炮则视弈手特长而定。

4. 在 3 中所述的军力对比不能只是孤立地估计,要根据当时的棋局形势来定。同是一个小兵,过河和没有过河就很不一样。压住腿的马和没有压住腿的马不一样。对方士、象全时炮比较有用,而对方士、象缺时马的进攻更易奏效,等等。

于是,可根据 3 和 4 中所述原则,综合地确定一个估值函数 f。在一般情况下,可以定义 f 为一个多项式,甚至是线性函数。但如要得到较好的效果,则 f 往往要定义为非线性的,此时计算复杂性就又增加了。如 Samuel 在他的西洋跳棋程序中,选出 20 到 30 种能刻画棋局优劣的参数,组成一个估值函数。他让这个下棋程序在实际对弈中不断提高水平,用实践结果来检验这些参数中哪些是重要的,应赋予较大的权;哪些是次要的,只能给以较小的权,甚至根本不必包含在估值的参数中。他还探讨了这些参数间的相互作用,等等。在这些复杂的分析的基础上得到的估值函数是非线性的。

除了确定静态估值函数外,我们还应注意尽量避免生成没有用处的后代。由于博弈树是一种特殊的与或树,即极小极大树,在搜索过程中会出现两种明显的冗余现象,使我们可以立即实行剪枝以达到优化的目的。

第一种现象是极大值冗余。在图 10.1.2(a)中,节点 1 的值应是节点 2 和节点 3 的值中之较大者。现在已知节点 2 的值大于节点 4 的值。由于节点 3 的值应是它的诸子节点的值中之极小者,此极小值肯定小于等于节点 4 的值,因此亦肯定小于节点 2 的值。这表明,继续搜索节点 3 的诸子节点 5,6,7,……已没有意义,它们肯定不能作任何贡献,于是可以把以节点 3 为树根的子树全部剪去。这种优化在文献中通称为 Alpha 剪枝。

图 10.1.2(b)是与极大值冗余对偶的现象,称为极小值冗余。节点 1 的值应是节点 2 和节点 3 的值中之较小者。现在已知节点 2 的值小于节点 4 的值。由于节点 3 的值应是它的诸子节点的值中之极大者,此极大值肯定大于等于节点

4 的值,因此亦肯定大于节点 2 的值。这表明,继续搜索节点 3 的其他诸子节点已没有意义,并可以把以节点 3 为树根的子树全部剪去,这种优化在文献中通称为 Beta 剪枝。

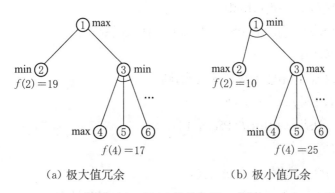

（a）极大值冗余　　　　（b）极小值冗余

图 10.1.2　Alpha 剪枝和 Beta 剪枝

使用静态估值函数以及 Alpha 剪枝和 Beta 剪枝,可以把博弈树的搜索算法重新定义如下:

算法 10.1.2(带剪枝的博弈树搜索)。

1. 建立一个空的棋局栈 PS[i, j],其中,对每个 i: PS[i, 1]是棋局内容:

　　PS[i, 2] “与”或“或”

　　PS[i, 3] 搜索深度

　　PS[i, 4] 估计值

　　PS[i, 5] 生成子节点个数

2. 确定正整数 depth 为最大推理深度;

3. 建立已知结果的棋局库 PB, PB 的元素与 PS 的元素形式相同,并且每个元素的第一、第二和第四个分量都已有确定的值;

4. 建立根节点:

　　PS[1, 1]:=初始棋局

　　PS[1, 2]:=“或”

　　PS[1, 3]:=0

　　PS[1, 4]:=$-\infty$

　　PS[1, 5]:=0

5. t:=1　　　　　　　　　　　　　　　　（搜索节点）

6. 若 $PS[t, 1]=X[1]$，$PS[t, 2]=X[2]$，且 $X \in PB$，则

    (1) $PS[t, 4]:=X[4]$

    (2) 转 10；

7. 若 $PS[t, 3]=depth$，则

    (1) $PS[t, 4]:=f(PS[t, 1])$（f 是估值函数）

    (2) 转 10；

8. 若 $PS[t, 1]$ 不能生成新的后代，则

    (1) 若 $PS[t, 5]=0$，则

         $PS[t, 4]:=f(PS[t, 1])$

    (2) 转 10；

9. 生成 $PS[t, 1]$ 的一个新后代：

    (1) $PS[t, 5]:=PS[t, 5]+1$ （后代计数）

    (2) $t:=t+1$

    (3) $PS[t, 1]:=$ 新棋局

    (4) $PS[t, 2]:=$ if $PS[t-1, 2]=$"或"then"与"

                  else"或"

    (5) $PS[t, 3]:=PS[t-1, 3]+1$

    (6) $PS[t, 4]:=$ if $PS[t, 2]=$"或"then$-\infty$

                  else$+\infty$

    (7) $PS[t, 5]:=0$

    (8) 转 6；

10. 若 $t=1$ 则算法运行结束，最后的估计值已经算出；

11. $t:=t-1$ （信息反馈）

12. 若 $PS[t, 2]=$"或"，则

    (1) 若 $PS[t+1, 4]>PS[t, 4]$

        则 $PS[t, 4]:=PS[t+1, 4]$ （取极大值）

        否则，转 8；

    (2) 若 $t=1$ 则转 8；

    (3) 若 $PS[t, 4]>PS[t-1, 4]$

        则 $t:=t-1$ （Beta 剪枝）

    (4) 转 8；

13. 若 PS[t, 2]="与",则

  (1) 若 PS[$t+1$, 4]<PS[t, 4]

    则 PS[t, 4]:=PS[$t+1$, 4]　　　　(取极小值)

    否则,转 8;

  (2) 若 $t=1$ 则转 8;

  (3) 若 PS[t, 4]<PS[$t-1$, 4]

    则 t:=$t-1$　　　　　　　(Alpha 剪枝)

  (4) 转 8;

算法完。

对于这个算法,应该作两点说明:

1. 本算法是从开局先行者的立场出发的,计算所得根节点的值即是对先行者前途的预测,如果不是先行,则只需把第 4 步中的

$$PS[1, 1]:=初始棋局$$

改为

$$PS[1, 1]:=对方先行一步后的棋局$$

即可,其余不变。

2. 本算法只给出对先行者前途的估计值,以及第一步应该怎么走,而没有给出全局棋每一步的走法。这是因为本算法是建立在对方不失误的基础之上的。实际对弈时,对方的考虑不可能跟算法预测的完全一致。因此,对方每走一步,本算法就要重复执行一遍。时间消耗十分可观。从理论上说,一次计算出全局着法是可能的,但这就要求:(1)不采用本算法的深度优先方法,或至少保留一切已生成的节点;(2)不采用 Alpha,Beta 剪枝法;(3)不用深度限制。但这样一来,在时间和空间上就更无法支持了。

此外,本算法还有一个缺点,就是必须说明是从某人的立场出发的,如果换一个立场,算法就要作一个对称的改变(见图 10.1.1)。Knuth 和 Moore 在 1975 年提出了一种方法,可以兼顾双方的立场,同时消除与节点和或节点的差别,以统一的方式处理。这个方法叫负极大值方法,与我们在上面讲的极小极大值方法不同,它在形式上只取极大值。

这个方法的原理是:对于没有后代的节点和搜索层次达到极限的节点,仍用静态估计函数来计算它们的估计值。对于其他节点,均令父节点的估计值为诸

子节点的估计值的负数的极大值,即

$$PS[i, 4] := \max(-PS[i+1, 4])$$

$$(i+1 \text{ 遍及 } i \text{ 的所有子节点})$$

这样做的结果是

1. 如果节点甲的子节点之估计值均大于 0,则节点甲的估计值小于 0,反之,若子节点估计值小于 0,则节点甲的估计值大于 0;

2. 如果某节点的估计值代表甲方的前途预测,则其负值代表乙方的前途预测,反之亦然。

利用负极大值原理可以把算法 10.1.2 改成下列形式:

算法 10.1.3(负极大值博弈树搜索)。

1. 建立一个空的棋局栈 $PS[i, j]$,其中对每个 i:

PS$[i, 1]$　　是棋局内容

PS$[i, 2]$　　搜索深度

PS$[i, 3]$　　估计值

PS$[i, 4]$　　子节点个数

2. 确定正整数 depth 为最大推理深度;

3. 建立已知结果的棋局库 PB, PB 的元素与 PS 的元素形式相同,并且每个
   元素的第一和第三个分量已有确定的值;

4. 建立根节点:

PS$[1, 1] :=$ 初始棋局

PS$[1, 2] := 0$

PS$[1, 3] := -\infty$

PS$[1, 4] := 0$

5. $t := 1$;

6. 若 PS$[t, 1] = X[1]$, $X \in PB$,则

(1) PS$[t, 3] := X[3]$

(2) 转 10;

7. 若 PS$[t, 2] =$ depth,则

(1) PS$[t, 3] := f(PS[t, 1])$

(2) 转 10;

8. 若 PS[t, 1]不能生成新的后代,则

   (1) 若PS[t, 4]＝0 则

       PS[t, 3]:＝f(PS[t, 1]);

   (2) 转 10;

9. 生成 PS[t, 1]的一个新后代:

   (1) PS[t, 4]:＝PS[t, 4]＋1

   (2) t:＝t＋1

   (3) PS[t, 2]:＝PS[$t-1$, 2]＋1

   (4) PS[t, 3]:＝$-\infty$

   (5) PS[t, 4]:＝0

   (6) 转 6;

10. 若 $t＝1$ 则算法运行结束,最后的估计值已经算出;

11. t:＝$t-1$

12. 若$-$PS[$t+1$, 3]＞PS[t, 3],则

   PS[t, 3]:＝$-$PS[$t+1$, 3];　　　　　　(取负极大值)

13. 若$t＝1$,则转 8;

14. 若 PS[t, 3]＞$-$PS[$t-1$, 3],则

   t:＝$t-1$;　　　　　　　　　　(剪枝)

15. 转 8;

算法完。

关于这个算法的几点说明:

1. 在极小极大值算法中,为每个节点算出的估计值都是对同一个弈手在相应棋态下的估计值。而在本算法(负极大值算法)中,每对父节点和子节点的估计值是属于博弈双方的。例如,若以 t 代表搜索的层次,x 是第 t 层的节点,$f(x)$ 是对甲方的估计值,y 和 z 分别是第 $t-1$ 层和 $t+1$ 层的节点,则 $f(y)$ 和 $f(z)$ 都是对乙方的估计值。

2. 若 $f(x)$ 是对甲方的估计值,则它表示:若从 x 节点起甲方先行,其前途将如何。

3. 虽然每个 $f(x)$ 只是对一方的估计值,但我们同时也知道在同一节点 x 上另一方的估计值,它正好是$-f(x)$。所以,这个算法同时算出了双方在每一点的估计值。

4.由于这个原因,当我们在第 6 步中使用 PB 中的现成棋局,或在第 7 步中使用静态估值函数 f 时,我们必须知道估值函数 f 是指哪个弈手而言的(应该是指在该节点上的先行弈手),否则,在对最后结果的解释上就会出问题。

5.由于负极大值方法同时计算对双弈方的估计值,因此,在作 Alpha 和 Beta 剪枝时,也应考虑到这两种情况,算法中把两种剪枝合并成一种剪枝,并作了必要的限制。

博弈树搜索是一项复杂性极高的工作。大量的研究工作表明,前面所述的极小极大值搜索法或负极大值搜索法都有很多缺点,兹列举数项于下:

1.博弈树搜索的效率与 Alpha 剪枝和 Beta 剪枝的充分利用有很大关系。可是这两种剪枝却又与节点的排列次序有关。如果把图 10.1.2 中的两棵子树改变一下排列次序,换成图 10.1.3 中那样,Alpha 剪枝与 Beta 剪枝就无所施其技了。

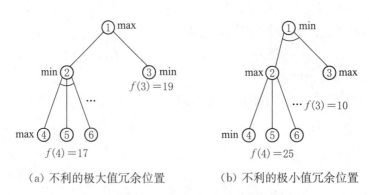

(a) 不利的极大值冗余位置 (b) 不利的极小值冗余位置

图 10.1.3 剪枝技术的弱点

2.在计算估计值时,假定对弈双方使用的是同一个估值函数这种假定往往不符合实际情况。

3.博弈树搜索算法假定静态估值函数是绝对可靠的,每次都以该估计值为依据。但实际上肯定会有误差,否则就不叫估值函数了。而一旦在某个下级节点处发生误差,这种误差沿着通路向上传播时,将有可能造成上级节点作决策时产生关键性的失误,并且这种失误是无法纠正的。

4.由于最大层次 depth 是固定的,因此在到达 depth 深度时强行停止搜索并就地作出结论会引起许多不合理的现象。一步棋的好坏不能只从局部来看,它的影响往往要过了若干步才能看出来。最明显的例子是象棋中的兑子。如果最大深度 depth 正好处在我方有子被对方吃掉的地方,那这一点的估计值一定是很低的。但下一步也许我方就要吃掉对方一个更重要的棋子。如果单凭 depth 深度时的估计值来决定上级节点的行动方向,就会出现失误。

与这个问题有联系的是:一个攻击策略往往由许多连续的步组成,如果在算法中只是每步机械地截断在 depth 处,并重新计算估计值,那就恐怕很难坚持使用一种攻击策略了。

5. 由于每步都是采取向前看若干步,再确定最佳走法,这有点像"由底向上"方法,而实际上,每个弈手都有一定的"作战意图",这在某种程度上应该是"自顶向下"的,像这种作战意图如何才能在算法中体现呢?

6. 极小极大值算法和负极大值算法完全靠自身的搜索判断每步的优劣,因此事实上要一直搜索到底才能从理论上保证该步是最佳的。我们在算法 10.1.2 和 10.1.3 中分别加进了与现成棋局的比较,这样做的实际好处究竟有多大?

7. 尽管采用了 Alpha 剪枝和 Beta 剪枝,但是随着搜索层次的增加,节点数的膨胀还是非常快。有没有更好的办法来限制节点数迅速膨胀的趋势?

对于第一个问题,即节点排序,由于算法采用深度优先方法,排序的优劣对搜索效率有极大影响。Knuth 等人曾对此作过理论上的研究:假设博弈树是均匀地 m 分叉的,即每个节点有 m 个分叉,深度为 d,则节点总数为

$$(m^{d+1}-1)/(m-1)$$

如果节点次序排列得当,那么在最理想的情况下,大约只需要考察

$$m^{\lfloor (d+1)/2 \rfloor}+m^{\lfloor d/2 \rfloor}-1$$

个节点,其中 $\lfloor x \rfloor$ 表示不超过 x 的最大整数。这仅相当于全部搜索所需数字的平方根的两倍那么多。

那么,怎么才算是一个好的次序呢? 比较图 10.1.2 和 10.1.3 可知,从父或节点(max 节点)生成子与节点(min 节点)时,要把估计值高的子与节点排在前面。从父与节点(min 节点)生成子或节点(max 节点)时,要把估计值低的子或节点排在前面。由于在极小极大树中,每个节点的估计值都是代表甲方(先行一方)的,因此,把上述两点合在一起,其意思就是,不论是父或节点还是父与节点,在生成子节点时,都应把和父节点相应的那一方的最有利走法排在前面(或节点和甲方对应,与节点和乙方对应)。

对于使用负极大值原理的博弈树,其节点排列原则与此类似。

关于第二个问题,即只用一个估值函数的问题,从理论上来说,如果事先知道对手的估值函数,是可以把它加进算法中去的。例如,我们可以把算法 10.1.3 作这样的修改:

1. 在第 2 步中增加:"建立两个估值函数,甲方使用的 f_1 和乙方使用的 f_2"。

2. 把第 7 步改为

若 $PS[t, 2] = depth$,则

(1) 若 $PS[t, 2]$ 为偶数则 $PS[t, 3]:= f_1(PS[t, 1])$;

(2) 若 $PS[t, 2]$ 为奇数则 $PS[t, 3]:= f_2(PS[t, 1])$;

(3) 转 10;

3. 把第 8 步改为

若 $PS[t, 1]$ 不能生成新的后代,则

(1) 若 $PS[t, 4] = 0$,则

(a) 若 $PS[t, 2]$ 为偶数,则 $PS[t, 3]:= f_1(PS[t, 1])$;

(b) 若 $PS[t, 2]$ 为奇数,则 $PS[t, 3]:= f_2(PS[t, 1])$;

(2) 转 10;

只要作这些修改就够了。问题是(1)如何能事先知道对方的估值函数?(2)由于对方可能会临场更换策略,其所使用的估值函数也会有变化。不考虑这些问题就很难真正达到大师级的水平。在各种棋类大赛之前,名手之间都要悉心研究对方过去的棋谱,目的就是要知道对方惯用的策略,并准备相应的对策。这种策略和对策也体现在估值函数中。既然人都要这样做,当然应允许机器在开赛之前也存放几套对手的策略,并根据对手在弈棋时的实际表演猜测他使用的是哪一个估值函数。

算法第 7 步中要用到 PB 中的已知棋局。如果棋局是比较简单的,规范化的,有公认的结论的,则它的估值函数可能是唯一的。否则,也要考虑采用不同的估值函数。

关于第三个问题,即估值函数不一定绝对可靠的问题,Harris 提出了这样的思想:

1. 既然我们不能保证估值函数是绝对可靠的,那么我们也就不能保证计算出来的最终结果(根节点的估计值)是绝对可靠的。就好像实验仪器有误差时不能要求实验结果绝对精确一样。所以,我们倒不如正式允许估值函数有误差,明

确给出误差的界,并分析这种误差对最终结果可能有的影响。

2. 采用估值函数是因为搜索已达到固定的深度,无法继续前进。如果能找到一种办法,使搜索不受固定深度的限制,那么,深度的增加就意味着估值函数精确度的增加(向前看的步数更多),也就使估值函数误差引起的影响得到控制。

3. 一种可能的候选办法是采用 A 算法中的估值函数:

$$f(n)=g(n)+h(n)$$

并使用带误差估计的带宽搜索方法,在这里,$g(n)$ 也是表示根节点到节点 n 的距离估计,并有

$$g(n)=g^*(n)$$

$h(n)$ 则是从节点 n 到赢节点的距离估计,满足

$$h^*(n)-d\leqslant h(n)\leqslant h^*(n)+e$$

对于末端节点来说:

$h(胜)=0$

$h(败)=\infty$(或非常大的数 N)

其算法如下:

算法 10.1.4(博弈树带宽搜索)。

1. 建立一棵空的博弈树 GT$[i,j]$,其内容是

GT$[i,1]$　　　　当前棋局

GT$[i,2]$　　　　父节点地址

GT$[i,3]$　　　　弟节点地址

GT$[i,4]$　　　　长子节点地址

GT$[i,5]$　　　　$g(n)$

GT$[i,6]$　　　　$h(n)$

2. 令初始棋局为根节点,并在每个分量中填上适当的内容。

3. 从根节点开始,顺着长子节点链,找到尚未有后代的那个长子 p。

4. 若 p 为胜,则停止算法运行。并决定使当前棋局向 p 的方向移动一步。

5. 若 p 为败,则或者认输并放弃对弈,或者决定当前棋局向 p 的方向移动一步,等待对方可能犯的错误,也停止算法运行。

6. 自 p 向下展开一层节点,展开方法是

(1) 生成 p 的所有子与节点 x_i（因为 p 必定是或节点）；

(2) 若有两个子节点 x_1 和 x_2 使

$$f(x_1) < f(x_2) - e - d$$

则删去所有这样的 x_1；

(3) 若有 p 的一个弟节点 z，及 p 的一个子节点 x，使

$$f(z) < f(x) - e - d$$

则删去 p 及其子节点，并转 3；

7. 再向下展开一层节点，展开方法是

(1) 生成在 6 中生成并保留下来的所有 x_i 的子或节点 y_i；

(2) 若有 y_1 和 y_2，使

$$f(y_2) < f(y_2) - e - d$$

则删去所有这样的 y_2；

(3) 若有 x_i 的某个弟节点 x_i，及 x_i 的一个子节点 y，使

$$f(y) < f(x_i) - e - d$$

则删去所有这样的 x_i。

8. 计算所有剩余下来的 y_i 的估计值 $h(y_i)$，$g(y_i)$（从根节点到 y_i 的实际距离）及

$$f(y_j) = g(y_j) + h(y_j)$$

9. 递归地重新计算 y_i 的所有父节点的估计值如下

(1) 若 n 是或节点，则从 n 的诸子与节点 m_i 中选一 m，使

$$f(m) = \max f(m_i)$$

并令
$$h(n) = h(m), \quad g(n) = g(m)$$
$$f(n) = h(n) + g(n)$$

(2) 若 n 是与节点，则从 n 的诸子或节点 m_i 中选一 m，使

$$f(m) = \min f(m_i)$$

并令
$$h(n) = h(m), \quad g(n) = g(m)$$
$$f(n) = h(n) - g(n)$$

10. 根据新的估计值,重新排列各兄弟节点之间的长次关系。

11. 再次检查所有的兄弟节点,并作如下处理:

(1) 若 x 和 y 为两个兄弟或节点,

$$f(x) < f(y) - e - d$$

则删去 y 及其所有后代;

(2) 若 x 和 y 为两个兄弟与节点,

$$f(x) < f(y) - e - d$$

则删去 x 及其所有后代;

12. 转 3。

算法完。

需要说明的是,对 $f(n)$ 采用了两种不同的计算方法,一个适用于与节点,另一个适用于或节点。其中与节点的 $f(n)$ 计算方法与习惯的 A 算法不同。其原因如下,在 $f(n)$ 中包含 $g(n)$ 项的目的原是为了加进一个"广度优先"因素,使得当搜索的前沿不是那么太乐观时,即回过头来再从靠近根部的地方做起。仅当搜索过程中 $h(n)$ 的减小足以抵销 $g(n)$ 的增长时,才沿着 n 继续前进。现在我们对节点的估计不取同一标准,或节点的 $f(n)$ 越小越好(与 A 算法一致),与节点的 $f(n)$ 越大越好(与 A 算法相反)。因此,这个"广度优先"因素起作用的方式也应相反。它应使或节点的值增长,所以取 $+g(n)$,它又应使与节点的值减小,所以取 $-g(n)$。实验表明,有了这个"广度优先"因素后,可供比较的节点范围比较广了,从而对 $f(n)$ 估计不精确的容错性也提高了。

Harris 证明了利用这种搜索方法可以在确定误差的前提下得到相对最优结果。

关于第四个问题,即搜索深度机械地取一个固定值的问题。Berliner 曾进行过分析,他称由于固定搜索深度而引起的问题为"水平效应"。有两种水平效应,如果一个搜索程序前进到某个深度时,自以为找到了一个比较有利的结局,但它不知道,若再深入几步就可看出,真正的结局原来是不利的。这种看不到危险的毛病称为负水平效应。另一个情况则正好相反。如果一个搜索程序在极限深度处发现了一种不利局面,于是决定放弃这个方向。但它也不知道,只要再搜索几步即可出现"柳暗花明又一村"的好形势,由于"眼光"太短浅而没有做"再坚持一下"的努力。Berliner 称这种情况为正水平效应。无论是哪一种效应,都可能导致程序的失败。

基于同样的观察,Shannon 提出了所谓 A 型程序和 B 型程序的概念。A 型程序的特点是,为每个节点配备一个静态估值函数,并规定搜索的最大深度。每走一步即重新搜索一次。B 型程序的特点是,搜索深度不固定,要找到一个合理的终止点才暂停搜索。其次,搜索的路线要有所选择。这个选择不仅取决于单个节点的估值函数,而且要根据某种进攻策略所决定的一系列动作。

为了实现 B 型程序,Shannon 等人提出了所谓静止期的思想,即当搜索前沿的节点的估计值在搜索向前延伸时有激烈变化现象时,不应停止搜索,应坚持把搜索进行到一个相对静止的时期。

早期的静止期策略是十分简单的,这些策略只考虑局势的短暂剧变。例如某子被对方叫吃,或保卫孩子的力量小于攻击该子的兵力等等,这种只着眼于眼前得失的作法显然是不够的。Harris 提出了一种方法,可以把棋手的中长期策略也考虑进去。他建议设立一个新的估值函数 d,使总的估值函数 f 成为

$$f(n)=g(n)+h(n)+d(n)$$

其中 $g(n)$ 仍是根节点到节点 n 的距离。$h(n)$ 和 $d(n)$ 有一个分工。$h(n)$ 衡量棋局的静态形势,如棋子数目多少,分布位置,是否形成配套的攻击力量等等,与原有的定义差不多,而 $d(n)$ 则根据棋局的连续变化估计当前棋局是否正在执行某种取胜的策略,因此,$d(n)$ 刻画的是一种动态的特征。

$h(n)$ 和 $d(n)$ 除了表述的内容不同外,它们起的作用也不一样。$h(n)$ 仍然是取胜前景的总指标,因此,决定下子方向的根据是 $h(n)$,并按它的大小来排列兄弟节点的次序。$d(n)$ 则用于指导搜索的深度。$d(n)$ 的值也像 $h(n)$ 的值一样从前沿节点逐步向上传播,最后算出根节点 s 的估计值 $d(s)$。如果 $d(s)$ 接近于 0,表示棋局在"可见的将来"不会有大变动,搜索可以到此为止。在计算 $d(n)$ 的值时,也有类似 Alpha 和 Beta 剪枝这类技术。如果某个节点的 $d(n)$ 虽不等于零,但继续往前推不会影响节点的排序,则可以认为它也是相对静止的,不必再费力去搜索它。

注意,应有两个不同的 $d(n)$,即 $d_1(n)$ 和 $d_2(n)$ 来表示对弈双方的策略。表示甲方策略的 $d_1(n)$ 可用来解决前面所说的正水平效应,而表示乙方策略的 $d_2(n)$ 可用来解决负水平效应。

迭代深化法是克服固定搜索深度弱点的又一方法，它的思想在某些方面颇有些类似于前面讲过的 Harris 的带宽搜索法。其原理是这样的，从根节点开始，按深度为 1，2，3，4，5，…等次序反复进行搜索。对于每个固定的 n，它相当于原来的固定深度搜索。然后，每当这样的搜索完成一次（包括估计值向上传播直至最后算出根节点的估计值），即马上进行深度为 $n+1$ 层的搜索。每次搜索的结果都把根节点处的子节点重新排一次序。一般地说，这种排序一次比一次更精确（当然要把静止期的考虑包括在内），需要程序作决定时就可根据最近一次的排序选其最优者实行之。用这个办法可以控制机器思考的时间，可长可短，甚至在对方思考时机器也还可以继续思考自己的下一步棋。需要说明的是，每次搜索不必从头来起，第 n 步的搜索结果可为第 $n+1$ 步利用。

关于第五个问题，即主方的作战意图如何体现。也有人作过研究，比较早期的工作有 Bernstein 的下棋程序。该程序首先分析棋局的当前形势，根据分析结果制定一个短期策略，又从此短期策略引出一系列的走步。在棋局分析中包括：国王是否正被攻击，其他棋子是否有被攻击或交换的可能，等等。显然，这是在一个非常低级的水平上。其他的同类程序也有这样的问题，据说，这些程序在实战中还没有赢过一局。看来，运用中长期策略来指导下棋还是一个待研究的问题。

第六个问题与第五个问题有一定的联系，不过困难程度更大一些。要比较两个棋局是否等价或类似是很不容易的，一般说来，它不能只根据棋子的分布位置来决定，需要从本质上去把握当时的形势。

关于最后一个问题，人们在剪枝技术上下了不少功夫。最简单的办法是，通过搜索而确定了当前各分枝的一个排序以后，只保留少数几个排在最前面的，价值不高的分枝统统删去。一般地说，越是高层的分枝越需要保留，越是后面的越可以多删。例如，Greenblatt 的程序中，最高两级各保留 15 个分枝，其次两级各保留 9 个分枝，再往下就只保留 7 个分枝。另一种考虑是，开局阶段的分枝数为中等，进入中盘后形势复杂，分枝数适当上升，到残局时分枝数又可下降。有人估计象棋在开局时有 37—45 个分枝，进入中盘后约需 45 到 60 个分枝，残局阶段大约只需 20 到 30 个分枝。

与保留好的分枝相对应的是砍掉坏的分枝。杜甫诗云"新松恨不高千尺，恶竹应须斩万竿"。坏分枝砍得越早越好，可是砍掉还得有点根据，一般是首先砍去可以直接见到不良后果（一、两步之内）的坏分枝，被砍掉的分枝称为拒绝分枝。为了提高效率，可以把每一层的拒绝分枝记在一张表内，并假定如果在近期内(几步内)与此分枝有关的情况不发生大的变化,则它在下几步搜索中仍然是拒绝分枝,可以直接利用。这种被重复使用的拒绝分枝称为杀手。杀手是从前几层积累下来的,可以不止一个。把它们排一个序,最新的杀手排在最前面(因为情况变化最少)供挑选使用,是一种有效的剪枝办法。

极小极大树搜索与棋类的具体知识关系非常密切,一些细节不在此讨论了。

10.2　B* 算法

这是由 Hans Berliner 提出来的一个算法。Berliner 本人是个棋手,又是一个计算机下棋的研究者。1979 年 7 月 15 日,Berliner 研制的十五子棋程序 BKG9.8 在蒙得卡洛城的一次比赛中,以 7∶1 的悬殊比分击败了当时的世界冠军 Luigi Villa,从而赢得了五千美元的赌注。这件事的意义在于,有史以来第一次在一种具有相当智力水平的棋类比赛中,计算机程序击败了世界冠军。Berliner 取得的成就至少在这一点上超过了我们在绪论中提到的 Samuel。

Berliner 在研究极小极大搜索树时,认为有两个问题是关键的,第一个问题是:如何降低组合搜索的复杂性,即如何尽早地查出不合用的坏分枝,并把它剪掉。这涉及进一步改进 Alpha-Beta 剪枝。第二个问题是:如何合理地确定搜索的深度限制,以解决他本人提出的所谓水平效应(见上节)问题。为了做到这点,应该对每个分枝的前景有一种定量的展望,以便及早放弃前途不大的搜索方向。

为此,他作了如下的分析:

1. 有两类搜索问题,第一类是普通的状态空间搜索,它必须在找到目标并且还找到从初始状态到目标状态的一条(最优)通路后才能结束。第二类则是方向性的搜索,它不一定要具体找到目标,只要确定如何朝最后目标的方向走出第一步就行了,尤其是在博弈树搜索中,每一步都包含着"对方将如何反应"的不确定因素,更不能一下子搜索到底。因此,第二类问题对于确定搜索深度的要求应不像第一类问题那样必要。

2. 为了展望某个搜索方向的前景,需要一个定量的估计。由于一个估计函数可能概括不了复杂的情况,使用两个函数:一个乐观估计和一个悲观估计也许是适宜的。

3. 深度优先搜索完全不考虑启发性因素,显然不适用于上述情况。就是通常的最佳优先也显得不够灵活,因为它永远选择具有最佳估计值的分枝。但是,确定某个分枝是最佳的,并不一定要把这个分枝展开到底(直接证明),也可以把其他分枝展开,并证明它们不是最佳的(间接证明)。

Berliner 提出的算法称为 B* 算法。这个算法的要点是,每个节点设立两个估计值:乐观估计和悲观估计,两个估计值都动态可变。所有节点上的估计值出自同一个人(棋局某一方)的立场,但估计的对象则按层次交错更替。如这一层是对本方棋局的估计,则下一层是走了一步后对对方棋局的估计,再下一层又是走了一步后,对本方棋局的估计,等等。所以,在有的层次上,乐观估计大于悲观估计,在另一些层次上,悲观估计又大于乐观估计。对对方棋局的乐观估计,即是对本方棋局的悲观估计。对对方棋局的悲观估计,即是对本方棋局的乐观估计。反过来也是一样。因此,从下层节点向上层节点反馈信息时,悲观估计和乐观估计是交叉传递的。此外,B* 算法设立两种策略,PROVEBEST(证明最优)和 DISPROVEREST(排斥其余),相当于前面讲的直接证明和间接证明。在 B* 树展开过程中,只要子节点的估计值有利于父节点估计值的精确化,即改动父节点的估计值(使乐观值和悲观值互相靠近),如果这种估计值的改动一直波及根节点,则根节点有权在改动后重新考虑是选择 PROVEBEST 策略还是 DISPROVEREST 策略,并根据选定的策略继续搜索。搜索结束的条件是,在根节点伸出的诸分枝中,有一枝的悲观估计不小于所有其他分枝的乐观估计。B* 算法的具体步骤如下:

算法 10.2.1(B* 算法)。

1. 建立一个空的棋局栈 PS$[i, j]$,其中,对每个 i:

　　PS$[i, 1]$是棋局内容;

　　PS$[i, 2]$是乐观估计值;

　　PS$[i, 3]$是悲观估计值;

　　PS$[i, 4]$是父节点地址;

　　PS$[i, 5]$是长子节点地址;

　　PS$[i, 6]$是幼子节点地址。

2. 建立根节点:

　　PS$[1, 1]$是初始棋局;

　　PS$[1, 2] := -\infty$;

　　PS$[1, 3] := +\infty$;

　　PS$[1, 4] := 0$。

3. $a:=2$(第一个可分配地址);

　 $t:=0$(当前节点的层次);

　 $CUR:=1$(当前节点的地址)。

4. 若当前节点($PS[CUR]$)尚未展开过,则生成它的所有后代 $PS[a+i]$,

　 $0 \leqslant i \leqslant m-1$, m 是后代个数,依次送入 PS 中。否则转 7。

5. $PS[CUR, 5]:=a$(长子节点地址);

　 $PS[CUR, 6]:=a+m-1$(幼子节点地址);

6. $a:=a+m$(修改地址)。

7. 建立最佳节点和次佳节点。

　 令 $b:=PS[CUR, 5]$;

　 $b_2:=PS[CUR, 6]$;

　 若 t 为偶数,则

　　 $BEST:=\{i \mid b_1 \leqslant i \leqslant b_2$ 且 $PS[i, 2]$为极大$\}$

　　 $NEXT:=\{i \mid b_1 \leqslant i \leqslant b_2$ 且 $PS[i, 2]$为次大$\}$

　　 $PEST:=\{i \mid b_1 \leqslant i \leqslant b_2$ 且 $PS[i, 3]$为极大$\}$

　 若 t 为奇数,则

　　 $BEST:=\{i \mid b_1 \leqslant i \leqslant b_2$ 且 $PS[i, 2]$为极小$\}$

　　 $NEXT:=\{i \mid b_1 \leqslant i \leqslant b_2$ 且 $PS[i, 2]$为次小$\}$

　　 $PEST:=\{i \mid b_1 \leqslant i \leqslant b_2$ 且 $PS[i, 3]$为极小$\}$

8. $EXOP:=PS[BEST, 2]$;

　 $EXPE:=PS[PEST, 3]$;

9. 若以下四个条件都不满足,则转 12。

　 (1) t 为偶数且 $EXOP < PS[CUR, 3]$;

　 (2) t 为偶数且 $EXPE > PS[CUR, 2]$;

　 (3) t 为奇数且 $EXOP > PS[CUR, 3]$;

　 (4) t 为奇数且 $EXPE < PS[CUR, 2]$。

10. 修改当前节点的估计值:

　 $PS[CUR, 3]:=EXOP$

　 $PS[CUR, 2]:=EXPE$

11. 若 $t > 0$,

　 则(1) $CUR:=PS[CUR, 4]$(回溯);

(2) $t := t-1$；

(3) 转 7。

否则，若 PS[BEST, 3]≥PS[NEXT, 2]，

则搜索成功，算法结束，解即为

BEST（当前该走的棋）

12. 若 $t=0$，则决定下一步策略：

　　(1) 若采用 DISPROVEREST 策略，则 CUR := NEXT；

　　(2) 若采用 PROVEBEST 策略，则 CUR := BEST。

13. 若 $t>0$，则 CUR := BEST。

14. $t := t+1$；转 4。

算法完。

把 B* 算法和带剪枝的博弈树搜索算法比较一下，可以看到如下几个主要区别：

1. 博弈树算法只用一个估计值，B* 算法使用两个估计值（乐观和悲观）。

2. 博弈树算法假定只有少数棋局有估计值，因之有中间节点和叶节点之分。B* 算法对每个棋局都有一对估计值，因此所有节点都是一样的。

3. 博弈树算法要算到叶节点之后才把信息向上反馈到根节点，而 B* 算法每推进一层节点，都要反馈一次。这个思想与上一节中提到的迭代深化法有些类似。

4. 博弈树算法人为地设置最大推理深度，而 B* 算法不设这个限制。

5. 博弈树算法只采用一种策略，即选择最优分枝的策略。B* 算法可以根据情况在两种策略中选择一种：证明最优策略或排斥其余策略。

这最后一点很重要，有的时候采用第二种策略可以得到比第一种策略更好的结果。参见图 10.2.1 中的例子。

在这个图中，圆圈或方框内的数字表示节点展开次序，方括号内的是估计值，左边为乐观估计，右边为悲观估计，边上有 X 的是被修改的估计。从该图可以看出，用第二种策略比用第一种策略展开的节点数要少。

Berliner 用 B* 算法做了许多实验。他一共构造了 1 600 株博弈树。这些树的区别在于：估计值变动的范围不同（小至 100，大至 6 400），以及分枝的个数不同（小至 3，大至 10）。凡搜索深度超过 100，或树上的节点数超过 30 000，即认为搜索失败。

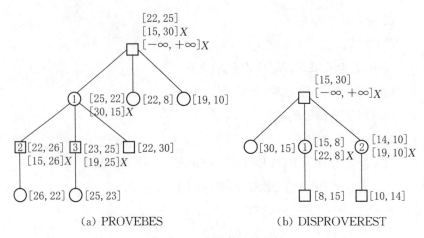

图 10.2.1 两种策略的比较

（引自 Berliner：The B* Search Algorithm：A Best-First Proof Procedure）

对于 B* 算法来说，一个关键的问题是根椐什么原则来选择 PROVEBEST 还是 DISPROVEREST 策略。Berliner 的原则是：用一组候选分枝与最佳分枝作比较，如果各候选分枝实行信息反馈时的深度是 t_i，而最佳分枝实行信息反馈时的深度是 t，则比较 $\sum t_i^2$ 和 t^2，若前者小于后者，则采用 DISPROVEREST 策略，否则采用 PROVEBEST 策略。这个策略的意思是优先搜索那些至今搜索深度比较浅的分枝。

树的大小	BF	2	2R	3	A	2RX
≤50	1	0.82	0.81	0.83	0.84	0.84
≤200	1	0.65	0.62	0.62	0.64	0.71
≤1 000	1	0.61	0.56	0.48	0.47	0.64
>1 000	1	0.51	0.48	0.35	0.32	0.56
失 败	1	0.70	0.64	0.59	0.52	0.69
失败次数	226	100	76	83	71	81

图 10.2.2 B* 与 BF 的实验结果对照

（引自上述 Berliner 的文章）

图 10.2.2 中给出了实验的结果，表首第一行的诸数字表示不同的实验中采用的候选分枝的个数。A 表示采用全部非最佳分支为候选分枝。X 表示允许

部分子节点的估计值范围大于父节点的估计值范围(一般情况下应该子节点的估计值比父节点的估计值精确)。R 表示在作出选用哪种策略的决策时,先把所使用的信息除以有关节点的估计值变动范围,然后再作考虑,其意思是优先考虑搜索估计值范围较大的节点。BF 是通常的最佳优先算法,是用来作比较的。表中的数字表示,对于同一个树结构,如果用 BF 搜索时所需工作量为 1,则用上述各种不同版本的 B* 算法搜索时所需工作量为多少。从该表可以看出,B* 算法普遍地优于 BF 算法。最左一列表示树的大小,最下边两行分别表示失败搜索的工作量及失败的例子个数。

与此同时,Berliner 又用深度优先方法做了带 Alpha 和 Beta 剪枝的博弈树搜索,并采用了迭代深化技术。结果表明,在通常情况下,执行深度优先方法时展开的节点数相当于执行最佳优先(BF)算法时的 3~7 倍,深度优先方法的推理深度最多不能超过 19,但 B* 算法在计算某些问题时的最大推理深度达到了94。此外,深度优先算法失败的例子比 BF 算法失败的例子多一倍。

Palay 深入地研究了 PROVEBEST 和 DISPROVEREST 的策略选择问题。他首先用 Knuth 的负极大值方法(见上节)改写了 B* 算法,然后分不同情况探讨该如何选择策略。

定义 10.2.1 以$[\alpha, \beta]$表节点 N 的估计值,其中 α 是乐观估计,β 是悲观估计,恒有 $\alpha \geqslant \beta$。若节点 N 有 n 个子节点 $N_1, \cdots, N_n$,每个节点 N_i 的估计值是$[\alpha_i, \beta_i]$。对每个 i,如果存在一个 k,使得 $\beta_k \geqslant \alpha_i$,则称 N_i 为无用节点,反之为有用节点。

首先讨论只有两个有用节点 N_1 和 N_2 的情况,无妨假设恒有 $\alpha_1 \geqslant \alpha_2 > \beta_1$。因此,又可分为六种不同的情况,见图 10.2.3。

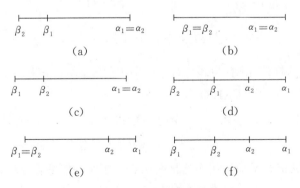

图 10.2.3 两个有用节点的情况

在分别讨论这六种情况之前，Palay 先确定了一些原则。

原则 10.2.1 如果已知当前必须做某个动作，则立即执行之。

原则 10.2.2 如果不能确定当前必须做某个动作，则选用具有最大成功概率的策略。

除此以外，还确定一个基本假设：

假设 10.2.1 每个节点的实在值一致分布于它的估计值范围之内。

现在分别讨论这六种情况。

情况一　$\alpha_1 = \alpha_2$，$\beta_1 > \beta_2$。根据 B* 算法的规定，此时 N_1 和 N_2 都可以选作最佳节点。但是为了证明 N_2 是最佳节点，需把 β_2 的值提高到 α_1，而证明 N_1 是最佳节点，只需把 β_1 的值提高到 $\alpha_2 (= \alpha_1)$。使用反证法也是同样的情况，即排除 N_1 需要把 α_1 下降到 β_2，而排除 N_2 只需把 $\alpha_2 (= \alpha_1)$ 下降到 β_1，无论从哪个角度看，均以选择 N_1 作最佳节点为宜。基于同样的理由，在选定 N_1 作最佳节点后，应采用 DISPROVEREST 策略。因为它相当于要求把范围 $[\alpha_2, \beta_2]$ 缩小为 $[\beta_1, \beta_2]$，而采用 PROVEBEST 策略则要求把范围 $[\alpha_1, \beta_1]$ 缩小为一点。

情况二　$\alpha_1 = \alpha_2$，$\beta_1 = \beta_2$，此时只有展开下一层节点，获取更多的信息后，才能见分晓。因此在这一步上采取哪一种策略都可以。

情况三　$\alpha_1 = \alpha_2$，$\beta_1 < \beta_2$，与情况一对称。

情况四　$\alpha_1 > \alpha_2$，$\beta_1 > \beta_2$。此时如果该节点的实在值掉在 β_1 和 α_2 之间，则使用 PROVEBEST 策略就会失败，因此它的失败概率是

$$P(\text{PROVEBEST}) = (\alpha_2 - \beta_1)/(\alpha_1 - \beta_1) \tag{10.2.1}$$

另一方面，实在值掉在 β_1 和 α_2 之间也意味着 DISPROVEREST 策略的失败，因此，这种策略的失败概率是

$$P(\text{DISPROVEREST}) = (\alpha_2 - \beta_1)/(\alpha_2 - \beta_2) \tag{10.2.2}$$

于是可以定下这样的原则：当式(10.2.1)小于(10.2.2)时采用 PROVEBEST 策略，反之则用 DISPROVEREST 策略。

情况五　$\alpha_1 > \alpha_1$，$\beta_2 = \beta_2$。与情况一对称，可用类似方法处理。

情况六　$\alpha_1 > \alpha_2$，$\beta_1 < \beta_2$。此时 N_2 的估计值范围完全处在 N_1 估计值范围的内部，采用 DISPROVEREST 策略是没有希望的，唯一的可能是采用 PROVEBEST 策略。

现在讨论有多个可用节点的情况,也分为几种子情况来讨论(恒假定 $\alpha_i \geqslant \alpha_{i+1}$)。

情况一 有两个或两个以上的节点具有相同的极大乐观估计值,即

$$\alpha_1 = \alpha_2 = \cdots = \alpha_K > \alpha_{K+1} \geqslant \cdots \geqslant \alpha_n, \; K > 1 \tag{10.2.3}$$

则选用 DISPROVEREST 策略,选择 N_i,使

$$1 \leqslant i \leqslant K, \text{且}$$
$$\forall_j, \; 1 \leqslant j \leqslant K \; \& \; j \neq i : \beta_i \geqslant \beta_j \tag{10.2.4}$$

为最佳节点,其余的 N_j,$1 \leqslant j \leqslant K$,$j \neq i$,为候选节点。当 $K > 2$ 时依次类推。

情况二 有一个节点的估计值范围完全包含在 N_1 的估计值范围之内,即

$$\exists K, \; 1 \leqslant K \leqslant n, \; \beta_1 \leqslant \beta_K \tag{10.2.5}$$

则选用 PROVEBEST 策略。

情况三 情况一和情况二的条件都满足,则任意选用 PROVEBEST 或 DISPROVEREST 策略。

情况四 只有一个最佳节点 N_1,且其他节点的悲观估计值均小于 N_1 的悲观估计值,即

$$\alpha_1 > \alpha_2$$
$$\beta_1 > \beta_K, \; 2 \leqslant K \leqslant n \tag{10.2.6}$$

计算 PROVEBEST 策略的失败率:

$$P(\text{PROVEBEST}) = (\alpha_2 - \beta_1)/(\alpha_1 - \beta_1) \tag{10.2.7}$$

再计算相对于各节点 N_i 的 DISPROVEREST 策略的失败率:

$$P_i(\text{DISPROVEREST}) = (\alpha_i - \beta_1)/(\alpha_i - \beta_i) \tag{10.2.8}$$
$$P(\text{DISPROVEREST}) = \sum P_i(\text{DISPROVEREST}) \tag{10.2.9}$$

实际上,式(10.2.9)已经不能反映 DISPROVEREST 策略的确切失败率,因为它是几个概率之和。但是它可以反映一个事实,即候选分枝愈多,采用 DISPROVEREST 策略越不合算,所以,我们仍旧根据式(10.2.7)和(10.2.9)两个值的大小而决定采用哪一种策略。

以上讨论了在根节点处如何选用策略的问题,这正好是 B* 算法中留待程序

员自行决定的控制策略。对于非根节点,B* 算法规定一律采用 PROVEBEST 策略。但有时这种策略也会导致低效率。Palay 对此也作了探讨。对于非根节点,应该从两个方面加以区分。第一,它的上级节点采用的是 PROVEBEST 还是 DISPROVEREST 策略?第二,这一步该自己走,还是该对方走?他都根据概率分析和实验数据确定了相应的策略。

Palay 做了一些实验,使用了 4 种不同版本的 B* 算法和 BF 方法作比较,共 5 种方法。

1. BF 方法:从头到尾使用 PROVEBEST 策略。

2. LL 方法:在根部使用 PROVEBEST 策略,在下层的节点处根据成功和失败的概率选用两种策略之一。

3. DB 方法:即前面提到的 Berliner 在实验中使用的方法(比较最佳分支和候选分支的信息反馈深度,t^2 和 $\sum t_i^2$ 的关系)。

4. TL 方法:在根节点处根据前面阐述的 Palay 提出的原则选用两种策略之一,在下层的节点处只用 PROVEBEST 策略。

5. AL 方法:对每个节点都使用 Palay 方法来选用两种策略之一。

Palay 一共生成了 3 200 株树,节点的取值范围有 200,800,3 200 及 12 800 等几种。节点的分叉数在 3 到 8 的区间内变动。为了降低复杂性,当生成和展开一个新节点时,若该节点的估计值范围小于等于 2,即把此范围缩小成一个点。因为当估计值范围很小时,很难把它再进一步缩小,并且往往会大大增加搜索深度而得不到进一步的结果。图 10.2.4 给出了 4 种 B* 算法和最佳优先(BF)算法平均展开节点数的比较。以 BF 算法展开的节点数为基数(1),图 10.2.5 给出了所有 5 种算法的平均搜索深度。这两个图的横坐标都指示用 BF 算法搜索时的展开节点数。从这两个图可以看出:

1. B* 算法的任何版本都比 BF 算法好。

2. LL 方法同样不可取。

3. TL 方法大大优于 LL 方法。这说明 B* 算法中交替使用两种策略的关键在于根节点。因此,Berliner 设计 B* 算法时只在根节点处交替使用两种策略是抓住了问题的关键。

4. 在图 10.2.5 中,5 条曲线实际上分为两组,BF 曲线与 LL 曲线几乎没有什么区别,AL 曲线与 TL 曲线也几乎没有什么区别,这进一步加强了上述结论。

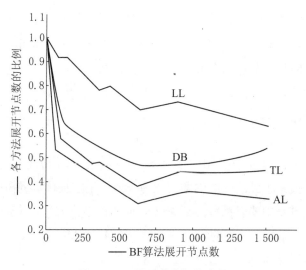

图 10.2.4　展开节点数的比较

5. 但是，Palay 的方法毕竟比原始的 B* 算法有一些明显的改进，这主要表现在展开节点的个数上，在所有节点上都采用 Palay 方法的 AL 曲线的高度几乎是采用 Berliner 方法的 DB 曲线的高度的一半，这就是说它展开的节点数要少一半。

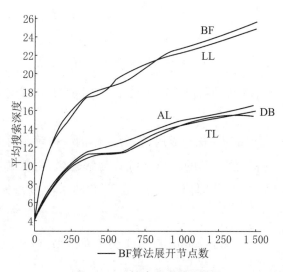

图 10.2.5　搜索深度的比较

6. 在搜索深度方面，Palay 方法相对于 Berliner 方法来说几乎没有什么优势。

7. Palay 的另一些统计数字表明,如果把"展开节点个数"换成"估值节点个数",则情况基本上差不多(与图 10.2.4 大体一样)。这里,"估值节点个数"指的是计算估计值的那些节点的个数。

10.3 SSS* 算法

这个算法是 Stockman 提出来的。Stockman 把一株博弈树看成是与或树。把在博弈树中搜索求胜路径的问题转化为与或树中求最优解题树的问题。在求最优解题树的过程中要以某种方式遍历与或树的节点,这相当于在状态空间中进行搜索。所以这个方法的全名叫状态空间搜索法(State Space Search),SSS* 的名字即由此而来。

Stockman 对与或树和解题树赋值的定义与第九章第三节中提到的略有不同。

定义 10.3.1 令 G 为一株与或树,n 为任一节点,则 n 的极小极大值 $g(n)$(或此 $g_G(n)$)定义为

1. 对每个叶节点 n 赋一个值 $f(n)$,$g(n)=f(n)$ (10.3.1)

2. 对每个非叶节点 n 及其诸后继节点 n_i。

$$(1)\ g(n)=\max\{g(n_i)\},\ n \text{ 为或节点} \quad (10.3.2)$$
$$(2)\ g(n)=\min\{g(n_i)\},\ n \text{ 为与节点} \quad (10.3.3)$$

上面所说的极小极大值就是算法 10.1.1 中通过博弈树搜索而使根节点最后获得的值。

定义 10.3.2 令 G 为一株与或树,T 为 G 中的一株解题树(按定义 9.3.1)。在不引起二义性的情况下,T 的子树也统称为解题树,每株解题树有一个值。以 p 为根节点的解题树 T 的值 $f_T(p)$ 等于 T 的诸叶节点的赋值中之最小者,即

$$f_T(p)=\{\min f(t)|t \text{ 为 } T \text{ 的叶节点}\} \quad (10.3.4)$$

注意这个定义隐含了当 T 退化为一个叶节点时

$$f_T(T)=f(T)$$

即解题树的值和叶节点的值归于一致。

定义 10.3.3　在同一株与或树 G 的诸解题树中,具有最大值的那一株称为最优解题树。

Stockman 证明了,一株与或树的极小极大值和它的最优解题树的值是一致的,这是通往 SSS* 算法的关键一步。

定理 10.3.1　令 G 是一株与或树,$T(p)$ 是以 G 的节点 p 为树根的一株解题树。$g(p)$ 是 p 点的极小极大值,$f_T(p)$ 是 $T(p)$ 的值,则一定有

$$g(p) \geqslant f_T(p) \qquad (10.3.5)$$

并且一定存在一株解题树 $S(p)$,使

$$g(p) = f_S(p) \qquad (10.3.6)$$

证　对根节点 p 的高度(从 p 到叶节点的最大距离)实行归纳法。

设 $H(p)=0$,则 p 为叶节点。根据定义,此时有 $g(p)=f(p)=f_S(p)$。

现在假设对所有满足 $H(p)<K$ 的节点 p 均有 $g(p) \geqslant f_T(p)$ 成立。考察 $H(p)=K$ 的情形。如果 p 是一个或节点,则根据解题树的定义,p 在 $T(p)$ 中只有一个子节点 p_1,$H(p_1)<K$,对解题树 $T_1(p_1)$ 应用归纳假设可知

$$g(p_1) \geqslant f_{T_1}(p_1) \qquad (10.3.7)$$

由于 T 和 T_1 有相同的叶节点,因此

$$f_T(p) = f_{T_1}(p_1) \qquad (10.3.8)$$

又由于 p 是或节点,可得

$$g(p) \geqslant g(p_1) \geqslant f_{T_1}(p_1) = f_T(p) \qquad (10.3.9)$$

如果 p 是一个与节点,令 p_i,$1 \leqslant i \leqslant n$,为它的诸子节点,由归纳假设知对每个 i 有

$$g(p_i) \geqslant f_{T_1}(p_i) \qquad (10.3.10)$$

其中 T_i 是以 p_i 为根节点的解题树。

因为诸 T_i 都是 T 的子树,所以

$$f_{T_i}(p_i) \geqslant f_T(p),\text{对所有 } i \qquad (10.3.11)$$

综合式(10.3.10)和(10.3.11)得

$$g(p) \geqslant f_T(p) \tag{10.3.12}$$

$$g(p) = \min\{g(p_i)\} \geqslant f_T(p) \tag{10.3.13}$$

式(10.3.9)和(10.3.13)合在一起证明了本定理的第一部分。

为了证明第二部分,我们来构造一株解题树 $S(p)$,使它的值正好等于与或树 $G(p)$ 的极小极大值。$S(p)$ 的构造方法如下:

1. 以 p 作为根节点。

2. 若 n 是 $G(p)$ 的非叶节点和或节点,$n \in S(p)$,则 n 也是 $S(p)$ 的非叶节点和或节点,在 n 的诸子节点 n_i 中任择一个 n_i,使 $g(n_i)$ 的值在诸 $g(n_i)$ 中为最大,把它加入 $S(p)$。

3. 若 n 是 $G(p)$ 的非叶节点和与节点,$n \in S(p)$,则 n 也是 $S(p)$ 的非叶节点和与节点,把 n 的全部子节点 n_i 均加入 $S(p)$ 中。

4. 若 n 是 $G(p)$ 的叶节点,$n \in S(p)$,则 n 也是 $S(p)$ 的叶节点。显然,对任何节点 $n \in S(p)$ 有:

$$g_S(n) = g_G(n) = \text{简写为} g(n) \tag{10.3.14}$$

另一方面,根据解题树的值的定义,在 S 的诸叶节点中必有一 p_0,使

$$f(p_0) = f_S(p) \tag{10.3.15}$$

令 $p_0, p_1, \cdots, p_n = p$ 是从 p_0 到根节点 p 的通路。我们来证明,对每个 i 均有:

$$g(p_i) = f(p_0), \quad 0 \leqslant i \leqslant n \tag{10.3.16}$$

现在已知式(10.3.16)对 $i=0$ 成立,设它对于 $i=K$ 也成立,如果 p_K 是或节点,则 P_{K+1} 是与节点,根据极小极大值的定义:

$$g(p_{K+1}) = \min\{g(p_{K+1}\text{的子节点})\} = g(p_K) = f(p_0) \tag{10.3.17}$$

这是因为从 $g(p_K) = f(p_0)$ 可以推出 p_K 是 p_{K+1} 的诸子节点中使 g_n 值达到极小的一个子节点。

如果 p_K 是与节点,则 p_{K+1} 是或节点。

$$g(p_{K+1}) = \max\{g(p_{K+1}\text{的子节点})\} = g(p_K) = f(p_0) \tag{10.3.18}$$

此处 p_K 是 p_{K+1} 在 S 中的唯一子节点。

综合式(10.3.17)和(10.3.18)，就证明了式(10.3.16)，特别是

$$g(p)=f(p_0)=f_S(p) \tag{10.3.19}$$

定理全部得证。

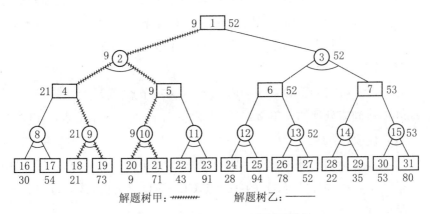

解题树甲：┅┅┅┅┅　　　解题树乙：─────

图 10.3.1　博弈树，与或树和解题树

图 10.3.1 给出了一株博弈树作为与或树的例子，方格是或节点，圆圈是与节点。格和圈内的数字是节点编号。叶节点下面的数字是初始赋值 f。图中标出了两株解题树，各节点旁边的数字非指该节点的极小极大值，而是以该节点为根节点的子解题树的值。

在具体给出 SSS^* 算法之前，首先要定义状态的概念。

定义 10.3.4　令 G 为一株博弈树，搜索 G 的状态 S 是一个三元组：

$$S=(n, b, h) \tag{10.3.20}$$

其中 n 是 S 中的一个节点，正在被搜索，b 是一个标记，表明 n 当前是处于打开状态(OPEN)，还是已被关闭(CLOSED)。h 是迄今为止对解题树获得的最佳估值，它是最优解题树的值的上界。

算法 10.3.1(SSS^* 算法)。

1. 建立一个状态栈 PS，栈中的每个元素取 (n, b, h) 的形式，栈的初始内容为空。

2. 把初始状态(Root，OPEN，$+\infty$)送入栈中，其中 Root 表示根节点。

3. 取出栈顶元素 (n, b, h)，删去它。

4. 若此元素之 $b=$OPEN，则转 9。

5. 否则,♯b＝CLOSED♯。

若此元素之 n＝Root,则搜索成功,h 的值即是博弈树的极小极大值,也即是最优解题树的值,算法结束。

6. 否则,♯b＝CLOSED & n≠Root♯。若 n 为与节点,则把状态(n 的父节点,CLOSED,h)放入栈顶,然后从栈内删去一切具有形式(n_1,b_1,h_1)的节点,其中 n_1 是 n 的后代节点(不仅是直接子节点),b_1 和 h_1 任意。转 3。

7. 否则,♯b＝CLOSED & n≠Root & n 为或节点♯。

若 n 有尚未处理的兄弟节点,则把状态(n 的下个兄弟节点,OPEN,h)放入栈顶,转 3。

8. 否则,♯b＝CLOSED & n≠Root & n 为或节点 &,n 为同组弟兄中最幼的节点♯,则把状态(n 的父节点,CLOSED,h)送入栈顶,转 3。

9. ♯b＝OPEN♯

若 n 为叶节点,则把状态(n,CLOSED,$\min\{h,f(n)\}$)按估计值从大到小的次序插入栈中。即,使得栈中所有在它上面的状态(n_1,b_1,h_1),都有 $h_1 \geqslant \min\{h,f(n)\}$,而在它下面的状态($n_2$,$b_2$,$h_2$)都有 $h_2 < \min\{h,f(n)\}$,转 3。

10. 否则,♯b＝OPEN & n 有子节点♯。

若 n 是与节点,则把状态(n 的长子节点,OPEN,h)放入栈顶,转 3。

11. 否则,♯b＝OPEN & n 有子节点 & n 是或节点♯。

令 n 的诸子节点为 n_i,$1 \leqslant i \leqslant m$,把 m 个状态(n_i,OPEN,h)依次放入栈顶,和弟节点相应的状态在下,和兄节点相应的状态在上。转 3。

算法完。

定理 10.3.2 SSS* 算法具有如下的性质:

1. 在最后成功之前,PS 栈永不会空。

2. 栈中状态的 h 值总是从栈顶往下按从大到小的次序排列。

3. 算法一定能在有限步内结束。

4. 在算法结束前的每一时刻,每株解题树有且仅有一个节点在 PS 中(即对每株解题树 ST,在 PS 中有且仅有一个状态含 ST 的一个节点)。

5. 算法结束时,根节点的 h 值即是最优解题树的值(由定理 10.3.1 知它也是博弈树的极小极大值)。

证明 对 1,由于算法在删去栈顶节点后,至少加一个节点到栈中(除非算法在这一步获得成功),因此,不会发生栈空的情况。

对 2,在整个算法中,只有第 9 步是把状态插入栈中的,而这是严格按 h 值的大小次序插入的。其他各步增加的状态都在栈顶,并且新状态的 h 值和原来栈顶状态的 h 值一样,因此,栈中状态的 h 值始终保持从大到小的次序。

对 3,我们需要附加一个条件,即博弈树的高度是有限的,否则很容易举出反例。由于高度有限,总的节点个数也有限。如果我们能够证明:每个节点在栈中顶多只能出现有限次,则问题就解决了。实际上,每个节点在栈中顶多出现两次。

如果一个节点 n 以 open 的形式出现在栈中的一个状态里(即栈中包含状态 (n, OPEN, h),h 任意),则我们说 n 被打开。首先要证明的是任何节点 n 至多被打开一次。对节点的深度用归纳法。深度为 0 时上述断言显然成立,因为根节点只在算法启动时被打开,打开后即从栈中删去,此后如再要出现在栈中,必须通过下级节点把它引出,这只有第 6,8 两步有可能,但只能以 CLOSED(关闭)的形式出现,并且出现后算法即结束。当博弈树退化为只有一个节点时,由第 9 步知情况也不例外。

现在假定深度 $<K$ 的节点都只能被打开一次,n 是第 K 层的节点,分两种情况:

(1) n 是被它的父节点打开的(第 10,11 步),由算法知,一个父节点打开子节点时它本身处于打开状态,并且打开子节点时本身已删去。如果 n 的第二次被打开仍然是由父节点做的,则父节点自己必须首先被第二次打开过,与归纳假设矛盾。如果 n 的第二次打开是由兄节点做的,则 n 必须是或节点(第 7 步),并且 n 一定不是它的父节点的长子节点,这与 n 第一次是被父节点打开的这一前提矛盾,因为按算法,父与节点只打开作为长子的或节点。

(2) n 是被它的兄节点打开的(第 7 步),则 n 一定是或节点。n 的第二次打开一定不是由它的父节点执行的,唯一的可能是 n 被它的兄节点第二次打开。设兄节点为 m,根据算法,m 打开 n 时自己必须处于关闭状态,并且打开 n 后 m 即删去。因此,二次打开 n 意味着 m 要二次处于关闭状态。这又分两种情况:如果 m 是叶节点,则 m 在第二次关闭之前应先被 m 的兄节点二次打开,它意味着 m 的兄节点也必须二次关闭,如此推下去,结论是 m 的长兄节点必须二次关闭,其前提自然是此长兄节点被它的父节点二次打开。这又与假设矛盾。

第二种情况是：m 不是叶节点，它的二次关闭必须都来自下级节点。但是根据算法第 6 步（注意 m 的子节点是与节点），一旦 m 被关闭，m 的下级节点（直接下级或间接下级）都要删去。如果 m 要被二次关闭，则它必须首先生成它的下级，也打开它的下级，这意味着 m 本身要被二次打开。如此推下去，可知 m 的长兄节点要被二次打开，进一步可推得 m 的父节点要二次打开，又与假设矛盾。

至此，我们证明了任何节点都不能被打开二次。

另一方面，任何节点也不能被关闭两次。要证明这一点很简单，因为实际上我们在前面已经证明了任何叶节点和任何或节点都不能被关闭两次。现在只需补充与节点的情形。与节点的关闭是由它的最年幼的子或节点完成的，既然子或节点不能被关闭两次，那么父与节点显然也不能被关闭两次。

至此，我们证明了算法运行必定结束。

对 4，我们对算法的步数实行归纳法，以每次向栈中送状态元素为一步。第一步显然是正确的，因为每个解题树都以整株博弈树的根节点为其根节点，现在假设当步数小于 K 时此结论的正确。考察第 K 步。

若第 K 步为算法的第 6 步，设 T 是一株包含节点 n 的解题树，n 正好是 T 在 PS 栈中的唯一节点，删去 n 使 PS 失去了这个节点。但加进 n 的父节点 m，而 m 必在 T 中，因此，T 在 PS 中仍然正好有一个节点。另一方面，若 R 是一株包含 m 但不包含 n 的解题树，令以 m 为根的 R 的子树为 R_1，$R-R_1$ 中显然没有节点在 PS 中，否则，构造 $R-R_1+T_1=R'$，其中 T_1 是以 m 为根的 T 的子树，R' 也是解题树，它将有两个节点在 PS 中，与假设矛盾。由此可知执行第 6 步后 R 中仍然恰好有一个节点在 PS 中（因为 R_1 中的原有节点已被算法第 6 步删除）。

若第 K 步为算法的第 7 步。由于包含一个或节点的任何解题树一定包含该或节点的所有兄弟节点，因此第 7 步只是把该解题树在 PS 中的节点换了一个。

若第 K 步为算法的第 8 步，则该步只是把包含 n 的解题树在 PS 中的节点由 n 换成 n 的父节点。对其他解题树没有影响。

算法第 9 步只更换 PS 中各节点的次序。

算法第 10 步与第 8 步的作用互逆，其效果是一样的。

算法第 11 步把多个解题树在 PS 中共占一个节点换成各占一个节点，仍然不影响上述结论的成立。

至此，我们证明了本定理的断言 4，它的直观含义是：SSS* 算法平行地搜索所有的解题树,在得到最优解之前不放弃任何一株解题树。

对 5,我们首先证明,每株解题树 T 在栈 PS 中保存的节点 n 的值 h(以 $h(n)$ 表之),均满足不等式:

$$h(n) \geqslant \min \operatorname{leaf}(T) \tag{10.3.21}$$

其中 $\min \operatorname{leaf}(T)$ 表示解题树 T 的值。

仍旧对算法步数实行归纳法,第一步显然是对的,因为初始状态的 h 值是 $+\infty$。

设下一步是算法第 6 步,n 为与节点,n 的父节点 m 是或节点,若解题树 T 包含 n(必然也包含 m),这一步不会影响式(10.3.21)的成立。若解题树 R 含 m 而不含 n,则我们在断言 4 的证明中已经知道:PS 栈中代表 R 的节点 l 必在 R 的以 m 为根的子树 R_1 中。由于 l 在 PS 栈中位居 n 之下,因此有:

$$h(n) \geqslant h(l) \geqslant \min \operatorname{leaf}(R) \tag{10.3.22}$$

可知式(10.3.21)的成立依然不受影响。

设下一步是算法第 7 步。由于包含兄节点的解题树一定也包含弟节点,这一步只是把同一个 h 值从同一株树内的一个节点转向另一个节点,对式(10.3.21)无影响。

设下一步是算法第 8 步,n 为或节点,其父节点 m 是与节点,由于 n 及 n 的诸兄节点及 m 一定同属于一株解题树,也不会发生问题。

设下一步是算法第 9 步。n 是叶节点,若解题树 T 包含 n,则有

$$f(n) \geqslant \min \operatorname{leaf}(T) \tag{10.3.23}$$
$$h(n) \geqslant \min \operatorname{leaf}(T) \tag{10.3.24}$$

综合式(10.3.23)和(10.3.24)得

$$\min(f(n), h(n)) \geqslant \min \operatorname{leaf}(T) \tag{10.3.25}$$

算法第 10 步和第 11 步都保持每株解题树的值不变。于是我们证明了式(10.3.21)。它表示,算法成功结束时根节点 Root 的值 $h(\text{Root})$ 是每株解题树的上界,特别地,它是最优解题树的值的上界。

另一方面,最优解题树的值也确实达到了这个上界。因为算法结束时,根节点的值必然来自它的某个(被关闭的)子与节点 n 的值,而 n 的值又必然来自它

的全体(被关闭的)子或节点的值。如此一层一层地推下去,最后得到一株完整的解题树,称之为 T'。

定义函数:

$$\text{min leaf}'(T', n) = \min(\bar{h}(n),\ \min fn) \tag{10.3.26}$$

其中 n 是 T' 中的一个节点,$\bar{h}(n)$ 是该节点被打开时的值,$\min fn$ 是以 n 为根节点的子树 T_n 的全体叶节点 n_i 的估计值 $f(n_i)$ 中之最小者。此外,令 $g(n)$ 表示节点 n 被关闭时的值,我们断言:

$$g(n) \leqslant \text{min leaf}'(T', n) \tag{10.3.27}$$

我们对 n 到叶节点的最短距离 K 实行归纳法。当 $K=0$ 时,n 是叶节点,根据算法第 9 步可知式(10.3.27)成立。

现在设 K 为任意正整数,并设已知式(10.3.27)对小于 K 的情况皆成立。n 是与节点,它到叶节点的最短距离是 K,它有 m 个节点:$n_1,\cdots,n_m$,则

$$\bar{h}(n_1) = \bar{h}(n) \tag{10.3.28}$$

援用归纳假设知:

$$\bar{h}(n_2) = g(n_1) \leqslant \text{min leaf}'(T', n_1)$$
$$= \min(\bar{h}(n_1),\ \min fn_1) \tag{10.3.29}$$
$$g(n_2) \leqslant \text{min leaf}'(T', n_2) = \min(\bar{h}(n_2),\ \min fn_2)$$
$$\leqslant \min(\bar{h}(n_1),\ \min fn_1,\ \min fn_2) \tag{10.3.30}$$

依次类推,最后可得到

$$g(n) = g(n_m) \leqslant \min(\bar{h}(n_1),\ \min fn_1,\ \cdots,\ \min fn_m)$$
$$= \min(\bar{h}(n),\ \min fn) = \text{min leaf}'(T', n) \tag{10.3.31}$$

至于 n 是或节点的情况更不需赘言,这就完全证明了式(10.3.27)。用根节点 Root 代入 n,得

$$g(\text{Root}) \leqslant \text{min leaf}'(T', \text{Root})$$
$$= \min(\bar{h}(\text{Root}),\ \min f\text{Root})$$
$$= \min f\text{Root} = \text{min leaf}(T') \tag{10.3.32}$$

上式右端即为解题树 T' 的值。

从式(10.3.21)立即推得

$$g(\text{Root}) \geq \min \text{leaf}(T) \tag{10.3.33}$$

注意式(10.3.33)中的 T 指的是任意一株树,而式(10.3.32)中的 T' 指的是我们构造的特定的树,综合之,得

算法步骤	栈　中　内　容
2	$(1, P, +\infty)\sharp$
3, 11	$(2, P, +\infty)(3, P, +\infty)\sharp$
3, 10	$(4, P, +\infty)(3, P, +\infty)\sharp$
3, 11	$(8, P, +\infty)(9, P, +\infty)(3, P, +\infty)\sharp$
3, 10	$(16, P, +\infty)(9, P, +\infty)(3, P, +\infty)\sharp$
3, 9	$(9, P, +\infty)(3, P, +\infty)(16, C, 30)\sharp$
3, 10	$(18, P, +\infty)(3, P, +\infty)(16, C, 30)\sharp$
3, 9	$(3, P, +\infty)(16, C, 30)(18, C, 21)\sharp$
3, 10	$(6, P, +\infty)(16, C, 30)(18, C, 21)\sharp$
3, 11	$(12, P, +\infty)(3, P, +\infty)(16, C, 30)(18, C, 21)\sharp$
3, 10	$(24, P, +\infty)(3, P, +\infty)(16, C, 30)(18, C, 21)\sharp$
3, 9	$(13, P, +\infty)(16, C, 30)(24, C, 28)(18, C, 21)\sharp$
3, 10	$(26, P, +\infty)(16, C, 30)(24, C, 28)(18, C, 21)\sharp$
3, 9	$(26, C, 78)(16, C, 30)(24, C, 28)(18, C, 21)\sharp$
3, 7	$(27, P, 78)(16, C, 30)(24, C, 28)(18, C, 21)\sharp$
3, 9	$(27, C, 52)(16, C, 3)(24, C, 28)(18, C, 21)\sharp$
3, 8	$(13, C, 52)(16, C, 30)(24, C, 28)(18, C, 21)\sharp$
3, 6	$(6, C, 52)(16, C, 30)(18, C, 21)\sharp$
3, 7	$(7, P, 52)(16, C, 30)(18, C, 21)\sharp$
3, 11	$(14, P, 52)(15, P, 52)(16, C, 30)(18, C, 21)\sharp$
3, 10	$(28, P, 52)(15, P, 52)(16, C, 30)(18, C, 21)\sharp$
3, 9	$(15, P, 52)(16, C, 30)(28, C, 22)(18, C, 21)\sharp$
3, 10	$(30, P, 52)(16, C, 30)(28, C, 22)(18, C, 21)\sharp$
3, 9	$(30, C, 52)(16, C, 30)(28, C, 22)(18, C, 21)\sharp$
3, 7	$(31, P, 52)(16, C, 30)(28, C, 22)(18, C, 21)\sharp$
3, 9	$(31, C, 52)(16, C, 30)(28, C, 22)(18, C, 21)\sharp$
3, 8	$(15, C, 52)(16, C, 30)(28, C, 22)(18, C, 21)\sharp$
3, 6	$(7, C, 52)(16, C, 30)(18, C, 21)\sharp$
3, 8	$(3, C, 52)(16, C, 30)(18, C, 21)\sharp$
3, 6	$(1, C, 52)\sharp$

图 10.3.2　求最优解题树的过程

$$\min \text{leaf}(T') \geqslant g(\text{Root}) \geqslant \min \text{leaf}(T) \tag{10.3.34}$$

可知 T' 实在是一株最优解题树，$g(\text{Root})$ 等于最优解题树的值。根据定理 10.3.1，它又是博弈树的极小极大值。

证毕。

下面，我们以图 10.3.2 中的博弈树为例，列出求最优解题树的过程。左边一列是采用的算法步骤，右边是状态栈的内容，栈顶在左端。在每个状态三元组中，P 表示打开，C 表示关闭，这个例子取自 Stockman 本人的文章。

Stockman 拿 SSS* 算法与带 Alpha-Bata 剪枝的极小极大树算法（简称 $\alpha\text{-}\beta$ 算法）作了比较，认为 SSS* 算法优于 $\alpha\text{-}\beta$ 算法，并得到了如下定理。

定理 10.3.3 如果任何两个叶节点的赋值 f 都不一样，则凡是 SSS* 算法搜索到的节点，$\alpha\text{-}\beta$ 算法也一定搜索到。

这表示对赋值 f 的分布加了条件以后，SSS* 算法在任何情况下都不会比 $\alpha\text{-}\beta$ 算法多搜索一个节点。Stockman 最初给出这个定理时，对 f 值的分布没有加条件。但是 Campbell 和 Marsland 在一篇文章里给出了一个反例，它表明：去掉了对 f 分布的条件后，定理 10.3.3 不一定成立。见图 10.3.3。

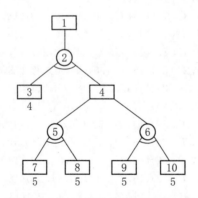

图 10.3.3 $\alpha\text{-}\beta$ 算法优于 SSS* 的例子

用 SSS* 算法搜索这棵树时，状态栈内容的变迁如图 10.3.4 所示。

从图 10.3.4 中可以看出，SSS* 在搜索该博弈树时有明显的左右摆动现象，这主要是因为算法第 9 步规定把新状态插入所有 h 值大于等于新状态 h 值的那些状态的后面。这使它不得不搜索了树上的所有节点。相比之下，$\alpha\text{-}\beta$ 算法却不需要搜索 6，9，10 诸节点，显得比 SSS* 算法好。

算法步骤	栈中内容
2	$(1, P, +\infty)\sharp$
3, 11	$(2, P, +\infty)\sharp$
3, 10	$(3, P, +\infty)\sharp$
3, 9	$(3, C, 4)\sharp$
3, 7	$(4, P, 4)\sharp$
3, 11	$(5, P, 4)(6, P, 4)\sharp$
3, 10	$(7, P, 4)(6, P, 4)\sharp$
3, 9	$(6, P, 4)(7, C, 4)\sharp$
3, 10	$(9, P, 4)(7, C, 4)\sharp$
3, 9	$(7, C, 4)(9, C, 4)\sharp$
3, 7	$(8, P, 4)(9, C, 4)\sharp$
3, 9	$(9, C, 4)(8, C, 4)\sharp$
3, 7	$(10, P, 4)(8, C, 4)\sharp$
3, 9	$(8, C, 4)(10, C, 4)\sharp$
3, 8	$(5, C, 4)(10, C, 4)\sharp$
3, 6	$(4, C, 4)\sharp$
3, 8	$(2, C, 4)\sharp$
3, 6	$(1, C, 4)\sharp$

图 10.3.4　对 SSS* 不利的搜索

为此,Campbell 和 Marsland 建议对 SSS* 算法作如下修改:

修改算法 10.3.2。

1. 把 SSS* 算法的第 9 步改为:

若 n 为叶节点,则把状态 $(n, \text{CLOSED}, \min\{h, f(n)\})$ 按估计值从大到小的次序插入栈中,即使得栈中所有在它上面的状态 (n_1, b_1, h_1),都有 $h_1 > \min\{h, f(n)\}$,而在它下面的状态 (n_2, b_2, h_2) 都有 $h_2 \leqslant \min\{h, f(n)\}$,转 3。

2. 把 SSS* 算法的第 11 步改为:

令 n 的诸子节点为 n_i,$1 \leqslant i \leqslant m$,把 m 个状态 (n_i, OPEN, h) 依次放入栈顶,和弟节点相应的状态在上,和兄节点相应的状态在下。转 3。

修改完。

上述修改的第一点是为了在 n 个分枝的 h 值相同的情况下克服左右摆动的现象。第二点是为了优先考察右边的分枝。因为在通常情况下,叶节点的 f 值按从小到大的次序从左向右排列。如果改成从右向左排列,则这点修改也可以不做。用修改过的 SSS* 算法搜索刚才的博弈树,可使 7, 8 两个节点免于搜索。

10.4　综合运用博弈树搜索技术

在本章的前面几节中,我们已经考察过多种博弈树搜索技术,它们各有其特点。在近年来的一些研究工作中,作者们大多倾向于把这些搜索技术有机地结合起来,以求达到更好的效果。本节将介绍其中的某些成果。为此,我们首先把一些主要的博弈树搜索技术开列于下,当然,这个单子不可能是完全的。

1. 用极小极大方法搜索整棵博弈树。

2. 用负极大值方法搜索整棵博弈树。

3. Alpha-Beta 剪枝。

4. 用启发函数 h 搜索博弈树。

5. 博弈树带宽搜索。

6. 用两个启发函数 h 和 d 搜索博弈树。

7. 每个节点有乐观和悲观两种估计(上、下界)。

8. 选用 PROVEBEST 和 DISPROVEREST 两种策略。

9. 用平行搜索法求最优解题树。

10. 有限窗口的 Alpha-Beta 剪枝。

上述技术中的绝大部分,我们都已通过前面几节中诸算法的讨论而熟悉了。个别剩下的部分将在本节中补充阐述。

作为第一个要介绍的新算法,是 Pearl 提出的 SCOUT 算法。它的特点是在实行 Alpha-Beta 剪枝时,不采用通常的 PROVEBEST 方法(如算法 10.1.2 那样),而改用 DISPROVEREST 方法。只有当某个分枝的 DISPROVEREST 失效时,该分枝才和前面已挑出的候选最佳分枝进行比较,决出优胜者。

为了节省篇幅,我们只列出算法的要点,并且允许递归调用。

算法 10.4.1(SCOUT 算法)。

1. 令当前节点为 P。

2. 产生当前节点的所有子节点 P_1, P_2, $\cdots$, P_n。

3. 若 $n=0$(当前节点无子节点),则取当前节点 P 的估计值 $f(P)$,退出本层调用。

4. 令 $f(P):=\mathrm{SCOUT}(P_1)$(递归调用)。

5. 若 $n=1$(只有一个子节点),则以 $f(P)$ 之值退出本层调用。

6. 令 $i_1=2$。

7. 若 P 是或节点(MAX 节点),则转 11。

8. $b_1=\text{TEST}(P_i, f(P), >)$(调用 TEST 函数,侦察第 i 个分枝)。

9. 若 b 为 False,则转 13(此时有 $f(P_i)<f(P)$ 成立)。

10. $(f(P_i)\geqslant f(P))$,转 14。

11. $b_1=\text{TEST}(P_i, f(P), \geqslant)$(调用 TEST 函数,侦察第 i 个分枝)。

12. 若 b 为 False,则转 14(此时有 $f(P_i)\leqslant f(P)$ 成立)。

13. $f(P)_1=\text{SCOUT}(P_i)$(P_i 是到目前为止最有希望的分枝,彻底搜索它,并求出值)。

14. 若 $i=n$ 则最佳分枝已找到,取 $f(P)$ 的值退出本层调用。

15. $i_1=i+1$。

16. 转 7。

算法完。

算法 10.4.2(分算法 TEST)。

1. 入口参数为 (Q, t, s),其中 Q 是待侦察的当前分枝,t 是该分枝的父节点目前已达到的估计值,s 为 > 或 $\geqslant$。

2. 若 Q 为叶节点,则

　　　若 $f(Q), s, t$,则取 False 返回,否则取 True 返回。

　　　(当 s 为 > 时,a, s, b 表示 $a>b$,否则,表示 $a\geqslant b$)

3. 从左向右巡查 Q 的诸子节点 Q_i, $1\leqslant i\leqslant n$。

4. 若 Q 为或节点,则

$$取 \bigvee_{i=1}^{n} \text{TEST}(Q_i, t, s) 返回$$

5. 若 Q 与节点,则

$$取 \bigwedge_{i=1}^{n} \text{TEST}(Q_i, t, s) 返回$$

分算法完。

注意,在上述算法的最后两步中,一般并不需要把或运算 $\bigvee$ 或与运算 $\bigwedge$ 进行到底。

从表面上看,似乎 SCOUT 是一种很不经济的算法:对每一个非长子的分枝,先用 TEST 去扫描一下,如果认为该分枝的值有可能超过目前的最佳值,则再用主算法详细计算之。这样,有些节点可能要被扫描两次。总的效率可能比较低。但仔细分析的结果发现并不是这样。由于 TEST 函数的回答大都是否定的(False),因此,许多节点不需要作仔细计算便可删除。而比起主算法来,TEST 函数的执行时间往往要少得多。因为一般来说,TEST 并不需要访问同一组兄弟节点中的所有节点,一旦找到有某个节点符合条件,即可退出。

曾有人认为,SCOUT 算法绝对优于 Alpha-Beta 剪枝算法。反过来,也曾有人认为 Alpha-Beta 剪枝算法绝对优于 SCOUT 算法。但结果表明这两种想法都错了。图 10.4.1 的(a)和(b)分别是这两种想法的反例,其中□表示或节点,○表示与节点。

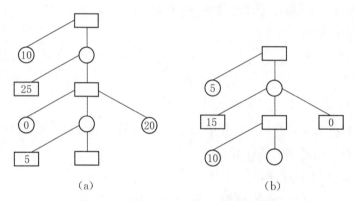

图 10.4.1 Alpha-Beta 和 SCOUT 均非最优

因此,剩下的问题就是要研究在什么情况下(对哪一类型的叶节点值分布),Alpha-Beta 优于 SCOUT 或 SCOUT 优于 Alpha-Beta。这是一个尚未解决的问题,但用数学方法进行分析的结果已经表明,当分枝数或树的高度增长时,这两种算法都有很好的渐近性质。

改进 Alpha-Beta 算法的另一种思想是所谓的有限窗口方法,也就是我们在前面的博弈树搜索技术单子中列的最后一条。在通常的 Alpha-Beta 算法中,或节点总是以 $-\infty$ 为初始估计值,与节点总是以 $+\infty$ 为初始估计值。这种估计值是可靠的,但却不是高效的。如果我们把〔或节点估计值,与节点估计值〕作为窗口看待,则窗口越小,算法效率就越高。它带来的危险是,窗口太小可能使真正的极小极大值落到窗口外面去,从而使算法失效。不过,由于我们有下面的定理,有时小的窗口也能有实用价值。

定理 10.4.1 对博弈树中的任意节点 P,P 的极小极大值 $f(P)$,$f(P)$ 的

近似估计值 V,误差 e,如果把 $[V-e, V+e]$ 作为窗口,则执行 Alpha-Beta 算法后,只有三种可能的结果:

    1. 若 $f(P) \leqslant V-e$,则 $MM \leqslant V-e$;

    2. 若 $f(P) \geqslant V+e$,则 $MM \geqslant V+e$;   (10.4.1)

    3. 若 $V-e < f(P) < V+e$,则 $MM = f(P)$。

其中,MM 是以窗口 $[V-e, V+e]$ 调用 Alpha-Beta 算法所得的值。

上面定理中的情况 1 和情况 2 分别称为偏低和偏高。这两种情况虽然没有准确地求出 $f(P)$ 的值,但却对 $f(P)$ 值的位置提供了有用的信息,以此为基础可以实行进一步的搜索。

最简单的办法是:如果 $f(P)$ 值相对于窗口 $[V-e, V+e]$ 来说是偏低了,则下一步搜索可以 $[-\infty, V-e]$ 为窗口。反之,如果偏高,则可以 $[V+e, +\infty]$ 为窗口。不过这种做法并未充分利用通过第一个窗口搜索带来的信息,即 MM 本身的值。如果偏低或偏高的情况下分别用 $[-\infty, MM]$ 和 $[MM, +\infty]$ 作为下一步搜索的窗口,岂不更好? 下面的算法就是基于这个思想的。

算法 10.4.3(Falphabeta 算法,即 Fail-soft-alphabeta 算法)。

1. 入口参数为 (P, α, β),其中 P 是节点,$[\alpha, \beta]$ 是初始窗口。

2. 若 P 为叶节点,则取静态估计值返回。

3. 产生 P 的所有子节点 P_i,$1 \leqslant i \leqslant n$。

4. $m := -\infty$。

5. $i := 1$。

6. $t := -\text{falphabeta}(P_i, -\beta, -\max(m, \alpha))$(递归调用下一层)。

7. 若 $t > m$,则 $m := t$。

8. 若 $m \geqslant \beta$,则取 m 值返回(掉到窗口外边了,保留算出的 m 值供构造下一窗口用)。

9. $i := i + 1$。

10. 若 $i \leqslant n$,则转 6。

11. 取 m 值返回。

                                                    算法完。

对于这个算法,读者只需要注意它用的是负极大值原理(参见算法 10.1.3),因此,在算法中只检查是否有"偏高"现象,而不检查是否有"偏低"现象。对于算法结果,有下述定理:

定理 10.4.2 对博弈树中的任意节点 P，P 的极小极大值 $f(P)$，窗口 $[\alpha, \beta]$，执行算法 Falphabeta 后，只有三种可能的结果：

1. 若 $f(P) \leqslant \alpha$，则 $\mathrm{negamax}(P) \leqslant f(P)$；

2. 若 $f(P) \geqslant \beta$，则 $\mathrm{negamax}(P) \geqslant f(P)$； (10.4.2)

3. 若 $\alpha < f(P) < \beta$，则 $\mathrm{negamax}(P) = f(P)$；

这里 $f(P)$ 是 $\mathrm{falphabeta}(P, \alpha, \beta)$ 的值，$\mathrm{negamax}(P)$ 是用通常的负极大值方法计算出来的 P 的估计值。

我们再概括一下 Falphabeta 算法的基本思想：先定一个窗口，如果极大值正好在这个窗口之内，那很好，算出的就是它。否则，我们也得到了有关极大值位置的信息，为下一步计算提供了方便条件。

另一种算法，即 Lalphabeta 算法的想法与此不完全一样，它并不指望在算法的第一次调用中算出极大值，并故意把窗口取得很小，使得算法的第一次计算结果肯定（或几乎肯定）掉在窗口之外，它的目的仅在于用这个小窗口来大致确定极大值的位置。这种窗口称为极小窗口，当各节点的估计值只取整数时，可把窗口取为 $[m, m+1]$，其中 m 是整数。算法的主要原理是：在每个节点的所有 n 个子节点中，先计算前 $n-1$ 个子节点的极大值 M，然后把 M 作为极小窗口施行于最后一个子节点，根据结果即可判断全局极大值是 M 还是最后一个子节点的值。具体步骤如下。

算法 10.4.4(Lalphabeta 算法，即 Last move-with-minimal window alphabeta 算法)。

1. 入口参数为 (P)，其中 P 是节点（没有先入为主的窗口）。

2. 若 P 为叶节点，则取静态估计值 $f(P)$ 返回。

3. 产生 P 的所有子节点 P_i，$1 \leqslant i \leqslant n$。

4. $m := -\infty$。

5. $i := 1$。

6. $t := -\mathrm{lalphabeta}(P_i)$。

7. 若 $t > m$，则 $m := t$。

8. $i := i+1$。

9. 若 $i \leqslant n-1$，则转 6。

10. 若 $n=1$，则取 m 值返回。

11. $t := -\mathrm{falphabeta}(P_n, m, m+1)$。

12. 若 $t>m$,则

(1) $m:=-$lalphabeta(P_n);

(2) 取 m 值返回。

13. 取 m 值返回。

算法完。

Lalphabeta 的基本思想,是估计最后一个分枝的极大值超过前面 $n-1$ 个分枝的极大值中之最大者的可能性很小。另一算法,Palphabeta 算法的想法与此不同,它预测第一个分枝的极大值可能是所有分枝的值中之最好的。因此,对每一个父节点,先算出第一个子节点的极大值 M_1,然后用 M_1 为极小窗口施行于第二个子节点,若得逞(证明第二个子节点的极大值不超过 M_1),则继续施行于第三个子节点,等等。若不得逞,则算出第二个子节点的极大值 M_2,再以 M_2 作为极小窗口作用于第三个子节点,如此等等。具体步骤是:

算法 10.4.5(Palphabeta 算法,即 Principal-variation alpha-beta 算法)。

1. 入口参数为 (P),其中 P 是节点。

2. 若 P 为叶节点,则取静态估计值 $f(P)$ 返回。

3. 产生 P 的所有子节点 P_i,$1\leqslant i\leqslant n$。

4. $m:=$palphabeta(P_1)。

5. 若 $n=1$,则取 m 值返同。

6. $i:=2$。

7. $t:=-$falphabeta$(P_i,\ -m-1,\ -m)$。

8. 若 $t>m$,则 $m:=-$falphabeta$(P_i,\ -\infty,\ -t)$。

9. $i:=i+1$。

10. 若 $i\leqslant n$,则转 7。

11. 取 m 值返回。

算法完。

窗口原则也可用来改进 SSS^* 算法。设 $[\alpha,\ \beta]$ 被用来作为窗口。在算法运行的每一时刻,如果发现栈顶状态 $(n,\ b,\ h)$ 中的 h 值满足 $h\leqslant\alpha$,则立即可以推出该博弈树的值对于上述窗口来说"偏低",从而结束算法的运行(当然,要找到确切的值,还需在此基础上重新运行算法),因为 h 值在栈中是从高向低排列的。

另一方面,窗口的上界 β 可以代替 $+\infty$ 作为根节点状态的初始值,即用 $(Root,\ Open,\ \beta)$ 作为栈中的第一个状态。如果博弈树的值正好掉在窗口中,则这种做法可以提高搜索的效率。如果博弈树的值大于 β,它也可以对值的位置提供信息,这些与 Falphabeta 算法类似。当然,SSS* 算法也可与极小窗口结合起来,使它变成与 SCOUT 的 TEST 函数一样,纯粹起一个为博弈树的值定界的作用。

SSS* 算法还可与 Alphabeta 算法结合起来使用,一种办法是在博弈树中靠近根部的层次使用 Alphabeta 算法,而在靠近叶节点的层次使用 SSS* 算法,以减少对叶节点的搜索。另一种办法是在靠近根部的层次使用 SSS* 算法,而在靠近叶节点的层次使用 Alphabeta 算法,以减少节点存储的开销。这两种办法都可以把窗口原则结合进去。

鉴于 SSS* 算法的主要缺点是存储开销太大,有人建议使用一种“分阶段 SSS* 算法”。其原理是,确定一个固定的正整数 d 为分阶段搜索深度。在第一阶段搜索中,只对前 d 层节点实行 SSS* 算法。在第 d 层上的节点称为相对叶节点,它们的估计值来自第二个阶段(也是 d 个层次)的 SSS* 搜索,如此等等。每推进一个阶段,即向下深入 d 个层次。这样的好处是可以控制存储的开销。据估算,存储开销的增长只是搜索深度增长的线性函数。

下面,我们要讨论另一种思想的推广应用,这就是在 B* 算法中使用的有信息模型思想。在通常的博弈树搜索中,只有叶节点有赋值,非叶节点的值都由叶节点的值计算得出。而在 B* 算法中,每个非叶节点都有一对估计值,即悲观估计值和乐观估计值。这些估计值不是定死的,它们随着搜索过程的进行而逐步精确化。Ibaraki 把有信息模型推广到一般的博弈树搜索,由此得到了两大类新算法,他证明了,这些算法中有许多都优于 Alphabeta 算法。

在以下的行文中,我们简称有信息模型为动态模型,并称通常的模型为静态模型。这里主要讨论动态模型。每个节点 P 有一个估值下界 $L(P)$ 和一个估值上界 $U(P)$。对叶节点来说

$$L(P)=U(P)=f(P) \tag{10.4.3}$$

这里 $f(P)$ 是叶节点 P 的赋值。对非叶节点来说

$$L(P)\leqslant f(P)\leqslant U(P) \tag{10.4.4}$$

这里 $f(P)$ 是用极小极大方法算出来的该节点的确切值。

以 $S(P)$ 表示 P 的子节点集,令 $Q\in S(P)$,则对于任意的这样的 P 和 Q 应

恒有：

$$U(Q) \leqslant U(P)$$
$$L(Q) \geqslant L(P)$$

(10.4.5)

这是一个基本的要求，因为随着搜索的深入，对节点的估值应该越来越精确。

定义 10.4.1　在搜索一株博弈树时，由已经生成的节点构成的树称为搜索树。搜索树中没有子节点的节点称为端节点。

显然，每个叶节点都是端节点，反之不一定，因为端节点可以是非叶节点，仅仅是它的子节点尚未生成而已。在下面将要讨论的两类算法中，有一类（即 GSEARCH-A）在生成一个节点 P 时并不立即计算 P 的下界 $L(P)$ 和上界 $U(P)$，仅当在需要时才算出它的上、下界。这意味着，在这一类算法中，端节点是没有上、下界的。为方便起见，为这类端节点 Q 分别建立临时性的上、下界如下：

$$L(Q) = -\infty$$
$$U(Q) = +\infty$$

(10.4.6)

因此，这些节点"暂时地"不满足条件式(10.4.5)。

随着搜索的深入，新生成的节点向树中原来已有的节点反馈更为精确的信息，用来修改原有节点的上、下界。这种修改按自底向上的方式进行，修改后的界用下标 b 表示。修改公式如下：

$$L_b(P) := \begin{cases} \max[L(P), L(R)], & \text{若 } P \text{ 是端节点，非根。} R \text{ 是 } P \\ & \text{的父节点。} \\ \max_{Q \in S(P)} L_b(Q) & \text{若 } P \text{ 是或节点，且不是端节点。} \\ \min_{Q \in S(P)} L_b(Q) & \text{若 } P \text{ 是与节点，且不是端节点。} \end{cases}$$

(10.4.7)

$$U_b(P) := \begin{cases} \min[U(P), U(R)], & \text{若 } P \text{ 为端节点，非根。} R \text{ 是 } P \\ & \text{的父节点。} \\ \max_{Q \in S(P)} U_b(Q) & \text{若 } P \text{ 为或节点，且不是端节点。} \\ \min_{Q \in S(P)} U_b(Q) & \text{若 } P \text{ 为与节点，且不是端节点。} \end{cases}$$

(10.4.8)

在式(10.4.7)和(10.4.8)中的第一个公式分别用了 max 和 min,这本来是不需要的,因为根据约定式(10.4.5),子节点的界总是比父节点界精确。但考虑到有式(10.4.6)这种临时界的情况,只能如此规定。

从上述公式立即可以推出(恒设 $Q \in S(P)$):

1. 对任一或节点 P 有:

$$U_b(P) \geqslant U_b(Q)$$
$$L_b(P) \geqslant L_b(Q)$$
(10.4.9)

2. 对任一与节点 P 有:

$$U_b(P) \leqslant U_b(Q)$$
$$L_b(P) \leqslant L_b(Q)$$
(10.4.10)

3. 对任一节点 P 有:

$$L(P) \leqslant L_b(P) \leqslant f(P) \leqslant U_b(P) \leqslant U(P)$$
(10.4.11)

定义 10.4.2 设 T 是一株搜索树,给 T 的每个节点 P 赋一个值 $f(P)$,这些赋值的全体称为 T 的一个赋值,以 $f(T)$ 表之。如果 $f(T)$ 满足下列条件,则称它是可允许的:

$$f(P) = \begin{cases} \max_{Q \in S(P)} f(Q) & \text{若 } P \text{ 为或节点,且 } P \text{ 不是端节点。} \\ \min_{Q \in S(P)} f(Q) & \text{若 } P \text{ 为与节点,且 } P \text{ 不是端节点。} \end{cases}$$
(10.4.12)

$$L_b(P) \leqslant f(P) \leqslant U_b(P)$$
(10.4.13)

所谓可允许的赋值 $f(T)$,指的是它有可能发展成整株博弈树 G 的完全赋值 $f'(G)$,$T \subseteq G$,且有

$$\forall P, P \in T: f(P) = f'(T)$$
(10.4.14)

并且 $f'(G)$ 满足博弈树赋值的极小极大条件。式(10.4.12)和(10.4.13)说的就是这一点。

定理 10.4.3 设 P 是搜索树 T 中的一个节点,c 是一个有限实数,满足:

$$L_b(P) \leqslant c \leqslant U_b(P)$$
(10.4.15)

则一定存在一个可允许的赋值 $f(T)$,使得

$$f(P) = c \tag{10.4.16}$$

证明 无妨假设 P 是一个或节点(Max 节点)。我们只需证明对于 P 的所有后代 S 都可找到适当的赋值 $f(S)$,使得 $f(R)$ 构成一个可允许的赋值。其中 R 是博弈树 G 中以 P 为根的子树。因为 G 的其余部分的赋值很容易按照极小极大原理构造出来。

为此,首先考察 P 的直接后代:子节点集 $S(P)$。令 $\bar{Q}$ 是 P 的一个子节点,使

$$U_b(\bar{Q}) = \max_{Q \in S(P)} U_b(Q) = U_b(P) \tag{10.4.17}$$

这个 $\bar{Q}$ 同样满足下列条件:

$$L_b(\bar{Q}) \leqslant \max_{Q \in S(P)} L_b(Q) = L_b(P) \tag{10.4.18}$$

考虑到式(10.4.15),我们有

$$L_b(\bar{Q}) \leqslant c \leqslant U_b(\bar{Q}) \tag{10.4.19}$$

因此可以选

$$f(\bar{Q}) = c \tag{10.4.20}$$

对于 $S(P)$ 中所有其他的 Q,可以令

$$f(Q) = L_b(Q)$$

于是我们有

$$f(P) = c = \max_{Q \in S(P)} f(Q) \tag{10.4.21}$$

$$L_b(Q) \leqslant f(Q) \leqslant U_b(Q), \quad Q \in S(P)$$

这表明我们已找到了一个可允许的赋值 $f(W)$,其中 W 由 P 和它的全体子节点构成。此时,P 的每个子节点 Q 都满足与 P 类似的条件(现在的 $f(Q)$ 相当于式(10.4.15)中的 c),因此刚才的推理可以继续下去,直到叶节点为止。

当 P 为与节点时证明方法类似。

证毕。

由此立即推得下列定理:

定理 10.4.4 在给定搜索树 T 的前提下,由式(10.4.7)和(10.4.8)计算出来的界 L_b 和 U_b 是最佳的。这就是说,任何缩小 $[L_b, U_b]$ 区间的企图都将导致漏

掉一个可能的允许赋值,即搜索将得不到正确的结果。

定义 10.4.3 设 T 是一株搜索树,P 是 T 的一个端节点,若 P 的展开与否不会影响博弈树 G 的最终估值($T \sqsubseteq G$),则称 P 为断点。

引进下列符号:

$$\text{AMIN}(P): P \text{ 的全休祖先与节点之集合}$$
$$\text{AMAX}(P): P \text{ 的全体祖先或节点之集合} \tag{10.4.22}$$

$$L_t(P) = \max_{V \in \text{AMAX}(P)} L_b(V), \quad \text{若 AMAX 非空}$$
$$= -\infty, \qquad\qquad\qquad \text{若 AMAX 为空} \tag{10.4.23}$$

$$U_t(P) = \min_{V \in \text{AMIN}(P)} U_b(P), \quad \text{若 AMIN 非空}$$
$$= +\infty, \qquad\qquad\qquad \text{若 AMIN 为空}$$

考虑到式(10.4.7)和(10.4.8),有:

1. 若 P 为或节点:

$$U_t(P) \leqslant U_b(P) \tag{10.4.24}$$

2. 若 P 为与节点:

$$L_t(P) \leqslant L_b(P) \tag{10.4.25}$$

定义 10.4.4 下列条件称为断点条件:

$$\max[L_t(P), L(P)] \geqslant \min[U_t(P), U(P)] \tag{10.4.26}$$

定理 10.4.5 给定搜索树 T,若它的所有端节点皆满足断点条件式(10.4.26),则搜索可以就此结束。此时对根节点 P_0 有:

$$L_b(P_0) = U_b(P_0) = f(P_0) \tag{10.4.27}$$

即博弈树的确切值已经算出。

定理 10.4.6 给定搜索树 T 及它的一个端节点 P。若 P 不满足断点条件式(10.4.26),则一定存在一个可允许的赋值 f,使得

$$f(P) = f(P_0) = c, \quad P_0 \text{ 是根节点}$$
$$\max[L_t(P), L(P)] < c < \min[U_t(P), U(P)] \tag{10.4.28}$$

对任意端节点 Q,$Q \neq P$,有 $f(Q) \neq c$。

这个定理说明,一定能以 T 的现行赋值为基础,构造整株博弈树 $G(T \subseteq G)$ 的一个赋值,使得唯一的一株最优解题树通过 P 节点。又由于 $L(P) < U(P)$,因此 P 如不展开,就不能最后求出根节点的值(参见定理 10.4.3)。

这两个定理的证明从略。其中第一个定理的证明比较长,在 Ibaraki 原文的附录中。第二个定理的证明留作习题。

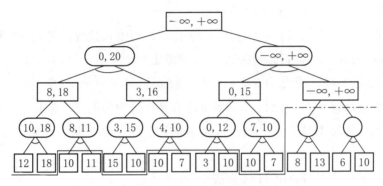

图 10.4.2　博弈树和搜索树

图 10.4.2 的整体是一株博弈树,点折线(—·—·)以上部分是搜索树。方框和圆框分别表示或节点和与节点。叶节点中的数字是 f 值,非叶节点中的数字偶表示下界和上界,不属于搜索树的非叶节点因尚未生成,没有上、下界。$[-\infty, +\infty]$ 是临时上下界。从图中可以看出,具有临时上下界的节点,其父节点也具有临时上下界。

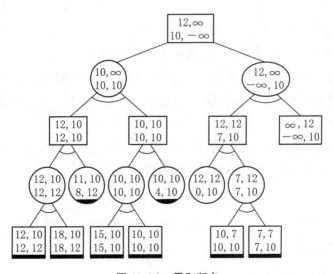

图 10.4.3　界和断点

图 10.4.3 的整体是一株搜索树。每个节点中的 4 个数按左上,右上,右下,左下次序分别是 U_b,U_t,L_t,L_b。下部描黑的节点是满足断点条件式(10.4.26)的端节点。由于该搜索树的端节点并非全部满足断点条件,因此搜索尚不能终止。从图中可以看出:根节点的左分枝只能给根节点以 $f=10$,但右分枝完全可以把一个更大的值,如 $f=12$,给根节点,为此只需令那两个不符合断点条件的端节点的后代叶节点的值全部为 12 即可。

博弈树 G 的搜索过程可以看作是搜索树 T 的生长过程。建立一个待展开节点集,称为 open。搜索时每次从 open 中取出一个节点 P,检验它是否满足断点条件,如果不符合,则展开之,并把新生成的端节点放入 open 中。最终必定使所有端节点都满足断点条件。IBARAKI 的算法分为两类。A 类算法在新的端节点生成时暂时不计算上、下界,以节省时间。B 类算法则一开始就计算上、下界。

算法 10.4.6(GSEARCH-A 算法)。

1. 设根节点为 R,它是搜索树 T 目前的唯一节点。

2. 建立待展开节点集 OPEN:$=\{R\}$。

3. 计算初始上、下界 $L(R)$ 和 $U(R)$,并令:

$$L_b(R):=L(R),\ U_b(R):=U(R)$$

4. 若 $L_b(R)=U_b(R)$,则搜索成功,停止执行算法,博弈树的值 $f(R)=L_b(R)$。

5. 从 OPEN 中选择一个节点 P,删去之。

6. 若 OPEN 为空,则转 11(这表示 P 是根节点)。

7. 若 $L_t(P)\geqslant U_t(P)$,则转 5(这个条件蕴含了断点条件)。

8. 计算 $L(P)$ 和 $U(P)$,并根据公式组(10.4.7)和(10.4.8)中的第一个公式计算 $L_b(P)$ 和 $U_b(P)$。

9. 如果有一个非根节点 Q 在第 8 或第 9 步中得到了新的 L_b 和 U_b 的值,则
(1) 若 Q 是父节点 W 的第一个子节点,则

$$L_b(W):=L_b(Q)$$
$$U_b(W):=U_b(Q)$$

(2) 否则,

(a) 若 Q 的父节点 W 是或节点,则

$$L_b(W):=\max(L_b(Q),L_b(W))$$
$$U_b(W):=\max(U_b(Q),U_b(W))$$

(b) 若 Q 的父节点 W 是与节点,则

$$L_b(W):=\min(L_b(Q),L_b(W))$$
$$U_b(W):=\min(U_b(Q),U_b(W))$$

(3) 转 9。

10. 如果断点条件

$$\max[L_t(P),L(P)]\geqslant\min[U_t(P),U(P)]$$

成立,则转 4。

11. 生成 P 的所有子节点 Q,把它们加入 OPEN 中,并相应地增长搜索树 T,建立诸 Q 的临时界

$$L(Q):=-\infty,U(Q):=\infty$$

转 5。

算法完。

算法 10.4.7(GSEARCH-B 算法)。

1. 设根节点为 R,它是搜索树 T 目前的唯一节点。

2. 建立待展开节点集 OPEN：$=\{R\}$。

3. 计算初始上、下界

$$L_b(R):=L(R),U_b(R):=U(R)$$

4. 若 $L_b(R)=U_b(R)$,则搜索成功,停止执行算法,博弈树的值 $f(R)=L_b(R)$。

5. 从 OPEN 中选择一个节点 P,删去之。

6. 如果断点条件

$$\max[L_t(P),L(P)]\geqslant\min[U_t(P),U(P)]$$

成立,则转 5。

7. 生成 P 的所有子节点 Q,把它们加入 OPEN 中,并根应增长搜索树 T,计算诸 Q 的界：

$$L_b(Q):=\max[L(Q),L(P)]$$
$$U_b(Q):=\min[U(Q),U(P)]$$

8. 根据公式组(10.4.7)和(10.4.8)修改 Q 的所有父节点的 L_b 和 U_b 的值，直至根节点。

9. 转 4。   算法完。

定理 10.4.7 若博弈树 G 是有限的，计算每个节点 P 的界 $L(P)$ 和 $U(P)$ 所需的时间也是有限的，则算法 10.4.6 和 10.4.7 必能在有限步内结束，并提供正确的结果和求解路径(正确结果即树根的极小极大值，求解路径即最优解题树)。

正如我们在前面几章中讲过的许多算法一样，算法 10.4.6 和 10.4.7 留下许多精化的余地。特别是在选择哪一个节点展开的策略上，可以有许多变化。其中有一些对应于我们在前面已经讨论过的博弈算法。

算法 10.4.8(动态 Alphabeta 算法)。

在算法 GSEARCH-A 中，凡从 OPEN 中选择节点时，总是首先选择搜索树中最左面的端节点。

算法完。

为什么称这个算法为动态 Alphabeta 算法? 因为在一定的意义下，GSEARCH-A 算法中的断点条件可以通过上述规定与 Alphabeta 剪枝条件挂起钩来。为此，首先引进一些新的定义：

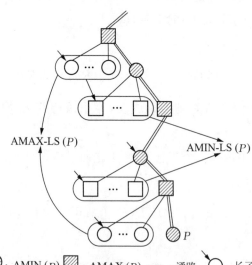

图 10.4.4   左子集的定义

令 AMAX-LS(P)为 AMAX(P)中诸节点的全体左子节点的集合；AMIN-LS(P)为 AMIN(P)中诸节点的全体左子节点的集合。这里说的"左"，是指这些子节点位于从根节点到 P 的通路的左侧，并且不在这条通路上，见图 10.4.4。

我们约定：对于任何集合 S，函数 g，如果 S 为空集，则

$$\max_{V \in S} g(V) = -\infty \tag{10.4.29}$$

$$\min_{W \in S} g(W) = +\infty \tag{10.4.30}$$

在这两个约定下，令

$$\alpha(P) = \max\left[\max_{V \in \text{AMAX}(P)} L(V), \max_{Q \in \text{AMAX-LS}(P)} L_b(Q)\right] \tag{10.4.31}$$

$$\beta(P) = \min\left[\min_{W \in \text{AMIN}(P)} U(W), \min_{Q \in \text{AMIN-LS}(P)} U_b(Q)\right] \tag{10.4.32}$$

定理 10.4.8 在动态 Alphabeta 算法中，断点条件成为：

$$\max[\alpha(P), L(P)] \geqslant \min[\beta(P), U(P)] \tag{10.4.33}$$

证明 只需注意，由式(10.4.22)，(10.4.23)，(10.4.31)，(10.4.32)可知

$$\alpha(P) = L_t(P), \quad \beta(P) = U_t(P)$$

证毕。

用动态 Alphabeta 算法搜索的例子见图 10.4.5。

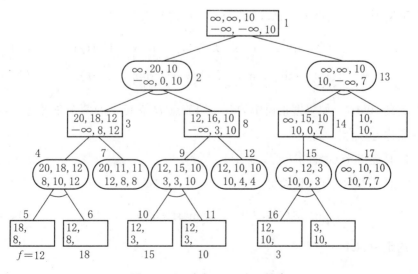

图 10.4.5 动态 Alphabeta 搜索

图例：$\boxed{\begin{array}{l}\beta,U,U_b\\\alpha,L,L_b\end{array}}n$（节点展开次序）

动态 Alphabeta 算法是在确定 GSEARCH-A 算法中的节点选择规则后得到的。类似的节点选择规则也可应用于 GSEARCH-B 算法，并得到另一种版本的动态 Alphabeta 算法。不过它离原来的 Alphabeta 算法的意义较之算法 10.4.8来要远一些，因为它一次生成一个父节点的全部子节点。关于这两种动态 Alphabeta 算法的比较留给读者作为习题。

讲到这里，似乎应该把本节的 GSEARCH-A 算法（或 GSEARCH-B 算法）与 Alphabeta 算法作一比较。具体说就是我们刚才引出的动态 Alphabeta 算法。我们使用下列比较的概念：

定义 10.4.5　如果算法甲展开的节点集是算法乙展开的节点集的子集，则称算法甲严格优于算法乙。

图 10.4.3 可以看成是用 GSEARCH-A 算法（的某种特定策略）搜索一株博弈树的记录。图 10.4.5 是用动态 Alphabeta 算法搜索同一株博弈树的记录。比较这两个图立知：GSEARCH-A 算法类中存在着这样的算法，它不严格优于动态 Alphabeta 算法。

为了搞清楚 GSEARCH-A 算法类中哪些算法是严格优于动态 Alphabeta 算法的，作进一步的讨论如下：

定义 10.4.6　在约定式(10.4.29)、(10.4.30)之下，令

$$\tilde{\alpha}(P)=\max[\max_{V\in \text{AMAX}(P)}L(V),\ \max_{Q\in \text{AMAX-LS}(P)}U_b(Q)] \qquad (10.4.34)$$

$$\tilde{\beta}(P)=\min[\min_{W\in \text{AMIN}(P)}U(W),\ \min_{Q\in \text{AMIN-LS}(P)}L_b(Q)] \qquad (10.4.35)$$

定义 10.4.7　如果搜索树中的一个端节点 P 满足下列两个条件之一，则该端节点称为是合格节点：

1. P 是叶节点，且 $\tilde{\beta}(P)>\tilde{\alpha}(P)$ 　　　　　　　　　　　　(10.4.36)

2. P 不是叶节点，且满足

$$\min[\tilde{\beta}(P),U(P)]>\max[\tilde{\alpha}(P),L(P)] \qquad (10.4.37)$$

约定 10.4.1

$$\infty<\infty,\ -\infty<-\infty \qquad (10.4.38)$$

定义 10.4.8　满足定义 10.4.7,但不需要约定 10.4.1 的合格节点称为真正合格节点。

有了这些定义之后,我们就可以给出所要找的算法类。

算法 10.4.9(算法 ESEARCH-A)。

在算法 GSEARCH-A 中,当需要从 OPEN 中挑选节点时,只选合格的节点。

算法完。

算法 10.4.10(算法 ESEARCH-B)。

在算法 GSEARCH-B 中,当需要从 OPEN 中挑选节点时,只选合格的节点。

算法完。

由定义可见,ESEARCH-A 算法和 ESEARCH-B 算法分别是 GSEARCH-A 算法和 GSEARCH-B 算法的特例。Ibaraki 给出的如下两个定理说明了它们的作用。

定理 10.4.9　ESEARCH-A 算法类中的任何算法(不管采用哪种选择策略,只要选择的是合格节点)一定严格优于动态 Alphabeta 算法。反之,对 GSEARCH-A 中的任何算法,凡不属于 ESEARCH-A 者,一定存在一株博弈树,使它对这株树的搜索不优于动态 Alphabeta 算法。

定理 10.4.10　ESEARCH-B 算法类中的任何算法一定严格优于 B 型动态 Alphabeta 算法(即由 GSEARCH-B 算法改造而来的 Alphabeta 算法)。反之,对 GSEARCH-B 中的任何算法,凡不属于 ESEARCH-B 者,一定存在一株博弈树,使它对这株树的搜索不优于 B 型动态 Alphabeta 算法。

习　题

1. 图 10.5.1 是一盘中国象棋残局,称为"关门打狗"。红方双车双马在对方老将行宫内。要求红先胜,并且要连将,双车双马都不许走出行宫,请你

(1) 以红方为树根,画出极小极大树。

(2) 确定一种评分原则,据此给出每种状态的估计值,要求此估计值能反映红黑双方的输、平、赢。

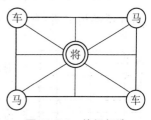

图 10.5.1　关门打狗

(3) 用 Alpha-Beta 剪枝算法对赋了估计值的树实行搜索,写出搜索过程。

(4) 按 Knuth-Moor 的负极大值原则重新搜索此博弈树,写出搜索过程。

(5) 根据(3)(4)的结果分析一下,把最大搜索深度定为多少就可以保证搜索正确了。

(6) 当没有达到这个搜索深度时,有没有正水平效应和负水平效应?

(7) 研究一下你的博弈树中每层节点的左右排序,确定最佳排序和最劣排序,比较两种排序在搜索结果和搜索效率上的差距。

(8) 用 B* 算法再做一遍。

(9) 用 SSS* 算法再做一遍。

(10) 用 Alpha-Beta 算法的各种改进型分别再做一遍。

2. 微型围棋使用 6×6 的棋盘,甲乙双方最多共有 36 个棋子在盘上。请画出甲先行的博弈树,并作与上题同样的讨论。

3. 甲乙双方轮流投子,先布成五子一行(横、直或斜均可)者获胜,称为五子棋。试画出五子棋的博弈树,并作与题 1 类似的讨论(提示:(1)为控制问题规模,可限定棋盘大小。(2)把棋盘上的空格划成等价类,在同一等价类的不同空格内投子效果相等。(3)利用一些必胜的局势,如活四,图 10.5.2(a),双活三,图 10.5.2(b),活三死四,图 10.5.2(c)等)

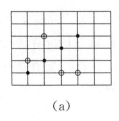 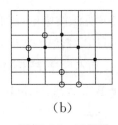 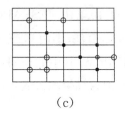

(a)　　　　　　　(b)　　　　　　　(c)

图 10.5.2　五子棋

4. 想一想,上题提到的棋为什么是五子棋,而不是三子棋,四子棋? (提示:通过博弈树证明:先行者必能布成四子一行。)

5. 图 10.5.3 表示一种微型跳棋,试按通常的跳棋规则画出博弈树,并作出与题 1 类似的讨论。

6. 设 A,B,C 为三堆棋子,初始时各堆棋子数分别为 $n>0$,$m>0$,$k>0$。甲、乙二人对弈,轮流从任意一堆中抓走任意数量(>0)的棋子(当然不能超过该堆棋

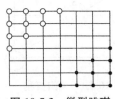

图 10.5.3　微型跳棋

子当时的数目）。规定每人每次只能从一堆中抓，以抓三堆棋子中最后一个棋子者为输。请画出相应的博弈树，并作类似题 1 的讨论。（提示：(1)利用一些先行者必胜的局势，如 $(2, 2, 2)$。(2)把整数三元组 (n, m, k) 按先行者胜负分成等价类）。

7. 图 10.5.4 是一幅国际象棋残局，其中带圈的子代表白方，不带圈的子代表黑方。这是白先胜的局面，请画出博弈树，并作类似题 1 的讨论。

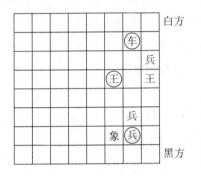
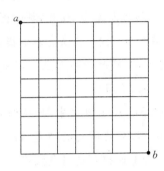

图 10.5.4　国际象棋残局　　　　图 10.5.5　通路问题

8. 图 10.5.5 是一幅棋盘，甲、乙二人分别持黑白子对弈。每人每次下一子，可下在除 a, b 之外的任何点上。先联成从 a 到 b 的黑色或白色通路者胜。请画出博弈树，并作类似题 1 的讨论。

9. 仍使用图 10.5.5 的棋盘，但不用棋子。甲、乙二人轮流用火柴放在一条新边上（介于两个邻点之间的线段称为边，这里假设边和火柴一样长）。甲先放一根火柴，火柴头在 a 点上，乙接着放，条件是乙的火柴头必须接着甲的火柴尾。如此继续。每方的火柴头接另一方最后一步的火柴尾，以找不到新边放火柴者为输。请画出博弈树，并作类似题 1 的讨论。

10. 仍使用图 10.5.5 的棋盘，假设所有的边上均已放上火柴，方向不论，甲乙二人轮流从棋盘上取走火柴。取法是：任择盘上一点，取走所有与此点相联的火柴。取最后一根火柴者胜。请画出博弈树，并作类似题 1 的讨论。

11. 在上题中，改变取火柴的方法如下：(1)每次取一根，不得与过去已取过的火柴相连（确切地说，每取一根火柴，它两头的坐标 (x_1, y_1) 和 (x_2, y_2) 不得和以前取的任意一根火柴的任意一头的坐标 (x, y) 相重）。(2)每次取一根，不得与对方刚才取的那根火柴相连。请分别根据这两种取法重做上题。

12. 再次考察第六章习题 10 的命题公式,甲乙两人轮流给公式中尚未赋值的变量赋真假值。若最后命题公式为真,则甲胜,反之乙胜。请画出博弈树,并作类似题 1 的讨论。

13. 限制上题中甲方只能赋真值。乙方只能赋假值,则结果将如何?

14. 算法 10.3.1(SSS* 算法)只给出最优解题树的值,试修改此算法,使它也能求出最优解题树本身。

15. 修改后的 SSS* 算法(算法 10.3.2)是否仍满足定理 10.3.2? 试论证之。

16. 详细写出算法 10.3.2 搜索图 10.3.2 中的博弈树时状态栈内容的变迁。

17. 在修改 SSS* 算法时我们提到,如果叶节点的 f 值按从大到小的次序自左向右排列,则修改的第二点可以不要。这样的次序是否会在其他方面产生不利影响? 如何克服?

18. 在 SCOUT 算法中,如果调用 TEST 得到值 False,则有关分枝被认为无用而砍掉。但如果得到的值是 True,则要用 SCOUT 重新计算该分枝。此时,在调用 TEST 时得到的信息没有利用上,而是丢掉了。请你修改算法 10.4.1 和 10.4.2,使得 TEST 执行时保留所获得的信息。以便一旦以 True 值返回时,这些信息可为主算法所用,以提高效率。

19. 证明定理 10.4.1。

20. 证明定理 10.4.2。

21. 比较极小窗口原则和 SCOUT 算法中的 TEST 函数,看看有什么相似之处? 此外,在 Palphabeta 算法的第 8 步调用的是 falphabeta,如果改为调用 Palphabeta,结果将如何? 把修改后的 Palphabeta 算法与 SCOUT 算法作一比较,再与修改前的 Palphabeta 算法比较,有什么得失?

22. 请对带有限窗口的 SSS* 算法证明类似于 10.4.1 或 10.4.2 那样的定理。此外,在正文中提到,对栈顶状态的 h,如有 $h \leqslant \alpha$,其中 α 是窗口的下界,则可立即作出"偏低"的结论并停止搜索,偏高时如何?

23. 编出 SSS* 算法与 Alphabeta 算法(及后者的一些变种,如 Falphabeta, Lalphabeta, Palphabeta)相结合的算法(SSS* 调用 Alphabeta 或反之),并讨论其效率。

24. 编出分阶段的 SSS* 算法并讨论其效率。

25. 证明定理 10.4.6。

26. 证明定理 10.4.7。

27. 试比较下列三对算法的效率:(1)静态 Alphabeta 算法和动态 Alphabeta 算法(2)建立在 GSEARCH-A 和 GSEARCH-B 基础上的动态 Alphabeta 算法。(3)GSEARCH-A 算法和静态 Alphabeta 算法。

28. 把 GSEARCH-A(或 GSEARCH-B)算法与 B* 算法结合起来,写出算法步骤。

29. 把 GSEARCH-A(或 GSEARCH-B)算法与 SSS* 算法结合起来,写出算法步骤。

30. 用某种高级语言(如 Pascal)把本章正文和习题中提到的算法编成程序。测试一批例题,把实测结果列成如图 8.5.2 那样的图表。

参 考 文 献

一、书籍

[1] Aleksander, I., Designing Intelligent Systems, K. P., 1984.

[2] Allen, J., Anatomy of LISP, McGraw-Hill Book Co., 1978.

[3] Alty, J. L. and Coombs, M. J., Expert Systems, Concepts and Examples, NCC, 1984.

[4] Banerji, R. B., Artificial Intelligence, A Theoretical Approach, North-Holland, 1980.

[5] Baret, R., Ramsay, A. and Sloman, A., PDP-11, A Practical Language for AI, Ellis-Horwood Ltd., 1985.

[6] Barr, A. and Feigenbaum, E. A., The Handbook of Artificial Intelligence, Vol.1, 2, 3, Pitman Publishing, 1982.

[7] Bernold, T. and Albers, G., ed., AI: Towards Practical Application, North-Holland, 1985.

[8] Berwick, R. C., The Acquisition of Syntactic Knowledge, MIT. Press, 1985.

[9] Berwick, R. C. and Weinberg, A. S., The Grammatical Basis of Linguistic Performance, Language Use and Acquisition, MIT Press, 1984.

[10] Bierman, A. and Feldman, J., A Survey of Grammatical Inference in Frontiers of Pattern Recognition, S. Watanabe, ed., Academic Press, 1972.

[11] Born, R., ed., Artificial Intelligence, The Case Against, ST Martin's Press, 1987.

[12] Botvinnik, M. M., Computers, Chess and Long-Range Planning, Springer-Verlag, 1970.

[13] Bramer, M. A., Research and Development in Expert Systems, Cam-

bridge, 1985.

[14] Brodie, M. L., Mylopoulos, J. and Schmidt, J. W., On Conceptual Modelling, Perspectives From Artificial Intelligence, Data Base, and Programming Languages, Springer-Verlag, 1984.

[15] Buchanan, B. G., Shortliffe, E. H., ed., Rule-Based Expert Systems, The MYSIN Experiments of the Stanford Heuristic Programming Project, Addison-Wesley, 1984.

[16] Campbell, J. A., ed., Implementations of Prolog, Ellis-Horwood, 1984.

[17] Chang, C. L. and Lee, R. C. T., Symbolic Logic and Mechanical Theorem Proving, Ellis-Horwood Ltd, 1973.

[18] Charniak, E. and McDermott, D., Introduction to Artificial Intelligence, Addison-Wesley, 1985.

[19] Charniak, E., Riesbeck, C. K., and McDermott, D. V., Artificial Intelligence Programming, Lawrence Erlbaum Associates, 1984.

[20] Chen, C. H., Pattern Recognition and Artificial Intelligence, Academic Press, 1976.

[21] Clcorafas, D. N., Applying Expert Systems in Business, McGraw-Hill Books Co., 1987.

[22] Clocksin, W. F. and Mellish, C. S., Programming in PROLOG, Springer-Verlag, 1981.

[23] Cohen, P. R., Heuristic Reasoning about Uncertainty: An Artificial Intelligence Approach, Pitman Press, 1985.

[24] Coombs, M. J., Developments in Expert System, Academic Press, 1984.

[25] de Callatay, A. M., Natural and Artificial Intelligence, North-Holland, 1986.

[26] Dowty, D. R. etc., Natural Language Parsing, Cambridge, 1985.

[27] Duda, R. O. and Hart, P. E., Pattern Classification and Scene Analysis, John Wiley & Sons, 1973.

[28] Elithorn, A. and Banerji, R., Artificial and Human Intelligence, NH, 1984.

[29] Elzas, M. S., etc., Modelling and Simulation Methodology in the AI Era,

NH, 1986.

[30] Ernst, G. W. and Newell, A., GPS: A Case Study and Problem Solving, Academic Press, 1969.

[31] Feigenbaum, E. A. and McCorduck, P., The Fifth Generation Artificial Intelligence and Japan's Computer Challenge to the World, Addison-Wesley, 1983.

[32] Foerster, H. V. and Beauchamp, J. W., Music by Computers, J. Wiley and Sons, 1969.

[33] Franhe, H. W. and Jäger, G., Apparative Kunst, M. Dumont Schauberg, 1973.

[34] Gale, W. A., Artificial Intelligence and Statistics, Addison-Wesley, 1986.

[35] Gevarter, W. B., Artificial Intelligence, Expert System, Computer Vision and Natural Language Processing, Noyes Publications, 1984.

[36] Goldberg, A., SMALLTALK-80, The Interactive Programming Environment, Addison-Wesley, 1984.

[37] Goldberg, A. and Robson, D., SMALLTALK-80, The Language and its Implementation, Addison-Wesley, 1983.

[38] Graham, N., Artificial Intelligence, Making Machines 'think', TAB Books, 1979.

[39] Griffiths, M. and Palissier, C., Algorithmic Methods for Artificial Intelligence, Hermes, 1986.

[40] Grimson, W. E. L. and Patil, R. S., AI in the 1980s and Beyond, An MIT Survey, MIT Press, 1987.

[41] Gupta, M. M., Saridis, G. N. and Gaires, B. R., ed., Fuzzy Automata and Decision Processes, NH, 1977.

[42] Gupta, M. M., etc., ed., Approximate Reasoning in Expert Systems, NH, 1985.

[43] Hall, P., Amstrads and Artificial Intelligence, Sigma Press, 1986.

[44] Harmon, P. and King, D., Expert Systems—Artificial Intelligence in Business, John Wiley & Sons, mc, 1985.

[45] Harris, M. D., Introduction to Natural Language Processing, Reston

Pub., 1985.

[46] Hart, A., Knowledge Acquisition for Expert Systems, Kogan Page, 1986.

[47] Hayes, J. E., et al., Intelligent Systems the unprecedented opportunity Ellis Horwood Ltd., 1983,

[48] Hayes, J. E., ed., Machine Intelligence 10, Intelligent Systems: Practice and Perspective, Ellis-Horwood Ltd., 1982.

[49] Hayes-Roth, F., Waterman, D. A., and Lenat, D. B., ed., Building Expert Systems, Addison-Wesley, 1983.

[50] Hinton, G. E. and Anderson, J. A., Parallel Models of Associative Memory, Lawrence Erlbaum Associates, 1981.

[51] Huhns, M. N., Distributed Artificial Intelligence, Pitman Publishing, 1987.

[52] James, M., Basic AI, Butter Worths, 1986.

[53] Johnson, L., et al., Expert Systems Technology, A Guide, Abacus Press, 1985.

[54] Jantke, K. P., ed., Analogical and Inductive Inference, LNCS 265, Springer, 1987.

[55] Kandel, A., Fuzzy Techniques in Pattern Recognition, John Wiley & Sons, 1982.

[56] King, M., ed., Machine Translation Today: the state of the art, Edinburg, 1984.

[57] Korf, R. E., Learning to Solve Problems for Macro-Operators, Pitman, 1985.

[58] Kowalski, R., Logic for Problem Solving, NH, 1979.

[59] Kowalski, T. J., An Artificial Intelligence Approach to VLSI Design, Kluwer Academic Publishers, 1985.

[60] Langley, P., Simon, H. A. and Bradshaw, G. L., Scientific Discovery, Computational Explorations of the Creative Processes, MIT Press, 1987.

[61] Leigh, W. E. and Burgess, C., Distributed Intelligence: Trade-offs and Decisions for Computer Information Systems, South-Western, 1987.

[62] Li, D. Y., A Prolog Database System, Research Studies Press Ltd.,

1984.

[63] Mamdani, E. H., Gaines, B. B., ed., Fuzzy Reasoning and its Applications, Academic Press, 1981.

[64] Meny, M., Expert Systems 85, Cambridge, 1985.

[65] Michalski, R. S., et al., Machine Learning: An Artificial Intelligence Approach, Tioga, Palo Alto, Calif., 1983.

[66] Mumpower, J. L., etc., Expert Judgement and Expert Systems, Springer, 1987.

[67] Naylor, C., Building Your Own Expert System, Sigma, 1987.

[68] Negoita, C. V., Fuzzy Systems, Tunbridge Wells, 1981.

[69] Negoita, C. V., Expert Systems and Fuzzy System, Benjamin/Cummings, 1985.

[70] Nilsson, N. J., Principles of Artificial Intelligence, Springer-Verlag, 1980.

[71] O'Donnell, M. J., Equational Logic as A Programming Language, MIT Press, 1985.

[72] O'shea, T., Advances in Artificial Intelligence, North-Holland, 1984.

[73] Palay, A. J., Searching with Probabilities, Pitman, 1985.

[74] Pask, G., Conversation, Cognition and Learning, Els ier, 1975.

[75] Pau, L. E., ed., AI in Economics and Management, NH., 1987.

[76] Reitman, W., AI Applications for Business, Ablex, 1984.

[77] Rich, E., Artificial Intelligence, McGraw-Hill Book Co., 1983.

[78] Rustin, R., Natural Language Processing, Algorithmics Press, 1973.

[79] Samad T., A Natural Language Interface for Computer-aided design, Kluwer Academic Publishers, 1986.

[80] Sanchez, E., etc., Approximate Reasoning in Decision Analysis, North-Holland, 1982.

[81] Schutzer, D., Artificial Intelligence, An Application-Oriented, Van Nostrand Reinhold Co., 1987.

[82] Shirai, Y. and Tsujii, J., Artificial Intelligence Concepts, Techniques and Applications, John Wiley & Sons Ltd., 1984.

[83] Siegel, P., Expert Systems, A non-programmer's guide to development and applications, TAB Books Inc, 1986.

[84] Silver, B., Meta-Level Inference, North-Holland, 1986.

[85] Steels, L., Campbell, J. A., ed., Progress in Artificial Intelligence, Ellis-Horwood Ltd., 1985.

[86] Szolovis, P., ed., Artificial Intelligence in Medicine, Westview Press, 1982.

[87] Turner, R., Logics for Artificial Intelligence, Ellis-Horwood Ltd., 1984.

[88] Utgoff, P. E., Machine Learning of Inductive Bias, Kluwer Academic, 1986.

[89] Wallace, M., Communicating with Database in Natural Language, Ellis-Horwood Ltd., 1984.

[90] Waterman, D. A., A Guide to Expert Systems, Addison-Wesley, 1986.

[91] Weiss, S. M. and Kulikowski, C. A., A Practical Guide to Designing Expert Systems, Rowman & Allamheld, 1984.

[92] Williams, N., The Intelligent Micro, McGraw-Hill, 1986.

[93] Winograd, T., Understanding Natural Language, Academic Press, New York, 1972.

[94] Winston, P. ed., The Artificial Intelligence Business, The Commercial Uses of AI, MIT Press, 1984.

[95] Winston, P. H., Artificial Intelligence, Addison-Wesley, 1977.

[96] Winston, P. H., Horn, B. K. P., LISP, Second Edition, Addison-Wesley, 1984.

[97] Winston, P. H., Artificial Intelligence, Second Edition, Addison-Wesley, 1984.

[98] Winter, H., AI and Man-Machine Systems, Springer-Verlag, 1986.

[99] Wos, L., etc., Machine Learning (II), Prentice-Hall, 1985.

[100] Wos, L., etc., Automated Reasoning, Introduction and Applications, Prentice-Hall, 1984.

二、系列国际会议和系列文集

Artificial Intelligence and Advanced Computer Technology Conference/Exhibi-
tion (欧洲).

Advances in Computer Chess (英国,1977 年起).

Australian Knowledge Engineering Congress (1988 年起).

Annual Meeting of the Association for Computational Linguistics.

European Workshop on Knowledge Acquisition for Knowledge-Based Systems
(GI Germany, 1987 起).

German Workshop on Artificial Intelligence (联邦德国,德文,1977 年起).

Heuristic Programming Project (HPP), Report, Stanford University.

IEEE Transaction on Pattern Analysis and Machine Intelligence, 1984 起.

IEEE Transaction on Systems, Man, and Cybernetics (SMC), 1981.

IEEE Workshop on Principles of Knowledge-Based Systems, 1984.

International Conference on Fifth Generation Computer Systems (日本,1984 起).

International Conference on the State of the Artin Machine Translation (1986 起).

International Conference on Applications of AI in Engineering (1986 起).

International Conference on Industrial and Engineering Applications of AI and
Expert Systems (1988 起).

International Conference on Principles of Knowledge Representation and Rea-
soning (Canada Sociaty for Computational Studies of Intelligence, AAAI,
IJCAI, 1989 起).

International Conference on AI Methodology, Systems, Applications (Bulgar-
ia), 1986 起.

International Conference on AI in Economics and Management (Singapore),
1988 起.

International Conference on Machine Learning, 1985 起.

International Conference on Information Processing (IFIP Congress).

International Neural Network Society Annual Meeting (AT&T).

International Symposium on Logic Programming (美国,1984 起).

International Workshop on Expert Systems and Their Applications (法国,1981 起).

International Workshop on AI and Statistics (Society for AI and Statistics

AAAI，1988 起）.

Machine Intelligence（英国，1967 起）.

Symposium on Computer and Information Sciences（美国，1964 起）.

The International Joint Conference on Artificial Intelligence（IJCAI，1969 起）.

The National Conference on AI（AAAI Conference），（美国，1980 起）.

Workshop on Knowledge Acquisition for Knowledge-Based Systems（AAAI，
1986 起）.

三、杂志

AI Communications，the European Journal on Artificial Intelligence（欧洲）.

AI & Society，the Journal of Human and Machine Intelligence（Springer）.

Artificial Intelligence in Engineering（CMP）.

AI Magazine（AAAI）.

Artificial Intelligence（North-Holland）.

An International Journal on New Generation Computing（Springer）.

Computational Intelligence（Canada，National Research Council）.

Computer Speech & Language（Academic Press）.

Cognitive Science，a multidisciplinary journal（ABLEX）.

Computational Lingnistics（ACL）.

Computer Vision，Graphics，and Image Processing（Academic Press）.

Computer and translation（Paradigm Press）.

Computer Surveys.

Data & Knowledge Engineering（Academic Press）.

Expert Systems Strategies（Harmon Associates）.

Expert Systems，the international journal of Knowledge Engineering（Learned
Information）.

Future Generations Computer Systems（North-Holland）.

Human Computer Interaction（Lawrence Erlbaum Associates）.

International Classification（INDEKS）.

Information & Control（New York）.

International Journal of Man-Machine Studies（Academic Press）.

Journal of Automated Reasoning (D. Reidel).

KI (联邦德国,SYNERGTECH).

LISP Pointers, Newsletter (IBM).

Pattern Recognition (Pergamon).

The Knowledge Engineering Review (Cambridge).

The Journal of Logic Programming (North-Holland).